多机器人协同控制技术及应用

Multi-robot Cooperative Control Technology and Its Application

刘源 著

化学工业出版社
·北京·

内容简介

本书立足于多机器人协同作业的应用场景，从软件、硬件、平台通信等多维度全面剖析多机器人协同控制的实现技术。书中详细说明了多台机器人协同作业的建模方法、有限时间收敛下多机器人协同控制设计、复杂网络环境中多机器人协同控制算法与控制器设计、多机器人控制平台搭建与验证等内容，尤其是对多机器人控制的系统动力学、分布式控制器设计等关键点与技术难题进行了透彻讲解，可以为机器人设计及相关领域技术人员提供深入的指导。

本书可供机器人、智能控制、人工智能等方向的研究人员以及机器人等行业的控制工程师参考。

图书在版编目（CIP）数据

多机器人协同控制技术及应用 / 刘源著. -- 北京 : 化学工业出版社，2024. 8. -- ISBN 978-7-122-46423-1

I. TP242

中国国家版本馆 CIP 数据核字第 20246CV692 号

责任编辑：刘丽宏　　文字编辑：吴开亮
责任校对：宋　玮　　装帧设计：刘丽华

出版发行：化学工业出版社
（北京市东城区青年湖南街 13 号　邮政编码 100011）
印　　装：北京科印技术咨询服务有限公司数码印刷分部
710mm×1000mm　1/16　印张 12¼　字数 257 千字
2024 年 9 月北京第 1 版第 1 次印刷

购书咨询：010-64518888　　售后服务：010-64518899
网　　址：http://www.cip.com.cn
凡购买本书，如有缺损质量问题，本社销售中心负责调换。

定　　价：69.80 元

前言

随着机器人技术的飞速发展，复合机器人在工业、医疗、服务等领域的应用日益广泛。多机器人系统的协同控制作为机器人技术中的一个重要研究方向，因其能够大幅提高系统的灵活性和效率而受到广泛关注。然而，多机器人系统在实际应用中面临着诸多挑战，如通信时延、动态环境、复杂网络拓扑等。这些问题的解决对于推动多机器人技术的进一步发展具有重要意义。

本书系统地介绍多台复合机器人协同控制的基本理论、关键技术及应用，内容涵盖了从系统建模到控制算法设计，从理论研究到实际应用的各个方面。首先介绍了研究背景和意义，分析了国内外的研究现状，明确了本书的主要研究内容和目标。在多机器人协同作业的建模方面，详细论述了系统动力学方程、通信网络模型和协同控制目标等。

针对与收敛时间相关的多机器人协同控制问题，提出了有限时间、固定时间和指定时间的控制方法，并通过设计实例验证了这些方法的有效性。对于存在时间延迟的情况，研究了单自由度系统和多自由度 Lagrangian 系统的协同算法设计，提出了多种控制策略，并进行了数值仿真验证。

在通信拓扑切换时的协同控制方面，提出了混合拓扑模式和单一拓扑模式下的控制器设计方案，并通过仿真和实际案例进行了验证。针对复杂网络环境中的多机器人协同控制，探讨了恒定时延和时变时延网络中的协同控制问题，设计了速度观测器并验证了其有效性。

希望通过本书的介绍，使读者能够深入理解多机器人协同控制的基本理论和前沿技术，掌握相关的控制算法设计方法，并能够将这些理论和方法应用到实际的多机器人系统中，推动多机器人技术的进一步发展和应用。无论是对从事机器人研究的学者，还是对实际应用中的工程师，本书都将提供有价值的参考。多机器人系统的研究和应用前景广阔，期待未来能够在各个领域看到更多的创新和突破。

本书主要说明了多台复合机器人协同控制系统的研究与应用，内容涵盖了从基本理论到具体实现的各个方面，重点在于解决多机器人在复杂环境中的协同控制问题。本书各章主要内容如下：

第 1 章介绍了研究背景、国内外研究现状和主要研究内容。第 2 章详细讲解了多机器人协同作业的建模，包括系统动力学方程、通信网络模型和协调控制目标。第 3 章深入探讨了收敛时间意义下多机器人协同控制的问题，提出了多种控制器设计方案并进行了实例分析。第 4 章着重研究了时间延迟情况下的协同算法设计，分别讨论了单自由度系统、多自由度 Lagrangian 系统以及含自时延参数未知系统的协同控制问题，并进行了数值仿真验证。第 5 章探讨了通信拓扑切换时的协同控制算法，提出了混合拓扑模式和单一拓扑模式下的控制器设计，并通过仿真和实际控制案例进行验证。第 6 章分析了复杂网络环境中的多机器人协同控制，包括联合连通恒定时延和时变时延网络中的协同控制，并设计了速度观测器。第 7 章分析了多领航者条件下多机器人系统姿态协调控制。第 7 章介绍了基于 ROS 的多机器人控制系统平台的搭建，包括一体化开发方案、复杂约束条件与系统动力学特性的一体化建模以及分布式控制器设计与性能分析。

本书的研究成果不仅丰富了多机器人协同控制理论，也为实际应用提供了有力支持，具有一定的学术价值和应用前景。

需要指出的是，本书的成稿得到了河南省科技攻关项目“复杂环境下多台复合机器人协同作业控制技术研究”（项目号：242102221052）、河南省教改项目“智能制造背景下融合 OBE 理念的研究性教学模式探索与实践”（项目号：2022SYJXLX113）和“专业认证和产教融合双驱动下地方高校自动化类新工科专业改造升级探索与实践”（项目号：2024SJGLX0484）的资助。

著者

目录

第 1 章 多机器人协同控制的研究背景与现状

1.1 背景与意义

十几年以来，多智能体系统（multi-agent systems，MAS）协同控制一直是国内外的研究热点。多智能体协同控制具有高效率、高容错性、高灵活性和内在的并行性等优点，是未来控制技术发展的重要方向之一，其应用领域包括工业生产、地质勘探、灾难救援、深空探测等。

机器人作为国家战略性新兴产业之一，是我国从制造大国发展成为制造强国的重要抓手，其研发、制造和应用也是衡量一个国家科技创新和高端制造业水平的重要标志。

《中国制造 2025》中明确提出，将机器人列入大力推动的重点领域之一。《“机器人＋”应用行动实施方案》提出，目标是到 2025 年，制造业机器人密度较 2020 年实现翻番，服务机器人、特种机器人行业应用深度和广度显著提升[1]。2021 年 12 月，十五部门联合印发了《“十四五”机器人产业发展规划》，其中将“多机器人协同作业技术”列为机器人核心技术攻关方向[2]。香港大学工业及制造系统工程系席宁教授在“2023 世界机器人大会”现场发布《2023—2024 年机器人十大前沿技术》，其中第九个为群体机器人技术。

与单台机器人单独作业相比，多机器人协同技术具有区域覆盖面广、环境适应性强、任务执行率高、数据匹配强、协同自由、系统冗余度良好等特点[3-5]，在工农业生产、服务行业、消防巡检、反恐排爆、灾难救援、战场精准打击等很多领域有着巨大的应用前景。如在搜救（search and rescue，SAR）行动中，多机器人协同作业可以显著提高搜救人员的工作效率，缩短对受害者的搜索时间，快速找到搜救对象，挽救生命。其充分利用多机器人的功能互补性，组成跨域协同作业系统，实现信息共享和任务协同，从本质上提升面对复杂环境和任务规划的感知能力、执行能力和运行效率。

因此，多机器人的协同作业将引领未来机器人技术及应用的新模式。以美国为例，早在 21 世纪初，由著名学者组成的国家科技顾问小组已将以航天器编队和无人机编队为代表的协同控制技术列为 21 世纪美国优先发展的核心技术[6]，并率先启动实施了著名的类地星座成像（stellar imager，SI）、“轨道快车”（orbit express，OE）、行星搜寻器（terrestrial planet finder，TPF）和战场协同等项目[7-9]。目前，各国正逐步探索将多机器人协同作业技术应用于工业生产、地质勘探、灾难救援、深空探测等多个领域。例如，针对大型复杂构件的加工，往往就需要多机器人协同作业，以提升加工效率和精准度，因为在大型复杂构件加工制造中，多机器人协同作业能有效涵盖更大加工范围；对于增材制造，多机器人协同作业能更精准高效地完成加工，并减少消耗；对于加工装配应用，用多个机器人完成装配、加工能起到提升效率的作用；针对物流中的货物搬运，当货物体积和重量较大时，往往需要多台机器人进行协同运输。多机器人协同作业技术的推广发展，能够提高工业生产效率，降低劳动力成本，并且会呈现“1＋1＞2”的态势。

复合机器人是一种新形态机器人，由移动平台、机械臂、视觉模组和末端执行器等组成，其结合了移动机器人和机械臂的功能，并采用环境感知、定位和导航等技术，可以迅速部署于智能工厂、自动化车间、电力巡检、仓储分拣以及自动化货仓等不同场景。这种灵活性使得复合机器人被认为是推动制造业转型升级的关键核心设备之一。

多台复合机器人的协同作业，从能完成一项任务到能协同完成多项任务，更符合人们想象中智能机器人的终极形态。这也进一步打开了人们的想象空间，例如在工业制造领域中，单一的固定工位的机器人很难实现全方位智能工厂的打造，多台复合机器人可以灵活移动进行协同作业，实现端对端设备的连接。又如在生活服务领域，多台复合机器人可以自主协作送餐、打扫卫生，甚至充当移动超市售货员等。这种协同作业需求被写入一些政策文件中，在许多国家级和省部级的产学研合作性项目中都有着明确指标以及要求。

多台复合机器人协同作业的应用价值拓展了移动机器人和机械臂的应用边界，使其可以深入更多的场景及环节应用，但复合机器人协同作业面对的需求从技术上而言也愈发复杂，特别是在考虑实际的复杂环境条件时。在实际工作场景中，多台复合机器人协同作业时常会遇到障碍物、队形变换需求、通信网络暂时中断、完成任务时间限制等复杂环境条件限制。例如，在仓库物料搬运的工作场景中，多台复合机器人协同搬运的时候可能会遇到障碍物，需要绕行或者变换队形才能顺利通过。在机器人协同搜救或者军用机器人执行协同作业任务时，通常会对任务完成时间有较高的要求，要求在指定的时间内完成协同作业任务。这些作业场景对人来说或许简单，但对于机器人而言，复杂度是非常高的。在面对这些非标准化工作场景时，从技术上意味着要解决机器人环境感知、规划、控制等关键技术，还涉及多机器人协作的关键共性技术。

多台复合机器人协同作业具有柔性化、网络化、智能化、节能化等特点，可以应用于机械加工、汽车整车、汽车电子、半导体、3C电子、家用电器、锂电池、光伏、医疗用品、物流仓储、金属加工、电力、注塑、科学与研究等领域。但是，复合机器人协同作业想要在这些场景中真正落地并推广，除了降低机器人成本之外，必须要做到在复杂环境条件甚至非标准化场景中顺利完成协同作业任务。

复杂环境中多台复合机器人的协同控制技术，是实现最终协同作业的基础和核心，关系着任务最终的执行效率和完成度。因此，有必要深入研究该项技术并将其与现实任务结合，以探索其在实际应用中的适用性与普遍性问题，从而为该技术的推广应用提供可靠依据和有价值的参考。

本书旨在为多台复合机器人在复杂环境中的协同作业设计控制方案。将考虑在避障、非理想通信网络、系统存在未知参数、指定时间收敛等复杂环境条件限制时多台复合机器人协同作业的控制问题。建立综合考虑上述复杂环境限制条件的多机器人协作的动力学模型与分布式协同控制模型。进一步研究在这些复杂受限情况下的分布式指定时间收敛控制器设计问题。最后对研究成果在ROS平台上进行仿真，并在多机器人实验平台上进行验证。总体来说，本研究具有以下研究意义：

① 应用价值　通过多台复合机器人协同作业，可以高效完成复杂甚至危险的任务，既能实现复杂环境条件下多机器人高质量地完成协作任务，又可以节省劳动力、降低能耗、使人远离危险。

② 理论价值　建立同时考虑避障、非理想通信网络、系统存在未知参数以及要求指定时间收敛等复杂条件下多台复合机器人协同作业的一体化动力学模型，设计并分析验证控制器的稳定性，为推动多机器人协同控制理论的发展和进步做出一点努力和贡献。

1.2　国内外研究现状

1.2.1　复合机器人开发研究现状

移动操作的概念于20世纪80年代提出，当时研究人员在实验室里将工业机械臂安装在移动平台上进行实验。随着这些平台的推出，研究人员很快发现将移动性与操作性结合起来是一个重要的突破。在过去几十年中，全球各大研究机构对复合机器人进行了大量的研究。移动操作的研究最初源于太空应用，但由于复合机器人相较于传统的机械臂和移动平台的优势，这一领域逐渐扩展到军事、服务业和工业领域，成为不可忽视的力量。

(1) 国内复合机器人研究现状

国内开发复合机器人的时间较晚，但是随着国家对于复合机器人的高度重视，相关技术成为机器人领域的研发重点。在国家发展机器人战略的支撑下，随着“863 计划”和国家重点基金的支持[10]，国内的复合机器人在特种机器人领域（尤其是军事领域）发展突出。以清华大学、哈尔滨工业大学、中科院沈阳自动化研究所和上海交通大学等为代表的高校和科研机构在该领域均有突出的成果。图 1.1 是中科院沈阳自动化研究所设计的一款履带式反恐防暴机器人“灵蜥-A”，该机器人集计算机、传感器、车体驱动、远程通信以及武器控制等技术于一体，已装备公安、武警部队用于反恐。图 1.2 是哈尔滨工业大学推出的反恐防暴机器人[11]。为了满足反恐情境下对复杂路况的适应能力的高要求，该型机器人采用履带式底盘，并搭载了一款 4 自由度、具有 10kg 负载能力的机械臂。

图 1.1 反恐防暴机器人“灵蜥-A”

图 1.2 哈尔滨工业大学反恐防暴机器人

在工业生产领域，国内机器人企业也针对复合机器人进行了产业化发展。2015 年，新松机器人公司推出 HCR20 移动操作机器人，如图 1.3 所示。其采用自然轮廓导航技术，具备 360°安全避障系统、模块化的工装配件和防静电的机体设计，能够实现机械臂和车体安全互锁，具有安全性高、负载大、能耗低和可操作性强等优势。海康威视的“阡陌”移动操作机器人（见图 1.4），采用“激光导航＋惯性导航”组合方式，同时本体多处安装激光传感器、超声检测、声光报警等设备，多层级提高了安全保护措施，能够迅速地穿梭在物料搬运现场，可以完成多种复杂任务，提高了生产效率。

自 2015 年中科新松推出中国首款复合机器人产品以来，这一领域已经吸引了业界的广泛关注。据统计，仅 2023 年就有超过 10 款复合机器人新品问世（具体型号和厂家见表 1.1）。

图 1.3　HCR20 移动操作机器人

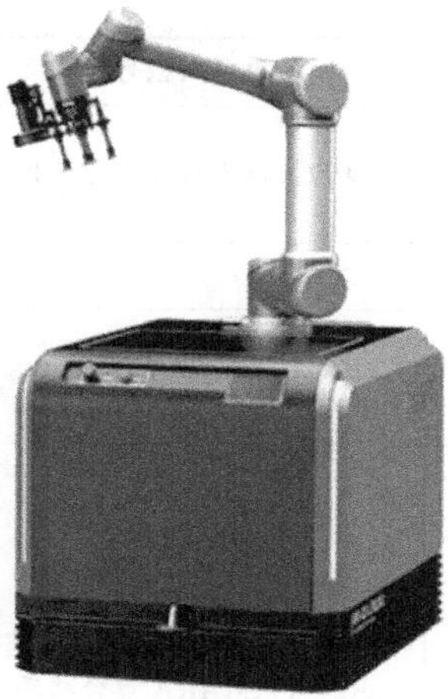

图 1.4　“阡陌”移动操作机器人

（2）国外复合机器人研究现状

国外研究机构在复合机器人领域的研究起步早，随着理论研究的深入，复合机器人逐渐向实用化方向靠拢。由于美国军工业高度发达以及军事用途的需求比较明显，美国科研机构在反恐排爆机器人领域的研发成果领先于其他国家。20 世纪末，美国的“魔爪”系列军用移动机器人在战场上发挥了重要的作用[12]，其采用双节履带式设计，具有较好的环境适应能力。其采用 4 自由度轻量级机械臂，可在实战中执行拆除炸弹和侦察任务。

表 1.1　2023 年新发布复合机器人

序号	机器人型号	生产厂家	发布时间	特点
1	CMR 系列复合机器人	珞石机器人	2023 年 3 月	应用于物料转运、CNC 上下料、视觉检测及设备操控等场景
2	上下料机器人 CNC-MM-A	功夫机器人	2023 年 4 月	针对 3C、汽车、新能源等领域的需求
3	换刀机器人 CNC-MM-B			
4	高寻 212 复合机器人	里工实业	2023 年 4 月	全球首款标配电动快换装置的复合移动机器人
5	MOVER E	联汇智造、大族机器人	2023 年 5 月	由摩尔 AMR 底盘和大族协作机械臂组成，具有双电池系统
6	Draco MH3000“天龙座”复合机器人	万勋科技	2023 年 5 月	自研柔韧臂，操作高度最高能达到 3m

续表

序号	机器人型号	生产厂家	发布时间	特点
7	复合机器人移动底盘 P200	优艾智合	2023 年 6 月	提供敏捷、高效的复合移动机器人集成体系
8	ZY-IA200	重庆邀博智能科技研究院	2023 年 6 月	专为柔性化生产打造，具有四重安全防护
9	ZY-IA300			
10	AMR300			
11	MCR 复合机器人	经世智能	2023 年 7 月	应用于柔性搬运、CNC 自主上下料、智能出入库等
12	R20-60 SCARA 复合移动机器人	翼菲科技	2023 年 9 月	SCARA 机器人与 AGV 结合，能进行高效率、高精度搬运及夹取操作

在工业领域，Fetch 公司在 2015 年推出了一套仓储机器人，外观如图 1.5 所示。其中一款名为 Fetch，在其移动平台上安装有一个机械臂，该款机器人可以运用目标检测、图像处理、物体抓取和自主导航等技术，根据订单的信息将所需要的商品从货架上拿下来，并放入另一款名为 Freight 的机器人上，该机器人负责将货物送到目标点。Fetch Robotics 公司在 2018 年推出了 Trans-Fetch 移动操作机器人，如图 1.6 所示，该产品将其自主研发的高精度导航移动机器人平台（Trans）和高可靠性的协作机械臂（Aubo 或者 UR）集成在一起，同时机械臂末端搭载了高质量力矩夹爪和由高像素工业 CCD 相机组成的机器人视觉模组。KUKA 则开发出复合机器人中的里程碑式的代表产品 YouBot 和 KMR。这两款复合机器人结合了 KUKA 自家的高精度机械臂和全向移动平台，同时提供了 ROS 系统标准接口。YouBot 已成为目前高校和科研院所进行研究工作的主力机器人，如图 1.7 所示。KMR 则在工业生产环境中扮演了重要的角色，如图 1.8 所示。

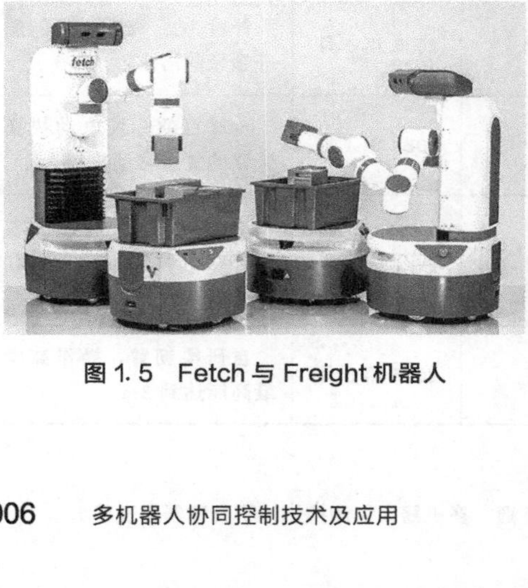

图 1.5　Fetch 与 Freight 机器人

图 1.6　Trans-Fetch 移动操作机器人

图 1.7 YouBot

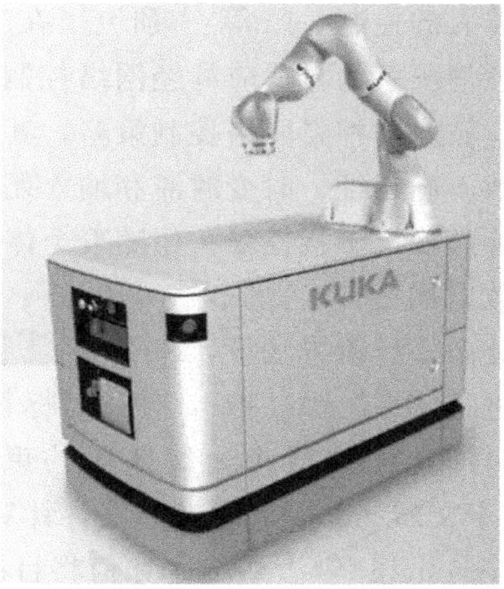

图 1.8 KMR

1.2.2 多台复合机器人协同控制研究现状

多机器人协同控制技术作为机器人控制领域的核心技术之一，近年来受到了国内外学者的广泛关注，成为国内外研究的热点[13-17]。

对于复合机器人协同作业控制问题，目前的控制方法主要有两种：集中式和分布式。集中式控制方法假设存在一个主控台，能和所有个体通信并且有能力对所有个体实施全局控制。从本质上讲，集中式控制方法是对传统单体控制方法的直接推广。而分布式控制方法则不需要主控台，个体之间进行局部信息交换以实现系统的整体目标。尽管这两种控制方法在实际系统中都有应用，然而，相对于集中式控制方法，分布式控制方法具有更多的优势，比如能量消耗较少、通信计算成本较低和容错性较好等[18]。

基于集中式控制方法，Li 等[19-20]提出了一种分散控制技术，并应用到协同搬运任务中，将协同搬运问题看作一种队列控制问题，确保在搬运物体的过程中机器人抓手之间的相对位置保持不变，然后使用在线自适应神经网络控制器实现抓手队列的控制。戴朝晖等[21]针对系统模型存在不确定参数和外部干扰的情况，研究了多机器人协同系统中位置与内力同时控制的复杂问题，提出了一种分布自适应混合智能控制方案，利用李雅普诺夫（Lyapunov）稳定性方法证明了该控制器在上述不确定性存在时是鲁棒的，在此条件下，位置误差和内力误差均渐近收敛于零。Yagiz 等[22]研究了基于滑模控制的双臂机器人系统，这种多臂协同作业机器人通常用于危险情况下，如放射性材料运输、爆炸物处理和工业应用，作者以安全装卸、运输及轨道实现为目的，设计了一种高性能、鲁棒的、无抖振的滑模控制器。Caccavale 等[23]基于几何刚度一致性的概念，提出了一种阻抗控制方案，完成了对双臂机器人的控制。Li 等[24]研究了在多机器人协同搬运时，存在时滞和输入死区不确定性情况下的自适应神经网络控制，提出了一种基于线性矩阵不等式（LMI）和自适应技术的神经网络控制策略，其所提出的自适应神经网络控制方案对动态干扰、参数不确定性、时变时滞和输入死区具有鲁棒性。尽管集中式控制方法具有一定的优势，如抗干扰性强，但随着个体数量的增加，集中控制方法的复杂度将会呈几何倍数增加[25]。

在分布式控制方法下，Fink 等[26]设计了一种“笼”式方法，通过移动机器人对目标进行“夹”和“推”，使得目标物移动到指定位置。一些学者基于编队方法，将搬运时的几何构型作为编队的约束条件，实现了物料的搬运控制[27-30]。Bai 等[31]基于文献［30］的设计思路，针对具有弹性形变的目标物，设计了分布式控制器。Antonelli 等[32]研究了如何将目标物的重心沿着指定的路径进行搬运，其中用到了分布式观测器来估计目标物的重心位置信息。Wang 等[33]提出了一种新的多机器人协作算法，该算法允许大量小型机器人将较大的物体沿期望轨迹移动到目标位置，该算法不需要在机器人之间建立明确的通信网络，机器人通过感知物体本身的运动来协调动作，结果表明，这种隐含信息足以使机器人施加的力同步。以上文献中，移动机械臂被简化为简单的一阶或者二阶积分器系统，并没有研究机械臂的关节冗余度。然而在实际的应用中，将机械臂纳入考虑将会带来很多优势，比如当遇到障碍物时，机械臂可以以更灵活的姿态通过障碍物。然而，当存在严苛安全条件限制时，同时协同控制移动平台和机械臂将变得非常困难，因为此时难以得到可行的冗余解[34]。为了解决这个问题，学者们开始尝试使用优化技术。Chen 等[35]基于原始对偶算法，通过对能耗和可操作度的优化来实时生成控制输入量，其将编队控制任务引入以速度为变量的等式约束中，提出了一种基于分布式优化的运输控制方案以及一种寻找最优解的分布式近似梯度算法，通过仿真验证了所提出的分布式优化方案和近似梯度算法的有效性。Wu 等[36]基于类似的思路，设计了分布式优化控制方法，实现了协同搬运的目标。He 等[37]基于非凸优化技术，将控制器划分为高级控制器和低级控制器，利用软物体操纵过程中的可变形性实现了多个移动机械臂的协同控制，同时避免移动平台在未知环境中发生碰撞。学者 Liu 等[38]和 Qiu 等[39]使用多目标优化技术，对末端执行器和关节姿态分配不同的优先级，在实现轨迹跟踪目标的同时避免了和障碍物发生碰撞。上述文献大多使用了基于“任务优先级”的方法来降低控制器的计算负担，其中末端执行器和移动平台通过速度控制，机械臂的冗余度则被投射到零空间。但是，此类方法牺牲了关节的灵活度，并且在复杂任务中难以保证最优解的获得，并且以上控制方案中，大部分没有考虑复合机器人在协同作业时所面临的通信时延、网络切换、任务完成时限等实际的复杂环境条件限制，当真正将多机器人协同技术落地于实际应用时，则必须考虑这些实际情况。

目前已经有文献[40-44]对多智能体协同控制问题的发展情况进行了详尽的阐述和研究，考虑本书的研究，拉格朗日函数（Lagrangian）系统常用于刻画机器人的动力学模型，下面重点从速度测量受限和网络通信受限两方面阐述 Lagrangian 系统同步控制的相关研究成果。

1.2.3 速度测量受限

速度测量受限时多 Lagrangian 系统同步问题早期由 Ren[45]进行了研究，其不仅设计了在个体自身和邻居速度信息均可知情况下的分布式协调控制器，也研究了速度信息未知时的控制方案，此工作具有开创性，但没有考虑参数未确知的情况（该研究中假设重力项为零）。针对含有未确知参数的 Lagrangian 系统，Mei 等[46]研究了在邻居个体速度不可测情况下的多领航者包容控制和无领航者同步问题，该控制器虽然不需要邻居个体的速度，但需要用到个体自身的速度信息。目前大部分关于含未确知参数的多 Lagrangian 系统同步控制策略都需要用到个体自身的速度信息，比如文献［47-68］等，这里不一一列出。

在无速度测量情况下，针对多 Lagrangian 系统同步控制问题，常见的研究方法有以下四种。

① 基于滑模控制的方法　对于参数精确已知的 Lagrangian 系统，Zhao 等[69]通过设计有限时间观测器，得到了无速度测量情况下的一致性算法，并基于滑模控制思想，设计了含有动态领航者时的跟踪算法；对于含有未确知参数的 Lagrangian 系统，Duan 等[70]也基于滑模控制思想，设计了 Super-twist 类型的关节空间速度观测器，得到了完全分布式的自适应动态跟踪算法。类似地，Wang 等[71]借鉴滑模观测器思想，设计了在时延网络中的一致性算法，并且得到了无领航者时系统的加权平均收敛值。另外，Xiao 等[72]研究了系统存在结构不确定性和外部干扰的情况，设计了自适应滑模观测器。需要指出的是，基于非平滑观测器来估测速度，尽管结构简单，但在实时实现的时候通常会出现高频振荡，并且对测量噪声非常敏感，这将限制其实际应用。

② 基于 I&I（immersion and invariance）速度观测器的方法　I&I 速度观测器由 Astolfi 等[73]提出，该方法可以得到全局指数收敛的结果。Nuño[74]基于此方法，设计了无速度测量情况下的一致性算法，但该方法需要 Lagrangian 系统的所有参数精确已知，显然这在很多实际应用中是不现实的。

③ 基于无源性理论（passivity-based）的方法　其基本思想是：在控制律作用下，如果动态系统“存储”的能量不增加，则可以保证系统的稳定性[75]。Nuño 等[76]基于无源性理论，设计了能同时处理时变时延并保证全局收敛的协调控制算法，但该算法仍需惯性矩阵和重力项精确已知。

④ 其他平滑观测器的方法　该类方法首先为每个单体 Lagrangian 系统设计速

度观测器，而后根据观测器设计协调算法。比如，Yang 等[77] 针对参数已知的 Lagrangian 系统设计了平滑速度观测器，并研究了动态跟踪算法，得到了局部收敛的结果。之后，Yang 等[78]对每个 Lagrangian 个体进行部分线性化，并对线性化部分构造速度观测器，解决了多 Lagrangian 系统的跟踪问题，得到了全局收敛的结果，但该方法也只用于参数精确已知的情形。Zhang 等[79-80]同样基于平滑观测器的思想，将单体 Lagrangian 系统速度观测器的设计方法[81]拓展到多体系统中，设计了全新的全局收敛的分布式协调控制算法。该算法允许系统中含有未知参数，但遗憾的是，仅允许部分参数未知，观测器的设计中仍需用到参数精确已知的惯性矩阵和科里奥利力-向心力矩阵。

可以看出，针对速度测量受限情况下多 Lagrangian 系统协调控制的研究并不成熟。截至目前，从公开发表的论文来看，并没有平滑的、全局收敛的、允许全局含有未知参数的分布式协调控制器，而设计这样的控制器将是本书的研究目标。

1.2.4 网络通信受限

网络通信受限是指通信网络处于非理想状态，即个体之间信息交换是离散的、间断的，并且存在丢包、时滞和切换等复杂情况。就系统属性而言，多智能体系统区别于单体系统本质的要素在于其通过网络进行信息交换，而实际通信网络往往处于非理想的状态，普遍存在信息丢包、时滞，且外界干扰、个体距离或通信优先级的变化也可能会改变系统的网络拓扑，信息交换亦可能是离散的、间断的。这些复杂网络特性向来是多智能体协调控制领域研究的重点和难点。以下针对网络时延、拓扑切换、时延切换网络和其他受限情况进行综述。

(1) 网络时延

按照时延属性可将系统中存在的时延分为两种：通信时延（communication delay）和自时延（self-delay）。

通信时延是指个体之间在进行信息交互时，发送方的信息经一定时间滞后才到达接收方。在远距离的通信过程中，时延在所难免。目前通信时延的研究成果相对较多，其研究方法主要有三类：无源性理论、级联方案和收缩理论。接下来，按照这三种方法对目前的研究成果进行分析和总结。

① 无源性理论　无源性系统有一个重要的特点：两个具有反馈或者平行关系的无源性系统组成的联合系统仍然具有无源性[75]。Chopra 等[82]运用无源性理论对一类含通信时延的非线性 MAS系统的同步问题进行了研究，并将此结果应用在双边遥操作问题上[83]。Spong 等[84]进一步将结果推广到了多个 EL 系统协调控制中，在静态通信拓扑条件下，得到了含有恒定时延的分布式一致性算法，并运用 Lyapunov-Krasovskii 函数方法对系统的稳定性进行了证明，但文献［84］中 EL 方程、动力学方程参数均需精确已知。另外，Münz 等[85]针对更为一般的含时延

非线性 MAS 系统，设计了一种非线性控制器，即控制器中加入了一个无源性的平滑奇函数，将相邻个体的状态差作为该函数的自变量，这样的设计降低了对系统无源性的要求，只要求各个个体满足局部无源性，而不需要全局无源性，其研究结果也可直接移植到非线性的 EL 系统中。最近，同样基于无源性理论，Nuño 课题组[41]研究了一种新的“能量成型＋阻尼注入”协调控制方案，该方案进一步研究了无速度测量情况下含有时变通信时延的一致性算法，同时允许 Lagrangian 系统中的科里奥利力-向心力矩阵含有未知参数，并且得到了全局一致性的结果。需要指出的是，基于无源性理论的设计，通常要求通信拓扑为无向图或者平衡图。

② 级联方案　此方案的核心思想是将非线性 Lagrangian 系统转换成若干个互相级联的线性和非线性子系统，从而利用线性系统关于通信时延的研究成果[57]。级联方案是 Lagrangian 系统协调控制的主流方案，大部分研究结果都基于此。比如，文献［86］将作者前期关于遥操作系统的研究结果[87]推广到了多 EL 系统，并将 leadless 一致性和 leader-following 一致性放在同一构架下进行考虑，结合频域分析方法和 Lyapunov-Krasovskii 函数方法，设计了允许通信时延的协调控制器，并研究了动态领航者的跟踪问题，但要求所有个体都知道领航者的位置和速度信息，因此，在动态跟踪问题上，其本质上并不是真正意义上的分布式控制器。与文献［86］相比，Min 等[67]在级联方案构架下，运用 LMI 方法和 Lyapunov 方法等，对通信时延问题进行了研究，同时提出了一种不同于文献［86］的分布式动态跟踪算法。接下来，Wang[57]将积分环节引入了级联的子线性系统，构建了一种新的“积分-级联”（integral-cascade）自适应控制构架。值得注意的是，在此构架下，作者基于频域分析方法，首次计算出了无领航者多 Lagrangian 系统的具体一致收敛值。另外，Abdessameud 等[61]将小增益（small-gain）理论与级联方案进行了结合。小增益理论主要应用于由多个子系统级联构成的复杂系统，通过非线性鲁棒设计，使整个系统实现稳定性，是一种强大的理论分析工具。文献［61］对含有不规则时延的多 Lagrangian 系统一致性问题进行了研究，运用小增益定理对系统的稳定性进行了分析，同时采用自适应控制技术，针对系统动力学方程含有未知参数的情况，设计了分布式自适应一致性算法，该算法允许未知通信时延的存在。后来，Abdessameud 等[62]又将此方法推广到了跟踪动态领航者的情形，允许通信时延为时变或者完全未知，其假设动态领航者为二阶线性系统，但遗憾的是所有个体的控制器要用到领航者的常数矩阵 $\boldsymbol{S}$，所以从本质上讲，该控制器非真正意义上的完全分布式。

③ 收缩理论　收缩理论实际上是更为一般意义上的 Krasovskii 定理[88]，相比于 Lyapunov 线性化方法，收缩理论在研究非线性系统时具有较大的优势。比如，对于局部稳定性的分析，Lyapunov 方法需要进行微分近似，而收缩理论分析则是精确的，不需要近似，所以可以得到全局指数收敛的结果。Wang 等[89]首先将收

缩理论运用到了含时延的MAS协调控制问题上，同时基于“波”变量技术，分别对连续系统和离散系统进行了研究，通过对一个“微分段”（differential length）求导，并结合Barbalat定理，对系统稳定性进行了证明。研究表明，系统的收敛性与通信时延的大小没有关系。Chung等[90]针对卫星编队任务，将卫星转动方程和平动方程转换为EL方程，类似于文献［89］的思路，对含时延的卫星编队问题进行了算法设计，并运用收缩理论对系统稳定性进行了证明。需要指出的是，目前基于收缩理论的文献中要求各个个体具有相同的结构，对于异构系统还有待于进一步研究。

另外，Sun等[91]基于神经网络和滑模控制技术，研究了时变时延情况下的动态跟踪问题，分别针对领航者为静态和动态的情形设计了不同的控制器。Klotz等[92]针对含有通信时延的动态跟踪问题，提出了一种新的解决方案，即对每个个体主动引入通信时延的估测量作为自时延，从而提高系统跟踪的动态性能，并且证明了跟踪误差是一致最终有界（UUB）的，该算法允许通信时延是时变或者未知的，并且考虑了系统受到外部干扰的情况，但该算法不仅需要用到自身的速度信息，而且需要用到邻居个体的速度信息。

（2）拓扑切换

通信网络切换是指由于个体距离、外界干扰或者通信优先级的改变致使通信链路发生的断开或者连接。近年来网络切换问题一直受到广泛的关注，学者研究的切换网络主要有两种类型：连通切换网络和联合连通（jointly-connected）切换网络（简称联合连通网络）。联合连通网络更具有一般性，连通切换网络可视为联合连通网络的一种特殊情况[93]。Mehrabian等[94]针对连通切换网络下的多Lagrangian系统，通过构造共同Lyapunov函数的方法，运用切换系统稳定性的相关理论，基于非渐消驻留时间的概念，证明了系统的状态收敛到一个弱不变集中。基于类似的方法，文献［95］同时综合考虑了执行器故障诊断信息不可靠、外部干扰和任意通信网络切换三种因素，设计了分布式容错控制器，但其要求通信拓扑为无向图，并且需要邻居个体的速度。对于联合连通网络，Liu等[66]设计了允许含有未知参数的多Lagrangian系统协同控制算法，运用自适应控制理论和切换系统稳定性的相关理论，通过构造共同Lyapunov函数，并结合Barbalat定理证明Lyapunov函数的导数趋近于零，从而证明系统的收敛性。文献［96］也基于相似的方法，将结果推广到了系统运动学和动力学参数同时未确知的情况。以上的研究都是为了解决无领航者时的一致性问题。对于领航者为二阶线性系统的动态跟踪问题，Cai等[97]基于输出调节理论设计了一种控制方案，该方案的核心思想是让各个个体独立生成一个“虚拟”的领航者轨迹，而后利用自适应控制理论，实现个体真实状态与“虚拟”领航者状态的一致。这种方案中，通信网络所传递的信息不是个体的真实状态信息，而是“虚拟”的，这种方法适用于大部分应用场合，但是针对仅能测量邻居个体的相对状态信息的情况，此种方案将不再适用。Wang[98]将积分环节引入了控制器的设计，从而避免了对非连续切换变量的微分，解决了有向联合连通网络下的同步问题，但是该控制器需要用到邻居个体的速度量，而这将限制其实际应用范围。为了避免速度测量的问题，Abdessameud[63]基于同样的思路，设计了一种高阶“过滤器”来保证控制器的连续性，从而解决了无相对速度测量的无领航者一致性问题。

（3）时延切换网络

时延切换网络是一种更为复杂的情况，即通信网络中既存在时延，又同时存在切换，这种网络可以更好地刻画实际情况，因此近几年学者们开始逐渐关注这两种因素并存的情形。这一问题无疑比考虑单一因素更具有实用性，当然也更具挑战性。所以，对于多 Lagrangian 系统，考虑时延切换网络的研究结果相对较少，根据前面的分析可知，通过级联方案可以将 Lagrangian 系统转换为相互级联的线性和非线性系统，其中的线性系统与复杂通信网络特性直接相关，所以可以借鉴一阶线性系统在此领域的研究成果。针对一阶线性系统，具有代表性的理论成果有：Xiao 等[99]针对含有离散时延的连续一阶积分器系统，通过状态扩维法，并基于遍历矩阵的结果研究了系统的一致性。对于含有连续时延的一阶 MAS 系统，Sun 等[100]设计了可以同时实现有限时间收敛性的控制器，并基于一种“树型”转换的方法研究了控制器的收敛性。Papachristodoulou 等[101]基于 Lyanunov-Razumikhin 方法，研究了联合连通拓扑和通信时延共存时的协调算法，并用一种类 Barbalat 定理的方法证明了系统的稳定性。Münz 等[102]针对一阶线性系统，构建了一个由所有个体状态轨迹组成的“超矩形”，运用收缩理论，证明了这个“超矩形”最终趋于一个点，从而证明了系统的收敛性，该研究结果适用于恒定、时变和未知通信时延。Lin 等[103]针对一阶线性系统，根据时变时延的种类，建立了同时刻画时延和联合连通拓扑的混合模型，基于共同 Lyapunov-Krasovskii 函数方法，给出了一致性的充分条件。

对于多 Lagrangian 系统，Liu 等[65-66]对时变通信时延和联合连通网络共存的情况进行了研究。研究了允许时变时延和联合连通网络共存的控制器，通过设计共同 Lyapunov-Krasovskii 函数，证明了闭环系统的稳定性，但该算法假设通信拓扑为无向图，并且用到邻居个体的速度信息。Lu 等[104]结合前馈控制与自适应控制技术，设计了一种新的分布式跟踪算法，将结果拓展到了联合连通有向图中，并基于确定性等价原则和分离原理证明了闭环系统的稳定性。但从本质上讲，该控制器非真正意义上的完全分布式，因为个体都需要用到二阶线性领航者的线性矩阵。

（4）其他受限情况

其他网络受限情况，比如信息交换是离散的、间歇的，甚至存在丢包的现象，研究这些网络通信受限情况的方法通常基于小增益理论，用其分析 MAS 系统控制问题主要有两方面优势：第一，放宽了对通信拓扑的要求，基于无源性理论的结果通常要求通信拓扑为无向图或者平衡的有向图，而小增益理论只要求通信图为最常见的连通有向图；第二，适合分析更为复杂的时延类型，小增益理论可用来分析离散、间歇的通信中时变的或者间断的时延，具有更广的应用范围。Polushin等[105-106]首先将小增益理论应用于协同遥操作（cooperative teleoperation）系统，其研究结果基于一种类似输入-输出稳定（input-to-output stability，IOS）的假设，即弱输入-输出实际稳定（weakly input-to-output practically stability，WIOPS）假设。近几年，Abdessameud 等基于小增益理论在多 Lagrangian 系统的离散通信以及不规则通信时延方面进行了多项研究，见文献［107，61-63］等。但这些研究并没有考虑到无速度测量的情况，其控制构架都需要用到个体自身的速度信息。

1.3 主要研究内容

综上所述，复杂环境中复合机器人协同作业控制问题是复合机器人大规模推广应用所面临的重要障碍之一。目前市面上的复合机器人产品型号众多，各自采用的控制技术各不相同，产品融合度差，行业距离成熟还有很长的路要走，目前的复合机器人协同作业领域呈现出的需求也仅仅是冰山一角，随着持续深入的研究，复合机器人协同作业有望应用在更多领域，包括军事应用、工业制造、医疗康复、生活服务、农业采摘、智能巡检等。

具体而言，目前对于多台复合机器人协同作业的控制问题的研究并不成熟，主要体现在以下两方面。第一，没有充分考虑复杂环境。现有结果通常假设机器人之间的通信是理想的，不存在丢包、时间延迟、网络切换等因素，并且未同时考虑系统存在不确定参数等情况，而这些因素在实际系统中客观存在，并且在很多场景中不能忽略。第二，系统收敛时间上界难以精确估量。目前大多数分布式控制器都是基于渐近收敛理论而设计。然而，在很多实际需求中，要求机器人在指定时间内完成协同作业任务，比如协同搜索、灾难救援等。

在前期研究中，针对复杂环境中的时间延迟问题，考虑机器人系统动力学参数未知的情况，设计了一类自适应控制构架。对于含有通信时延的情况，分别对领航机器人为静态和动态两种情况进行了考虑，设计了一致性算法实现对领航机器人的跟随控制，并对其稳定性进行了证明。对于通信网络中既存在通信时延又存在自时延的情形，设计了自适应协调控制器，并利用 LMI 方法得到了系统实现一致性的充分条件。针对复杂环境中的网络切换问题，基于共同 Lyapunov 函数方法对复杂切换网络条件下的机器人系统协调控制进行了研究。将切换网络分为连通切换网络和联合连通网络两种类型，并分别考虑系统动力学参数已知和未知两种情况。在联合连通网络中，对无领航者的一致性问题和有领航者的动态跟踪问题都进行了研究，设计了分布式一致性算法。此外，考虑了一种更为复杂的情形，即多机器人系统中同时含有参数已知和未知两类个体，对其在联合连通网络中的一致性问题进行了研究。针对通信时延和网络切换共存的复杂网络环境，设计了分布式协同控制算法。为了更贴近工程实际，将通信时延刻画为常见的时变时延，同时将通信网络假定为最一般的联合连通网络，并通过仿真实验验证了算法的正确性。另外，针对分布式机器人系统，利用 Matrosov 定理和齐次性相关理论设计了有限时间一致性算法。前期的研究基础为复杂环境条件下多复合机器人协同作业控制技术的研究提供了理论依据。

基于此，本书首先将基于复杂环境中复合机器人协同控制背景，完成多台复合机器人硬件平台的搭建及相关传感器选型，并以 ROS（robot operating system，机器人操作系统）为框架，对复合机器人进行驱动软件及控制系统开发，完成运动规划、地图建立、导航与定位、多机器人协同作业、仿真与实时监控等功能开发。其次，探明在综合考虑系统存在通信时延、网络切换、安全限制、约束等情况时行之有效的一体化建模理论与方法，在此基础上，完成复杂环境条件限制下多台复合机器人系统性能分析和分布式指定时间收敛控制器设计等工作。最终，实现对多台复合机器人协同作业的稳定控制，从而解决系统在硬件设计、控制软件开发、协同作业控制方案设计等领域的技术难题。

本书针对多复合机器人协同作业控制系统面临的队形变换需求、通信时延、避障、完成任务时间限制等复杂实际环境条件限制的问题，在本团队前期对于机器人在复杂网络环境中的协同控制及有限时间控制等研究基础上，结合指定时间收敛理论、分布式优化、Lyapunov 方法等，最终控制多台复合机器人协同完成任务。以协同搬运为例，假设五台复合机器人协同搬运物体，搬运过程中五台复合机器人仅需部分个体获取全局路径信息，个体可以和邻居个体进行信息交换，但信息交换的时候有可能存在时间延迟；搬运途中个体相互之间不能发生碰撞，同时需要避开障碍物。

由于多台复合机器人的协同作业控制是一个复杂的问题，将分步对该问题进行研究：首先基于 ROS 研究移动平台与机械臂的协同控制系统的开发，建立多机器人协作平台；然后研究如何建立复杂环境条件约束模型和机器人的动力学模型；在此基础上，进一步研究如何设计控制器，才能实现机器人在指定时间内完成协作任务。具体研究内容为：

(1) 约束条件与系统动力学特性的一体化建模

本书所提到的“复杂环境”主要包括通信网络的丢包、网络切换、通信时延、多机器人系统协同作业过程中存在障碍物，以及要求指定时间收敛等限制条件。本书将立足于这些复杂环境，将协同作业问题转化为分布式编队优化控制问题，建立系统的一体化模型。

(2) 分布式控制器设计与性能分析

针对建立的一体化模型，提出系统控制器设计新方法。该部分的研究要点包括：

第一，系统模型参数精确已知情况下的分布式指定时间收敛控制器设计问题；

第二，系统存在干扰时的分布式控制器设计问题；

第三，系统模型存在不确定性时的分布式智能自适应控制器设计问题。

在建立的一体化模型和控制器设计分析基础上，利用 Lyapunov 函数方法和分布式优化控制理论给出系统的稳定性条件，并用以刻画限制条件（障碍物、系统未知参数、非理想通信拓扑）对闭环系统性能的影响；借助 ROS 平台，设计仿真实验进行初步验证，而后将控制算法移植到复合机器人平台上进行实践检验，对结果进行深入分析，进而不断完善控制方案。

(3) 构建基于 ROS 的复合机器人协同作业软件控制平台

基于 ROS 开发驱动系统，使复合机器人控制软件能够与底层控制器进行连接，使得移动平台和机械臂能够接收正常的运动控制指令和轨迹数据，并将自身的状态信息和运动数据上传到上层控制软件。为了实现复合机器人控制软件的功能分层设计，将不同功能进行单独封装。此外，编写统一的机器人描述格式，并在 Rviz 和 Gazebo 中实现机器人的可视化。对功能进行独立封装，可以以插件的形式加载，便于灵活使用。在功能实现层面，开发操作臂的运动规划功能和移动平台的定位导航功能，为多台机器人协同控制提供基础功能。基于此，构建多机器人协同作业的通信网络，将各个机器人底层信息封装在本地处理，任务相关的话题通过广播发布在机器人网络中，以便于机器人间的协同配合。

第2章 多机器人协同控制建模

多机器人协同控制问题以通信网络作为基本特性，以机器人作为研究对象，以多个体之间的协同为控制目标。从单体控制、二体控制问题，到多个体协同控制问题研究成果的取得，通信网络的引入起到了至关重要的作用；另外，机器人执行任务的多样性，也导致了多机器人协同控制目标的不同。本章主要介绍研究过程中用到的数学基础和相关理论，主要包括通信网络描述、机器人动力学方程、协同控制目标以及相应的稳定性理论。

2.1 系统动力学方程

2.1.1 系统定义

单机器人动力学方程可用 Lagrangian 方程定义。定义 Q 为一个机械系统 n 维光滑的（C^{∞}）构造流型，其广义坐标 $\boldsymbol{q}\in Q$。令 $\delta\boldsymbol{q}$ 为对应于 $\boldsymbol{q}$ 变化的虚拟位移，则当外力存在时（例如执行器控制力或外部干扰力），由 Lagrangian-D′Alembet 原理可知：

$$\delta\int_a^b L(\boldsymbol{q},\dot{\boldsymbol{q}})\mathrm{d}t+\int_a^b F(\delta\boldsymbol{q})\mathrm{d}t=0 \tag{2.1}$$

这里，Lagrangian 算子 L：$TQ\rightarrow\mathbb{R}$ 定义为：

$$L(\boldsymbol{q},\dot{\boldsymbol{q}})=K(\boldsymbol{q},\dot{\boldsymbol{q}})-V(\boldsymbol{q})=\frac{1}{2}\dot{\boldsymbol{q}}^{\mathrm{T}}\boldsymbol{M}(\boldsymbol{q})\dot{\boldsymbol{q}}-V(\boldsymbol{q}) \tag{2.2}$$

注意势能 $V(\boldsymbol{q})$：$Q\rightarrow\mathbb{R}$ 与 $\dot{\boldsymbol{q}}$ 无关，动能通常可表示为二次型 $K(\boldsymbol{q},\dot{\boldsymbol{q}})=\frac{1}{2}\dot{\boldsymbol{q}}^{\mathrm{T}}\boldsymbol{M}(\boldsymbol{q})\dot{\boldsymbol{q}}$。

对于具有构造流型 Q 的机械系统，得到其 Lagrangian 方程：

$$\frac{\mathrm{d}}{\mathrm{d}t}\times\frac{\partial L(\boldsymbol{q},\dot{\boldsymbol{q}})}{\partial\dot{\boldsymbol{q}}}-\frac{\partial L(\boldsymbol{q},\dot{\boldsymbol{q}})}{\partial\boldsymbol{q}}=\boldsymbol{F} \tag{2.3}$$

式中，$\boldsymbol{F}$：$\mathbb{R}\times TQ\rightarrow T^*Q$ 为施加在系统上的 m 维广义力或力矩（$\boldsymbol{F}\in\mathbb{R}^m$）。其时间相关性源于期望的时变轨迹。否则，$\boldsymbol{F}$ 可简单定义为 $\boldsymbol{F}$：$TQ\rightarrow T^*Q$。如果 $m=n$，$\boldsymbol{q}\in\mathbb{R}^n$，则该系统称为全驱动系统；反之，如果 $m<n$，则称该系统为欠驱动系统。

通常，在式（2.3）的基础上，我们可以很方便地加入耗散力（如机械摩擦力和空气阻力等）：

$$\frac{\mathrm{d}}{\mathrm{d}t}\times\frac{\partial L(\boldsymbol{q},\dot{\boldsymbol{q}})}{\partial\dot{\boldsymbol{q}}}-\frac{\partial L(\boldsymbol{q},\dot{\boldsymbol{q}})}{\partial\boldsymbol{q}}=\boldsymbol{F}+\boldsymbol{B}(\boldsymbol{q},\dot{\boldsymbol{q}}) \tag{2.4}$$

式中，$\boldsymbol{B}(\boldsymbol{q},\dot{\boldsymbol{q}})$ 为广义耗散力或力矩向量。

将式（2.4）代入式（2.3），我们得到：

$$\boldsymbol{M}(\boldsymbol{q})\ddot{\boldsymbol{q}}+\dot{\boldsymbol{q}}^{\mathrm{T}}\boldsymbol{\Gamma}(\boldsymbol{q},\dot{\boldsymbol{q}})\dot{\boldsymbol{q}}+\boldsymbol{g}(\boldsymbol{q})=\boldsymbol{F} \tag{2.5}$$

其中，$\boldsymbol{g}(\boldsymbol{q})$ 包含刚体的重力项，使得 $\frac{\partial V(\boldsymbol{q})}{\partial\boldsymbol{q}}=\boldsymbol{g}(\boldsymbol{q})$，且 $\boldsymbol{\Gamma}$ 矩阵中的元素为：

$$\Gamma_{ijk}=\frac{1}{2}\left(\frac{\partial M_{ij}}{\partial q_k}+\frac{\partial M_{ik}}{\partial q_j}-\frac{\partial M_{jk}}{\partial q_i}\right) \tag{2.6}$$

二次型项 $\dot{\boldsymbol{q}}^{\mathrm{T}}\boldsymbol{\Gamma}(\boldsymbol{q},\dot{\boldsymbol{q}})\dot{\boldsymbol{q}}$ 可分为两种不同的类型。包含 q_iq_j（$i\neq j$）的项代表科里奥利力（力矩），而含有 q^2 的项对应向心力（力矩）。我们选取式（2.5）的一种等价形式：

$$\boldsymbol{M}(\boldsymbol{q})\ddot{\boldsymbol{q}}+\boldsymbol{C}(\boldsymbol{q},\dot{\boldsymbol{q}})\dot{\boldsymbol{q}}+\boldsymbol{g}(\boldsymbol{q})=\boldsymbol{F} \tag{2.7}$$

其中 $\boldsymbol{C}$ 矩阵定义为

$$c_{ij}=\frac{1}{2}\sum_{k=1}^{n}\frac{\partial M_{ij}}{\partial q_k}\dot{q}_k+\frac{1}{2}\sum_{k=1}^{n}\left(\frac{\partial M_{ik}}{\partial q_j}-\frac{\partial M_{jk}}{\partial q_i}\right)\dot{q}_k \tag{2.8}$$

这样，$\dot{\boldsymbol{M}}-2\boldsymbol{C}$ 为反对称矩阵。因此，对于任意 $\boldsymbol{x}\in\mathbb{R}^n$，有 $\boldsymbol{x}^{\mathrm{T}}(\dot{\boldsymbol{M}}-2\boldsymbol{C})\boldsymbol{x}=0$。这种对称性可视为 Lagrangian 系统能量保守性的矩阵表示。在以后章节中可以看到，该性质将被广泛应用。此外，本书中我们假定式（2.7）为全驱动系统。换言之，控制输入的个数等于它们的配置维数 n。

2.1.2 Lagrangian 系统的性质

概括而言，典型的 Lagrangian 系统具有以下四个性质：

性质 1：惯性矩阵 $\boldsymbol{M}_i(\boldsymbol{q}_i)$ 有界，即

$$0<\lambda_m\{\boldsymbol{M}_i(\boldsymbol{q}_i)\}\boldsymbol{I}\leqslant\boldsymbol{M}_i(\boldsymbol{q}_i)\leqslant\lambda_M\{\boldsymbol{M}_i(\boldsymbol{q}_i)\}\boldsymbol{I}<\infty$$

性质 2：式（2.7）可线性化为

$$\boldsymbol{M}(\boldsymbol{q}_i)\ddot{\boldsymbol{q}}_i+\boldsymbol{C}(\boldsymbol{q}_i,\dot{\boldsymbol{q}}_i)\dot{\boldsymbol{q}}_i+\boldsymbol{g}(\boldsymbol{q}_i)=\boldsymbol{Y}(\boldsymbol{q}_i,\dot{\boldsymbol{q}}_i,\ddot{\boldsymbol{q}}_i)\boldsymbol{\theta}_i=\boldsymbol{F}_i(t)$$

式中，$\boldsymbol{\theta}_i$ 为包含惯性矩阵的一个恒定的 p 维向量；$\boldsymbol{Y}(\cdot)\in\mathbb{R}^{p\times p}$ 为包含广义坐标及其高阶导数已知函数的矩阵。

性质 3：矩阵 $\dot{\boldsymbol{M}}(\boldsymbol{q}_i)-2\boldsymbol{C}(\boldsymbol{q}_i,\dot{\boldsymbol{q}}_i)$为反对称矩阵，即对于给定向量 $\boldsymbol{r}\in\mathbb{R}^n$，有

$$\boldsymbol{r}^{\mathrm{T}}(\dot{\boldsymbol{M}}(\boldsymbol{q}_i)-2\boldsymbol{C}(\boldsymbol{q}_i,\dot{\boldsymbol{q}}_i))\boldsymbol{r}=0$$

性质 4：$\forall\boldsymbol{q}_i\in\mathbb{R}^n\ \exists k_{c_i}\in\mathbb{R}_{>0}:|\boldsymbol{C}_i(\boldsymbol{q}_i,\dot{\boldsymbol{q}})\dot{\boldsymbol{q}}|\leqslant k_{c_i}|\dot{\boldsymbol{q}}|^2$。

2.1.3 典型的 Lagrangian 系统

(1) 2 自由度机械臂

2 自由度机械臂在工业上有广泛的应用。作为一种典型的 Lagrangian 非线性系统，2 自由度机械臂也常作为被控对象用于非线性控制理论的验证。考虑如图 2.1 所示的机械臂。围绕每个机械臂质心的转动惯量分别为 I_1 和 I_2，机械臂的长度为 l_1 和 l_2，每个机械臂质心到前一关节的长度分别为 l_{c1} 和 l_{c2}。此外，令 m_1、m_2 分别代表每个机械臂的质量。则该系统的运动学方程可表述为一个标准的 Lagrangian 方程：

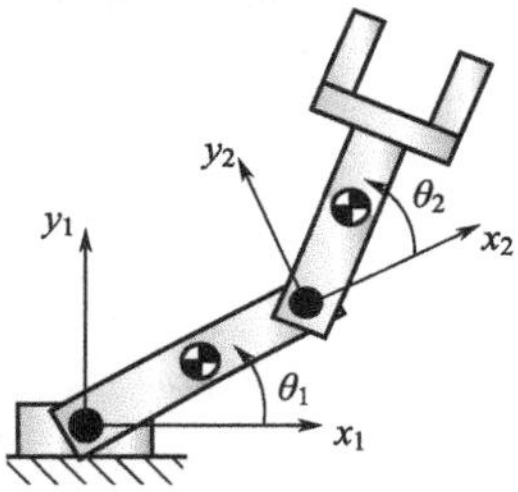

图 2.1　2 自由度机械臂

$$\boldsymbol{M}(\boldsymbol{q})\ddot{\boldsymbol{q}}+\boldsymbol{C}(\boldsymbol{q},\dot{\boldsymbol{q}})\dot{\boldsymbol{q}}+\boldsymbol{g}(\boldsymbol{q})=\tau(t) \tag{2.9}$$

这里，惯性矩阵定义为：

$$\boldsymbol{M}(\boldsymbol{q})=\begin{bmatrix}M_{11} & M_{12}\\ M_{21} & M_{22}\end{bmatrix}$$

其中

$$M_{11}=I_1+I_2+m_1l_{c1}^2+m_2(l_1^2+l_{c2}^2+2l_1l_{c2}\cos\theta_2)$$
$$M_{12}=I_2+m_2(l_{c2}^2+l_1l_{c2}\cos\theta_2)$$
$$M_{21}=I_2+m_2(l_{c2}^2+l_1l_{c2}\cos\theta_2)$$
$$M_{22}=I_2+m_2l_{c2}^2$$

$\boldsymbol{C}$ 矩阵为：

$$\boldsymbol{C}(\boldsymbol{q},\dot{\boldsymbol{q}})=\begin{bmatrix}h\dot{\theta}_2 & h(\dot{\theta}_1+\dot{\theta}_2)\\ -h\dot{\theta}_1 & 0\end{bmatrix} \tag{2.10}$$

这里，$h=-m_2l_1l_{c2}\sin\theta_2$。重力势能项为：

$$\begin{cases} g_1(\boldsymbol{q})=\dfrac{\partial V}{\partial \theta_1}=(m_1 l_{c1}+m_2 l_1)g\cos\theta_1+m_2 l_{c2} g\cos(\theta_1+\theta_2) \\ g_2(\boldsymbol{q})=\dfrac{\partial V}{\partial \theta_2}=m_2 l_{c2} g\cos(\theta_1+\theta_2) \end{cases} \tag{2.11}$$

同样，当 θ_2 定义为相对于横轴的角度时，将消去相应的科里奥利项，这样惯性矩阵可表述为：

$$\boldsymbol{M}(\boldsymbol{q})=\begin{pmatrix} I_1+m_1 l_{c1}^2+m_2 l_1^2 & m_2 l_1 l_{c2}\cos(\theta_2-\theta_1) \\ m_2 l_1 l_{c2}\cos(\theta_2-\theta_1) & I_2+m_2 l_{c2}^2 \end{pmatrix} \tag{2.12}$$

（2）移动机器人

基于图 2.2 所示的轮式移动机器人系统，第 i 个机器人的运动学方程可表述为：

$$\dot{r}_{xi}=v_i\cos\theta_i,\quad \dot{r}_{yi}=v_i\sin\theta_i,\quad \dot{\theta}_i=\omega_i \tag{2.13}$$

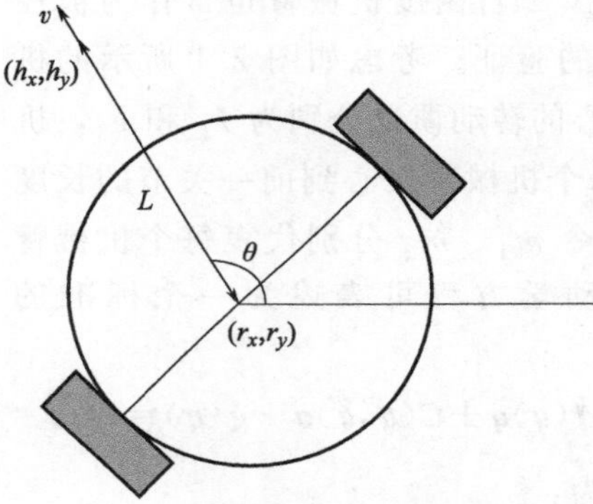

图 2.2 非万向轮式移动机器人系统

其指向位置可表述为：

$$\begin{bmatrix} h_{xi} \\ h_{yi} \end{bmatrix}=\begin{bmatrix} r_{xi} \\ r_{yi} \end{bmatrix}+\begin{bmatrix} \cos\theta_i \\ \sin\theta_i \end{bmatrix} \tag{2.14}$$

对式（2.14）求时间的二阶导数，可得：

$$\begin{aligned} \begin{bmatrix} \ddot{h}_{xi} \\ \ddot{h}_{yi} \end{bmatrix}&=\begin{bmatrix} \cos\theta_i & -L_i\sin\theta_i \\ \sin\theta_i & L_i\cos\theta_i \end{bmatrix}\begin{bmatrix} \dot{v}_i \\ \dot{\omega}_i \end{bmatrix} \\ &\quad+\begin{bmatrix} -\sin\theta_i v_i\omega_i & -L_i\cos\theta_i\omega_i^2 \\ \cos\theta_i v_i\omega_i & -L_i\sin\theta_i\omega_i^2 \end{bmatrix} \end{aligned} \tag{2.15}$$

令

$$\begin{bmatrix} \dot{v}_i \\ \dot{\omega}_i \end{bmatrix}=\begin{bmatrix} \cos\theta_i & \sin\theta_i \\ -\dfrac{1}{L_i}\sin\theta_i & \dfrac{1}{L_i}\cos\theta_i \end{bmatrix}\begin{bmatrix} u_{xi} \\ u_{yi} \end{bmatrix} \tag{2.16}$$

$$\begin{bmatrix} g_{1i} \\ g_{2i} \end{bmatrix} = \begin{bmatrix} -\sin\theta_i v_i \omega_i - L_i \cos\theta_i \omega_i^2 \\ \cos\theta_i v_i \omega_i - L_i \sin\theta_i \omega_i^2 \end{bmatrix} \tag{2.17}$$

则有：

$$\begin{bmatrix} \ddot{h}_{xi} \\ \ddot{h}_{yi} \end{bmatrix} = \begin{bmatrix} u_{xi} \\ u_{yi} \end{bmatrix} + \begin{bmatrix} g_{1i} \\ g_{2i} \end{bmatrix} \tag{2.18}$$

可以看出，经过适当的变量代换，可将该机器人系统运动学转化为 Lagrangian 方程形式。

(3) 小车上的机械臂

考虑如图 2.3 所示的移动机械臂系统。该机械臂可用于危害环境中替代人工作业［例如斯坦福移动机械臂系统（SAMM）］或太空作业机械臂系统（如 NASA 的 A. K. A 系统）。该系统实际上是移动小车上的一个 2 自由度机械臂，因此也被称为小车上的双倒立摆。

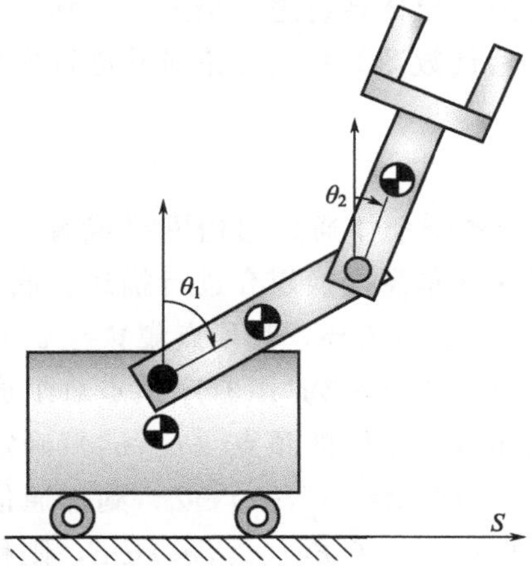

图 2.3 小车平台上的移动机械臂系统

为简单起见，定义相对于惯性垂直坐标的两个角变量分别为 θ_1 和 θ_2。设小车质量为 M，由运动学关系，我们可针对变量 $\boldsymbol{q}=(s,\theta_1,\theta_2)^{\mathrm{T}}$ 定义如下惯性矩阵：

$$\boldsymbol{M}(\boldsymbol{q}) = \begin{bmatrix} M+m_1+m_2 & (m_1 l_{c1}+m_2 l_1)\cos\theta_1 & m_2 l_{c2}\cos\theta_2 \\ (m_1 l_{c1}+m_2 l_1)\cos\theta_1 & I_1+m_1 l_{c1}^2+m_2 l_1^2 & m_2 l_1 l_{c2}\cos(\theta_1-\theta_2) \\ m_2 l_{c2}\cos\theta_2 & m_2 l_1 l_{c2}\cos(\theta_1-\theta_2) & I_2+m_2 l_{c2}^2 \end{bmatrix} \tag{2.19}$$

此外，可计算 $\boldsymbol{C}$ 矩阵为：

$$
\boldsymbol{C}(\boldsymbol{q},\dot{\boldsymbol{q}})=\begin{bmatrix}0 & -(m_1l_{c1}+m_2l_1)\sin\theta_1\dot{\theta}_1 & -m_2l_{c2}\sin\theta_2\dot{\theta}_2\\ 0 & 0 & m_2l_1l_{c2}\sin(\theta_1-\theta_2)\dot{\theta}_2\\ 0 & -m_2l_{c2}\sin(\theta_1-\theta_2)\dot{\theta}_1 & 0\end{bmatrix} \tag{2.20}
$$

重力项 $\boldsymbol{g}(\boldsymbol{q})=\dfrac{\partial V(\boldsymbol{q})}{\partial \boldsymbol{q}}$ 由下式确定：

$$
\boldsymbol{g}(\boldsymbol{q})=\begin{bmatrix}0\\ -(m_1l_{c1}+m_2l_1)g\sin\theta_1\\ -m_2l_{c2}g\sin\theta_2\end{bmatrix} \tag{2.21}
$$

2.2 通信网络模型

在多机器人系统中，各机器人之间通过收发信息进行通信，这种机制被称为通信网络，这也是多个体系统与单体系统之间最大的区别。本书将这种通信网络抽象成信息流的拓扑形式，并用代数图的相关理论对其进行描述。

2.2.1 图论基础

如果一个 MAS 系统中各个个体通过通信网络或者传感网络来进行信息交互，则可用有向图或者无向图来对信息交换媒介进行描述。假设组成 MAS 系统的个体数量为 n，用图 $\mathcal{G}(\mathcal{V},\mathcal{E})$ 表示通信拓扑，其顶点集 $\mathcal{V}=\{v_i\}$，$i\in\mathcal{I}=\{1,\cdots,n\}$ 为非空集合，代表各 Agent，边集 $\mathcal{E}\subseteq\mathcal{V}\times\mathcal{V}$ 是由有序顶点对组成的集合，代表各个个体之间的链接关系。每条边由两个不同的顶点（v_i,v_j）确定，其中 v_i 称为父节点，v_j 称为子节点。如果 $(v_i,v_j)\in\mathcal{E}\Leftrightarrow(v_j,v_i)\in\mathcal{E}$，则称通信图为无向图；反之，如果边 (v_i,v_j) 为有序的，即 $(v_i,v_j)\in\mathcal{E}$ 而 $(v_j,v_i)\notin\mathcal{E}$，则称之为有向图。如果 $(v_i,v_j)\in\mathcal{E}$，则称点 v_j 为点 v_i 的一个邻居，点 v_i 的所有邻居的集合用 $\mathcal{N}_i$ 来表示。

对于有向图，有向路径（directed path）是指边集按照 $(v_1,v_2),(v_2,v_3),\cdots$ 这种有向的形式组成的集合；无向图中的无向路径（undirected path）定义与此类似。对于有向图，如果有向路径的起始点和终点为同一点，则称该图为环形图。如果有向图中的每个节点都可以通过有向路径与其他任意节点连通，则称为强连通图。对于无向图，如果一个无向路径将所有个体连通，则可称该无向图是连通的。根节点是指无父节点而通过有向路径对其他所有个体具有可达性的节点。如果一个有向路径除了根节点以外，其他所有节点都只有一个父节点，则称该有向路径为有向树。注意，有向树不含有环形图，因为所有个体都以单向的方式与根节点相连。

如果 $\mathcal{V}^s\subseteq\mathcal{V}$，$\mathcal{E}^s\subseteq\mathcal{E}\cap(\mathcal{V}^s\times\mathcal{V}^s)$，则称图 $\mathcal{G}^s(\mathcal{V}^s,\mathcal{E}^s)$ 为图 $\mathcal{G}(\mathcal{V},\mathcal{E})$ 的附属图，如果附属图 $\mathcal{G}^s(\mathcal{V}^s,\mathcal{E}^s)$ 为有向树并且 $\mathcal{V}^s=\mathcal{V}$，则称 $\mathcal{G}^s(\mathcal{V}^s,\mathcal{E}^s)$ 为有向图 $\mathcal{G}(\mathcal{V},\mathcal{E})$ 的有

向衍生树。如果一个有向衍生树为图$\mathcal{G}(\mathcal{V},\mathcal{E})$的附属图，即当且仅当图$\mathcal{G}(\mathcal{V},\mathcal{E})$至少有一个节点通过有向衍生树可以与其他所有节点相连，则称$\mathcal{G}(\mathcal{V},\mathcal{E})$含有一个有向衍生树。下面以图 2.4 为例，说明以上概念的具体含义。

在图 2.4 中，箭头指向的个体表示可以从箭头出发方向的个体得到信息，该有向图有两个有向衍生树，根节点分别为 2 和 3，该有向图不是强连通图，因为从节点 1、4、5 或 6 出发无有向路径与其他节点连通。

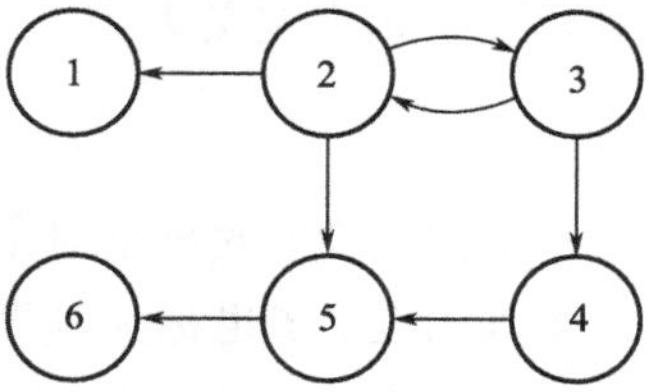

图 2.4　有向通信拓扑

一个有向图中的强路径是顶点集$[v_0,\cdots,v_r]$的序列，其中对于任意$i\in\{1,\cdots,r-1\}$，有$(v_{i-1},v_i)\in\mathcal{E}$，$r$称为该图的长度。相应地，弱路径仅要求$(v_{i-1},v_i)\in\mathcal{E}$或$(v_i,v_{i-1})\in\mathcal{E}$。以顶点集定义的有向图可依据其连通特性进行分类。如果图中任意两个有序节点都可以通过弱路径连通，则称有向图为弱连通；与此相对应，强连通有向图要求图中任意两个有序节点都可以通过强路径连通。如果一个强连通的有向图是对称的，则称其为连通且对称。如果一个有向图不是弱连通，则其为非连通图（disconnected）。有向图的分类详见图 2.5。

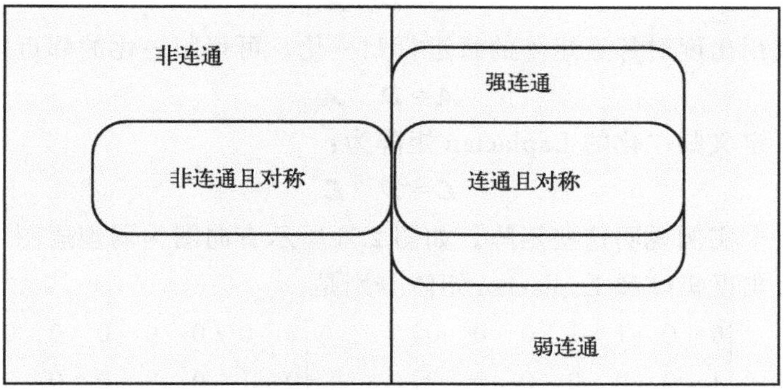

图 2.5　有向图的分类

称一个有向图为非链式（acyclic）的，其任何边不包含自循环。对于一个非链式的有向图，至少存在一个零出度的顶点。有向衍生树是有向图中的一个连通子图$\mathcal{G}_r=(\mathcal{V},\mathcal{E}_r)$，该图中除根节点外，任意节点的出度都为 1。因此，有向衍生树都是非链式的。含有有向衍生树的连通图称为伪强连通图。伪强连通图通常代表最广泛的有向连通图。

2.2.2　通信图的相关矩阵

一个维数为n的有向图的近邻矩阵$\boldsymbol{\mathcal{A}}=\{a_{ij}\}$是一个$n\times n$阶矩阵，定义为：

$$a_{ij}=\begin{cases}1, & (v_i,v_j)\in\mathcal{E}\\0, & (v_i,v_j)\notin\mathcal{E}\end{cases}\tag{2.22}$$

因此，当$\mathcal{G}$对称时，$\mathcal{A}$为对称矩阵。

一个维数为 n 的有向图的出度矩阵$\mathcal{D}=\{d_{ij}\}$ 是一个 $n\times n$ 阶的对角矩阵，其对角线上元素定义为：

$$d_{ii}=\sum_{j\neq i}a_{ij} \tag{2.23}$$

显然，$\mathcal{D}$中的每个对角线元素对应顶点的出度。当$\mathcal{G}$对称时，每个节点的出度等于其入度，$\mathcal{D}$也称为其度矩阵。

一般而言，一个加权的临近矩阵$\mathcal{A}=\{a_{ij}\}$ 定义为：

$$a_{ij}=\begin{cases}w_{ij}, & (v_i,v_j)\in\mathcal{E}\\0, & (v_i,v_j)\notin\mathcal{E}\end{cases} \tag{2.24}$$

式中，w_{ij} 为关联于边 (v_i,v_j) 的正的权值。这样，节点 v_i 的出度就等于头为 v_i 的所有边的权值之和，v_i 的入度则等于尾为 v_i 的所有边的权值之和。因此邻近矩阵可视为所有权值为 1 的加权邻近矩阵的特例。

维数为 n 的有向图$\mathcal{G}$的拉普拉斯（Laplacian）矩阵是一个 $n\times n$ 维矩阵，定义为：

$$\mathcal{L}=\mathcal{D}-\mathcal{A} \tag{2.25}$$

我们可利用出度对邻近矩阵的行进行归一化，可得归一化的邻近矩阵为：

$$\overline{\mathcal{A}}=\mathcal{D}^{-1}\mathcal{A} \tag{2.26}$$

同样，可定义归一化的 Laplacian 矩阵为：

$$\overline{\mathcal{L}}=\mathcal{D}^{-1}\mathcal{L} \tag{2.27}$$

以下以一个实例说明这些矩阵。如图 2.6 所示有向图为弱连通图，与其相关联的邻近矩阵、出度矩阵和 Laplacian 矩阵分别是：

$$\mathcal{A}=\begin{bmatrix}0&0&1&1&0&0&0\\1&0&0&0&0&0&0\\0&0&0&0&0&0&0\\0&1&0&0&0&0&0\\1&0&0&0&0&1&0\\0&0&0&1&1&0&1\\0&0&1&0&1&0&0\end{bmatrix},\ \mathcal{D}=\begin{bmatrix}2&0&0&0&0&0&0\\0&1&0&0&0&0&0\\0&0&0&0&0&0&0\\0&0&0&1&0&0&0\\0&0&0&0&2&0&0\\0&0&0&0&0&3&0\\0&0&0&0&0&0&2\end{bmatrix}$$

$$\mathcal{L}=\begin{bmatrix}2&0&-1&-1&0&0&0\\-1&1&0&0&0&0&0\\0&0&0&0&0&0&0\\0&-1&0&1&0&0&0\\-1&0&0&0&2&-1&0\\0&0&0&-1&-1&3&-1\\0&0&-1&0&-1&0&2\end{bmatrix}$$

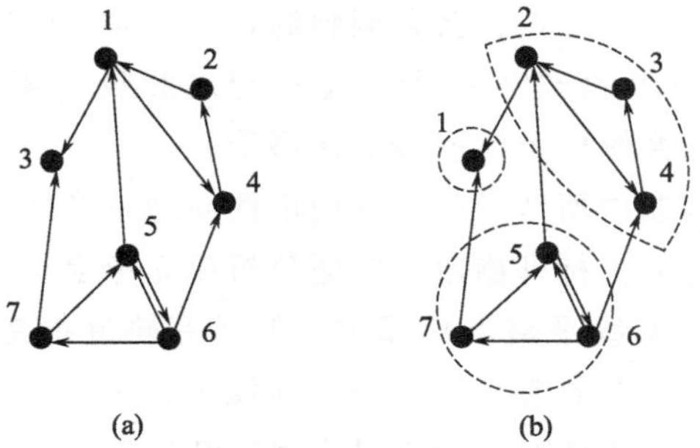

图 2.6 有向图的例子

2.3 协调控制目标

对于由多个 Lagrangian 动力学方程组成的网络化系统，任务的目标是使得系统中的个体达到一种协调行为，称该任务为“协调控制”任务。在很多文献中，“协同控制”与“协调控制”经常混用。我们认为，“协同控制”的外延更为宽泛，是系统决策与控制的总括——既要解决“做什么”，又要解决“如何做”；而“协调控制”则重点解决“如何做”，即对于给定目标，设计具体的控制律。具体而言，本书涉及以下三种基本的协调控制任务：

① 一致性（consensus） 对于由 Lagrangian 动力学方程组成的网络系统，如果

$$\begin{aligned}&\lim_{t\to\infty}\|\boldsymbol{q}_j(t)-\boldsymbol{q}_i(t)\|=0,\quad \forall i,j\in I\\&\lim_{t\to\infty}\|\dot{\boldsymbol{q}}_j(t)-\dot{\boldsymbol{q}}_i(t)\|=0,\quad \forall i\in I\end{aligned}\tag{2.28}$$

我们称系统达到渐近一致性。

② 会合（rendezvous） 对于由 Lagrangian 动力学方程组成的网络系统，如果

$$\begin{aligned}&\lim_{t\to\infty}\|\boldsymbol{q}_j(t)-\boldsymbol{q}_i(t)\|=0,\quad \forall i,j\in I\\&\lim_{t\to\infty}\|\dot{\boldsymbol{q}}_j(t)\|=0,\qquad\qquad \forall j\in I\end{aligned}\tag{2.29}$$

我们称系统达到会合。

③ 聚结（flocking） 对于由 Lagrangian 动力学方程组成的网络系统，如果

$$\begin{aligned}&\lim_{t\to\infty}\|\boldsymbol{q}_j(t)-\boldsymbol{q}_i(t)\|=0,\quad \forall i,j\in I\\&\lim_{t\to\infty}\|\dot{\boldsymbol{q}}_j(t)-\boldsymbol{c}(t)\|=0,\quad \forall i\in I\end{aligned}\tag{2.30}$$

我们称系统达到聚结。

值得注意的是，上述三种定义之间并非完全独立。例如，会合可视为一致性的一种特例，而聚结可视为会合的一种特例。但是，通过对“会合”定义与“聚结”

定义的比较，我们可以得出结论：会合刻画的是一种静态终值状态——当会合达到时，系统中所有个体的状态趋于一个定值；与之相反，聚结则刻画动态终值状态——当聚合达到时，系统中个体一般仍在移动。

值得指出的是，控制中所涉及的标准稳定性问题与诸如一致性与会合等协调控制问题具有根本性的差异。标准稳定性问题分析孤立稳定状态的渐近稳定性，其目的在于证明稳态状态（系统平衡点）邻域内的所有轨迹都将渐近收敛于该稳态状态。一致性和会合问题通常具有无界、相连的稳态状态集，其挑战性在于我们需要证明所有起始于这些状态集邻域的轨迹最终都将渐近收敛于这个集合，即由稳态状态所构成的集合是渐近吸引的。注意该集合中的单个稳定状态并非是渐近稳定的，因为该集合中任意元素的任意小邻域仍然是稳定的状态。

2.4 相关理论

以下对本书需要用到的稳定性分析理论进行简要介绍。对于自治系统，通常会用到 LaSalle 不变集定理。首先对不变集的定义进行说明。

定义 2.1 考虑自治系统

$$\dot{\boldsymbol{x}}=f(\boldsymbol{x}) \tag{2.31}$$

其中 $f(\boldsymbol{x})$ 在定义域 $\mathbb{R}^p$ 上为光滑的、连续的和 Lypschitz 的。如果集合 S 满足：对于 $\dot{\boldsymbol{x}}=f(\boldsymbol{x})$，$\boldsymbol{x}(0)\in S\Rightarrow \boldsymbol{x}(0)\in S$，$\forall t\geqslant 0$，则称 S 为正不变集。

接下来，给出 LaSalle 定理：

引理 2.1 假设 $\boldsymbol{x}=\boldsymbol{0}$ 为系统（2.31）的平衡点，$D\in\mathbb{R}^p$ 为包含 $\boldsymbol{x}=\boldsymbol{0}$ 的区域。令紧致集 $\Omega\in D$ 为系统（2.31）的正不变集。设 $W(\boldsymbol{x})$：$D\rightarrow\mathbb{R}$ 为连续可微函数，当 $\boldsymbol{x}\in\Omega$ 时，$W(\boldsymbol{x})$ 满足 $\dot{W}(\boldsymbol{x})\leqslant 0$。令 E 为 Ω 中所有满足 $\dot{W}(\boldsymbol{x})=0$ 的点的集合，假设 S 为 E 中的最大不变集，则当 $t\rightarrow\infty$ 时，所有由 Ω 起始的解都收敛于 S。

对于如下非自治系统：

$$\dot{\boldsymbol{x}}=f(t,\boldsymbol{x}) \tag{2.32}$$

其中，$f(t,\boldsymbol{x})$ 在定义域 $\mathbb{R}^p$ 上为光滑的、连续的和 Lypschitz 的。这里，引理 2.1 不再适用，对于非自治系统的稳定性分析要相对复杂一些，通常会用到 Barbalat 定理，接下来对其进行介绍：

引理 2.2 如果函数 ϕ：$\mathbb{R}\rightarrow\mathbb{R}$ 在定义域 $[0,\infty)$ 上一致连续，假设 $\lim\limits_{t\rightarrow\infty}\int_0^t\phi(\tau)\mathrm{d}\tau$ 存在并且是有界的，于是可得当 $t\rightarrow\infty$ 时，$\phi(t)\rightarrow 0$。

定义 2.2 对于如下系统：

$$\dot{\boldsymbol{x}}=f(\boldsymbol{x}),f(\boldsymbol{0})=\boldsymbol{0},\boldsymbol{x}(\boldsymbol{0})=\boldsymbol{x}_0,\boldsymbol{x}\in\mathbb{R}^p \tag{2.33}$$

其中，f：$U\rightarrow\mathbb{R}^p$ 为定义域 U 到空间 $\mathbb{R}^p$ 的向量函数，若对任意的 $\mathcal{E}>0$，存

在$(r_1,\cdots,r_p)\in\mathbb{R}^p$，其中$r_i>0,(i=1,2,\cdots,p)$，使得$f(\boldsymbol{x})$满足：$f_i(\mathcal{E}^{r_1}\boldsymbol{x}_1,\mathcal{E}^{r_2}\boldsymbol{x}_2,\cdots,\mathcal{E}^{r_p}\boldsymbol{x}_p)=\mathcal{E}^{k+r_i}f_i(\boldsymbol{x})$，其中，$i=1,\cdots,p$，$k\geqslant-\max\{r_i,i=1,2,\cdots,n\}$，则称$f(\boldsymbol{x})$关于$(r_1,\cdots,r_p)$具有齐次度$k$。若向量函数$f(\boldsymbol{x})$是齐次的，则称系统（2.33）是齐次的。

引理 2.3 考虑如下系统：

$$\dot{\boldsymbol{x}}=f(\boldsymbol{x})+\hat{f}(\boldsymbol{x}),f(\boldsymbol{0})=\boldsymbol{0},\boldsymbol{x}\in\mathbb{R}^p \tag{2.34}$$

其中，$f(\boldsymbol{x})$是连续函数，其关于参数$(r_1,\cdots,r_p)$具有齐次度$k<0$；$\hat{f}(\boldsymbol{x})$满足$\hat{f}(\boldsymbol{0})=\boldsymbol{0}$。假设$\boldsymbol{x}=\boldsymbol{0}$是系统（2.33）的渐近稳定点，那么如果对于$\forall\,\boldsymbol{x}\neq 0$有

$$\lim_{\mathcal{E}\to 0}\frac{\hat{f}(\mathcal{E}^{r_1}\boldsymbol{x}_1,\cdots,\mathcal{E}^{r_p}\boldsymbol{x}_p)}{\mathcal{E}^{k+r_i}}=0,i=1,\cdots,p$$

并且$\boldsymbol{x}=\boldsymbol{0}$是系统（2.33）的全局渐近稳定点，则$\boldsymbol{x}=\boldsymbol{0}$是系统（2.33）的全局有限时间收敛点。

引理 2.4 对于系统$\boldsymbol{x}=f(t,\boldsymbol{x})$，如果方程$f(t,\boldsymbol{0})\equiv\boldsymbol{0}$，并且系统存在唯一解。$V(\boldsymbol{x},t)$和$W(\boldsymbol{x},t)$为定义域$\mathbb{D}$上的连续函数并且满足以下条件：

① $V(\boldsymbol{x},t)$为正定非增函数；

② $\dot{V}(\boldsymbol{x},t)\leqslant U(\boldsymbol{x})\leqslant\boldsymbol{0}$，其中$U(\boldsymbol{x})$连续；

③ $|W(\boldsymbol{x},t)|$有界；

④ $\max(d(\boldsymbol{x},M),\ |\dot{W}(\boldsymbol{x},t)|)\geqslant\gamma(\|\boldsymbol{x}\|)$，其中$M=\{\boldsymbol{x}\,|\,U(\boldsymbol{x})=0\}$，$d(\boldsymbol{x},M)$表示$\boldsymbol{x}$到集$M$的距离，$\gamma(\cdot)$为$\mathcal{K}$类函数。

那么，系统$\dot{\boldsymbol{x}}=f(t,\boldsymbol{x})$的平衡点在定义域$\mathbb{D}$内渐近稳定。

引理 2.5 如果以下两个条件满足：

① 函数$\dot{W}(\boldsymbol{x},t)$为连续函数且有$\dot{W}(\boldsymbol{x},t)=g(\boldsymbol{x},\beta(t))$，其中$g$为连续函数，$\beta(t)$连续且有界；

② 存在$\mathcal{K}$类函数α，对于任意$\boldsymbol{x}\in M$，有$|\dot{W}(\boldsymbol{x},t)|\geqslant\alpha\|\boldsymbol{x}\|$，$M$为引理 2.4 所定义。

那么，引理 2.4 中的条件④可以满足。

引理 2.6 如果连续非线性系统$\dot{\boldsymbol{x}}=f(t,\boldsymbol{x})$满足$f(\boldsymbol{0})=\boldsymbol{0}$，假设存在正实数$c>0$，$0<\alpha<1$，使得满足以下条件的$V(\boldsymbol{x})$存在：

① $V(\boldsymbol{x})$是正定的；

② $\dot{V}(\boldsymbol{x})+cV^{\alpha}\leqslant 0$。

那么，系统$\dot{\boldsymbol{x}}=f(t,\boldsymbol{x})$是有限时间稳定的，收敛时间$T$满足$T\leqslant\dfrac{V(\boldsymbol{x}_0)^{1-\alpha}}{c(1-\alpha)}$，其中，$\boldsymbol{x}_0$为系统的初始状态。

引理 2.7 当 $t \to \infty$ 时，如果可微函数 $f(t)$ 具有确定的界，且其对时间的导数为一致连续，则 $t \to \infty$ 时，$\dot{f}(t) \to 0$。

注意以下两个条件满足时，函数 $f(t)$ 收敛于一个界：

① $f(t)$ 有下界；

② $f(t)$ 为负半定。

对于 $f(t)$ 一致连续的要求，可重述为对其一阶导数有界性的要求。换言之，如果函数 $f(t)$ 为一致 Lipschitz，则其一阶导数有界。注意函数 $f(t)$ 为一致 Lipschitz，如果存在一个常数 $L>0$，使得对于所有的 t_1，$t_2 \in \mathbb{R}$，有

$$|f(t_1)-f(t_2)| \leqslant L|t_1-t_2|$$

上述定理也可引申为：如果标量函数 $V(t)$ 满足以下条件：

① $V(t) \geqslant V_{\min}$，即 $V(t)$ 有下界；

② $\dot{V}(t) \leqslant 0$，即 $\dot{V}(t)$ 负正定；

③ 对于一定的正常数 L，$|\dot{V}(t_1)-\dot{V}(t_2)| \leqslant L|t_1-t_2|$，$\forall t_1, t_2 \in \mathbb{R}$，这一条件等价于 $\ddot{V}(t)$ 的有界性。

则有当 $t \to \infty$ 时，$\dot{V}(t) \to 0$。

引理 2.8 令 $\mathbb{R}^n$ 表示 n 维欧氏空间。该空间的标准范数为 $|\cdot|$。令 $\mathcal{C}([a,b],\mathbb{R}^n)$ 表示 Banach 空间中将 $[a,b] \in \mathbb{R}$ 映射于 $\mathbb{R}^n$ 的连续函数映射。Ω 为 $\mathcal{C}$ 的一个子集，$f:\Omega \to \mathbb{R}^n$ 是一个给定函数，“$\cdot$”代表右侧 Dini 微分。我们称：

$$\dot{\boldsymbol{x}}(t)=f(\boldsymbol{x}_t) \tag{2.35}$$

为 Ω 上的自主时滞函数微分方程（retarded function derivative equation，RFDE）。对于给定元素 $\phi \in \mathcal{C}$，当 $\boldsymbol{x}_t(\phi)=\phi$，$t \geqslant 0$ 时，其为系统的平衡点。令 $\dot{V}(\boldsymbol{x}_t)$ 代表 V 沿上式的右侧微分。则有以下引理：

引理 2.9 假定 $V:\mathcal{C} \to \mathbb{R}$ 连续，且存在非负函数 u 和 v，使得当 $s \to \infty$ 时，$u(s) \to \infty$，且

$$u(\|\phi(0)\|) \leqslant V(\phi), \dot{V}(\phi) \leqslant -v(\|\phi(0)\|)$$

则式（2.35）的解 $x(t) \to 0$ 稳定，且其他解有界。此外，如果当 $s>0$ 时，$v(s)>0$，则当 $t \to \infty$ 时，其他解亦趋于 0。

类似于针对常微分方程的 LaSalle 定理，我们同样可以定义正不变集的吸引域，称 $V:\mathcal{C} \to \mathbb{R}$ 是集合 G 在 $\mathcal{C}$ 上的 Lyapunov 函数，如果 V 在 $\overline{G}$（G 的闭包）上连续且 $\dot{V} \leqslant 0$，定义 $S=\{\phi \in \overline{G}:\dot{V}(\phi)=0\}$ 且 M 是关于系统（2.35）的 S 上的最大不变集，则有以下定理：

引理 2.10 如果 V 是 G 上的 Lyapunov 函数，且 $\boldsymbol{x}_t(\phi)$ 是 G 中 S 的一个解，则当 $t \to \infty$ 时，$\boldsymbol{x}_t(\phi)$ 趋于 M。

第3章 考虑收敛时间意义下多机器人协同控制

3.1 考虑收敛时间意义下一致性问题描述

目前，多机器人协同控制问题的大多数研究都集中在如何使系统最终渐近收敛到控制目标。然而，相比于渐近收敛性能，保证系统在有限的时间内达到控制目标对工程应用而言更加具有实际意义。另外，收敛速度是控制器设计时需要考虑的一个重要问题，特别是在一些特殊的应用场景中，比如机器人协同搜救、航天器姿态控制、战斗机编队控制等。目前考虑收敛时间类的多智能体一致性算法主要有三种，分别是有限时间（finite-time）算法、固定时间（fixed-time）算法和指定时间（prescribed-time）算法。虽然有限时间和固定时间控制器都能使得闭环系统在有限的时间内收敛，但收敛时间上界值的估计却依赖于系统的初值和控制参数，在某些系统初值无法获取的情况下，有限时间控制方案将无法估计收敛时间。固定时间一致性算法虽摆脱了对于系统初值的依赖，但收敛时间上界和控制参数相关，且依然无法任意指定收敛时间。而指定时间一致性方案则可以提前根据需求来设定系统一致性收敛时间的上界。目前对于指定时间一致性的研究虽然取得了一定的成果，但大部分研究集中于线性一阶、二阶系统，对于非线性系统的研究则相对较少。而考虑指定时间的分布式优化一致性问题的研究则更少，尤其是同时还考虑智能体非线性的动力学模型。

本章将分别对多机器人的有限时间算法、固定时间算法和指定时间算法进行研究，设计相应控制器，并进行实例验证。

3.2 多机器人有限时间协同控制

3.2.1 问题描述

假设多机器人系统的个体数目为 n，各机器人动力学方程为：

$$\boldsymbol{M}_i(\boldsymbol{q}_i)\ddot{\boldsymbol{q}}_i+\boldsymbol{C}_i(\boldsymbol{q}_i,\dot{\boldsymbol{q}}_i)\dot{\boldsymbol{q}}_i=\boldsymbol{\tau}_i(t) \tag{3.1}$$

这里没有考虑重力约束项 $\boldsymbol{g}_i(\boldsymbol{q}_i)$。当重力约束项不能忽略时，直接在控制器中进行抵消即可。通过对每个个体分别设计控制器，实现如下式所示的有限时间一致性控制目标：

$$\begin{aligned}&\lim_{t\to T}\|\boldsymbol{q}_i(t)-\boldsymbol{q}_j(t)\|=0;\\&\lim_{t\to T}\|\boldsymbol{v}_i(t)\|=0,\forall t\geqslant T,i,j\in\mathcal{I}\end{aligned} \tag{3.2}$$

式中，$\boldsymbol{v}_i(t)=\dot{\boldsymbol{q}}_i(t)$；$T$ 为某一确定的有界正数。

3.2.2 控制器设计

对个体 i 设计控制器如下：

$$\boldsymbol{\tau}_i(t)=-\sum_{j=1}^{n}a_{ij}\psi_1(\mathrm{sig}\,(\boldsymbol{q}_i-\boldsymbol{q}_j)^{\alpha_1})-K_i\psi_2(\mathrm{sig}\,(\dot{\boldsymbol{q}}_i)^{\alpha_2}) \tag{3.3}$$

式中，ψ_i 为连续的奇函数，满足 $y\psi_i(y)>0(\forall y\neq 0\in R)$，在 $y=0$ 附近，有 $\psi_k(y)=c_k y+o(y)$，$o(y)$ 表示 y 的高阶无穷小量，$c_k>0$，$0<\alpha_1<1$，$\alpha_2=\dfrac{2\alpha_1}{1+\alpha_1}$，$k=1$，2，$K_i\in\mathbb{R}_{>0}$；对于 a_{ij}，如果个体 j 与 i 通信，则 $a_{ij}=1$，否则 $a_{ij}=0$。

于是，可以得到以下结论：

定理 3.1 针对无领航者的多 Lagrangian 系统（3.1），如果通信拓扑为无向连通图，则控制器（3.3）可使系统在有限时间内实现式（3.2）意义上的一致性。

证明： 首先证明闭环系统（3.3）是渐近稳定的，将控制器（3.3）代入系统（3.1），则系统方程可写为：

$$\begin{cases}\dfrac{\mathrm{d}}{\mathrm{d}t}(\boldsymbol{q}_i-\boldsymbol{q}_j)=\dot{\boldsymbol{q}}_i-\dot{\boldsymbol{q}}_j\\\dfrac{\mathrm{d}}{\mathrm{d}t}\dot{\boldsymbol{q}}_i=-\boldsymbol{M}_i^{-1}(\boldsymbol{q}_i)[\boldsymbol{C}_i(\boldsymbol{q}_i,\dot{\boldsymbol{q}}_i)\dot{\boldsymbol{q}}_i+\sum_{j=1}^{n}a_{ij}\psi_1(\mathrm{sig}(\boldsymbol{q}_i-\boldsymbol{q}_j)^{\alpha_1})+K_i\psi_2(\mathrm{sig}(\dot{\boldsymbol{q}}_i)^{\alpha_2})]\end{cases} \tag{3.4}$$

选取 Lyapunov 函数：

$$V=\frac{1}{2}\sum_{i=1}^{n}\dot{\boldsymbol{q}}_i^{\mathrm{T}}\boldsymbol{M}_i(\boldsymbol{q}_i)\dot{\boldsymbol{q}}_i+\frac{1}{2}\sum_{i=1}^{n}\sum_{j=1}^{n}1^{\mathrm{T}}\int_0^{\boldsymbol{q}_i-\boldsymbol{q}_j}a_{ij}\psi_1(\mathrm{sig}(s)^{\alpha_1})\mathrm{d}s$$

易知，对于 $\boldsymbol{q}_i-\boldsymbol{q}_j$（$\forall i\neq j$）和 $\dot{\boldsymbol{q}}_i$，V 为正定，对 V 关于时间求导可得：

$$\begin{aligned}\dot{V}=&\sum_{i=1}^{n}\left[\dot{\boldsymbol{q}}_i^{\mathrm{T}}\boldsymbol{M}_i(\boldsymbol{q}_i)\ddot{\boldsymbol{q}}_i+\frac{1}{2}\dot{\boldsymbol{q}}_i^{\mathrm{T}}\dot{\boldsymbol{M}}_i(\boldsymbol{q}_i)\dot{\boldsymbol{q}}_i\right]\\&+\frac{1}{2}\sum_{i=1}^{n}\sum_{j=1}^{n}a_{ij}(\dot{\boldsymbol{q}}_i-\dot{\boldsymbol{q}}_j)^{\mathrm{T}}\psi_1(\mathrm{sig}(\boldsymbol{q}_i-\boldsymbol{q}_j)^{\alpha_1})\\=&\sum_{i=1}^{n}[\dot{\boldsymbol{q}}_i^{\mathrm{T}}(\boldsymbol{\tau}_i-\boldsymbol{C}_i\dot{\boldsymbol{q}}_i)+\frac{1}{2}\dot{\boldsymbol{q}}_i^{\mathrm{T}}\dot{\boldsymbol{M}}_i(\boldsymbol{q}_i)\dot{\boldsymbol{q}}_i]\\&+\sum_{i=1}^{n}\sum_{j=1}^{n}a_{ij}\dot{\boldsymbol{q}}_i^{\mathrm{T}}\psi_1(\mathrm{sig}(\boldsymbol{q}_i-\boldsymbol{q}_j)^{\alpha_1})\end{aligned}$$

这里，$\frac{1}{2}\sum_{i=1}^{n}\sum_{j=1}^{n}a_{ij}(\dot{\boldsymbol{q}}_i-\dot{\boldsymbol{q}}_j)^{\mathrm{T}}\psi_1(\mathrm{sig}(\boldsymbol{q}_i-\boldsymbol{q}_j)^{\alpha_1})=\sum_{i=1}^{n}\sum_{j=1}^{n}a_{ij}\dot{\boldsymbol{q}}_1^{\mathrm{T}}\psi_1(\mathrm{sig}(\boldsymbol{q}_i-\boldsymbol{q}_j)^{\alpha_1})$ 是由通信拓扑为无向图所得，所以可得：

$$\begin{aligned}\dot{V}=&-\sum_{i=1}^{n}\sum_{j=1}^{n}a_{ij}\dot{\boldsymbol{q}}_i^{\mathrm{T}}\psi_1(\mathrm{sig}(\boldsymbol{q}_i-\boldsymbol{q}_j)^{\alpha_1})-K_i\sum_{i=1}^{n}\dot{\boldsymbol{q}}_i\psi_2(\mathrm{sig}(\dot{\boldsymbol{q}}_i)^{\alpha_2})\\&+\frac{1}{2}\dot{\boldsymbol{q}}_i^{\mathrm{T}}(\dot{\boldsymbol{M}}_i(\boldsymbol{q}_i)-2\boldsymbol{C}_i(\boldsymbol{q}_i,\dot{\boldsymbol{q}}_i))\dot{\boldsymbol{q}}_i+\sum_{i=1}^{n}\sum_{j=1}^{n}a_{ij}\dot{\boldsymbol{q}}_i^{\mathrm{T}}\psi_1(\mathrm{sig}(\boldsymbol{q}_i-\boldsymbol{q}_j)^{\alpha_1})\\=&-K_i\sum_{i=1}^{n}\dot{\boldsymbol{q}}_i^{\mathrm{T}}\psi_2(\mathrm{sig}(\dot{\boldsymbol{q}}_i)^{\alpha_2})\end{aligned}$$

$\dot{V}\leqslant 0$ 是负半定的，由于系统（3.4）的状态变量为（$\boldsymbol{q}_i-\boldsymbol{q}_j$，$\dot{\boldsymbol{q}}_i$），而 $\boldsymbol{M}_i$ 与 $\boldsymbol{C}_i$ 和 $\boldsymbol{q}_i$ 相关，因此系统（3.4）为非自治系统，不能用 LaSalle 定理进行相关证明，这里采用 Matrosov 定理说明系统在平衡点的稳定性。由于 $\dot{V}\leqslant 0$，则引理 2.4 中的条件①和②得到满足，设

$$W=\sum_{i=1}^{n}\boldsymbol{\eta}_i^{\mathrm{T}}\boldsymbol{M}_i(\boldsymbol{q}_i)\dot{\boldsymbol{q}}_i$$

其中 $\boldsymbol{\eta}_i\triangleq\sum_{j=1}^{n}a_{ij}\psi_1(\mathrm{sig}(\boldsymbol{q}_i-\boldsymbol{q}_j)^{\alpha_1})$，于是有 $|W|\leqslant\sum_{i=1}^{n}\|\boldsymbol{\eta}_i\|\|\boldsymbol{M}_i(\boldsymbol{q}_i)\|\|\dot{\boldsymbol{q}}_i\|$，易知 $\|a_{ij}\|$ 有界。由 $\dot{V}\leqslant 0$ 可以得到 $V(t)\leqslant V(0)$，$\forall t\geqslant 0$，于是有 $\boldsymbol{q}_i-\boldsymbol{q}_j$ 和 $\dot{\boldsymbol{q}}_i$ 有界，所以 $\|\boldsymbol{\eta}_i\|$ 有界。由 Lagrangian 系统性质 1 可知 $\|\boldsymbol{M}_i(\boldsymbol{q}_i)\|$ 有界，因此 W 有界，于是引理 2.4 中的条件③得以满足。对 W 求导可得：

$$\dot{W}=\sum_{i=1}^{n}\dot{\boldsymbol{\eta}}_i^{\mathrm{T}}\boldsymbol{M}_i(\boldsymbol{q}_i)\dot{\boldsymbol{q}}_i+\sum_{i=1}^{n}\boldsymbol{\eta}_i^{\mathrm{T}}\dot{\boldsymbol{M}}_i(\boldsymbol{q}_i)\dot{\boldsymbol{q}}_i$$

$$+\sum_{i=1}^{n}\boldsymbol{\eta}_i^{\mathrm{T}}[-\boldsymbol{\eta}_i-\boldsymbol{C}_i(\boldsymbol{q}_i,\dot{\boldsymbol{q}}_i)\dot{\boldsymbol{q}}_i-K_i\psi_2(\mathrm{sig}(\dot{\boldsymbol{q}}_i)^{\alpha_2})]$$

其中，$\dot{\boldsymbol{\eta}}_i=\sum_{j=1}^{n}\dot{\psi}_i\mathrm{d}[\mathrm{sig}\,(\boldsymbol{q}_i-\boldsymbol{q}_j)^{\alpha_1}]/\mathrm{d}t$，易知 $\dot{\eta}_i(t)$ 为连续函数。注意，如果 $\dot{V}=0$，则可得到 $\dot{\boldsymbol{q}}_i=0$，这时对于集合 $\{(\boldsymbol{q}_i-\boldsymbol{q}_j,\dot{\boldsymbol{q}}_i)\mid\dot{V}=0\}$ 有 $\dot{W}=-\sum_{i=1}^{n}\boldsymbol{\eta}_i^{\mathrm{T}}\boldsymbol{\eta}_i\leqslant 0$，易知 $|\dot{W}|=\sum_{i=1}^{n}\boldsymbol{\eta}_i^{\mathrm{T}}\boldsymbol{\eta}_i$ 关于 $\boldsymbol{q}_i-\boldsymbol{q}_j$ 是正定的，可知，存在$\mathcal{K}$类函数 α，使得 $|\dot{W}|\geqslant\alpha(\|\boldsymbol{q}_i-\boldsymbol{q}_j\|)$。应用引理 2.3 可知，引理 2.4 中的条件④得以满足。同时，系统（3.4）除了在零点（$\boldsymbol{q}_i-\boldsymbol{q}_j=\mathbf{0}$，$\dot{\boldsymbol{q}}_i=\mathbf{0}$）是局部 Lipschitz 的，可得系统（3.4）存在唯一解。由引理 2.4 可得，系统（3.4）在平衡点 $\boldsymbol{q}_i-\boldsymbol{q}_j=\mathbf{0}$，$\boldsymbol{v}_i=\mathbf{0}$ 是渐近稳定的。

由于系统（3.4）在平衡点（$\boldsymbol{q}_i-\boldsymbol{q}_j=\mathbf{0}$，$\dot{\boldsymbol{q}}_i=\mathbf{0}$）是渐近稳定的，所以存在常数 k，使得当 $t>t_k$ 时，$\boldsymbol{q}_i(t)\rightarrow\boldsymbol{q}_j(t)=\boldsymbol{q}_d$，其中 $\boldsymbol{q}_d$ 为常数。令 $\boldsymbol{x}_i(t)=\boldsymbol{q}_i(t)-\boldsymbol{q}_d$，$\boldsymbol{y}_i(t)=\dot{\boldsymbol{x}}_i(t)$，于是闭环系统（3.4）可写为：

$$\begin{cases}\dot{\boldsymbol{x}}_i=\boldsymbol{y}_i\\ \boldsymbol{M}_i(\boldsymbol{x}_i+\boldsymbol{q}_d)\dot{\boldsymbol{y}}_i+\boldsymbol{C}_i(\boldsymbol{x}_i+\boldsymbol{q}_d,\boldsymbol{y}_i)\boldsymbol{y}_i=\\ -\sum_{j=1}^{n}a_{ij}\psi_1(\mathrm{sig}\,(\boldsymbol{x}_i-\boldsymbol{x}_j)^{\alpha_1})-K_i\psi_2(\mathrm{sig}\,(\boldsymbol{y}_i)^{\alpha_2})\end{cases}\tag{3.5}$$

进一步，将系统（3.5）写为：

$$\begin{cases}\dot{\boldsymbol{x}}_i=\boldsymbol{y}_i\\ \dot{\boldsymbol{y}}_i=-\boldsymbol{M}_i^{-1}(\boldsymbol{q}_d)\left[\sum_{j=1}^{n}a_{ij}c_1\,\mathrm{sig}\,(\boldsymbol{x}_i-\boldsymbol{x}_j)^{\alpha_1}+K_ic_2\,\mathrm{sig}\,(\boldsymbol{y}_i)^{\alpha_2}\right]+\hat{f}_i(\boldsymbol{x}_i,\boldsymbol{y}_i)\end{cases}\tag{3.6}$$

其中，$\hat{f}_i(\boldsymbol{x}_i,\boldsymbol{y}_i)=\bar{f}_i(\boldsymbol{x}_i,\boldsymbol{y}_i)+\tilde{f}_i(\boldsymbol{x}_i,\boldsymbol{y}_i)$，$\bar{f}_i(\boldsymbol{x}_i,\boldsymbol{y}_i)$和$\tilde{f}_i(\boldsymbol{x}_i,\boldsymbol{y}_i)$分别为：

$$\bar{f}_i(\boldsymbol{x}_i,\boldsymbol{y}_i)=-\boldsymbol{M}_i^{-1}(\boldsymbol{x}_i+\boldsymbol{q}_d)\boldsymbol{C}_i(\boldsymbol{x}_i+\boldsymbol{q}_d,\boldsymbol{y}_i)\boldsymbol{y}_i-[\boldsymbol{M}_i^{-1}(\boldsymbol{x}_i+\boldsymbol{q}_d)-\boldsymbol{M}_i^{-1}(\boldsymbol{q}_d)]$$
$$\times\left[\sum_{j=1}^{n}a_{ij}\psi_1(\mathrm{sig}\,(\boldsymbol{x}_i-\boldsymbol{x}_j)^{\alpha_1})+K_i\psi_2(\mathrm{sig}\,(\boldsymbol{y}_i)^{\alpha_2})\right]$$

$$\tilde{f}_i(\boldsymbol{x}_i,\boldsymbol{y}_i)=-\boldsymbol{M}_i^{-1}(\boldsymbol{q}_d)\left[\sum_{j=1}^{n}a_{ij}o(\mathrm{sig}\,(\boldsymbol{x}_i-\boldsymbol{x}_j)^{\alpha_1})+K_io(\mathrm{sig}\,(\boldsymbol{y}_i)^{\alpha_2})\right]$$

容易知道，$\boldsymbol{x}_i=\boldsymbol{x}_j$，$\boldsymbol{y}_i=\mathbf{0}$ 是系统（3.6）的平衡点，接下来首先证明以下系统（3.7）是齐次的。

$$
\begin{cases}
\dot{\boldsymbol{x}}_i = \boldsymbol{y}_i \\
\dot{\boldsymbol{y}}_i = -\boldsymbol{M}_i^{-1}(\boldsymbol{q}_d)\left[\sum_{j=1}^{n} a_{ij} c_1 \operatorname{sig}(\boldsymbol{x}_i - \boldsymbol{x}_j)^{\alpha_1} + K_i c_2 \operatorname{sig}(\boldsymbol{y}_i)^{\alpha_2}\right]
\end{cases}
\tag{3.7}
$$

令

$$
\begin{aligned}
\boldsymbol{\phi}(t) &= (\boldsymbol{x}_1, \cdots, \boldsymbol{x}_i, \cdots, \boldsymbol{x}_n, \boldsymbol{v}_1, \cdots, \boldsymbol{v}_i, \cdots, \boldsymbol{v}_n) \\
&= (\boldsymbol{\phi}_1, \cdots, \boldsymbol{\phi}_i, \cdots, \boldsymbol{\phi}_n, \boldsymbol{\phi}_{n+1}, \cdots, \boldsymbol{\phi}_{n+i}, \cdots, \boldsymbol{\phi}_{2n})
\end{aligned}
$$

于是，系统（3.7）可写为：

$$
\begin{cases}
\dot{\boldsymbol{\phi}}_i = f_i(\boldsymbol{\phi}) = \boldsymbol{\phi}_{n+i} \\
\dot{\boldsymbol{\phi}}_{n+i} = f_{n+i}(\boldsymbol{\phi}) = -\boldsymbol{M}_i^{-1}(\boldsymbol{q}_d)\left[\sum_{j=1}^{n} a_{ij} c_1 \operatorname{sig}(\boldsymbol{\phi}_i - \boldsymbol{\phi}_j)^{\alpha_1} + K_i c_2 \operatorname{sig}(\boldsymbol{\phi}_{n+i})^{\alpha_2}\right]
\end{cases}
$$

注意，如果 $r_1 = r_2 = \cdots = r_n = R_1$，$r_{n+1} = r_{n+2} = \cdots = r_{2n} = R_2$，$R_2 = R_1 + k$，则有

$$
\begin{aligned}
& f_i(\mathcal{E}^{r_1}\boldsymbol{\phi}_1, \cdots, \mathcal{E}^{r_n}\boldsymbol{\phi}_n, \mathcal{E}^{r_{n+1}}\boldsymbol{\phi}_{n+1}, \cdots, \mathcal{E}^{r_{2n}}\boldsymbol{\phi}_{2n}) \\
&= \mathcal{E}^{r_{n+i}}\boldsymbol{\phi}_{n+i} \\
&= \mathcal{E}^{r_{i+k}} f_i(\boldsymbol{\phi})
\end{aligned}
$$

其中，$i \in \mathcal{I}$，再者如果 $R_1\alpha_1 = R_2\alpha_2 = R_2 + k$，则有：

$$
\begin{aligned}
& f_{n+i}(\mathcal{E}^{r_1}\phi_1, \cdots, \mathcal{E}^{r_n}\boldsymbol{\phi}_n, \mathcal{E}^{r_{n+1}}\boldsymbol{\phi}_{n+1}, \cdots, \mathcal{E}^{r_{2n}}\boldsymbol{\phi}_{2n}) \\
&= -\boldsymbol{M}_i^{-1}(\boldsymbol{q}_d)\left[\sum_{j=1}^{n} a_{ij} c_1 \operatorname{sig}(\mathcal{E}^{r_i}\boldsymbol{\phi}_i - \mathcal{E}^{r_j}\boldsymbol{\phi}_j)^{\alpha_1} + K_i c_2 \operatorname{sig}(\mathcal{E}^{r_{n+i}}\boldsymbol{\phi}_{n+i})^{\alpha_2}\right] \\
&= -\mathcal{E}^{R_1\alpha_1}\boldsymbol{M}_i^{-1}(\boldsymbol{q}_d)\left[\sum_{j=1}^{n} a_{ij} c_1 \operatorname{sig}(\boldsymbol{\phi}_i - \boldsymbol{\phi}_j)^{\alpha_1} + K_i c_2 \operatorname{sig}(\boldsymbol{\phi}_{n+i})^{\alpha_2}\right] \\
&= \mathcal{E}^{r_{n+i}+k} f_{n+i}(\boldsymbol{\phi}), i, j \in \mathcal{I}
\end{aligned}
$$

由以上分析可知，如果以下方程（3.8）成立，则系统（3.7）关于$(r_1, \cdots, r_n, r_{n+1}, \cdots, r_{2n})$具有齐次度 k。

$$
\begin{cases}
R_2 = R_1 + k \\
R_1\alpha_1 = R_2\alpha_2 = R_2 + k
\end{cases}
\tag{3.8}
$$

解方程得 $R_1 = \dfrac{2k}{\alpha_1 - 1}$，$R_2 = \dfrac{(\alpha_1 + 1)k}{\alpha_1 - 1}$，即当 R_1，$R_2 > 0$ 时，有 $k < 0$。所以系统（3.7）关于（$r_1, \cdots, r_n, r_{n+1}, \cdots, r_{2n}$）具有负的齐次度 k，同时系统（3.7）在平衡点也是全局渐近稳定的。为证明此结论，选取 Lyapunov 方程如下：

$$
V = \frac{1}{2}\sum_{i=1}^{n}\sum_{j=1}^{n}\boldsymbol{1}^{\mathrm{T}}\int_0^{x_i - x_j} a_{ij} c_1 \operatorname{sig}(s)^{\alpha_1} \mathrm{d}s + \frac{1}{2}\sum_{i=1}^{n}\boldsymbol{y}_i^{\mathrm{T}}\boldsymbol{M}_i(\boldsymbol{q}_d)\boldsymbol{y}_i
\tag{3.9}
$$

易知，V 为正定，沿闭环系统（3.7）求导可得：

$$\dot{V}=-\sum_{i=1}^{n}\sum_{l=1}^{p}K_i\left|\boldsymbol{y}_{i(l)}\right|^{1+\alpha_2}\leqslant 0$$

不同于系统（3.4），系统（3.7）中的 $\boldsymbol{M}_i^{-1}(\boldsymbol{q}_d)$ 为常数，其实质为自治的(autonomous) 线性二阶系统，并且式（3.9）所示的 Lyapunov 函数是平滑的，这里基于 LaSalle 定理，定义不变集 $S=\{(\boldsymbol{x}_i-\boldsymbol{x}_j,\boldsymbol{y}_i)\mid\dot{V}=0\}$，若 $\dot{V}\equiv 0$，则 $\boldsymbol{y}_i\equiv 0$，$\sum_{j=1}^{n}a_{ij}c_1\operatorname{sig}(\boldsymbol{x}_i-\boldsymbol{x}_j)^{\alpha_1}\equiv 0$，于是

$$\begin{aligned}&\sum_{i=1}^{n}\boldsymbol{x}_i^{\mathrm{T}}\sum_{j=1}^{n}a_{ij}c_1\operatorname{sig}(\boldsymbol{x}_i-\boldsymbol{x}_j)^{\alpha_1}\\&=\frac{1}{2}\sum_{i=1}^{n}\sum_{j=1}^{n}a_{ij}c_1(\boldsymbol{x}_i-\boldsymbol{x}_j)^{\mathrm{T}}\operatorname{sig}(\boldsymbol{x}_i-\boldsymbol{x}_j)^{\alpha_1}\equiv 0\end{aligned}$$

由于 $(\boldsymbol{x}_i-\boldsymbol{x}_j)\operatorname{sig}(\boldsymbol{x}_i-\boldsymbol{x}_j)^{\alpha_1}\geqslant 0$，所以有 $\boldsymbol{x}_i-\boldsymbol{x}_j\equiv\boldsymbol{0}$。由 LaSalle 不变集定理知，$\boldsymbol{x}_i=\boldsymbol{x}_j$，$\boldsymbol{y}_i=\boldsymbol{0}$ 是系统（3.7）的全局渐近稳定点。

最后，证明 $\lim\limits_{\mathcal{E}\to 0}\dfrac{f_i(\mathcal{E}^{r_1}\boldsymbol{x}_1,\cdots,\mathcal{E}^{r_n}\boldsymbol{x}_n,\mathcal{E}^{r_{n+1}}\boldsymbol{y}_1,\cdots,\mathcal{E}^{r_{2n}}\boldsymbol{y}_n)}{\mathcal{E}^{k+r_{n+i}}}=0$。考察 $\overline{f}_i(\boldsymbol{x}_i,\boldsymbol{y}_i)$，注意到 $-\boldsymbol{M}_i^{-1}(\boldsymbol{x}_i+\boldsymbol{q}_d)$ 和 $\boldsymbol{C}_i(\boldsymbol{x}_i+\boldsymbol{q}_d,\boldsymbol{y}_i)\boldsymbol{y}_i$ 是平滑的，并且 $k<0$，所以可得：

$$\begin{aligned}&\lim_{\mathcal{E}\to 0}\frac{-\boldsymbol{M}_i^{-1}(\mathcal{E}^{r_i}\boldsymbol{x}_i+\boldsymbol{q}_d)\boldsymbol{C}_i(\mathcal{E}^{r_i}\boldsymbol{x}_i+\boldsymbol{q}_d,\mathcal{E}^{r_{n+i}}\boldsymbol{y}_i)\mathcal{E}^{r_{n+i}}\boldsymbol{y}_i}{\mathcal{E}^{k+r_{n+i}}}\\&=-\boldsymbol{M}_i^{-1}(\boldsymbol{q}_d)\boldsymbol{C}_i(\boldsymbol{q}_d,\boldsymbol{0})\boldsymbol{y}_2\lim_{\mathcal{E}\to 0}\mathcal{E}^{-k}=0\end{aligned}$$

由于 $\boldsymbol{M}_i^{-1}(\mathcal{E}^{r_i}\boldsymbol{x}_i+\boldsymbol{q}_d)-\boldsymbol{M}_i^{-1}(\boldsymbol{q}_d)=o(\mathcal{E}^{r_i})$，于是可得：

$$\begin{aligned}&\lim_{\mathcal{E}\to 0}\frac{\overline{f}_i(\mathcal{E}^{r_1}\boldsymbol{x}_1,\cdots,\mathcal{E}^{r_n}\boldsymbol{x}_n,\mathcal{E}^{r_{n+1}}\boldsymbol{y}_1,\cdots,\mathcal{E}^{r_{2n}}\boldsymbol{y}_n)}{\mathcal{E}^{k+r_{n+i}}}\\&=\lim_{\mathcal{E}\to 0}\frac{\left\{\begin{aligned}&o(\mathcal{E}^{r_i})\Big[\sum_{j=1}^{n}a_{ij}c_1(\mathcal{E}^{r_i}\boldsymbol{x}_i-\mathcal{E}^{r_j}\boldsymbol{x}_j)^{\alpha_1}\times c_2K_i(\mathcal{E}^{r_i}\boldsymbol{y}_i)^{\alpha_2}\\&+\sum_{j=1}^{n}a_{ij}o((\mathcal{E}^{r_i}\boldsymbol{x}_i-\mathcal{E}^{r_j}\boldsymbol{x}_j)^{\alpha_1})+K_io((\mathcal{E}^{r_i}\boldsymbol{y}_i)^{\alpha_2})\Big]\end{aligned}\right\}}{\mathcal{E}^{k+r_{n+i}}}\\&=\lim_{\mathcal{E}\to 0}\frac{\left\{\begin{aligned}&o(\mathcal{E}^{R_1})\Big[\sum_{j=1}^{n}a_{ij}c_1\,\mathcal{E}^{R_1\alpha_1}(\boldsymbol{x}_i-\boldsymbol{x}_j)^{\alpha_1}\times c_2K_i\,\mathcal{E}^{R_2\alpha_2}\boldsymbol{y}_i^{\alpha_2}\\&+\sum_{j=1}^{n}a_{ij}o(\mathcal{E}^{R_1\alpha_1}(\boldsymbol{x}_i-\boldsymbol{x}_j)^{\alpha_1})+K_io(\mathcal{E}^{R_2\alpha_2}\boldsymbol{y}_i^{\alpha_2})\Big]\end{aligned}\right\}}{\mathcal{E}^{k+R_2}}\\&=0\end{aligned}$$

同样，对于 $\widetilde{f}_i$ （$\boldsymbol{x}_i$，$\boldsymbol{y}_i$），有：

$$\lim_{\mathcal{E}\to 0}\frac{\widetilde{f}_i(\mathcal{E}^{r_1}\boldsymbol{x}_1,\cdots,\mathcal{E}^{r_n}\boldsymbol{x}_n,\mathcal{E}^{r_{n+1}}\boldsymbol{y}_1,\cdots,\mathcal{E}^{r_{2n}}\boldsymbol{y}_n)}{\mathcal{E}^{k+r_{n+i}}}$$

$$=\lim_{\mathcal{E}\to 0}\frac{\left\{-\boldsymbol{M}_i^{-1}(\boldsymbol{q}_d)\left[\sum_{j=1}^{n}a_{ij}o((\mathcal{E}^{r_i}\boldsymbol{x}_i-\mathcal{E}^{r_j}\boldsymbol{x}_j)^{\alpha_1})+K_io((\mathcal{E}^{r_i}\boldsymbol{y}_i)^{\alpha_2})\right]\right\}}{\mathcal{E}^{k+r_{n+i}}}$$

$$=\lim_{\mathcal{E}\to 0}\frac{\left\{-\boldsymbol{M}_i^{-1}(\boldsymbol{q}_d)\left[\sum_{j=1}^{n}a_{ij}o(\mathcal{E}^{R_1\alpha_1}(\boldsymbol{x}_i-\boldsymbol{x}_j)^{\alpha_1})+K_io(\mathcal{E}^{R_i\alpha_2}\boldsymbol{y}_i^{\alpha_2})\right]\right\}}{\mathcal{E}^{k+R_2}}$$

$$=0$$

因此，$\lim\limits_{\mathcal{E}\to 0}\dfrac{\hat{f}_i(\mathcal{E}^{r_1}\boldsymbol{x}_1,\cdots,\mathcal{E}^{r_n}\boldsymbol{x}_n,\mathcal{E}^{r_{n+1}}\boldsymbol{y}_1,\cdots,\mathcal{E}^{r_{2n}}\boldsymbol{y}_n)}{\mathcal{E}^{k+r_{n+i}}}=0$，由引理 2.1 可知，控制器（3.3）能使得系统（3.1）在有限时间达到一致性，即 $\boldsymbol{q}_i=\boldsymbol{q}_j$，$\boldsymbol{v}_i=\boldsymbol{0}$ 是系统的全局有限时间收敛点，定理得证。

注释 3.1 这里得到了无领航者的分布式多 Lagrangian 系统有限时间一致性算法。该算法也可推广到含有领航者的多 Lagrangian 系统协同控制，对于有领航者存在的情况，这里将算法（3.3）做如下推广：

$$\boldsymbol{\tau}_i=-\sum_{j=1}^{n+1}a_{ij}\psi_1(\mathrm{sig}\ (\boldsymbol{q}_i-\boldsymbol{q}_j)^{\alpha_1})-K_i\psi_2(\mathrm{sig}\ (\dot{\boldsymbol{q}}_i)^{\alpha_2}) \tag{3.10}$$

其中，α_1、α_2、ψ_1 和 ψ_2 为式（3.3）所定义。注意，该算法稳定性证明过程中，直接可运用 LaSalle 定理，这里不再赘述。

注释 3.2 定理 3.1 中，已经证明了闭环系统的有限时间稳定性，且闭环系统有负的齐次度 $k=\alpha_2-1$。可知存在 $c>0$，$l>0$ 和正定的 Lyapunov 函数 V_0 使得 $\dot{V}_0(\boldsymbol{x})\leqslant -c[V_0(\boldsymbol{x})]^{[1+(\alpha_2-1)]/l}$，其中，$\boldsymbol{x}=[\boldsymbol{q}_1^{\mathrm{T}},\cdots,\boldsymbol{q}_i^{\mathrm{T}},\cdots,\boldsymbol{q}_n^{\mathrm{T}}]$，$\boldsymbol{q}_i\in\mathbb{R}^p$，于是可得收敛时间满足：

$$T\leqslant\frac{lV_0(\boldsymbol{x}_0)^{\frac{1-\alpha_2}{l}}}{c(1-\alpha_2)}$$

其中，$\boldsymbol{x}_0=[\boldsymbol{q}_1(0)^{\mathrm{T}},\cdots,\boldsymbol{q}_i(0)^{\mathrm{T}},\cdots,\boldsymbol{q}_n(0)^{\mathrm{T}}]$为系统的初始状态。需要指出的是，这里没有得到 Lyapunov 函数 V_0 的具体表达式，但是建立了收敛时间上限和参数 α_2 之间的关系。注意，针对某一确定系统，在系统初始状态确定的情况下，系统收敛时间 T 和参数 α_2 在某种程度上成正相关关系。由于 $\alpha_2=2\alpha_1/(1+\alpha_1)$，所以 T 和参数 α_1 也成正相关关系，即 α_1 和 α_2 越小，收敛时间越短。这和数值仿真实验结果也是一致的。针对某一具体系统，可以通过改变参数 α_1 和 α_2 的大小从而改变收敛时间的长短。

注释 3.3 可将算法推广到执行器饱和情况下的有限时间一致性控制。可设计控制器如下：

$$\boldsymbol{\tau}_i=-\sum_{j=1}^{n}a_{ij}\tanh(\mathrm{sig}\,(\boldsymbol{q}_i-\boldsymbol{q}_j)^{\alpha_1})-K_i\tanh(\mathrm{sig}(\dot{\boldsymbol{q}}_i)^{\alpha_2}) \tag{3.11}$$

其中，α_1 和 α_2 如式（3.3）所定义，为了证明算法（3.11）的稳定性，构造 Lyapunov 函数：

$$V=\frac{1}{2}\sum_{i=1}^{n}\dot{\boldsymbol{q}}_i^{\mathrm{T}}\boldsymbol{M}_i(\boldsymbol{q}_i)\dot{\boldsymbol{q}}_i+\frac{1}{2}\sum_{i=1}^{n}\sum_{j=1}^{n}\mathbf{1}^{\mathrm{T}}\log[\tanh(\mathrm{sig}\,(\boldsymbol{q}_i-\boldsymbol{q}_j)^{\alpha_1})]$$

接下来的证明过程类似于定理 3.1，这里不再赘述。注意，$\|\boldsymbol{\tau}_i\|_{\max}\leqslant\sum_{i=1}^{n}a_{ij}+\|K_i\|_{\infty}$，易知 $\boldsymbol{\tau}_{\max}$ 和系统状态 $\boldsymbol{q}_i$ 和 $\dot{\boldsymbol{q}}_i$ 无关，而算法（3.11）中 $\|\boldsymbol{\tau}_i\|$ 则由 $\boldsymbol{q}_i$ 和 $\boldsymbol{q}_i$ 的初始状态决定。

注释 3.4 定理 3.1 给出了网络化 Lagrangian 系统的有限时间一致性算法，其中的每个个体均为 Lagrangian 系统。这里容易考虑到一个有趣的问题，如果网络化系统中不仅含有 Lagrangian 个体，而且含有其他类型的个体，比如常见的线性一阶或二阶积分器系统，一致性问题该如何解决呢？有限时间一致性还能否实现？这里进行简单的讨论。

假设组成 MAS 的有 l 个一阶积分器系统，$m-l$ 个二阶积分器系统和 $n-m$ 个 Lagrangian 系统，其中，$n>m>l>0$。其动力学方程为：

$$\begin{cases}\dot{\boldsymbol{x}}_i=\boldsymbol{\tau}_i, & i\in\mathcal{I}_l\\ \dot{\boldsymbol{x}}_i=\boldsymbol{v}_i, & i\in\mathcal{I}_l/\mathcal{I}_m\\ \dot{\boldsymbol{v}}_i=\boldsymbol{\tau}_i, & i\in\mathcal{I}_l/\mathcal{I}_m\\ \dot{\boldsymbol{x}}_i=\boldsymbol{v}_i, & i\in\mathcal{I}_m/\mathcal{I}_n\\ \boldsymbol{M}_i(\boldsymbol{x}_i)\dot{\boldsymbol{v}}_i+\boldsymbol{C}_i(\boldsymbol{x}_i,\boldsymbol{v}_i)\boldsymbol{v}_i=\boldsymbol{\tau}_i, & i\in\mathcal{I}_m/\mathcal{I}_n\end{cases} \tag{3.12}$$

其中，$\mathcal{I}_k\overset{\Delta}{=}\{1,\cdots k\}$，$k=l,m,n$，$\boldsymbol{x}_i,\boldsymbol{v}_i,\boldsymbol{\tau}_i\in\mathbb{R}^p$。这里需要这三类个体通过局部信息交换实现如下控制目标：

$$\begin{cases}\lim\limits_{t\to\infty}\|\boldsymbol{x}_j-\boldsymbol{x}_i\|=0, & i,j\in\mathcal{I}_n\\ \lim\limits_{t\to\infty}\|\boldsymbol{v}_j-\boldsymbol{v}_i\|=0, & i,j\in\mathcal{I}_l/\mathcal{I}_n\end{cases} \tag{3.13}$$

可设计控制器如下：

$$\boldsymbol{\tau}_i=\begin{cases}\sum_{j=1}^{n}a_{ij}(\boldsymbol{x}_j-\boldsymbol{x}_i), & i\in\mathcal{I}_l,j\in\mathcal{I}_n\\ \sum_{j=1}^{n}a_{ij}(\boldsymbol{x}_j-\boldsymbol{x}_i)-\boldsymbol{\Lambda}_i\boldsymbol{v}_i, & i\in\mathcal{I}_l/\mathcal{I}_m,j\in\mathcal{I}_n\\ \sum_{j=1}^{n}a_{ij}(\boldsymbol{x}_j-\boldsymbol{x}_i)-\boldsymbol{\Phi}_i\boldsymbol{v}_i, & i\in\mathcal{I}_m/\mathcal{I}_n,j\in\mathcal{I}_n\end{cases}\tag{3.14}$$

式中，$\boldsymbol{\Lambda}_i$ 和 $\boldsymbol{\Phi}_i$ 为正定的对角矩阵。注意，当系统（3.12）中不存在领航者时，如果通信拓扑为无向连通图，则控制器（3.14）可使系统（3.12）实现式（3.13）意义上的一致性。接下来对这个结论进行证明。首先构造 Lyapunov 函数：

$$V=\sum_{i=m+1}^{n}\boldsymbol{v}_i^{\mathrm{T}}\boldsymbol{M}_i(\boldsymbol{x}_i)\boldsymbol{v}_i+\frac{1}{2}\sum_{i=1}^{n}\sum_{j=1}^{n}a_{ij}(\boldsymbol{x}_j-\boldsymbol{x}_i)^{\mathrm{T}}(\boldsymbol{x}_j-\boldsymbol{x}_i)+\sum_{i=l+1}^{m}\boldsymbol{v}_i^{\mathrm{T}}\boldsymbol{v}_i$$

求导可得：

$$\begin{aligned}\dot{V}=&\sum_{i=m+1}^{n}\boldsymbol{v}_i^{\mathrm{T}}\dot{\boldsymbol{M}}_i(\boldsymbol{x}_i)\boldsymbol{v}_i+2\sum_{i=m+1}^{n}\boldsymbol{v}_i^{\mathrm{T}}\boldsymbol{M}_i(\boldsymbol{x}_i)\dot{\boldsymbol{v}}_i+\sum_{i=1}^{n}\sum_{j=1}^{n}a_{ij}(\boldsymbol{x}_j-\boldsymbol{x}_i)^{\mathrm{T}}\\&(\dot{\boldsymbol{x}}_j-\dot{\boldsymbol{x}}_i)+2\sum_{i=l+1}^{m}\boldsymbol{v}_i^{\mathrm{T}}\dot{\boldsymbol{v}}_i\\=&\sum_{i=m+1}^{n}\boldsymbol{v}_i^{\mathrm{T}}\dot{\boldsymbol{M}}_i(\boldsymbol{x}_i)\boldsymbol{v}_i+2\sum_{i=m+1}^{n}\boldsymbol{v}_i^{\mathrm{T}}[\sum_{j=1}^{n}a_{ij}(\boldsymbol{x}_j-\boldsymbol{x}_i)-\boldsymbol{\Phi}_i\boldsymbol{v}_i\\&-\boldsymbol{C}_i(\boldsymbol{x}_i,\boldsymbol{v}_i)\boldsymbol{v}_i]+\sum_{i=1}^{l}\sum_{j=1}^{l}a_{ij}(\boldsymbol{x}_j-\boldsymbol{x}_i)^{\mathrm{T}}(\dot{\boldsymbol{x}}_j-\dot{\boldsymbol{x}}_i)\\&+\sum_{i=l+1}^{n}\sum_{j=1}^{l}a_{ij}(\boldsymbol{x}_j-\boldsymbol{x}_i)^{\mathrm{T}}(\dot{\boldsymbol{x}}_j-\boldsymbol{v}_i)+\sum_{i=1}^{l}\sum_{j=l+1}^{n}a_{ij}\\&(\boldsymbol{x}_j-\boldsymbol{x}_i)^{\mathrm{T}}(\boldsymbol{v}_j-\dot{\boldsymbol{x}}_i)+\sum_{i=l+1}^{n}\sum_{j=l+1}^{n}a_{ij}(\boldsymbol{x}_j-\boldsymbol{x}_i)^{\mathrm{T}}\\&(\boldsymbol{v}_j-\boldsymbol{v}_i)+2\sum_{i=l+1}^{m}\boldsymbol{v}_i^{\mathrm{T}}[\sum_{j=1}^{n}a_{ij}(\boldsymbol{x}_j-\boldsymbol{x}_i)-\boldsymbol{\Lambda}_i\boldsymbol{v}_i]\\=&\sum_{i=m+1}^{n}\boldsymbol{v}_i^{\mathrm{T}}[\dot{\boldsymbol{M}}_i(\boldsymbol{x}_i)-2\boldsymbol{C}_i(\boldsymbol{x}_i,\boldsymbol{v}_i)]\boldsymbol{v}_i+2\sum_{i=m+1}^{n}\sum_{j=1}^{n}a_{ij}\boldsymbol{v}_i^{\mathrm{T}}(\boldsymbol{x}_j-\boldsymbol{x}_i)\\&-2\sum_{i=m+1}^{n}\boldsymbol{v}_i^{\mathrm{T}}\boldsymbol{\Phi}_i\boldsymbol{v}_i+\sum_{i=1}^{n}\sum_{j=1}^{l}a_{ij}(\boldsymbol{x}_j-\boldsymbol{x}_i)^{\mathrm{T}}\dot{\boldsymbol{x}}_j-\sum_{i=1}^{l}\sum_{j=1}^{n}a_{ij}(\boldsymbol{x}_j-\boldsymbol{x}_i)^{\mathrm{T}}\dot{\boldsymbol{x}}_i\\=&-2\sum_{i=m+1}^{n}\boldsymbol{v}_i^{\mathrm{T}}\boldsymbol{\Phi}_i\boldsymbol{v}_i-2\sum_{i=1}^{l}[\sum_{j=1}^{n}a_{ij}(\boldsymbol{x}_j-\boldsymbol{x}_i)]^{\mathrm{T}}[\sum_{j=1}^{n}a_{ij}(\boldsymbol{x}_j-\boldsymbol{x}_i)]\\&-2\sum_{i=l+1}^{m}\boldsymbol{v}_i^{\mathrm{T}}\boldsymbol{\Lambda}_i\boldsymbol{v}_i\end{aligned}$$

所以，$\dot{V}\leqslant 0$ 而 $V\geqslant 0$，可得 $\sum_{j=1}^{n}a_{ij}(\boldsymbol{x}_j-\boldsymbol{x}_i)(i\in\mathcal{I}_n)$ 和 $\boldsymbol{v}_i(i\in\mathcal{I}_l/\mathcal{I}_n)$ 为有界信号，由此可知 $\dot{\boldsymbol{v}}_i(i\in\mathcal{I}_l/\mathcal{I}_n)$ 是有界的。对 $\dot{V}$ 求导可知，$\ddot{V}$ 也是有界的。同时，$\dot{V}$ 是连续的，可根据 Barbalat 定理得到，$\lim\limits_{t\to\infty}\dot{V}(t)=0$。所以，当 $t\to 0$ 时，$\boldsymbol{v}_i=\boldsymbol{0}$，$\sum_{j=1}^{n}a_{ij}(\boldsymbol{x}_j-\boldsymbol{x}_i)=\boldsymbol{0}(i\in\mathcal{I}_n)$，这意味着，$\sum_{j=1}^{n}\boldsymbol{x}_i^{\mathrm{T}}\sum_{j=1}^{n}a_{ij}(\boldsymbol{x}_j-\boldsymbol{x}_i)=0$。由无向图的对称性可知，$\sum_{j=1}^{n}\sum_{j=1}^{n}a_{ij}(\boldsymbol{x}_j-\boldsymbol{x}_i)^{\mathrm{T}}(\boldsymbol{x}_j-\boldsymbol{x}_i)=0$，所以，当$t\to 0$ 时，$\boldsymbol{x}_i=\boldsymbol{x}_j(i,j\in\mathcal{I}_n)$。控制目标（3.13）得以实现。

分布式控制器（3.14）可使系统（3.12）实现一致性，但控制器（3.14）并不能保证有限时间收敛。接下来，考虑系统（3.12）的有限时间控制器。假设系统中存在一个静态的领航者，其状态为 $\boldsymbol{x}_0$，此时控制目标为：

$$
\begin{cases}\lim\limits_{t\to T}\|\boldsymbol{x}_j-\boldsymbol{x}_0\|=0, & i,j\in\mathcal{I}_n\\ \lim\limits_{t\to T}\|\boldsymbol{v}_i\|=0, & i\in\mathcal{I}_l/\mathcal{I}_n\end{cases}\tag{3.15}
$$

式中，收敛时间 T 为某一确定的正数。

基于齐次性相关理论，设计有限时间控制器如下：

$$
\boldsymbol{\tau}_i=\begin{cases}\sum_{j=1}^{n}a_{ij}\,\mathrm{sig}\,(\boldsymbol{x}_j-\boldsymbol{x}_i)^{\alpha_1}+a_{i0}\,\mathrm{sig}\,(\boldsymbol{x}_0-\boldsymbol{x}_i)^{\alpha_1}, & i\in\mathcal{I}_l\\ \sum_{j=1}^{n}a_{ij}\,\mathrm{sig}\,(\boldsymbol{x}_j-\boldsymbol{x}_i)^{\alpha_1}+a_{i0}\,\mathrm{sig}\,(\boldsymbol{x}_0-\boldsymbol{x}_i)^{\alpha_1}-\boldsymbol{\Lambda}_i\,\mathrm{sig}\,(\boldsymbol{v}_i)^{\alpha_2}, & i\in\mathcal{I}_l/\mathcal{I}_m\\ \sum_{j=1}^{n}a_{ij}\,\mathrm{sig}\,(\boldsymbol{x}_j-\boldsymbol{x}_i)^{\alpha_1}+a_{i0}\,\mathrm{sig}\,(\boldsymbol{x}_0-\boldsymbol{x}_i)^{\alpha_1}-\boldsymbol{\Phi}_i\,\mathrm{sig}\,(\boldsymbol{v}_i)^{\alpha_2}, & i\in\mathcal{I}_m/\mathcal{I}_n\end{cases}\tag{3.16}
$$

其中，α_1 和 α_2 与式（3.3）中的定义一致，结合控制器（3.14）的稳定性证明和定理 3.1 的证明过程，可以证明控制器（3.16）可实现控制目标（3.15），这里不再赘述。

已有文献对由线性一阶和二阶积分器组成的异构系统进行了研究，设计了分布式一致性算法。这里考虑了一种更为复杂的情况，即异构 MAS 中不仅含有线性的一阶和二阶积分器系统，而且包含非线性的 Lagrangian 系统，将以往的结果扩展到了更加广泛的应用范围。

3.2.3 设计实例

本节设计数值仿真实验验证控制器（3.3）的有效性。假设 MAS 由四个带负载的机械臂组成，各机械臂如图 3.1 所示。

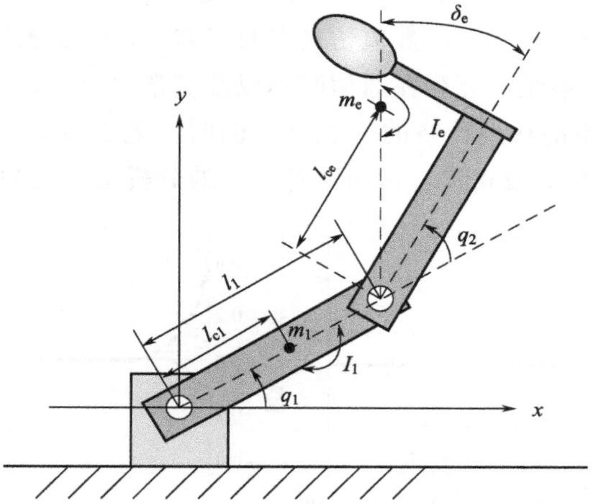

图 3.1 带负载的机械臂

为简单起见，这里假设各个体都有相同的动力学方程：

$$\begin{bmatrix} M_{11} & M_{12} \\ M_{21} & M_{22} \end{bmatrix}\begin{bmatrix} \ddot{q}_1 \\ \ddot{q}_2 \end{bmatrix}+\begin{bmatrix} -h\dot{q}_2 & c \\ h\dot{q}_1 & 0 \end{bmatrix}\begin{bmatrix} \dot{q}_1 \\ \dot{q}_2 \end{bmatrix}=\begin{bmatrix} \tau_1 \\ \tau_2 \end{bmatrix} \tag{3.17}$$

其中

$$M_{11}=a_1+2a_3\cos q_2+2a_4\sin q_2$$
$$M_{12}=M_{21}=a_2+a_3\cos q_2+a_4\sin q_2$$
$$M_{22}=a_2$$
$$h=a_3\sin q_2-a_4\cos q_2$$
$$c=-h(\dot{q}_1+\dot{q}_2)$$
$$a_1=I_1+m_1l_{c1}^2+I_e+m_el_{ce}^2+m_el_1^2$$
$$a_2=I_e+m_el_{ce}^2$$
$$a_3=m_el_1l_{ce}\cos\delta_e$$
$$a_4=m_el_1l_{ce}\sin\delta_e$$

通信图对应的邻接矩阵 $\boldsymbol{A}=[0,1,0,1;1,0,1,0;0,1,0,1;1,0,1,0]$，仿真参数取 $m_1=1.2$，$l_1=1.2$，$m_e=2.5$，$\delta_e=30°$，$I_1=0.15$，$l_{c1}=0.5$，$I_e=0.25$，

$l_{ce}=0.6$，控制器采用式（3.3），其中，$\psi(x)=x$，$K_i=4$，$\alpha_1=0.6$，$\alpha_2=\dfrac{2\alpha_1}{1+\alpha_1}=0.75$。

仿真结果如图 3.2 和图 3.3 所示。图 3.2 表明，在控制器（3.3）的作用下，机械臂的位置在有限时间内趋向一致；图 3.3 显示了机械臂的角速度信息变化情况，在有限时间内趋近于零。由数值仿真实验可知，四个机械臂实现了一致性。然而，在实际应用中，系统可能存在通信时延以及测量误差等，这些因素有可能会使多 Lagrangian 系统不能达到严格的一致性。同时，笔者发现，在一定范围内，收敛时间的长短和参数 α_2 成正比，这与注释 3.3 的分析是一致的。

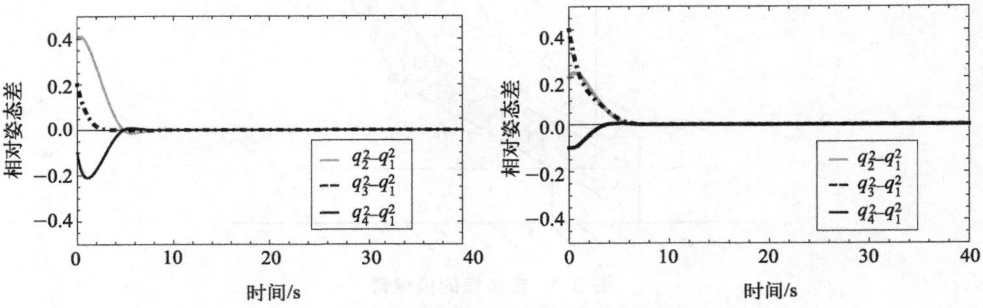

图 3.2　机械臂之间相对姿态差的变化情况

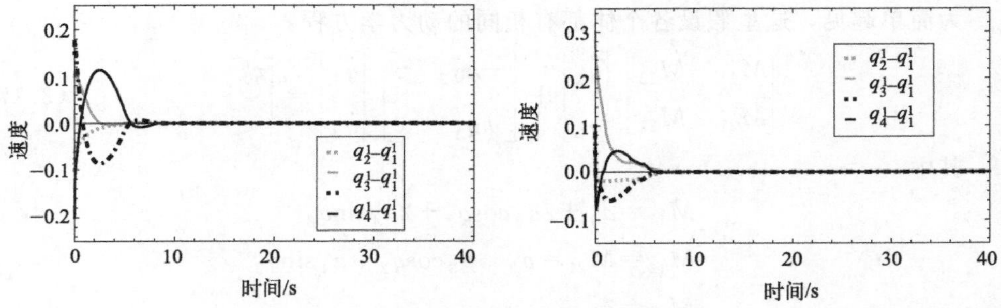

图 3.3　机械臂角速度分量 $\dot{q}$ 的变化情况

3.3　多机器人固定时间分布式优化控制

3.3.1　问题描述

本节将设多机器人系统的动力学方程简化为：

$$\dot{\boldsymbol{x}}_i=\boldsymbol{v}_i,\dot{\boldsymbol{v}}_i=\boldsymbol{\tau}_i \tag{3.18}$$

式中，$i\in\mathcal{V}\boldsymbol{x}_i$，$\boldsymbol{v}_i\in\mathbb{R}^m$ 分别表示广义位置向量和速度向量；$\boldsymbol{\tau}_i\in\mathbb{R}^m$ 为机器

i 的输入。这里的目标是为网络化机器人系统设计分布式控制器，使智能体的状态 i 收敛到以下问题的最优解：

$$\min_{\boldsymbol{x}_i \in \mathbb{R}^n} f(\boldsymbol{x}) = \sum_{i=1}^{n} f_i(\boldsymbol{x}_i) \quad \text{s.t.}\ \boldsymbol{x}_i = \boldsymbol{x}_j,\ \forall i,j \in \mathcal{I}_n \tag{3.19}$$

式中，$\boldsymbol{x}=(\boldsymbol{x}_1^{\mathrm{T}},\cdots,\boldsymbol{x}_n^{\mathrm{T}})^{\mathrm{T}} f_i(\boldsymbol{x}_i): \mathbb{R}^m \rightarrow \mathbb{R}$ 为局部代价或目标函数，只能由智能体 i 访问，其梯度和 Hessian 矩阵分别记为$\nabla f_i(\boldsymbol{x}_i)$ 和$\nabla f_i^2(\boldsymbol{x}_i)$。因此，本书的目标是设计 $\boldsymbol{\tau}_i$，在固定时间 T 内有效地解决优化问题，即

$$\begin{cases} \lim\limits_{t \rightarrow T^-} \boldsymbol{x}_i(t)=\boldsymbol{x}^*,\ \lim\limits_{t \rightarrow T^-} \boldsymbol{v}_i(t)=0 \\ \boldsymbol{x}_i(t)=\boldsymbol{x}^*,\boldsymbol{v}_i(t)=0,\forall t \geqslant T, i \in \mathcal{I}_n \end{cases} \tag{3.20}$$

其中，$\boldsymbol{x}^*=\arg\min\limits_{\boldsymbol{x}_i \in \mathbb{R}^m} f(\boldsymbol{x})$，$t \rightarrow T^-$ 表示时间 t 从固定时间 T 的左侧趋近于 T。

接下来，就智能体的目标函数给出以下假设和引理。

假设 3.1 目标函数 $\boldsymbol{f}(\boldsymbol{x})$ 假设是二次连续可微的，并且具有 k_θ 强凸性，其中 $k_\theta \in \mathbb{R}^+$，即 $\nabla^2 \boldsymbol{f}(\boldsymbol{x}) \geqslant k_\theta \boldsymbol{I}_m$。此外，它具有唯一的极小值点 $\boldsymbol{x}^*$，满足 $\boldsymbol{f}(\boldsymbol{x}^*)=\min\limits_{\boldsymbol{x} \in \mathbb{R}^m} \boldsymbol{f}(\boldsymbol{x})$ 和$\nabla \boldsymbol{f}(\boldsymbol{x}^*)=\boldsymbol{0}$。

引理 3.1 假设 n 个智能体和一个参考智能体之间的通信拓扑包含一个以参考智能体为根的有向生成树。记 $\boldsymbol{B}=\mathrm{diag}(b_1,b_2,\cdots,b_n)$，其中 $b_i>0$ 表示第 i 个智能体可以获得参考智能体的状态，否则 $b_i=0$。令 $\hat{\boldsymbol{L}}=\boldsymbol{L}+\boldsymbol{B}$，其中 $\boldsymbol{L}$ 为拉普拉斯矩阵，那么$-\hat{\boldsymbol{L}}$ 是 Hurwitz 矩阵。此外，存在对角阵 $\boldsymbol{\Phi}=\mathrm{diag}(\phi_1,\cdots,\phi_n)>0$，使得 $\boldsymbol{\Phi}\hat{\boldsymbol{L}}+\hat{\boldsymbol{L}}^{\mathrm{T}}\boldsymbol{\Phi}$ 是正定的。

引理 3.2 考虑一个强连通的通信图，其拉普拉斯矩阵 $\boldsymbol{L}$ 有一个对应于零特征值的特征向量 $\boldsymbol{\xi}=[\xi_1,\cdots,\xi_n]^{\mathrm{T}}$，其中 $\xi_i>0$，记 $\overline{\boldsymbol{L}}=(\boldsymbol{\Xi}\boldsymbol{L}+\boldsymbol{L}^{\mathrm{T}}\boldsymbol{\Xi})/2$，其中 $\boldsymbol{\Xi}=\mathrm{diag}(\xi_1,\cdots,\xi_n)$。对于任意固定的 $a>0$，$\beta>0$，$\alpha>0$，$\alpha \neq \beta$，以下性质成立：

$$\inf_{\boldsymbol{z} \in \Omega(a,\alpha,\beta)} \boldsymbol{z}^{\mathrm{T}}\overline{\boldsymbol{L}}\boldsymbol{z}=k_a>0 \tag{3.21}$$

其中，向量集合 $\Omega(a,\alpha,\beta)=\{\boldsymbol{z}: \exists\, \boldsymbol{y} \perp \boldsymbol{\xi}, \boldsymbol{\gamma}=\boldsymbol{\gamma}(\varrho) \geqslant 0, \mathrm{s.t.}\ \boldsymbol{z}=a\boldsymbol{y}^{[\alpha]}+\boldsymbol{\gamma}\,\varrho^{[\beta]}, \boldsymbol{z}^{\mathrm{T}}\boldsymbol{z}=1\}$。

引理 3.3 考虑一个系统 $\dot{\boldsymbol{x}}(t)=\boldsymbol{g}(\boldsymbol{x},t), \boldsymbol{x}(\boldsymbol{0})=\boldsymbol{x}_0$，其中 $\boldsymbol{x} \in \mathbb{R}^m$，映射 $\boldsymbol{g}$: $\mathbb{R}^m \times \mathbb{R}^+ \rightarrow \mathbb{R}^m$ 在原点的一个开邻域内连续。假设存在一个连续的正定函数$\boldsymbol{V}(\boldsymbol{x})$: $\mathbb{R}^m \rightarrow \mathbb{R}$，满足 $\boldsymbol{V}(\boldsymbol{0})=\boldsymbol{0}$ 且对于 $\boldsymbol{x} \neq \boldsymbol{0}$ 有 $\boldsymbol{V}(\boldsymbol{x})>\boldsymbol{0}$，使得以下条件成立：

$$\dot{\boldsymbol{V}}(\boldsymbol{x}) \leqslant -a(\boldsymbol{V}(\boldsymbol{x}))^{\mu_1}-b(\boldsymbol{V}(\boldsymbol{x}))^{\mu_2} \leqslant \boldsymbol{0} \tag{3.22}$$

其中 $a,b>0, 0<\mu_1<1<\mu_2$，那么原点是有限时间稳定的，即所有解满足 $\lim\limits_{t \rightarrow t_0} \boldsymbol{x}(t)=0$ 和 $\boldsymbol{x}(t)=0$，$\forall t>t_0$，t_0 满足 $t_0 \leqslant \dfrac{1}{a(1-\mu_1)}+\dfrac{1}{b(1-\mu_2)}$。

引理 3.4 对于向量 $\boldsymbol{x}_i \in \mathbb{R}^m$，如果 $0<\mu_1<1<\mu_2$，则下式成立：

$$\sum_{i=1}^{n} \boldsymbol{x}_i^{\mu_1} \geqslant (\sum_{i=1}^{n} \boldsymbol{x}_i)^{\mu_1}, \quad \sum_{i=1}^{n} \boldsymbol{x}_i^{mu_2} \geqslant n^{1-\mu_2} (\sum_{i=1}^{n} \boldsymbol{x}_i)^{\mu_2}$$

引理 3.5 对于任意向量 $\boldsymbol{x} \in \mathbb{R}^n$ 和 $0<\kappa_1<1<\kappa_2$，定义 $X_1 = \|\boldsymbol{x}\|_{\kappa_1+1}^{\kappa_1+1} + \|\boldsymbol{x}\|_{\kappa_2+1}^{\kappa_2+1}$，$X_2 = \|\boldsymbol{y}^{[\kappa_1]} + \boldsymbol{y}^{[\kappa_2]}\|$，则以下不等式成立：

$$X_1^{\frac{\kappa_1+\kappa_2}{\kappa_2+1}} \leqslant X_2^2, (2n)^{\frac{1-\kappa_2}{1+\kappa_2}} X_1^{\frac{2\kappa_2}{\kappa_2+1}} \leqslant X_2^2 \tag{3.23}$$

3.3.2 控制器设计

在接下来的部分中，设计固定时间收敛的分布式优化控制器，并对所设计控制器进行收敛性分析。控制器设计如下：

$$\begin{aligned}
\boldsymbol{\tau}_i &= \boldsymbol{\delta}_i - (\boldsymbol{v}_i - \boldsymbol{\delta}_i)^{[\mu_1]} - (\boldsymbol{v}_i - \boldsymbol{\delta}_i)^{[\mu_2]} \\
\boldsymbol{\delta}_i &= p_1 \Big[\sum_{j \in \mathcal{N}_i} a_{ij} (\boldsymbol{x}_j - \boldsymbol{x}_i)\Big]^{[\kappa_1]} + p_2 \Big[\sum_{j \in \mathcal{N}_i} a_{ij} (\boldsymbol{x}_j - \boldsymbol{x}_i)\Big]^{[\kappa_2]} \\
&\quad - (\boldsymbol{1}_n^{\mathrm{T}} \otimes \boldsymbol{I}_m \boldsymbol{Z}_i)^{[\mu_1]} - (\boldsymbol{1}_n^{\mathrm{T}} \otimes \boldsymbol{I}_m \boldsymbol{Z}_i)^{[\mu_2]} \\
\dot{\boldsymbol{Z}}_i &= \alpha\, \Upsilon_i^{[\kappa_1]} + \beta\, \Upsilon_i^{[\kappa_2]} + \iota\, \mathrm{sign}(\Upsilon_i) \\
\Upsilon_i &= \sum_{j \in \mathcal{N}_i} a_{ij} (\boldsymbol{Z}_j - \boldsymbol{Z}_i) + {}^i\boldsymbol{I} \otimes (\nabla f_i(x_i) - Z_{ii})
\end{aligned} \tag{3.24}$$

其中，$\boldsymbol{Z}_i = [\boldsymbol{Z}_{i1}^{\mathrm{T}}, \cdots, \boldsymbol{Z}_{in}^{\mathrm{T}}]^{\mathrm{T}} \in \mathbb{R}^{nm}$，$p_1, p_2, \kappa_1, \kappa_2, \alpha, \beta, \mu_1, \mu_2 \in \mathbb{R}^+$，$\kappa_1<1<\kappa_2$。${}^i\boldsymbol{I} \in \mathbb{R}^n$，为第 i 个元素为 1、其他元素全为 0 的 n 维向量。μ_1 和 μ_2 满足以下等式：

$$\begin{cases}
\mu_1 = \dfrac{2\kappa_1 + \kappa_2 - 1}{\kappa_2 + 1} \\
\mu_2 = \dfrac{3\kappa_2 - 1}{\kappa_2 + 1}
\end{cases} \tag{3.25}$$

容易得到 $\mu_1<1<\mu_2$。接下来，给出本书的主要结论：

定理 3.2 对于通信拓扑为强连通图的二阶多机器人系统（3.20），如果假设 3.1 成立且 $\iota \geqslant n \left\| \dfrac{\mathrm{d}}{\mathrm{d}t} \nabla \boldsymbol{f}(\boldsymbol{x}) \right\|_\infty$，则使用分布式优化算法（3.26）可使多智能体系统在固定时间内收敛至问题（3.21）的最优解。

证明：证明过程分为两步。①证明在控制器（3.26）的作用下，各智能体的 $\boldsymbol{v}_i$ 收敛到 $\boldsymbol{\delta}_i$，$\boldsymbol{Z}_i - \nabla \boldsymbol{f}(\boldsymbol{x})$ 收敛到零；②证明智能体状态在固定时间内统一收敛至优化目标，这意味着 $\boldsymbol{x}_i$ 收敛到 $\boldsymbol{x}^*$ 且 $\boldsymbol{v}_i = \boldsymbol{0}$。

步骤 1：记 $\boldsymbol{s}_i = \dot{\boldsymbol{x}}_i - \boldsymbol{\delta}_i$，$\widetilde{\boldsymbol{Z}}_i = \boldsymbol{Z}_i - \nabla \boldsymbol{f}(\boldsymbol{x}) \in \mathbb{R}^{nm}$，$\nabla \boldsymbol{f}(\boldsymbol{x}) = [\nabla f_1(\boldsymbol{x}_1)^{\mathrm{T}}, \cdots,$

$\nabla \boldsymbol{f}_n(\boldsymbol{x}_n)^{\mathrm{T}}]$。闭环系统（3.20）可写为

$$\dot{\boldsymbol{s}}_A = -\boldsymbol{s}_A^{[\mu_1]} - \boldsymbol{s}_A^{[\mu_2]} \tag{3.26}$$

其中，$\boldsymbol{s}_A = [\boldsymbol{s}_1^{\mathrm{T}}, \cdots, \boldsymbol{s}_n^{\mathrm{T}}]^{\mathrm{T}} \in \mathbb{R}^{nm}$。构造以下 Lyapunov 函数：

$$\begin{aligned} V_1 = & \frac{1}{2}\boldsymbol{s}_A^{\mathrm{T}}\boldsymbol{s}_A + \sum_{i=1}^{n} \frac{\phi_i}{\kappa_1 + 1} \|\widetilde{\boldsymbol{Z}}_i\|_{\kappa_1+1}^{\kappa_1+1} \\ & + \sum_{i=1}^{n} \frac{\phi_i}{\kappa_2 + 1} \|\widetilde{\boldsymbol{Z}}_i\|_{\kappa_2+1}^{\kappa_2+1} \end{aligned} \tag{3.27}$$

其中，ϕ_i 如引理 3.1 中定义所示。对 $\boldsymbol{V}_1$ 求导可得：

$$\begin{aligned} \dot{V}_1 = & \boldsymbol{s}_A^{\mathrm{T}}\dot{\boldsymbol{s}}_A - \sum_{i=1}^{n} \phi_i (\alpha\widetilde{\boldsymbol{Z}}_i^{[\kappa_1]} + \beta\widetilde{\boldsymbol{Z}}_i^{[\kappa_2]})^{\mathrm{T}} \dot{\widetilde{\boldsymbol{Z}}}_i \\ = & -\boldsymbol{s}_A^{\mathrm{T}}\boldsymbol{s}_A^{[\mu_1]} - \boldsymbol{s}_A^{\mathrm{T}}\boldsymbol{s}_A^{[\mu_2]} - (\alpha\widetilde{\boldsymbol{Z}}^{[\kappa_1]} + \beta\widetilde{\boldsymbol{Z}}^{[\kappa_2]})^{\mathrm{T}} \\ & (\boldsymbol{\Phi}\hat{\boldsymbol{L}})(\alpha\widetilde{\boldsymbol{Z}}^{[\kappa_1]} + \beta\widetilde{\boldsymbol{Z}}^{[\kappa_2]}) - (\alpha\widetilde{\boldsymbol{Z}}^{[\kappa_1]} + \beta\widetilde{\boldsymbol{Z}}^{[\kappa_2]})^{\mathrm{T}} \\ & \boldsymbol{\Phi}(\boldsymbol{1}_n \otimes \frac{\mathrm{d}}{\mathrm{d}t}\nabla \boldsymbol{f}(\boldsymbol{x}) + \iota \boldsymbol{I} \ \mathrm{sign}(\widetilde{\boldsymbol{Z}})) \end{aligned} \tag{3.28}$$

其中，$\hat{\boldsymbol{L}} = \boldsymbol{L} \otimes \boldsymbol{I}_{nm} + \boldsymbol{I}, \boldsymbol{I} = \mathrm{diag}({}^1 I_n, \cdots, {}^n I_n) \otimes \boldsymbol{I}_m \in \mathbb{R}^{m^2 n \times m^2 n}$。由引理 3.1 可知，存在正定对角矩阵 $\boldsymbol{\Phi} = \mathrm{diag}(\phi_1, \cdots, \phi_n) \otimes \boldsymbol{I}_{nm}$，使得 $\boldsymbol{\Gamma} = \boldsymbol{\Phi}\hat{\boldsymbol{L}} + \hat{\boldsymbol{L}}^{\mathrm{T}}\boldsymbol{\Phi} > 0$。

注意，$\widetilde{\boldsymbol{Z}} = [\widetilde{\boldsymbol{Z}}_1^{\mathrm{T}}, \cdots, \widetilde{\boldsymbol{Z}}_n^{\mathrm{T}}]^{\mathrm{T}} \in \mathbb{R}^{n^2 m}$，$\mathrm{sign}(\widetilde{\boldsymbol{Z}}) = \mathrm{sign}(\alpha\widetilde{\boldsymbol{Z}}^{[\kappa_1]} + \beta\widetilde{\boldsymbol{Z}}^{[\kappa_2]})$，则 $\dot{V}_1$ 可写为：

$$\begin{aligned} \dot{V}_1 = & -\boldsymbol{s}_A^{\mathrm{T}}\boldsymbol{s}_A^{[\mu_1]} - \boldsymbol{s}_A^{\mathrm{T}}\boldsymbol{s}_A^{[\mu_2]} - \frac{1}{2}(\alpha\widetilde{\boldsymbol{Z}}^{[\kappa_1]} + \beta\widetilde{\boldsymbol{Z}}^{[\kappa_2]})^{\mathrm{T}}\boldsymbol{\Gamma} \\ & \times (\alpha\widetilde{\boldsymbol{Z}}^{[\kappa_1]} + \beta\widetilde{\boldsymbol{Z}}^{[\kappa_2]}) - (\alpha\widetilde{\boldsymbol{Z}}^{[\kappa_1]} + \beta\widetilde{\boldsymbol{Z}}^{[\kappa_2]})^{\mathrm{T}} \\ & - (\alpha\widetilde{\boldsymbol{Z}}^{[\kappa_1]} + \beta\widetilde{\boldsymbol{Z}}^{[\kappa_2]})^{\mathrm{T}}\boldsymbol{\Phi}[\boldsymbol{1}_n \otimes \frac{\mathrm{d}}{\mathrm{d}t}\nabla f(\boldsymbol{x}) \\ & + \iota \boldsymbol{I} \ \mathrm{sign}(\alpha\widetilde{\boldsymbol{Z}}^{[\kappa_1]} + \beta\widetilde{\boldsymbol{Z}}^{[\kappa_2]})] \\ \leqslant & -\|\boldsymbol{s}_A\|_{1+\mu_1}^{1+\mu_1} - \|\boldsymbol{s}_A\|_{1+\mu_2}^{1+\mu_2} - \lambda_{\underline{m}}(\boldsymbol{\Gamma}) \| \alpha\widetilde{\boldsymbol{Z}}^{[\kappa_1]} \\ & + \beta\widetilde{\boldsymbol{Z}}^{[\kappa_2]}\|^2 - \underline{\phi}\sum_{i=1}^{n}\left(\iota - n\left\|\frac{\mathrm{d}}{\mathrm{d}t}\nabla \boldsymbol{f}(\boldsymbol{x})\right\|_{\infty}\right) \| \alpha\widetilde{\boldsymbol{Z}}_{ii}^{[\kappa_1]} \\ & + \beta\widetilde{\boldsymbol{Z}}_{ii}^{[\kappa_2]} \|_1 \end{aligned} \tag{3.29}$$

式中，$\widetilde{\boldsymbol{Z}}_{ii} \in \mathbb{R}^m$ 为 $\widetilde{\boldsymbol{Z}}_i = [\widetilde{\boldsymbol{Z}}_{i1}^{\mathrm{T}}, \cdots, \widetilde{\boldsymbol{Z}}_{in}^{\mathrm{T}}]^{\mathrm{T}} \in \mathbb{R}^{mn}$ 的第 i 个向量；$\underline{\phi} = \min(\phi_1, \phi_2, \cdots, \phi_n)$；$\lambda_{\underline{m}}(\boldsymbol{\Gamma})$ 是 $\boldsymbol{\Gamma}$ 的最小特征值。由于 $\iota \geqslant n\left\|\frac{\mathrm{d}}{\mathrm{d}t}\nabla \boldsymbol{f}(\boldsymbol{x})\right\|_{\infty}$，所以可得：

$$\dot{V}_1 \leqslant -\|\boldsymbol{s}_A\|_{\frac{2(\kappa_1+\kappa_2)}{\kappa_2+1}}^{\frac{2(\kappa_1+\kappa_2)}{\kappa_2+1}} - \|\boldsymbol{s}_A\|_{\frac{4\kappa_2}{\kappa_2+1}}^{\frac{4\kappa_2}{\kappa_2+1}}$$

$$-\lambda_{\underline{m}}(\boldsymbol{\Gamma})\|\alpha\widetilde{\boldsymbol{Z}}^{[\kappa_1]}+\beta\widetilde{\boldsymbol{Z}}^{[\kappa_2]}\|^2 \tag{3.30}$$

记 $V_{1s}=\frac{1}{2}\boldsymbol{s}_A^{\mathrm{T}}\boldsymbol{s}_A$，$V_{1\Upsilon}=\sum_{i=1}^{n}\frac{\phi_i}{\kappa_1+1}\|\widetilde{\boldsymbol{Z}}_i\|_{\kappa_1+1}^{\kappa_1+1}+\sum_{i=1}^{n}\frac{\phi_i}{\kappa_2+1}\|\widetilde{\boldsymbol{Z}}_i\|_{\kappa_2+1}^{\kappa_2+1}$。基于假设 3.1，并根据引理 3.1 和引理 3.2 可知：

$$\begin{aligned}\dot{V}_1&\leqslant -c_1V_{1s}^{\frac{\kappa_1+\kappa_2}{\kappa_2+1}}-c_2V_{1s}^{\frac{2\kappa_2}{\kappa_2+1}}-c_3V_{1\Upsilon}^{\frac{\kappa_1+\kappa_2}{\kappa_2+1}}-c_4V_{1\Upsilon}^{\frac{2\kappa_2}{\kappa_2+1}}\\&\leqslant -c_{\underline{13}}(V_{1s}+V_{1\Upsilon})^{\frac{\kappa_1+\kappa_2}{\kappa_2+1}}\\&\quad -c_{\underline{24}}2^{\frac{1-\kappa_2}{\kappa_2+1}}(V_{1s}+V_{1\Upsilon})^{\frac{2\kappa_2}{\kappa_2+1}}\\&\leqslant -c_{\underline{13}}V_1^{\frac{\kappa_1+\kappa_2}{\kappa_2+1}}-c_{\underline{24}}2^{\frac{1-\kappa_2}{\kappa_2+1}}V_1^{\frac{2\kappa_2}{\kappa_2+1}}\end{aligned} \tag{3.31}$$

其中，$c_1=2^{\frac{\kappa_1+\kappa_2}{\kappa_2+1}}$，$c_2=(mn)^{\frac{1-\kappa_2}{\kappa_2+1}}2^{\frac{2\kappa_2}{\kappa_2+1}}$，$c_3=\lambda_{\underline{m}}(\boldsymbol{\Gamma})(\kappa_1+1)^{\frac{\kappa_1+\kappa_2}{\kappa_2+1}}$，$c_4=\lambda_{\underline{m}}(\boldsymbol{\Gamma})(2mn^2)^{\frac{1-\kappa_2}{\kappa_2+1}}(\kappa_1+1)^{\frac{2\kappa_2}{\kappa_2+1}}$，$c_{\underline{13}}=\min(c_1, c_3)$，$c_{\underline{24}}=\min(c_2, c_4)$。根据引理 3.2，可以得到 V_{1s} 和 $V_{1\Upsilon}$ 将在固定时间 t_I 内收敛至零，其中 t_I 满足下述不等式：

$$t_I\leqslant(1+\kappa_2)\left(\frac{1}{c_{\underline{13}}(1-\kappa_1)}+\frac{2^{\frac{\kappa_2-1}{\kappa_2+1}}}{c_{\underline{24}}(1-\kappa_2)}\right) \tag{3.32}$$

也就是说，当 $t\geqslant t_I$ 时，$\boldsymbol{s}_A$ 和 $\widetilde{\boldsymbol{Z}}$ 都将收敛至零，即 $\boldsymbol{s}_i=\boldsymbol{0}$，$\widetilde{\boldsymbol{Z}}_i=\boldsymbol{0}$。

步骤 2：当 $t\geqslant t_I$ 时，$\boldsymbol{s}_i=\dot{\boldsymbol{x}}_i-\boldsymbol{\delta}_i=\boldsymbol{0}$，$\widetilde{\boldsymbol{Z}}_i=\boldsymbol{Z}_i-\nabla\boldsymbol{f}(\boldsymbol{x})=0$，所以式（3.24）中第二个公式可写为：

$$\begin{aligned}\dot{\boldsymbol{x}}_i&=p_1\Big[\sum_{j\in\mathcal{N}_i}a_{ij}(\boldsymbol{x}_j-\boldsymbol{x}_i)\Big]^{[\kappa_1]}+p_2\Big[\sum_{j\in\mathcal{N}_i}a_{ij}(\boldsymbol{x}_j-\boldsymbol{x}_i)\Big]^{[\kappa_2]}\\&\quad-(\boldsymbol{1}_n^{\mathrm{T}}\otimes\boldsymbol{I}_m\nabla\boldsymbol{f}(\boldsymbol{x}))^{[\mu_1]}-(\boldsymbol{1}_n^{\mathrm{T}}\otimes\boldsymbol{I}_m\nabla\boldsymbol{f}(\boldsymbol{x}))^{[\mu_2]}\end{aligned} \tag{3.33}$$

记 $q_i=\sum_{j\in\mathcal{N}_i}a_{ij}(\boldsymbol{x}_j-\boldsymbol{x}_i)$，$\nabla\boldsymbol{F}(\boldsymbol{x})=\boldsymbol{1}_n^{\mathrm{T}}\otimes\boldsymbol{I}_m\nabla\boldsymbol{f}(\boldsymbol{x})$。设计如下 Lyapunov 方程：

$$\begin{aligned}V_2&=\frac{p_1}{\kappa_1+1}\sum_{i=1}^{n}\xi_i\|\boldsymbol{q}_i\|_{\kappa_1+1}^{\kappa_1+1}+\frac{p_2}{\kappa_2+1}\sum_{i=1}^{n}\xi_i\|\boldsymbol{q}_i\|_{\kappa_2+1}^{\kappa_2+1}\\&\quad+\frac{1}{2}\nabla\boldsymbol{F}(\boldsymbol{x})^{\mathrm{T}}\nabla\boldsymbol{F}(\boldsymbol{x})\end{aligned} \tag{3.34}$$

其中，ξ_i 如引理 3.1 中的定义所示，对 V_2 求导并利用引理 3.1 可以得到：

$$\dot{V}_2=\sum_{i=1}^{n}\xi_i(p_1\boldsymbol{x}_i^{[\kappa_1]}+p_2\boldsymbol{x}_i^{[\kappa_2]})^{\mathrm{T}}\Big[a\sum_{j\in\mathcal{N}_i}(\dot{\boldsymbol{x}}_j-\dot{\boldsymbol{x}}_i)\Big]$$

$$
\begin{aligned}
&+\nabla \boldsymbol{F}(\boldsymbol{x})^{\mathrm{T}} \nabla^{2} \boldsymbol{F}(\boldsymbol{x}) \dot{\boldsymbol{x}} \\
&=\left(p_{1} \boldsymbol{x}^{\left[\kappa_{1}\right]}+p_{2} \boldsymbol{x}^{\left[\kappa_{2}\right]}\right)^{\mathrm{T}}\left(\boldsymbol{\Xi} \otimes \boldsymbol{I}_{m}\right)\left(-a \boldsymbol{L} \otimes \boldsymbol{I}_{m}\right) \\
&\times\left(p_{1} \boldsymbol{x}^{\left[\kappa_{1}\right]}+p_{2} \boldsymbol{x}^{\left[\kappa_{2}\right]}\right)-\nabla \boldsymbol{F}(\boldsymbol{x})^{\mathrm{T}} \nabla^{2} \boldsymbol{F}(\boldsymbol{x}) \\
&\times\left(\nabla \boldsymbol{F}(\boldsymbol{x})^{\left[\mu_{1}\right]}+\nabla \boldsymbol{F}(\boldsymbol{x})^{\left[\mu_{2}\right]}\right) \\
&\leqslant-a\left(p_{1} \boldsymbol{x}^{\left[\kappa_{1}\right]}+p_{2} \boldsymbol{x}^{\left[\kappa_{2}\right]}\right)^{\mathrm{T}}\left(\overline{\boldsymbol{L}} \otimes \boldsymbol{I}_{m}\right)\left(p_{1} \boldsymbol{x}^{\left[\kappa_{1}\right]}+p_{2} \boldsymbol{x}^{\left[\kappa_{2}\right]}\right) \\
&\quad-\theta\|\nabla \boldsymbol{F}(\boldsymbol{x})\|_{\mu_{1}+1}^{\mu_{1}+1}-\theta\|\nabla \boldsymbol{F}(\boldsymbol{x})\|_{\mu_{2}+1}^{\mu_{2}+1} \\
&\leqslant-a k_{a}\left\|p_{1} \boldsymbol{x}^{\left[\kappa_{1}\right]}+p_{2} \boldsymbol{x}^{\left[\kappa_{2}\right]}\right\|^{2}-\theta\|\nabla \boldsymbol{F}(\boldsymbol{x})\|_{\mu_{1}+1}^{\mu_{1}+1} \\
&\quad-\theta\|\nabla \boldsymbol{F}(\boldsymbol{x})\|_{\mu_{2}+1}^{\mu_{2}+1}
\end{aligned} \tag{3.35}
$$

其中，$\boldsymbol{x}=[\boldsymbol{x}_1^{\mathrm{T}}, \cdots, \boldsymbol{x}_n^{\mathrm{T}}]^{\mathrm{T}} \in \mathbb{R}^{nm}$，$\nabla^2 \boldsymbol{F}(\boldsymbol{x})=\boldsymbol{1}_n^{\mathrm{T}} \otimes \boldsymbol{I}_m \nabla^2 \boldsymbol{f}(\boldsymbol{x}) \in \mathbb{R}^{m \times nm}$，$\nabla^2 \boldsymbol{f}(\boldsymbol{x})=\mathrm{diag}(\nabla^2 f_1(\boldsymbol{x}_1), \cdots, \nabla^2 f_n(\boldsymbol{x}_n)) \in \mathbb{R}^{nm \times nm}$，$\hat{\boldsymbol{L}}$ 和 $\boldsymbol{\Xi}$ 如引理 3.1、引理 3.2 中所定义。由于 $\nabla^2 \boldsymbol{F}(\boldsymbol{x})(p_1 \boldsymbol{L} \otimes \boldsymbol{1}_m \boldsymbol{x}^{[\kappa_1]}+p_2 \boldsymbol{L} \otimes \boldsymbol{1}_m \boldsymbol{x}^{[\kappa_2]})=(\boldsymbol{1}_n^{\mathrm{T}} \otimes \boldsymbol{I}_m \nabla^2 f(\boldsymbol{x}))(p_1 \boldsymbol{L} \otimes \boldsymbol{1}_m \boldsymbol{x}^{[\kappa_1]}+p_2 \boldsymbol{L} \otimes \boldsymbol{1}_m \boldsymbol{x}^{[\kappa_2]})=\boldsymbol{0}$，所以上式中的第二式成立。令 $V_{2x}=\dfrac{p_1}{\kappa_1+1} \sum_{i=1}^n \xi_i \cdot \|x_i\|_{\kappa_1+1}^{\kappa_1+1}+\dfrac{p_2}{\kappa_2+1} \sum_{i=1}^n \xi_i \|x_i\|_{\kappa_2+1}^{\kappa_2+1}$，于是可得 $V_{2x} \leqslant \dfrac{\xi_{\max} p_{\overline{12}}}{\kappa_1} X_1$，其中 $\xi_{\max}=\max(\xi_1, \xi_2, \cdots, \xi_n)$。令 $V_{2F}=\dfrac{1}{2} \nabla \boldsymbol{F}(\boldsymbol{x})^{\mathrm{T}} \nabla \boldsymbol{F}(\boldsymbol{x})$，于是基于引理 3.3 可知，$\dot{V}_2$ 满足如下不等式：

$$
\begin{aligned}
\dot{V}_2 & \leqslant-a k_a p_{\underline{12}}^2 X_2^2-\theta(2 V_{2F})^{\frac{\mu_1+1}{2}}-\theta(2 V_{2F})^{\frac{\mu_2+1}{2}} \\
& \leqslant-\frac{1}{2} a k_a p_{\underline{12}}^2\left[X_1^{\frac{\kappa_1+\kappa_2}{\kappa_2+1}}+(2 n m)^{\frac{1-\kappa_2}{1+\kappa_2}} X_1^{\frac{2 \kappa_2}{\kappa_2+1}}\right] \\
& \quad-2^{\frac{\mu_1+1}{2}} \theta V_{2F}^{\frac{\mu_1+1}{2}}-2^{\frac{\mu_2+1}{2}} \theta V_{2F}^{\frac{\mu_2+1}{2}}
\end{aligned} \tag{3.36}
$$

其中，$p_{\underline{12}}=\min(p_1, p_2)$ 类似于步骤 1，可得：

$$
\dot{V}_2 \leqslant-d_{\underline{13}} V_2^{\frac{\kappa_1+\kappa_2}{\kappa_2+1}}-d_{\underline{24}} 2^{\frac{1-\kappa_2}{\kappa_2+1}} V_2^{\frac{2 \kappa_2}{\kappa_2+1}} \tag{3.37}
$$

其中，$d_{\underline{13}}=\min(d_1, d_3)$，$d_{\underline{24}}=\min(d_2, d_4)$，$d_1=-\dfrac{1}{2} a k_a p_{\underline{12}}^2\left(\dfrac{\kappa_1}{\xi_{\max} p_{\overline{12}}}\right)^{\frac{\kappa_1+\kappa_2}{\kappa_2+1}}$，$d_3=2^{\frac{\kappa_1+\kappa_2}{\kappa_2+1}} \theta$，$d_2=-\dfrac{1}{2} a k_a p_{\underline{12}}^2\left(\dfrac{\kappa_1}{\xi_{\max} p_{\overline{12}}}\right)^{\frac{2 \kappa_2}{\kappa_2+1}}(2 n m)^{\frac{1-\kappa_2}{1+\kappa_2}}$，$d_4=2^{\frac{2 \kappa_2}{\kappa_2+1}} \theta$。

当 $t \geqslant t_1$ 时，依据引理 3.2 可知，$\boldsymbol{q}$ 和 $\nabla \boldsymbol{F}(\boldsymbol{x})$ 都将在固定时间 t_2 内收敛于 0。

$$t_2 \leqslant (1+\kappa_2)\left(\frac{1}{\underline{d}_{13}(1-\kappa_1)}+\frac{2^{\frac{\kappa_2-1}{\kappa_2+1}}}{\underline{d}_{24}(1-\kappa_2)}\right) \tag{3.38}$$

注意，$\boldsymbol{q}=-\boldsymbol{L}\boldsymbol{x}$，由于通信拓扑为强联通图，所以 $\boldsymbol{q}=\boldsymbol{0}$ 就意味着 $\boldsymbol{x}_i=\boldsymbol{x}_j$，而 $\nabla \boldsymbol{F}(x)=\boldsymbol{0}$ 则表明 $\boldsymbol{x}_i=\boldsymbol{x}_j=\boldsymbol{x}^*$，$i,j\in\mathcal{V}$，所以可得当 $t\geqslant T=t_1+t_2$ 时，$\boldsymbol{x}_i=\boldsymbol{x}^*$，$\boldsymbol{v}_i=\boldsymbol{0}$。证明完毕。

注释 3.5 本节在计算收敛时间上界时经过了两个独立的步骤，并设计了两个 Lyapunov 方程，一个用于固定时间状态一致性，另一个用于固定时间优化，即首先证明在固定时间 T_{con} 内可以实现状态一致性，计算出 T_{con} 的上界。经过时间 T_{con} 后，一旦获得了一致性，问题就变为集中式的固定时间优化问题，优化部分的收敛时间记为 T_{sc}。最终，总的收敛时间被估计为 $T_{\text{con}}+T_{\text{sc}}$。然而，在实际系统中，状态一致性的实现过程和寻求最优状态的过程是同时发生的，并不是完全独立的，因此采用这种方式估算出的收敛时间上界要远大于实际收敛时间。相比之下，我们在这里提出了一种新的解决方案，只定义一个 Lyapunov 函数，并将参数 μ_1 和 μ_2 以及 κ_1 和 κ_2 建立起联系，即满足式 (3.25). 从而将状态一致性实现和寻最优过程有机整合在一起，只通过一个 Lyapunov 函数去计算收敛时间上界，这种方法在计算稳定时间时更准确，因为一致性过程和寻最优过程是同时进行的。因此，可以推断如果参数选择相同，则等式中 t_2 的上界将小于 $T_{\text{con}}+T_{\text{sc}}$。

3.3.3 设计实例

本节通过数值实验来验证所设计算法的有效性。假设系统由 5 个智能体组成，通信拓扑如图 3.4 所示。

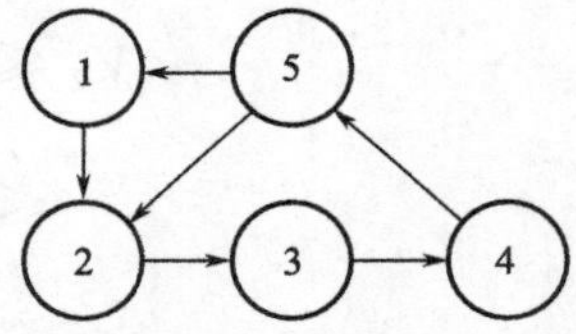

图 3.4 通信拓扑图

每个智能体所对应的局部成本函数为：

$$f_i(\boldsymbol{x}_i)=\begin{cases}0.6\|\boldsymbol{x}_i-\boldsymbol{x}_A\|^2, i=1,2\\ 0.8\|\boldsymbol{x}_i-\boldsymbol{x}_B\|^2, i=3,4,5\end{cases} \tag{3.39}$$

其中，$\boldsymbol{x}_A=[0,0]^{\mathrm{T}}$，$\boldsymbol{x}_B=[1.5,2]^{\mathrm{T}}$。5 个智能体通过信息交换协同求解优化问题 $\min\limits_{x_i\in\mathbb{R}^2} f(\boldsymbol{x})=\sum\limits_{i=1}^{5} f_i(\boldsymbol{x}_i)$，并且最终达到一致状态。

系统初值选择为 $\boldsymbol{x}_1=[1,-2]^{\mathrm{T}}$，$\boldsymbol{x}_2=[2.5,3]^{\mathrm{T}}$，$\boldsymbol{x}_3=[-1.4,0]^{\mathrm{T}}$，$\boldsymbol{x}_4=[-3,2.7]^{\mathrm{T}}$，$\boldsymbol{x}_5=[3,-3]^{\mathrm{T}}$，$\dot{\boldsymbol{x}}_i(\boldsymbol{0})=[0,0]^{\mathrm{T}}$，$i=1,2,\cdots,5$。使用控制算法 (3.24)，参数为 $\mu_1=0.4545$，$\mu_2=1.1818$，$\kappa_1=0.4$，$\kappa_2=1.2$，$p_1=4$，$p_2=3$，$\alpha=5$，$\beta=6$，$\iota=2$。根据多智能体系统的通信拓扑图 1，可得 Laplacian 矩阵为 $\boldsymbol{L}=[1,-1,0,0,0;0,1,-1,0,0;0,0,1,-1,0;0,0,0,1,-1;-1,-1,0,0,2]$。于是，根据引理 3.2 中 $\overline{\boldsymbol{L}}$ 的定义，容易算出 $\overline{\boldsymbol{L}}=[1,-0.5,0,0,-0.5;-0.5,1,-0.5,0,-0.5;0,-0.5,$

1,−0.5,0;0,0,−0.5,1,−0.5;−0.5,−0.5,0,−0.5,2]，接下来根据引理 3.1 可算得 k_a=1.415。系统状态变化如图 3.5 和图 3.6 所示，可以看到，系统最终收敛到全局最优解 $\boldsymbol{x}^*$=[1,1.333]。可算得系统理论收敛时间上界为 T=1.836s，从图 3.5 和图 3.6 可以看出算法实际在 1.3s 左右达到收敛状态。与文献 [108] 相比，本书提出的算法放宽了通信拓扑的限制条件，仅要求通信图为非平衡的有向图，从而拓宽了应用场景。值得注意的是，在分析收敛时间上界时，本书采用了对 Lyapunov 函数进行集成的思想，以获得更加准确的估计结果。在仿真案例中，实际收敛时间与理论收敛时间上界仅相差约 0.5s。而文献 [108] 中的差值则超过 2.5s。需要指出的是，文献 [108] 的算法要求通信拓扑为无向图。为了进行比较，本书将通信拓扑图 1 从有向图改为无向图，即在保持拓扑架构不变的情况下，将信息传递方式改为双向传递。在相同初始条件下，使用文献 [108] 中的控制器可得到系统状态变化，如图 3.7 和图 3.8 所示。对比结果显示，本书设计的算法在收敛时间上界方面得到了改进。

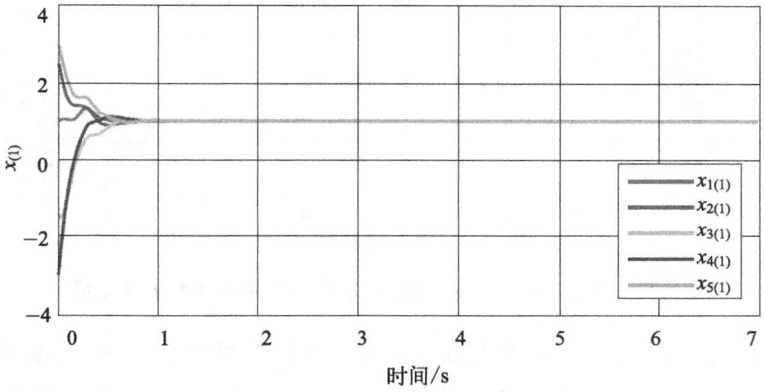

图 3.5 系统各智能体状态 x_1 变化情况

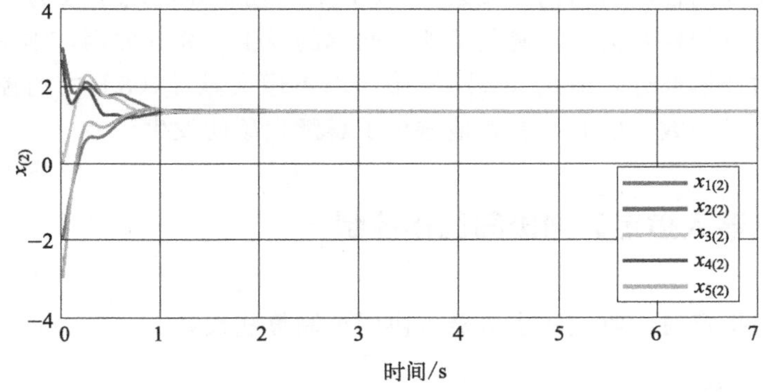

图 3.6 系统各智能体状态 x_2 变化情况

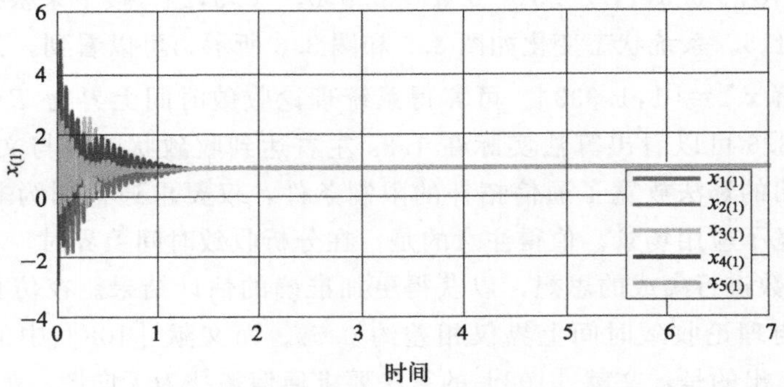

图 3.7　使用文献［108］算法时系统各智能体状态 x_1 变化情况

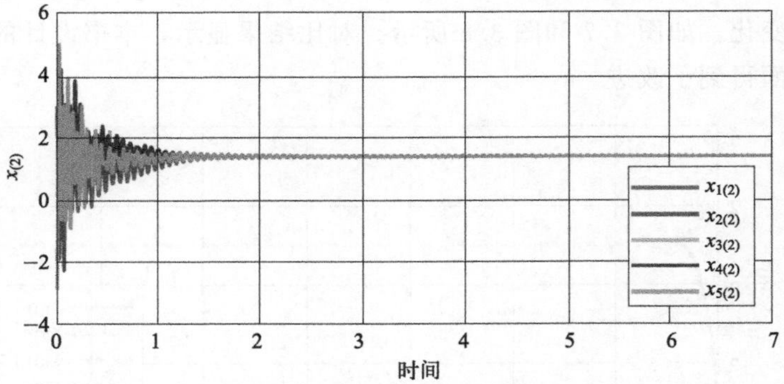

图 3.8　使用文献［108］算法时系统各智能体状态 x_2 变化情况

通过仿真发现，若直接采用文献［108］中设计的控制器解决本书提出的分布式优化问题，系统将无法收敛到最优解 $\boldsymbol{x}^*=[1,1.333]$。然而，当将有向图改为无向图后，仿真结果（见图 3.7 和图 3.8）表明系统最终成功收敛到了最优解。此外，与本书设计的控制器相比，文献［108］中的控制器出现了较为严重的震颤现象，而本书提出的控制器成功避免了这一问题的发生。究其原因，本书算法中的非连续项位于估计器部分，即式（3.24）中，而不像文献［108］中的控制器直接包含非连续的符号函数，因此，有效地避免了震颤现象的发生。

3.4　多机器人指定时间协同优化控制

本节考虑指定时间收敛的多机器人协同控制算法设计。

3.4.1　问题描述

假设有 n 台机器人，每台机器人的动力学方程由如下 Lagrangian 方程描述：

$$\boldsymbol{M}_i(\boldsymbol{q}_i)\ddot{\boldsymbol{q}}_i+\boldsymbol{C}_i(\boldsymbol{q}_i,\dot{\boldsymbol{q}}_i)\dot{\boldsymbol{q}}_i+\boldsymbol{g}_i(\boldsymbol{q}_i)=\boldsymbol{\tau}_i \tag{3.40}$$

式中，$i\in\mathcal{I}_n$；$\boldsymbol{q}_i,\dot{\boldsymbol{q}}_i,\ddot{\boldsymbol{q}}_i\in\mathbb{R}^d$ 分别代表广义位置、速度和加速度向量；$\boldsymbol{M}_i(\boldsymbol{q}_i)\in\mathbb{R}^{d\times d}$ 为对称且正定的惯性矩阵；$\boldsymbol{C}_i(\boldsymbol{q}_i,\dot{\boldsymbol{q}}_i)\boldsymbol{q}_i\in\mathbb{R}^d$ 为科里奥利力与向心力矩阵；$\boldsymbol{g}_i(\boldsymbol{q}_i)$ 为重力向量；$\boldsymbol{\tau}_i\in\mathbb{R}^d$ 为作用在第 i 个智能体上的广义控制力矩。

记 $f_i(\boldsymbol{q}_i)$：$\mathbb{R}^d\rightarrow\mathbb{R}$ 为第 i 个智能体的目标函数，其信息仅有个体 i 可知。团队目标函数和限制条件为：

$$\begin{aligned}&\min_{\boldsymbol{q}_i\in\mathbb{R}^d}\sum_{i=1}^{m}f_i(\boldsymbol{q}_i),\\&\text{s. t }\boldsymbol{q}_i=\boldsymbol{q}_j,\forall i,j\in\mathcal{I}_n\end{aligned} \tag{3.41}$$

本节所要解决的问题为设计分布式控制器 $\boldsymbol{\tau}_i$，使得所有个体的状态在指定时间内收敛于目标函数（3.41）的最优解，即

$$\begin{aligned}&\lim_{t\rightarrow T^-}\boldsymbol{q}_i(t)=\boldsymbol{q}^*,\lim_{t\rightarrow T^-}\dot{\boldsymbol{q}}_i(t)=0,\\&\boldsymbol{q}_i(t)=\boldsymbol{q}^*,\dot{\boldsymbol{q}}_i(t)=0,\forall t\geqslant T,i\in\mathcal{I}_n\end{aligned} \tag{3.42}$$

其中，最优解为 $\boldsymbol{q}^*=\arg\min\limits_{\dot{\boldsymbol{q}}_i\in\mathbb{R}^d}\sum\limits_{i=1}^{n}f_i(\boldsymbol{q}_i)$，也就是说，所有 Lagrangian 个体的状态一致收敛于 $\boldsymbol{q}^*$。目标函数 $\boldsymbol{f}_i(\boldsymbol{q}_i)$ 的梯度向量和 Hessian 矩阵分别记为 $\nabla\boldsymbol{f}_i(\boldsymbol{q}_i)$和 $\nabla\boldsymbol{f}_i^2(\boldsymbol{q}_i)$。这里定义 $\nabla\boldsymbol{f}(\boldsymbol{q})=[\nabla\boldsymbol{f}_1(\boldsymbol{q}_1)^{\mathrm{T}},\cdots,\nabla\boldsymbol{f}_n(\boldsymbol{q}_n)^{\mathrm{T}}]\in\mathbb{R}^{nd}$，$\nabla\boldsymbol{F}(\boldsymbol{q})=\sum\limits_{i=1}^{n}\boldsymbol{f}_i(\boldsymbol{q}_i)\in\mathbb{R}^d$，$\nabla^2\boldsymbol{F}(\boldsymbol{q})=\sum\limits_{i=1}^{n}\nabla^2\boldsymbol{f}_i(\boldsymbol{q}_i)\in\mathbb{R}^{n\times n}$。依据以上定义不难得到，$\nabla\boldsymbol{F}(\boldsymbol{q})=\boldsymbol{1}_n^{\mathrm{T}}\otimes\boldsymbol{I}_d\nabla\boldsymbol{f}(\boldsymbol{q})$。

特性 1：矩阵 $\boldsymbol{M}_i(\boldsymbol{q}_i)$ 为正定，且存在正实数 $l_{\underline{M}}$ 和 $l_{\overline{M}}$ 满足如下不等式：

$$0<l_{\underline{M}}\boldsymbol{I}_d\leqslant\boldsymbol{M}_i(\dot{\boldsymbol{q}}_i)\leqslant l_{\overline{M}}\boldsymbol{I}_d \tag{3.43}$$

特性 2：$\dot{\boldsymbol{M}}_i(\boldsymbol{q}_i)-2\boldsymbol{C}_i(\boldsymbol{q}_i,\dot{\boldsymbol{q}}_i)$ 为反对称矩阵，即对于给定向量 $\boldsymbol{\zeta}\in\mathbb{R}^d$，有

$$\boldsymbol{\zeta}^{\mathrm{T}}(\dot{\boldsymbol{M}}_i(\boldsymbol{q}_i)-2\boldsymbol{C}_i(\boldsymbol{q}_i,\dot{\boldsymbol{q}}_i))\boldsymbol{\zeta}=\boldsymbol{0} \tag{3.44}$$

如果所有个体都可获得团队目标函数梯度信息，则本节所研究的分布式优化问题可转化为集中控制构架，此时可得以下定理：

定理 3.3 对于一阶积分器多智能体系统 $\dot{\boldsymbol{q}}_i=\boldsymbol{u}$，$i\in\mathcal{I}_n$，如果所有个体的初始状态都相等，即 $\boldsymbol{q}_i(t_0)=\boldsymbol{q}_j(t_0),\forall i,j\in\mathcal{I}_n$，如果控制输入 $\boldsymbol{u}$ 为

$$\boldsymbol{u}=-\left(b_1+b_2\frac{\dot{\eta}(t;t_0,T_c)}{\eta(t;t_0,T_c)}\right)\nabla\boldsymbol{F}(\boldsymbol{q}) \tag{3.45}$$

其中，$b_1>0$，$b_2>0$，那么所有个体的状态都将在时间 T_c 内收敛于问题（3.42）

的最优解 q^*。

证明：选取如下 Lyapunov 候选函数：

$$V_C(t)=\frac{1}{2}\nabla \boldsymbol{F}(\boldsymbol{q})^{\mathrm{T}}\nabla \boldsymbol{F}(\boldsymbol{q}) \tag{3.46}$$

易知 $V_C(t)\geqslant 0$，且 $V_C(t)=0\Leftrightarrow\nabla\boldsymbol{F}(\boldsymbol{q})=0$。对其沿着式（3.45）求导可得

$$\begin{aligned}\dot{V}_C(t)&=\nabla \boldsymbol{F}(\boldsymbol{q})^{\mathrm{T}}(\nabla^2\boldsymbol{F}(\boldsymbol{q})\boldsymbol{u})\\&\leqslant -k_\theta\left(b_1+b_2\frac{\dot{\eta}(t;t_0,T_c)}{\eta(t;t_0,T_c)}\right)\nabla\boldsymbol{F}(\boldsymbol{q})^{\mathrm{T}}\nabla\boldsymbol{F}(\boldsymbol{q})\\&=-2k_\theta\left(b_1+b_2\frac{\dot{\eta}(t;t_0,T_c)}{\eta(t;t_0,T_c)}\right)V_C(t)\end{aligned} \tag{3.47}$$

这里，k_θ、b_1 和 b_2 都为正实数，于是根据引理 3.1 可得，当 $t\in[t_0+T_c,\infty)$ 时，$V_C(t)=0$，即 $\nabla\boldsymbol{F}(\boldsymbol{q})=\sum_{i=1}^{n}\nabla \boldsymbol{f}_i(\boldsymbol{q}_i)\equiv\mathbf{0}$。也就是说，对于任意初始状态，多智能体的状态都将在指定的时间 T_c 内收敛于最优解 $\boldsymbol{q}^*$。

3.4.2 控制器设计

本节给出分布式控制器的设计及稳定性分析。由于每个 Lagrangian 个体只能获取自身的目标函数信息，无法直接获取全局目标函数，所以这里设计全局目标函数梯度的指定时间观测器如下：

$$\begin{cases}\dot{\boldsymbol{H}}_i=-\left(c_1+c_2\dfrac{\dot{\eta}(t;t_0,T/3)}{\eta(t;t_0,T/3)}\right)\boldsymbol{\Phi}_i-\kappa\,\mathrm{sign}(\boldsymbol{\Phi}_i)\\ \boldsymbol{\Phi}_i=\sum\limits_{j\in\mathcal{N}_i}a_{ij}(H_i-H_j)+{}^i\boldsymbol{I}\otimes(\boldsymbol{H}_{ii}-\nabla \boldsymbol{f}_i(\boldsymbol{q}_i))\end{cases} \tag{3.48}$$

式中，c_1 和 c_2 为任意正实数；κ 满足 $\kappa\geqslant\left\|\dfrac{\mathrm{d}}{\mathrm{d}t}\nabla\boldsymbol{f}(\boldsymbol{q})\right\|_\infty$；${}^i\boldsymbol{I}\in\mathbb{R}^n$ 为第 i 个元素为 1、其他元素为 0 的向量；$\boldsymbol{H}_i=[\boldsymbol{H}_{i1}^{\mathrm{T}},\cdots,\boldsymbol{H}_{in}^{\mathrm{T}}]^{\mathrm{T}}\in\mathbb{R}^{nd}$。基于观测器（3.48）为多 Lagrangian 系统设计分布式指定时间控制器如下：

$$\begin{cases}\boldsymbol{\tau}_i=-\left(c_1+c_2\dfrac{\dot{\eta}(t;t_0,T/3)}{\eta(t;t_0,T/3)}\right)\boldsymbol{s}_i+\boldsymbol{M}_i(\boldsymbol{q}_i)\dot{\boldsymbol{\sigma}}_i+\boldsymbol{C}_i(\boldsymbol{q}_i,\dot{\boldsymbol{q}}_i)\boldsymbol{\sigma}_i+\boldsymbol{g}_i\\ \boldsymbol{\sigma}_i=-\left(c_1+c_2\dfrac{\dot{\eta}(t;t_0,2T/3)}{\eta(t;t_0,2T/3)}\right)\sum\limits_{j\in\mathcal{N}_i}a_{ij}(\boldsymbol{q}_i-\boldsymbol{q}_j)-\left(c_1+c_2\dfrac{\dot{\eta}(t;t_0,T)}{\eta(t;t_0,T)}\right)(\mathbf{1}_n^{\mathrm{T}}\otimes\boldsymbol{I}_d\boldsymbol{H}_i)\\ \boldsymbol{s}_i=\dot{\boldsymbol{q}}_i-\boldsymbol{\sigma}_i\end{cases} \tag{3.49}$$

接下来，给出本节的主要结论：

假设多 Lagrangian 系统（3.40）的通信拓扑为无向联通图，则分布式控制器（3.49）可使得多 Lagrangian 系统的状态 $\boldsymbol{q}_i$ 在指定时间收敛至问题（3.41）的最优解。

证明：证明过程分为三步，首先证明观测器（3.48）在指定时间上界内获取全局目标函数的梯度，同时 $\boldsymbol{s}_i$ 收敛至零；然后证明多 Lagrangian 系统在指定时间内实现状态一致性；最后证明各 Lagrangian 个体状态都收敛于最优解 $\boldsymbol{q}^*$。

步骤 1：定义观测误差 $\widetilde{\boldsymbol{H}}_i=\boldsymbol{H}_i-\nabla \boldsymbol{f}(\boldsymbol{q})\in\mathbb{R}^{nd}$，记 $\boldsymbol{\Phi}=[\boldsymbol{\Phi}_1^{\mathrm{T}},\cdots,\boldsymbol{\Phi}_n^{\mathrm{T}}]\in\mathbb{R}^{n^2d}$，$\widetilde{\boldsymbol{H}}=[\widetilde{\boldsymbol{H}}_1^{\mathrm{T}},\cdots,\widetilde{\boldsymbol{H}}_n^{\mathrm{T}}]\in\mathbb{R}^{n^2d}$，$\boldsymbol{\Lambda}=\mathrm{diag}({}^1\Lambda,\cdots,{}^n\Lambda)\otimes\boldsymbol{I}_d\in\mathbb{R}^{n^2d\times n^2d}$。定义 $\hat{\boldsymbol{L}}=\boldsymbol{L}\otimes\boldsymbol{I}_{nd}+\boldsymbol{\Lambda}\in\mathbb{R}^{n^2d\times n^2d}$，于是可得 $\boldsymbol{\Phi}=\hat{\boldsymbol{L}}\widetilde{\boldsymbol{H}}$。写为矩阵形式如下：

$$\dot{\boldsymbol{H}}=-\left(c_1+c_2\frac{\dot{\eta}(t;t_0,T/3)}{\eta(t;t_0,T/3)}\right)\boldsymbol{\Phi}-\iota\,\mathrm{sign}(\boldsymbol{\Phi}) \tag{3.50}$$

选取 Lyapunov 候选函数如下：

$$V_A(t)=V_1(t)+V_2(t) \tag{3.51}$$

其中，$V_1(t)$ 和 $V_2(t)$ 分别为：

$$V_1(t)=\frac{1}{2}\boldsymbol{\Phi}^{\mathrm{T}}\boldsymbol{\Phi} \tag{3.52}$$

和

$$V_2(t)=\frac{1}{2}\boldsymbol{S}^{\mathrm{T}}\boldsymbol{M}(\boldsymbol{q})\boldsymbol{S} \tag{3.53}$$

式中，$\boldsymbol{S}=[\boldsymbol{s}_1^{\mathrm{T}},\cdots,\boldsymbol{s}_n^{\mathrm{T}}]^{\mathrm{T}}\in\mathbb{R}^{nd}$；$\boldsymbol{M}(\boldsymbol{q})$ 和 $\boldsymbol{C}(\boldsymbol{q},\dot{\boldsymbol{q}})$ 分别为 $\boldsymbol{M}_i(\boldsymbol{q}_i)$ 和 $\boldsymbol{C}_i(\boldsymbol{q}_i,\dot{\boldsymbol{q}}_i)$ 的分块对角矩阵。

将 $V_1(t)$ 求导可得：

$$\begin{aligned}\dot{V}_1(t)=&-\left(c_1+c_2\frac{\dot{\eta}(t;t_0,T/3)}{\eta(t;t_0,T/3)}\right)\boldsymbol{\Phi}^{\mathrm{T}}\hat{\boldsymbol{L}}\boldsymbol{\Phi}\\&-\boldsymbol{\Phi}^{\mathrm{T}}\hat{\boldsymbol{L}}\left(\boldsymbol{1}_n\otimes\frac{\mathrm{d}}{\mathrm{d}t}\nabla \boldsymbol{f}(\boldsymbol{q})+\kappa\,\mathrm{sign}(\boldsymbol{\Phi})\right)\end{aligned} \tag{3.54}$$

由于 $\hat{\boldsymbol{L}}=\boldsymbol{L}\otimes\boldsymbol{I}_{nd}+\boldsymbol{\Lambda}\in\mathbb{R}^{n^2d\times n^2d}$ 为无向图的 Laplacian 矩阵与对角阵的和，并且有 $\kappa\geqslant\left\|\frac{\mathrm{d}}{\mathrm{d}t}\nabla \boldsymbol{f}(\boldsymbol{q})\right\|_\infty$，所以可得：

$$\begin{aligned}&\boldsymbol{\Phi}\hat{\boldsymbol{L}}\left(\iota\,\mathrm{sign}(\boldsymbol{\Phi})+\boldsymbol{1}_n\otimes\frac{\mathrm{d}}{\mathrm{d}t}\nabla \boldsymbol{f}(\boldsymbol{q})\right)\\&=\boldsymbol{\Phi}\boldsymbol{\Lambda}\left(\boldsymbol{1}_n\otimes\frac{\mathrm{d}}{\mathrm{d}t}\nabla \boldsymbol{f}(\boldsymbol{q})+\iota\,\mathrm{sign}(\boldsymbol{\Phi})\right)\\&\geqslant\sum_{i=1}^{n}\left(\kappa-\left\|\frac{\mathrm{d}}{\mathrm{d}t}\nabla \boldsymbol{f}(\boldsymbol{q})\right\|_\infty\right)\|\boldsymbol{\Phi}_{ii}\|_1\end{aligned}$$

$$\geqslant 0 \tag{3.55}$$

式中，$\boldsymbol{\Phi}_{ii}\in\mathbb{R}^d$ 是 $\boldsymbol{\Phi}_i\in\mathbb{R}^{nd}$ 的第 i 个 d 维向量，可得：

$$\dot{V}_1(t)\leqslant -2\lambda_{\min}(\hat{\boldsymbol{L}})\left(c_1+c_2\frac{\dot{\eta}(t;t_0,T/3)}{\eta(t;t_0,T/3)}\right)V_1(t) \tag{3.56}$$

由参数 $\lambda_{\min}(\hat{\boldsymbol{L}})>0, c_1>0$ 和 $c_2>0$，易得 $\lambda_{\min}(\hat{\boldsymbol{L}})\left(c_1+c_2\frac{\dot{\eta}(t;t_0,T/3)}{\eta(t;t_0,T/3)}\right)$ 为正实数。而后，可得 $V_2(t)$ 关于时间 t 的导数为：

$$\begin{aligned}\dot{V}_2(t)&=\frac{1}{2}\boldsymbol{S}^{\mathrm{T}}\dot{\boldsymbol{M}}(\boldsymbol{q})\boldsymbol{S}+\boldsymbol{S}^{\mathrm{T}}\boldsymbol{M}(\boldsymbol{q})\dot{\boldsymbol{S}}\\&=\frac{1}{2}\boldsymbol{S}^{\mathrm{T}}\dot{\boldsymbol{M}}(\boldsymbol{q})\boldsymbol{S}-\boldsymbol{S}^{\mathrm{T}}\boldsymbol{C}(\boldsymbol{q},\dot{\boldsymbol{q}})\boldsymbol{S}\\&\quad-\left(c_1+c_2\frac{\dot{\eta}(t;t_0,T/3)}{\eta(t;t_0,T/3)}\right)\boldsymbol{S}^{\mathrm{T}}\boldsymbol{S}\end{aligned} \tag{3.57}$$

由 Lagrangian 系统的第三个特性可以得到：

$$\dot{V}_2(t)=-\left(c_1+c_2\frac{\dot{\eta}(t;t_0,T/3)}{\eta(t;t_0,T/3)}\right)\boldsymbol{S}^{\mathrm{T}}\boldsymbol{S} \tag{3.58}$$

同时，根据 Lagrangian 系统的第一个特性可知，$V_2(t)$ 满足 $\frac{l_M}{2}\boldsymbol{S}^{\mathrm{T}}\boldsymbol{S}\leqslant V_2(t)\leqslant\frac{l_{\bar{M}}}{2}\boldsymbol{S}^{\mathrm{T}}\boldsymbol{S}$。于是上式可以写为：

$$\dot{V}_2(t)\leqslant -\frac{2}{l_{\bar{M}}}\left(c_1+c_2\frac{\dot{\eta}(t;t_0,T/3)}{\eta(t;t_0,T/3)}\right)V_2(t) \tag{3.59}$$

综合式 (3.54) 和式 (3.59)，容易得到：

$$\begin{aligned}V_A(t)&=\dot{V}_1(t)+\dot{V}_2(t)\\&\leqslant -\beta_m\left(c_1+c_2\frac{\dot{\eta}(t;t_0,T/3)}{\eta(t;t_0,T/3)}\right)(V_1(t)+V_2(t))\\&=-\beta_m\left(c_1+c_2\frac{\dot{\eta}(t;t_0,T/3)}{\eta(t;t_0,T/3)}\right)V_A(t)\end{aligned} \tag{3.60}$$

其中，$\beta_m=\min(2\lambda_{\min}(\hat{\boldsymbol{L}}),\frac{2}{l_{\bar{M}}})$。注意，$\beta_m$、$c_1$ 和 c_2 都为正实数，根据定理 3.1 可得，$\boldsymbol{\Phi}$ 和 $\boldsymbol{S}$ 都将在时间 t_0+T 内收敛于零点。$\boldsymbol{\Phi}=\boldsymbol{0}$ 意味着 $\widetilde{\boldsymbol{H}}=\boldsymbol{0}$。所以，可以得到结论，当 $t\geqslant t_0+\frac{T}{3}$ 时，$\boldsymbol{s}_i\equiv 0$，并且 $H_i\equiv\nabla \boldsymbol{f}(\boldsymbol{q})$。

步骤 2：接下来证明各 Lagrangian 个体状态将在指定时间内实现一致性。由步骤 1 可知，当 $t\geqslant t_0+\frac{T}{3}$ 时，控制器的第三个方程可以写为：

$$\dot{\boldsymbol{q}}_i = -\left(c_1 + c_2 \frac{\dot{\eta}(t;t_0,2T/3)}{\eta(t;t_0,2T/3)}\right) \sum_{j\in\mathcal{N}_i} a_{ij}(\boldsymbol{q}_i - \boldsymbol{q}_j) + \left(c_1 + c_2 \frac{\dot{\eta}(t;t_0,T)}{\eta(t;t_0,T)}\right)(\boldsymbol{1}_n^{\mathrm{T}} \otimes \boldsymbol{I}_d \nabla \boldsymbol{f}(\boldsymbol{q})) \tag{3.61}$$

为便于计算，定义 $\boldsymbol{e}_i = \sum_{j\in\mathcal{N}_i} a_{ij}(\boldsymbol{q}_i - \boldsymbol{q}_j)$，并记 $\boldsymbol{e}=[e_1^{\mathrm{T}},\cdots,e_n^{\mathrm{T}}]^{\mathrm{T}}$。易知，$\boldsymbol{e}=(\boldsymbol{L}\otimes\boldsymbol{I}_d)\boldsymbol{q}$，可以得到：

$$\begin{aligned}\dot{\boldsymbol{e}} &=(\boldsymbol{L}\otimes\boldsymbol{I}_d)\dot{\boldsymbol{q}} \\ &=-\left(c_1+c_2\frac{\dot{\eta}(t;t_0,2T/3)}{\eta(t;t_0,2T/3)}\right)(\boldsymbol{L}\otimes\boldsymbol{I}_d)\boldsymbol{e} \\ &\quad-\left(c_1+c_2\frac{\dot{\eta}(t;t_0,T)}{\eta(t;t_0,T)}\right)(\boldsymbol{L}\otimes\boldsymbol{I}_d)\nabla\boldsymbol{F}(\boldsymbol{Q})\end{aligned} \tag{3.62}$$

其中，$\nabla\boldsymbol{F}(\boldsymbol{Q})=\boldsymbol{1}_n^{\mathrm{T}}\otimes\boldsymbol{I}_d\nabla\boldsymbol{f}(\boldsymbol{q})\otimes\boldsymbol{1}_n$。$(\boldsymbol{L}\otimes\boldsymbol{I}_d)\nabla\boldsymbol{F}(\boldsymbol{Q})=\boldsymbol{I}_d\otimes\boldsymbol{L}\boldsymbol{1}_n^{\mathrm{T}}\otimes\boldsymbol{I}_d\nabla\boldsymbol{f}(\boldsymbol{q})\otimes\boldsymbol{1}_n=\boldsymbol{0}$，这里用到结论 $\boldsymbol{L}\boldsymbol{1}_n=\boldsymbol{0}$，因此可得：

$$\begin{aligned}\dot{\boldsymbol{e}} &=(\boldsymbol{L}\otimes\boldsymbol{I}_d)\dot{\boldsymbol{q}} \\ &=-\left(c_1+c_2\frac{\dot{\eta}(t;t_0,2T/3)}{\eta(t;t_0,2T/3)}\right)(\boldsymbol{L}\otimes\boldsymbol{I}_d)\boldsymbol{e}\end{aligned} \tag{3.63}$$

对于系统（3.63）选取以下 Lyapunov 候选函数：

$$V_B(t)=\frac{1}{2}\boldsymbol{e}^{\mathrm{T}}\boldsymbol{e} \tag{3.64}$$

对其求导可得：

$$\begin{aligned}\dot{V}_B(t) &=\boldsymbol{e}^{\mathrm{T}}\dot{\boldsymbol{e}} \\ &=-\left(c_1+c_2\frac{\dot{\eta}(t;t_0,2T/3)}{\eta(t;t_0,2T/3)}\right)\boldsymbol{e}^{\mathrm{T}}\boldsymbol{L}\boldsymbol{e} \\ &\leqslant-2\lambda_{\min}(L)\left(c_1+c_2\frac{\dot{\eta}(t;t_0,2T/3)}{\eta(t;t_0,2T/3)}\right)V_B(t)\end{aligned} \tag{3.65}$$

再次利用引理 3.1，可得 $\boldsymbol{e}$ 将在有限时间内趋近于 0，即当 $t\geqslant t_0+2T/3$ 时，$\boldsymbol{e}=\boldsymbol{0}$。

步骤 3：接下来，当 $t\geqslant t_0+2T/3$ 时，由于 $\boldsymbol{e}_i=\boldsymbol{0}$，所以可得：

$$\begin{aligned}\dot{\boldsymbol{q}}_i &=-\left(c_1+c_2\frac{\dot{\eta}(t;t_0,T)}{\eta(t;t_0,T)}\right)(\boldsymbol{1}_n^{\mathrm{T}}\otimes\boldsymbol{I}_d\nabla\boldsymbol{f}(\boldsymbol{q})) \\ &=-\left(c_1+c_2\frac{\dot{\eta}(t;t_0,T)}{\eta(t;t_0,T)}\right)\nabla\boldsymbol{F}(\boldsymbol{q})\end{aligned} \tag{3.66}$$

至此，各个个体系统状态 $\boldsymbol{q}_i$ 实现一致性。于是根据定理 3.1 的结论可得，所有 Lagrangian 个体系统状态 $\boldsymbol{q}_i$ 将在时间 T 内收敛至 $\boldsymbol{q}^*$。证明完毕。

3.4.3 设计实例

本节通过数值实验来验证所设计算法的有效性。假设系统由 5 个 Lagrangian 个体组成，通信拓扑如图 3.9 所示。

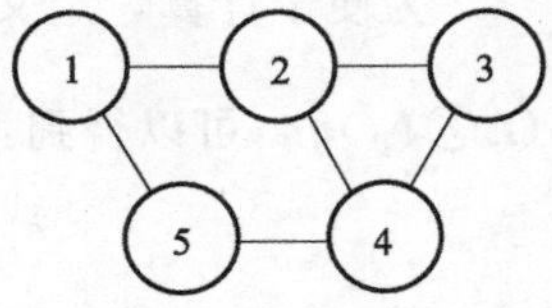

图 3.9 通信拓扑图

各 Lagrangian 个体所对应的目标函数为：

$$f_i(\boldsymbol{q}_i)=\begin{cases}0.6\|\boldsymbol{q}_i-\boldsymbol{q}_A\|^2, i=1,2\\0.8\|\boldsymbol{q}_i-\boldsymbol{q}_B\|^2, i=3,4,5\end{cases} \tag{3.67}$$

其中，$\boldsymbol{q}_A=[0,0]^{\mathrm{T}}$，$\boldsymbol{q}_B=[1.5,0.9]^{\mathrm{T}}$。五个 Lagrangian 个体通过信息交换协同求解优化问题 $\min\limits_{q_i\in\mathbb{R}^2}\boldsymbol{f}(\boldsymbol{q})=\sum\limits_{i=1}^{5}\boldsymbol{f}_i(\boldsymbol{q}_i)$，最终所有个体状态 $\boldsymbol{q}_i$ 在指定时间内收敛于该优化问题的最优解。各个体动力学方程为：

$$\begin{bmatrix}M_{11} & M_{12}\\M_{21} & M_{22}\end{bmatrix}\begin{bmatrix}\ddot{q}_x\\\ddot{q}_y\end{bmatrix}+\begin{bmatrix}C_{11} & C_{12}\\C_{21} & 0\end{bmatrix}\begin{bmatrix}\dot{q}_x\\\dot{q}_y\end{bmatrix}=\begin{bmatrix}\tau_x\\\tau_y\end{bmatrix} \tag{3.68}$$

其中，$M_{11}=2a_3\cos q_y+2a_4I_1\sin q_y+m_1l_{\mathrm{c1}}^2+I_{\mathrm{e}}+m_{\mathrm{e}}l_{\mathrm{ce}}^2+m_{\mathrm{e}}l_1^2$，$M_{12}=M_{21}=I_{\mathrm{e}}+m_{\mathrm{e}}l_{\mathrm{ce}}^2+m_{\mathrm{e}}l_1l_{\mathrm{ce}}\cos\delta_{\mathrm{e}}\cos q_y+m_{\mathrm{e}}l_1l_{\mathrm{ce}}\sin\delta_{\mathrm{e}}\sin q_y$，$M_{22}=I_{\mathrm{e}}+m_{\mathrm{e}}l_{\mathrm{ce}}^2$，$C_{11}=-h\dot{q}_y$，$C_{21}=h\dot{q}_x$，$C_{12}=-h(\dot{q}_x+\dot{q}_y)$，$h=a_3\sin q_y-a_4\cos q_y$，有 $m_1=1$，$l_1=1$，$m_{\mathrm{e}}=2.4$，$\delta_{\mathrm{e}}=\pi/6$，$I_1=0.14$，$l_{\mathrm{c1}}=0.5$，$I_{\mathrm{e}}=0.3$，$l_{\mathrm{ce}}=0.5$。

各 Lagrangian 个体初始状态为：$\boldsymbol{q}_1=[1,0.9]^{\mathrm{T}}$，$\boldsymbol{q}_2=[1.8,0.3]^{\mathrm{T}}$，$\boldsymbol{q}_3=[-1,0]^{\mathrm{T}}$，$\boldsymbol{q}_4=[-0.3,1.7]^{\mathrm{T}}$，$\boldsymbol{q}_5=[0.3,-0.8]^{\mathrm{T}}$，$\dot{\boldsymbol{x}}_i(0)=[0,0]^{\mathrm{T}}, i=1,2,\cdots,5$。控制器中的参数设置为：$c_1=4$，$c_2=0.6$，$\kappa_2=5$。式（3.48）中时间生成器函数 $\eta(t;0,1)$ 的参数 h 为 $h=1.5$。据通信图 3.9 可知，Laplacian 矩阵为 $\boldsymbol{L}=[2,-1,0,0,-1;-1,3,-1,-1,0;0,-1,2,-1,0;0,-1,-1,3,-1;-1,0,0,-1,2]$。

值得注意的是，在仿真过程中，当时间 t 趋近于 T_{p} 时，η 趋近于无穷大，为了避免系统出现数值溢出问题，这里取 $\mu_t=0.001$，即当 $t\geqslant 0.7-0.001$ 或者 $t\geqslant 1-0.001$ 时，$\eta=1$，$\dot{\eta}=0$。仿真分两次进行，第一次指定收敛时间 $T_{\mathrm{p}}=0.7\mathrm{s}$，第二次指定收敛时间为 1s，仿真结果分别如图 3.10 和图 3.11 所示。可以看出，各 Lagrangian 个体的状态 q_x 和 q_y 在指定时间内达到收敛到全局目标函数的最优解 $\boldsymbol{q}^*=[1,0.6]$，从图 3.10 和图 3.11 可知，全局目标函数梯度也在指定时间内达到零，说明了本节所设计算法不仅使得 Lagrangian 个体的状态在指定时间内实现了一致性，而且都收敛于全局目标函数的最优解（图 3.12）。通过仿真，验证了本节所设计控制器的有效性。

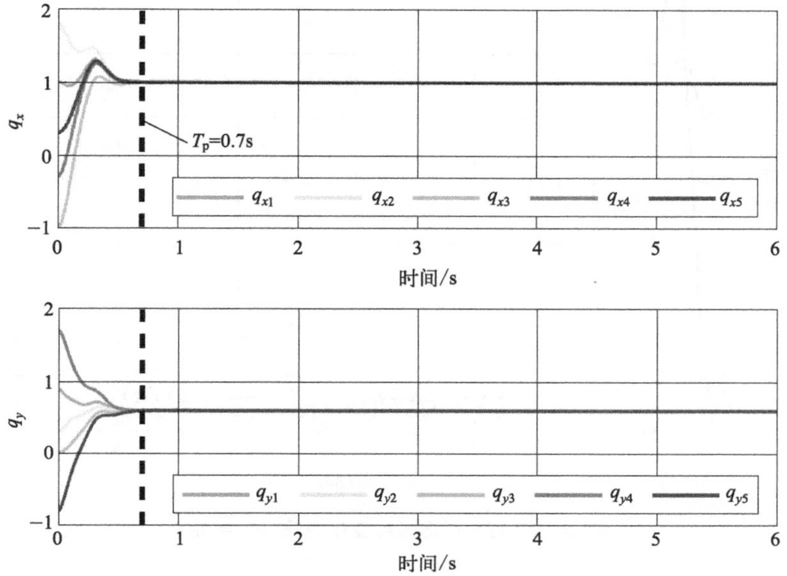

图 3.10 指定收敛时间为 0.7s 时系统状态变化

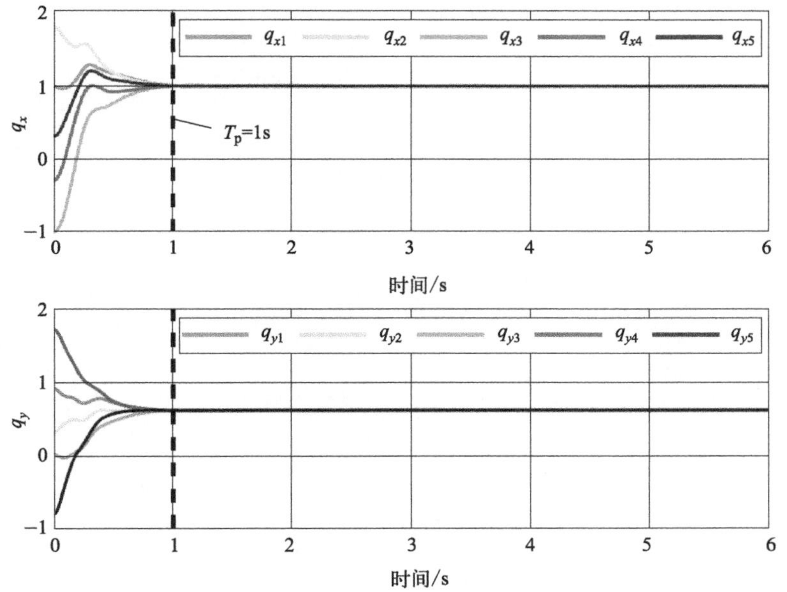

图 3.11 指定收敛时间为 1s 时系统状态变化

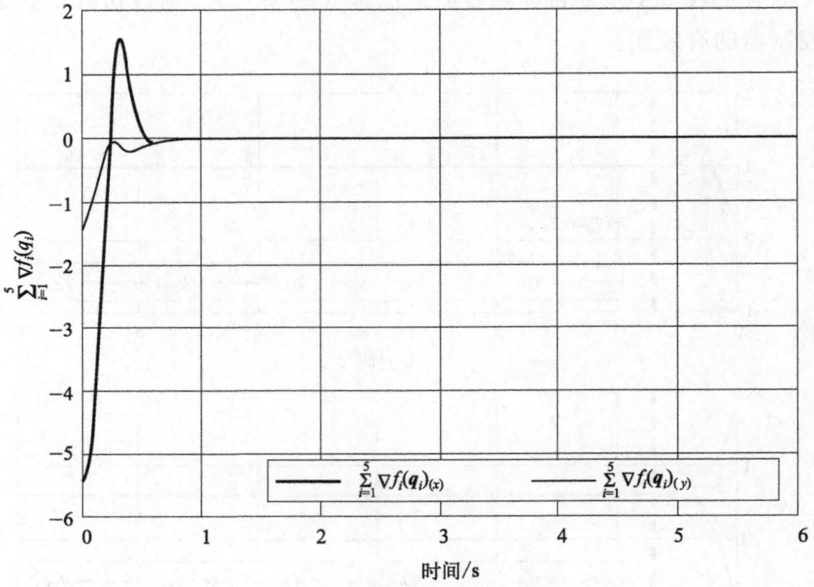

图 3.12　目标函数梯度变化情况（T_p = 1s）

第4章 存在时间延迟情况下协同算法设计

4.1 引言

本章研究存在时延时分布式多机器人系统协同控制，且针对系统含有确定性参数和未知参数两种情况进行研究。所谓确定性参数，是指系统各参数已知且不存在未知的外界扰动。这是一种相对理想的情形，但其对于分布式 Lagrangian 系统，对于时延的动态响应研究，具有基础性作用。同样，本章将对系统含有未知参数的情形进行详细讨论。

针对具有确定性参数的网络化 Lagrangian 系统，在系统无通信时延情形下，已有相关文献对该问题进行了详细讨论。结果表明，在简单的无向图通信拓扑条件下，利用 PD 类控制技术可实现系统的会合控制。相应地，针对含有通信时延的情形，在平衡通信拓扑条件下，可利用无源性理论设计 PD 类输出反馈控制器。其所涉及的通信时延均为恒定时延，且通信拓扑限定为无向或平衡拓扑。因此，有以下几个亟待回答的问题：

① 针对系统存在时变通信时延的情形，PD 类控制器是否适用？如果适用，其条件是什么？能否将通信拓扑扩展为更为一般的伪强连通情形？

② 在速度信息不可用的情形下，能否利用 P 类控制技术实现系统的聚合控制？

③ 如果系统存在时变的通信时延，能否用类似的方法处理？

本章将针对以上问题研究确定性参数下、含有时变通信时延的网络化 Lagrangian 系统的协同控制。首先针对比较特殊的单自由度 Lagrangian 系统设计一种 P 类控制器，利用 LaSalle 定理对控制器的稳定性进行证明；然后针对更为一般的含有时变通信时延的多自由度系统，将通信条件放宽为伪强连通拓扑，分别设计 PD 类和 P 类控制器。仿真结果验证了这两种控制器的有效性。

4.2 单自由度系统协同控制

本节首先针对单自由度 Lagrangian 系统设计一种 P 类分布式控制器。单自由度 Lagrangian 系统模型由下式给出：

$$M_i\ddot{q}_i+B\dot{q}_i=F_i \tag{4.1}$$

式中，M_i 为第 i 个 Agent 的质量；B 为各 Agent 的阻尼；F_i 为施加的作用力。

为此，设计 P 类控制器：

$$F_i=-\sum_{j=1}^{N}\frac{k_{ji}}{n_i}a_{ji}(q_i(t)-q_j(t-\tau_{ji})) \tag{4.2}$$

式中，n_i 为第 i 个 Agent 的通信入度；k_{ji} 为控制增益；τ_{ji} 为第 i 和第 j 个 Agent 之间的通信时延。

则有以下定理：

定理 4.1 考虑有多个单自由度 Lagrangian 系统（4.1），假定通信拓扑包括一个对称的衍生树，即 $a_{ji}=a_{ij}$，$\tau_{ji}=\tau_{ij}$，则在控制器（4.2）作用下，当 $B>\tau_{ji}k_{ji}$ 时，系统达到状态一致性。

证明：设第 i 和 j 个体之间的位置误差为 $e_{ij}(t)=q_i(t)-q_j(t)$，引入以下变换：

$$q_i(t-\tau)=q_i(t)-\int_{-\tau}^{0}\dot{q}_i(t+\eta)\mathrm{d}\eta \tag{4.3}$$

将式（4.2）代入式（4.1），并利用式（4.3）可得：

$$\begin{aligned}\ddot{q}_i=&-\frac{B}{M_i}\dot{q}_i-\frac{1}{M_i}\sum_{i=1}^{N}\frac{k_{ji}}{n_i}a_{ji}e_{ji}\\&-\frac{1}{M_i}\sum_{i=1}^{N}\frac{k_{ji}}{n_i}a_{ji}\int_{-\tau}^{0}\dot{q}_j(t+\eta)\mathrm{d}\eta\end{aligned} \tag{4.4}$$

为证明系统达到式（2.28）意义下的状态一致性，我们需要证明 $e_{ij}=0$，$\lim\limits_{t\to\infty}q_i(t)-q_j(t)=0$。为此构造 Lyapunov-Krasovskii 函数 $V=V_1+V_2+V_3$，其中：

$$\begin{aligned}V_1&=\frac{1}{2}\sum_{i=1}^{N}n_iB\dot{q}_i^2(t)\\V_2&=\frac{1}{4}\sum_{i=1}^{N}\sum_{j=1}^{N}k_{ji}a_{ji}\frac{B}{M_i}e_{ji}^2(t)\\V_3&=\frac{1}{2}\sum_{i=1}^{N}\sum_{j=1}^{N}\int_{-\tau_{ji}}^{0}k_{ji}^2a_{ji}\tau_{ji}\int_{\eta}^{0}\dot{q}_i^2(t+\zeta)\mathrm{d}\zeta\mathrm{d}\eta\end{aligned} \tag{4.5}$$

对式（4.5）求导，并利用式（4.4），可得

$$\dot{V}_1=\sum_{i=1}^{N}n_iB\dot{q}_i\ddot{q}_i(t)$$
$$=-\sum_{i=1}^{N}\sum_{j=1}^{N}\frac{B^2}{M_i}a_{ji}\dot{q}_i^2(t)-\sum_{i=1}^{N}\sum_{j=1}^{N}\frac{B}{M_i}k_{ji}a_{ji}\dot{q}_i(t)e_{ji}(t)$$
$$-\sum_{i=1}^{N}\sum_{j=1}^{N}\frac{B}{M_i}k_{ji}a_{ji}\dot{q}_i(t)\int_{-\tau_{ji}}^{0}\dot{q}_j(t+\eta)\mathrm{d}\eta$$
$$\dot{V}_2=\sum_{i=1}^{N}\sum_{j=1}^{N}k_{ji}a_{ji}\frac{B}{M_i}e_{ji}(t)\dot{q}_i(t)$$
$$\dot{V}_3=\frac{1}{2}\sum_{i=1}^{N}\sum_{j=1}^{N}\int_{-\tau_{ji}}^{0}k_{ji}^2a_{ji}\tau_{ji}\dot{q}_i^2(t)\mathrm{d}\eta$$
$$-\frac{1}{2}\sum_{i=1}^{N}\sum_{j=1}^{N}\int_{-\tau_{ji}}^{0}k_{ji}^2a_{ji}\tau_{ji}\dot{q}_i^2(t+\eta)\mathrm{d}\eta$$

则有

$$\dot{V}_1+\dot{V}_2+\dot{V}_3$$
$$=-\sum_{i=1}^{N}\sum_{j=1}^{N}a_{ji}\frac{B^2}{M_i}\dot{q}_i^2(t)+\frac{1}{2}\sum_{i=1}^{N}\sum_{j=1}^{N}k_{ji}^2\frac{a_{ji}}{M_i}\tau_{ji}\dot{q}_i^2(t)$$
$$-\sum_{i=1}^{N}\sum_{j=1}^{N}\frac{B}{M_i}k_{ji}a_{ji}\dot{q}_i(t)\int_{-\tau_{ji}}^{0}\dot{q}_j(t+\eta)\mathrm{d}\eta$$
$$=-\frac{1}{2}\sum_{i=1}^{N}\sum_{j=1}^{N}a_{ji}\frac{(B^2-k_{ji}^2\tau_{ji}^2)}{M_i}\dot{q}_i^2(t)$$
$$-\frac{1}{2}\sum_{i=1}^{N}\sum_{j=1}^{N}\int_{-\tau_{ji}}^{0}\frac{a_{ji}}{M_i}\left(\frac{B\dot{q}_i(t)}{\sqrt{\tau_{ji}}}+k_{ji}\sqrt{\tau_{ji}}\dot{q}_i(t+\eta)\right)^2\mathrm{d}\eta \tag{4.6}$$

显然，对于所有的 i 和 j，当 $e_{ji}(t)\neq 0$ 或 $\dot{q}_i(t)\neq 0$ 时，$V>0$。此外，当 $B>k_{ji}\tau_{ji}$ 时，$\dot{V}\leqslant 0$。由于通信图中包含一个衍生树，所以对于任意 $c>0$，$t>0$，一切始于 $G=\{x_t\in C\mid V(x_t)\leqslant c\}$ 的解仍然在 G 内。容易知道 V 在 $\overline{G}$ 上连续，且在 G 上，$\dot{V}\leqslant 0$。集合 S 包含了所有速度为 0 的解，即当 $\tau=\max_{i,j\in\phi}\tau_{ji}$ 时，对于任意 $s\in[-\tau,0]$ 以及所有 $t\geqslant 0$，都有 $v_t(s)=0$。S 中的最大不变集 M 要求对于任意 $s\in[-\tau,0]$ 和任意 t 都有 $e_{ji}(t)=0$。因此，系统达到式（2.28）意义下的状态一致性。

为验证单自由度 Lagrangian 系统协同控制律的有效性，我们对算法（4.2）进行了实验验证。实验平台如图 4.1 所示。该平台由四个通过网络互连的单自由度机械臂构成，用于进行多臂遥操作理论的验证。

系统采用北京阿尔泰公司的 USB2812 控制卡、MAXON 公司的 ADS-50/5 驱动器、北京北微微电机厂的 70LY53 力矩电机。四个机械臂的通信拓扑及位置对应关系如图 4.2 所示。可以看到，1 号机械臂仅接收 4 号臂的时延位置信息，2 号机械臂仅接收 1 号臂的信息等。这样，施加在单个机械臂上的控制律仅与其自身状态与相邻个体的状态有关，而与其他个体无关，构成分布式控制体系。按照系统标称参数，得到 $M_i = 1.2\text{kg}$，$B = 0.2\text{kg}$，我们设定算法（4.2）中 $k_{ij} = 0.2$，$\tau_{ij} = 0.5\text{s}$，即个体相互之间的通信时延为 0.5s，可知其满足 $B > \tau_{ji} k_{ji}$。

实验开始时，我们推动 1 号机械臂，使其偏离平衡位置，然后在位置极限值附近停下，并恢复平衡位。这样，在控制力的作用下，2 号、3 号和 4 号机械臂也随之旋转，并做往复运动。实验结果如图 4.3 所示。我们观察到，在实验过程中，2 号、3 号和 4 号操作臂逐渐跟随，位置趋于一致。由于延时作用，2 号、3 号和 4 号机械臂相对于 1 号机械臂的运动稍有滞后，但总体实验效果令人满意。

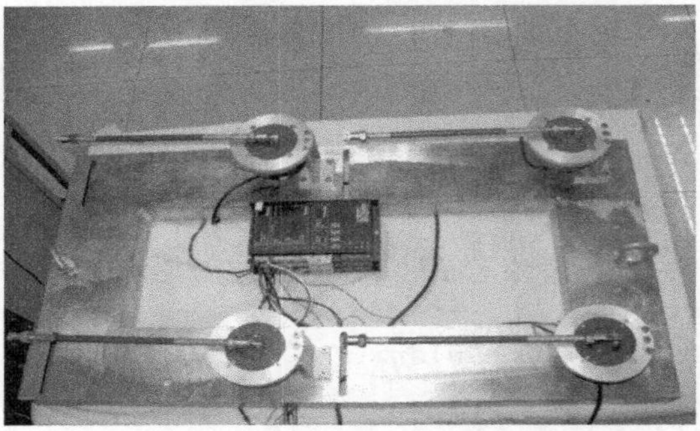

图 4.1 单自由度机械臂实验平台

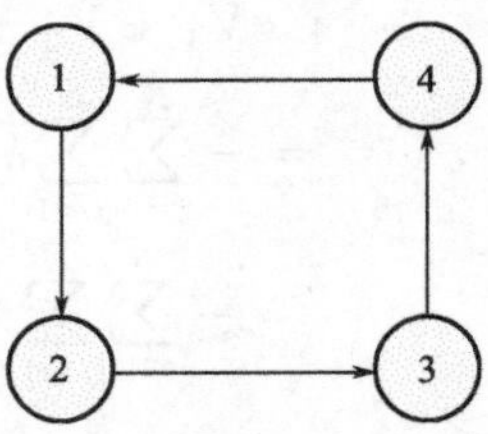

图 4.2 通信拓扑及位置对应关系

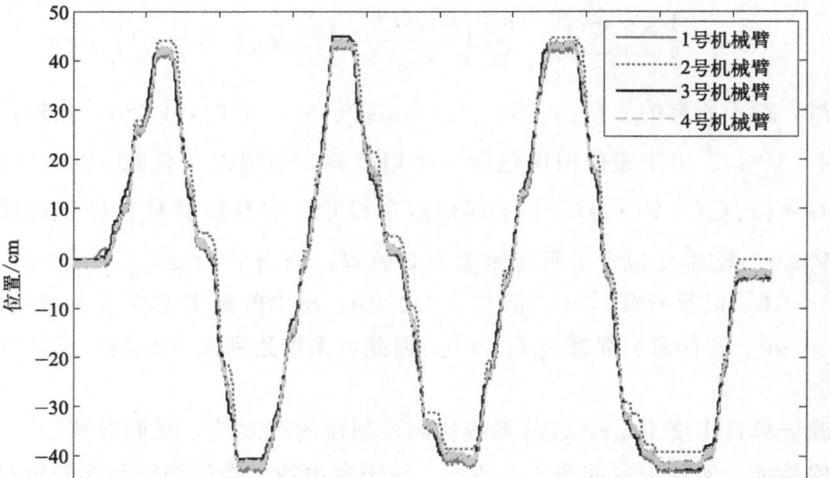

图 4.3 单自由度机械臂实验结果

4.3 多自由度 Lagrangian 系统协同控制

本节将针对更为多见的多自由度 Lagrangian 系统分布式协同控制进行研究。多自由度 Lagrangian 系统区别于单自由度 Lagrangian 系统的本质属性在于：单自由度 Lagrangian 可视为特殊的二阶线性系统，而多自由度 Lagrangian 则是典型的非线性系统。因此，我们需要以非线性系统控制的视角对该问题进行进一步的分析。

4.3.1 PD 类控制器设计

本节针对更为一般的多自由度 Lagrangian 系统设计一种 PD 类控制器，使得系统在时变通信时延下，仍能达到式（2.29）意义下的一致性。在讨论具体的控制算法之前，首先给出一个引理。

引理 4.1 对于任何信号 $(\boldsymbol{x},\boldsymbol{y})$、任意时变时延 $0\leqslant T(t)\leqslant {}^{*}T$ 及任意常数 $\alpha>0$，有：

$$\begin{aligned}&2\int_0^t \boldsymbol{x}(s)\left(\int_0^T \boldsymbol{y}(s-\sigma)\mathrm{d}\sigma\right)\mathrm{d}s\\&\leqslant \alpha\|\boldsymbol{x}\|_2^2+\frac{T^2}{\alpha}\|\boldsymbol{y}\|_2^2\end{aligned}\tag{4.7}$$

式中，$\|\cdot\|$ 为信号的$\mathcal{L}_2$范数。

假定任意两个 Agent 之间的通信时延相同，即 $T_{ij}(t)=T_{ji}(t)=T(t),\forall i,j\in\mathcal{I}$。此外，假定时延有上界 ${}^{*}T\in\mathbb{R}^{+}$，即 $0<T_{ij}(t)<{}^{*}T$，则施加在第 i 个 Agent 上的控制器可设计为：

$$\tau_i=K\sum_{j=1}^{N}a_{ij}[\gamma\dot{\boldsymbol{q}}_j(t-T(t))-\dot{\boldsymbol{q}}_i]+K\sum_{j=1}^{N}a_{ij}[\boldsymbol{q}_j(t-T(t))-\boldsymbol{q}_i]-B_i\dot{\boldsymbol{q}}_i\tag{4.8}$$

式中，$K,B_i\in\mathbb{R}^{+}$；$\gamma^2=1-\dot{T}(t)$。可得以下结论：

定理 4.2 考虑系统（2.7），假定通信图包含一个衍生树，利用控制器（4.8），则当 $B_i>(1+({}^{*}T^2))\dfrac{N}{2}K$ 且 $|\dot{T}(t)|<1$时，可使得该系统达到（2.28）意义下的状态一致性。

证明：将式（4.8）代入式（2.7），可知：

$$\frac{\mathrm{d}}{\mathrm{d}t}(\boldsymbol{q}_i(t)-\boldsymbol{q}_j(t-T(t)))=\dot{\boldsymbol{q}}_i(t)-\dot{\boldsymbol{q}}_j(t-T(t))(1-\dot{T}(t))$$

$$
\begin{aligned}
\ddot{\boldsymbol{q}}_i = & -\boldsymbol{M}^{-1}(\boldsymbol{q}_i)(\boldsymbol{C}(\boldsymbol{q}_i,\dot{\boldsymbol{q}}_i)\dot{\boldsymbol{q}}_i + B_i\dot{\boldsymbol{q}}_i) \\
& + \boldsymbol{M}^{-1}(\boldsymbol{q}_i)\Big[K\sum_{j=1}^{N}a_{ij}[\gamma\dot{\boldsymbol{q}}_j(t-T(t)) - \dot{\boldsymbol{q}}_i]\Big] \\
& + \boldsymbol{M}^{-1}(\boldsymbol{q}_i)\Big[K\sum_{j=1}^{N}a_{ij}[\boldsymbol{q}_j(t-T(t)) - \boldsymbol{q}_i]\Big]
\end{aligned} \tag{4.9}
$$

方程（4.9）中，由于 $\boldsymbol{M}_i$ 和 $\boldsymbol{C}_i$ 依赖于 $\dot{\boldsymbol{q}}_i$，因此状态变量 $\boldsymbol{q}_i(t)-\boldsymbol{q}_j(t-T(t))$ 和 $\dot{\boldsymbol{q}}_i$ 非自主。这样，4.2 节中基于自主系统假设的 Lyapunov-Krasovskii 稳定性分析方法不再适用。这里构造以下 Lyapunov 函数 $V(\boldsymbol{q},\dot{\boldsymbol{q}},t)$：

$$
\begin{aligned}
V = & \frac{1}{2}\sum_{i=1}^{N}\dot{\boldsymbol{q}}_i^{\mathrm{T}}\boldsymbol{M}_i(\boldsymbol{q}_i)\dot{\boldsymbol{q}}_i \\
& + \frac{K}{2}\sum_{i=1}^{N}\sum_{j=1}^{N}a_{ij}(\boldsymbol{q}_i-\boldsymbol{q}_j)^{\mathrm{T}}(\boldsymbol{q}_i-\boldsymbol{q}_j) \\
& + K\sum_{i=1}^{N}\sum_{j=1}^{N}a_{ij}\int_{t-T(t)}^{t}|\dot{\boldsymbol{q}}_i(\theta)|^2\mathrm{d}\theta
\end{aligned} \tag{4.10}
$$

式中，$K\in\mathbb{R}^+$。注意，式（4.10）中 $\sum_{i=1}^{N}\dot{\boldsymbol{q}}_i^{\mathrm{T}}\boldsymbol{M}_i(\boldsymbol{q}_i)\dot{\boldsymbol{q}}_i=\sum_{j=1}^{N}\dot{\boldsymbol{q}}_j^{\mathrm{T}}\boldsymbol{M}_j(\boldsymbol{q}_j)\dot{\boldsymbol{q}}_j$，$\sum_{i=1}^{N}\sum_{j=1}^{N}a_{ij}\int_{t-T(t)}^{t}|\dot{\boldsymbol{q}}_i(\theta)|^2\mathrm{d}\theta=\sum_{j=1}^{N}\sum_{i=1}^{N}a_{ji}\int_{t-T(t)}^{t}|\dot{\boldsymbol{q}}_j(\theta)|^2\mathrm{d}\theta$，利用 Lagrangian 系统的性质 2，$V$ 的一阶导数可整理为：

$$
\begin{aligned}
\dot{V} = & \sum_{i=1}^{N}\dot{\boldsymbol{q}}_i^{\mathrm{T}}\Big\{K\sum_{j=1}^{N}a_{ij}(\gamma\dot{\boldsymbol{q}}_j(t-T(t))-\dot{\boldsymbol{q}}_i)\Big\} \\
& + \sum_{i=1}^{N}\sum_{j=1}^{N}a_{ij}(|\dot{\boldsymbol{q}}_i|^2-\gamma^2|\dot{\boldsymbol{q}}_i(t-T(t))|^2) \\
& + \sum_{i=1}^{N}\dot{\boldsymbol{q}}_i^{\mathrm{T}}\Big[K\sum_{j=1}^{N}a_{ij}(\boldsymbol{q}_j(t-T(t))-\boldsymbol{q}_j)\Big] \\
& - \sum_{i=1}^{N}\dot{\boldsymbol{q}}_i^{\mathrm{T}}\boldsymbol{B}_i\dot{\boldsymbol{q}}_i
\end{aligned} \tag{4.11}
$$

我们知道，$\boldsymbol{q}_i(t-T_{ij}(t))-\boldsymbol{q}_i=-\int_{-T_{ij}(t)}^{0}\dot{\boldsymbol{q}}_i(t+\theta)\mathrm{d}\theta$。另一方面：

$$
\dot{\boldsymbol{q}}_i(t+\theta)=\frac{\mathrm{d}\boldsymbol{q}_i(t+\theta)}{\mathrm{d}(t+\theta)}\times\frac{\mathrm{d}(t+\theta)}{\mathrm{d}\theta}=\frac{\mathrm{d}\boldsymbol{q}_i(t+\theta)}{\mathrm{d}\theta}
$$

因此：

$$
-\int_{-T_{ij}(t)}^{0}\dot{\boldsymbol{q}}_i(t+\theta)\mathrm{d}\theta=-\int_{-T_{ij}(t)}^{0}\frac{\mathrm{d}\boldsymbol{q}_i(t+\theta)}{\mathrm{d}\theta}\mathrm{d}\theta=-\boldsymbol{q}_i(t+\theta)\Big|_{\theta=-T_{ij}(t)}^{\theta=0} \tag{4.12}
$$

利用式（4.12）及不等式$2\dot{\boldsymbol{q}}_i^{\mathrm{T}}\gamma\dot{\boldsymbol{q}}_j(t-T(t))\leqslant|\dot{\boldsymbol{q}}_i|^2+\gamma^2|\dot{\boldsymbol{q}}_j(t-T(t))|^2$，式（4.11）可整理为：

$$\begin{aligned}\dot{V}=&\sum_{i=1}^{N}\dot{\boldsymbol{q}}_i^{\mathrm{T}}\left[K\sum_{j=1}^{N}a_{ij}(\gamma\dot{\boldsymbol{q}}_j(t-T(t))-\dot{\boldsymbol{q}}_i)\right]\\&+\sum_{i=1}^{N}\dot{\boldsymbol{q}}_i^{\mathrm{T}}\left[K\sum_{j=1}^{N}a_{ij}\left(\int_{-T(t)}^{0}\dot{\boldsymbol{q}}_j(t+\theta)\mathrm{d}\theta\right)-B_i\dot{\boldsymbol{q}}_i\right]\\&+K\sum_{i=1}^{N}\sum_{j=1}^{N}a_{ij}(|\dot{\boldsymbol{q}}_i|^2-\gamma^2|\dot{\boldsymbol{q}}_i(t-T(t))|^2)\\\leqslant&\sum_{i=1}^{N}\dot{\boldsymbol{q}}_i^{\mathrm{T}}\left[K\sum_{j=1}^{N}a_{ij}\left(\int_{-T(t)}^{0}\dot{\boldsymbol{q}}_j(t+\theta)\mathrm{d}\theta\right)-B_i\dot{\boldsymbol{q}}_i\right]\end{aligned}\tag{4.13}$$

在引理4.1中，设$\alpha=1$，得到：

$$-2\int_0^t\boldsymbol{x}(\sigma)^{\mathrm{T}}\int_{-T(\sigma)}^{0}\boldsymbol{y}(\sigma+\theta)\mathrm{d}\theta\mathrm{d}\sigma\leqslant\|\boldsymbol{x}\|_2^2+({}^*T^2)\|\boldsymbol{y}\|_2^2\tag{4.14}$$

由0到t对式（4.13）积分，并利用式（4.14），得：

$$\begin{aligned}&V(t)-V(0)\\&\leqslant-\sum_{i=1}^{N}B_i\|\dot{\boldsymbol{q}}_i\|_2^2+\frac{K}{2}\sum_{i=1}^{N}\sum_{j=1}^{N}a_{ij}(\|\dot{\boldsymbol{q}}_i\|_2^2+({}^*T^2)\|\dot{\boldsymbol{q}}_j\|_2^2)\end{aligned}\tag{4.15}$$

由假定条件，$\mathcal{G}_s$包含一个有向衍生树，不难得到每个顶点$\boldsymbol{v}_i$的入度满足以下条件：

$$1\leqslant d_i=\sum_{j=1}^{N}a_{ji}\leqslant N\tag{4.16}$$

利用式（4.16），式（4.15）可重新表示为：

$$V(t)-V(0)\leqslant-2\sum_{i=1}^{N}\left[B_i-(1+({}^*T^2))\frac{N}{2}K\right]\|\dot{\boldsymbol{q}}_i\|_2^2$$

取$\vartheta_i=\boldsymbol{B}_i-(1+({}^*T^2))\dfrac{N}{2}K$，如果存在$\vartheta_i>0$，则

$$-V(0)\leqslant-2\sum_{i=1}^{N}\vartheta_i\|\boldsymbol{q}_i\|_2^2\tag{4.17}$$

不难验证，该条件等价于$B_i>(1+({}^*T^2))\dfrac{N}{2}K$，因此$\dot{\boldsymbol{q}}_i\in\mathcal{L}_2$。这一事实与性质意味着$V(t)\leqslant V(0)$，因此式（4.10）有界，这样，$\{\dot{\boldsymbol{q}}_i,\boldsymbol{q}_i-\boldsymbol{q}_j\}\in\mathcal{L}_\infty$。此外，可将$\boldsymbol{q}_i-\boldsymbol{q}_j(t-T_{ji}(t))$整理为

$$\boldsymbol{q}_i-\boldsymbol{q}_j(t-T_{ji}(t))=\boldsymbol{q}_i-\boldsymbol{q}_j+\boldsymbol{q}_j-\boldsymbol{q}_j(t-T_{ji}(t))\tag{4.18}$$

利用$\boldsymbol{q}_j-\boldsymbol{q}_j(t-T_{ji}(t))=\int_0^{T_{ji}(t)}\dot{\boldsymbol{q}}_j(t-\theta)\mathrm{d}\theta\leqslant{}^*T^{\frac{1}{2}}\|\dot{\boldsymbol{q}}_j\|_2$（Schwartz不等式），可得$\boldsymbol{q}_i-\boldsymbol{q}_j(t-T_{ji}(t))\in\mathcal{L}_\infty$。

进一步，将式（2.7）改写为：

$$\ddot{\boldsymbol{q}}_i=-\boldsymbol{M}_i^{-1}(\boldsymbol{q}_i)[K[\boldsymbol{q}_i-\boldsymbol{q}_j(t-T_{ji}(t))]+B_i\dot{\boldsymbol{q}}_i+\boldsymbol{C}_i(\boldsymbol{q}_i,\dot{\boldsymbol{q}}_i)\dot{\boldsymbol{q}}_i] \tag{4.19}$$

利用 $\{\dot{\boldsymbol{q}}_i,\boldsymbol{q}_i-\boldsymbol{q}_j\}\in\mathcal{L}_\infty$ 以及性质 1、性质 4，我们得到 $\ddot{\boldsymbol{q}}_i\in\mathcal{L}_\infty$。由于 $\dot{\boldsymbol{q}}_i\in\mathcal{L}_\infty\cap\mathcal{L}_2$，Barbalat 定理保证了当 $t\to\infty$ 时 $\dot{\boldsymbol{q}}_i\to 0$。

观察式（4.19）可得，当 $\dot{\boldsymbol{q}}_i\to 0$，$\ddot{\boldsymbol{q}}_i\to 0$ 时，系统可实现状态会合。为此，我们将式（4.19）表示为：

$$\ddot{\boldsymbol{q}}_i=-\boldsymbol{M}_i^{-1}f(\boldsymbol{q}_i,\boldsymbol{q}_i-\boldsymbol{q}_j(t-T_{ji}(t)),\dot{\boldsymbol{q}}_i) \tag{4.20}$$

其中：

$$f(\boldsymbol{q}_i,\boldsymbol{q}_i-\boldsymbol{q}_j(t-T(t)),\dot{\boldsymbol{q}}_i)=K(\boldsymbol{q}_i-\boldsymbol{q}_j(t-T(t)))+B_i\dot{\boldsymbol{q}}_i+\boldsymbol{C}_i(\boldsymbol{q}_i,\dot{\boldsymbol{q}}_i)\dot{\boldsymbol{q}}_i$$

有界。对式（4.20）进行求导，可得：

$$(\mathrm{d}/\mathrm{d}t)\ddot{\boldsymbol{q}}_i=(\mathrm{d}/\mathrm{d}t)\boldsymbol{M}_i^{-1}(\dot{\boldsymbol{q}}_i)f+M_i^{-1}(\dot{\boldsymbol{q}}_i)\dot{f} \tag{4.21}$$

对于式（4.21）中方程右边的第一项，我们有

$$\frac{\mathrm{d}}{\mathrm{d}t}\boldsymbol{M}_i^{-1}=-\boldsymbol{M}_i^{-1}\dot{\boldsymbol{M}}_i\boldsymbol{M}_i^{-1}=-\boldsymbol{M}_i^{-1}(\boldsymbol{C}_i+\boldsymbol{C}_i^{\mathrm{T}})\boldsymbol{M}_i^{-1} \tag{4.22}$$

由 Lagrangian 系统的性质 1 可知，式（4.22）有界。此外，$\dot{f}$ 有界，这样，$(\mathrm{d}/\mathrm{d}t)\ddot{\boldsymbol{q}}_i\in\mathcal{L}_\infty$，这意味着 $\ddot{q}_i$ 连续。利用 Barbalat 定理，我们得到 $\ddot{\boldsymbol{q}}_i\to 0$，因此，$\dot{\boldsymbol{q}}_i\to 0$，$\boldsymbol{q}_i-\boldsymbol{q}_j\to 0$。结论得证。

注释 4.1 控制器中对于阻尼增益 B_i 的要求 $B_i>(1+({}^*T^2))\dfrac{N}{2}K$ 说明系统规模以及时延的大小直接决定系统所需能量。由于 $\sum\limits_{j=1}^{N}a_{ij}\leqslant N$，该条件是一种最为保守的要求。在实际应用中，我们可以根据通信图的具体配置选取更小的控制增益。例如，对于环形链式拓扑，由于顶点 $\boldsymbol{v}_i$ 的入度为 1，可选取 $B_i>(1+({}^*T^2))\dfrac{K}{2}$。

4.3.2 P 类控制器设计

本小节针对网络化 Lagrangian 系统提出一种分布式 P 类控制器。区别于 3.3 节中 PD 类控制器，我们仅利用个体与其相邻个体的相对位置信息实施控制。这样，可以在相对广义速度信息缺失情形下，实现系统的协同控制目标。值得注意的是，在相对速度信息难于获取或获取代价很高的情形下，该算法十分实用。不失一般性，我们假定系统中个体 i 和个体 j 之间的时延有上界 ${}^*T$，即 $0<T_{ij}\leqslant{}^*T$，$\forall i,j\in\mathcal{I}$。这里并不要求 T_{ij} 恒定。

对于个体 $i\in\mathcal{I}$，设计其控制输入为：

$$\tau_i = K\sum_{j=1}^{N} a_{ij}[\boldsymbol{q}_j(t-T_{ji}(t)) - \boldsymbol{q}_i] - B_i\dot{\boldsymbol{q}}_i \tag{4.23}$$

式中，K，$B_i \in \mathbb{R}^+$为待选择的控制增益。可得以下结论：

定理 4.3 考虑网络条件下的 Lagrangian 系统（2.7），如果通信图$\mathcal{G}$中包含一个有向衍生树，则在式（4.23）作用下，对于任意初值，系统可实现式（2.7）意义下的一致性。其中 $B_i > (1+(^*T^2))\dfrac{N}{2}K$。

证明： 考虑以下 Lyapunov 函数 $V(\boldsymbol{q},\dot{\boldsymbol{q}},t)$：

$$\begin{aligned} V = & \frac{1}{2}\sum_{i=1}^{N}\dot{\boldsymbol{q}}_i^{\mathrm{T}}\boldsymbol{M}_i(\dot{\boldsymbol{q}}_i)\dot{\boldsymbol{q}}_i + \sum_{i=1}^{N}\sum_{j=1}^{N} a_{ij}K(\boldsymbol{q}_i-\boldsymbol{q}_j)^{\mathrm{T}}(\boldsymbol{q}_i-\boldsymbol{q}_j) \\ & + \frac{1}{2}\sum_{j=1}^{N}\dot{\boldsymbol{q}}_j^{\mathrm{T}}\boldsymbol{M}_j(\boldsymbol{q}_j)\dot{\boldsymbol{q}}_j \end{aligned} \tag{4.24}$$

由性质 1 可知，$V(\boldsymbol{q},\dot{\boldsymbol{q}},t)$ 为无界，半正定函数（即 $V \geqslant 0$ 且当 $\{\boldsymbol{q}_i,\dot{\boldsymbol{q}}_i\} \rightarrow \infty$ 时，$V \rightarrow \infty$）。$V(\boldsymbol{q},\dot{\boldsymbol{q}},t)$ 对时间的一阶导数沿轨迹（2.7）和式（4.23）的导数为：

$$\begin{aligned} \dot{V} = & -\sum_{i=1}^{N} B_i\dot{\boldsymbol{q}}_i^{\mathrm{T}}\dot{\boldsymbol{q}}_i - \sum_{j=1}^{N} B_j\dot{\boldsymbol{q}}_j^{\mathrm{T}}\dot{\boldsymbol{q}}_j \\ & + K\sum_{i=1}^{N}\sum_{j=1}^{N} a_{ij}\dot{\boldsymbol{q}}_i^{\mathrm{T}}(\boldsymbol{q}_j(t-T_{ji}(t)) - \boldsymbol{q}_j) \\ & + K\sum_{j=1}^{N}\sum_{i=1}^{N} a_{ji}\dot{\boldsymbol{q}}_j^{\mathrm{T}}(\boldsymbol{q}_i(t-T_{ij}(t)) - \boldsymbol{q}_i) \end{aligned} \tag{4.25}$$

利用式（4.12），式（4.25）可重写为：

$$\begin{aligned} \dot{V} = & -K\sum_{i=1}^{N}\sum_{j=1}^{N} a_{ij}\dot{\boldsymbol{q}}_i^{\mathrm{T}}\left(\int_{-T_{ji}(t)}^{0}\dot{\boldsymbol{q}}_j(t+\theta)\mathrm{d}\theta\right) \\ & - K\sum_{j=1}^{N}\sum_{i=1}^{N} a_{ji}\dot{\boldsymbol{q}}_j^{\mathrm{T}}\left(\int_{-T_{ij}(t)}^{0}\dot{\boldsymbol{q}}_i(t+\theta)\mathrm{d}\theta\right) \\ & - \sum_{i=1}^{N} B_i\dot{\boldsymbol{q}}_i^{\mathrm{T}}\dot{\boldsymbol{q}}_i - \sum_{j=1}^{N} B_j\dot{\boldsymbol{q}}_j^{\mathrm{T}}\dot{\boldsymbol{q}}_j \end{aligned} \tag{4.26}$$

令 $\alpha=1$，利用引理 4.1，可得：

$$-2\int_0^t \boldsymbol{x}^{\mathrm{T}}(\sigma)\int_{-T_*(\sigma)}^{0}\boldsymbol{y}(\sigma+\theta)\mathrm{d}\theta\mathrm{d}\sigma \leqslant \|\boldsymbol{x}\|_2^2 + (^*T^2)\|\boldsymbol{y}\|_2^2 \tag{4.27}$$

对式（4.26）两边积分，并利用式（4.27），可得：

$$\begin{aligned} V(t) - V(0) \leqslant & -\sum_{i=1}^{N} B_i\|\dot{\boldsymbol{q}}_i\|_2^2 + \frac{K}{2}\sum_{i=1}^{N}\sum_{j=1}^{N} a_{ij}\left[\|\dot{\boldsymbol{q}}_i\|_2^2 + (^*T^2)\|\dot{\boldsymbol{q}}_j\|_2^2\right] \\ & - \sum_{j=1}^{N} B_j\|\dot{\boldsymbol{q}}_j\|_2^2 + \frac{K}{2}\sum_{j=1}^{N}\sum_{i=1}^{N} a_{ji}\left[\|\dot{\boldsymbol{q}}_j\|_2^2 + (^*T^2)\|\dot{\boldsymbol{q}}_i\|_2^2\right] \end{aligned} \tag{4.28}$$

假设传感图$\mathcal{G}$包含一个有向衍生树，不难验证任意顶点 v_i 的入度满足以下关系：

$$1 \leqslant d_i = \sum_{j=1}^{N} a_{ji} \leqslant N \tag{4.29}$$

利用式（4.29），可将式（4.28）整理为：

$$V(t) - V(0) \leqslant -2\sum_{i=1}^{N}\left[B_i - (1+({}^{*}T^2))\frac{N}{2}K\right]\|\dot{\boldsymbol{q}}_i\|_2^2 \tag{4.30}$$

取

$$\vartheta_i = B_i - (1+({}^{*}T^2))\frac{N}{2}K \tag{4.31}$$

如果存在 $\vartheta_i > 0$，则有

$$-V(0) \leqslant -2\sum_{i=1}^{N}\vartheta_i\|\boldsymbol{q}_i\|_2^2 \tag{4.32}$$

后面证明可完全利用定理 3.2 的证明思路，不再赘述。

注释 4.2 在控制器（4.8）中，设定 $T_{ij}(t)=T_{ji}(t)=0$，不同于利用 Matrosov 定理证明的方法，我们采用了基于 Lyapunov 理论的证明方式。通过证明可知，在满足一定条件下，该控制器能够保证通信时延情形下的状态一致性。考虑到在实际应用中，系统的速度信息往往难以获得，这里直接设计了一种 P 类控制器（4.23），消除了对速度的依赖。我们知道，传统控制中，PD 控制器在 P 控制的基础上引入速度项，从而改善了系统的动态响应特性。那么该结论是否同样适用于本章中设计的 P 类控制器与 PD 类控制器呢？由于 MAS 中的动态性能往往与通信拓扑构型有关，引入时延后其理论的分析亦十分复杂。这里将通过 3.6 节的数值仿真对系统性能做出初步的评价。

注释 4.3 以上分布式控制仅需要相邻个体的相对姿态信息，而不需要相对速度信息。通常相对广义位置（姿态）信息较易获得，而相对广义速度（角速度）信息的获取则比较困难。因此，这种方法具有一定的优点。其局限性在于需要知道各参数的数值，这也限制了它的实际应用。

4.3.3 与其他方法的对比

本节中，我们将算法（4.23）与文献［109-113］和文献［114］中的方法做简要对比分析。

文献［109-113］中，针对无时延情形，设计了如下控制器：

$$\boldsymbol{v}_i = \sum_{j=1}^{N} a_{ij}[\gamma\dot{\boldsymbol{q}}_j - \dot{\boldsymbol{q}}_i] + \sum_{j=1}^{N} a_{ij}[\boldsymbol{q}_j - \boldsymbol{q}_i] - B_i\dot{\boldsymbol{q}}_i \tag{4.33}$$

作者证明了当通信图为无向图时，可达到一致性。注意，当系统无通信时延时，$|\dot{T}(t)|<1$ 这一条件自动满足，因此文献［109-113］中的算法是本节的一

个特例。

此外，文献［109-113］中，针对无通信时延且广义速度不可得的情形，设计了如下控制器：

$$\dot{\hat{x}}_i = \Gamma \hat{x}_i + \sum_{j=1}^{n} b_{ij}(\boldsymbol{q}_i - \boldsymbol{q}_j) + k\boldsymbol{q}_i$$

$$y_i = P[\gamma \hat{x}_i + \sum_{j=1}^{n} b_{ij}(\boldsymbol{q}_i - \boldsymbol{q}_j) + k\boldsymbol{q}_i]$$

$$\tau_i = -\sum_{j=1}^{n} a_{ij} \tanh[K_p(\boldsymbol{q}_i - \boldsymbol{q}_j)] - y_i$$

该算法本质上是增加了一个速度观测器。当系统存在通信时延时，该算法的稳定性将难以证明。针对网络化的 Lagrangian 系统，文献［114］对相对度为 1 的速度协同控制和相对度为 2 的“速度＋位置”协同控制分别设计了控制律。其中，对广义速度进行会聚控制，其控制目标为$\lim\limits_{t\to\infty} \dot{y}_i(t) - \dot{y}_j(t) = 0$。

通过输入-输出线性化反馈，设计控制律为：

$$\begin{gathered}\boldsymbol{u}(\dot{\boldsymbol{q}}_i(t), \dot{\boldsymbol{q}}_i(t), \dot{\boldsymbol{q}}_i(t) - T_{ij}(\dot{\boldsymbol{q}}_j, t)) = \\ -\boldsymbol{C}_i(\boldsymbol{q}_i, \dot{\boldsymbol{q}}_i)\dot{\boldsymbol{y}}_i + \boldsymbol{M}_i(\boldsymbol{q}_i)k_{ij}(\dot{\boldsymbol{q}}_i(t) - T_{ij}(\dot{\boldsymbol{q}}_j, t))\end{gathered} \tag{4.34}$$

事实上，也可直接设计控制律：

$$\boldsymbol{u}_i(t) = -\sum_{j=1}^{N} \frac{a_{ij}(t)}{d_i(t)} k_{ij}(\boldsymbol{q}_i(t) - T_{ij}(\boldsymbol{q}_j, t)) \tag{4.35}$$

通过文献［114］中利用 Lyapunov-Krasovskii 累加函数的证明方法可以得到。但值得注意的是，该算法要求通信拓扑为强连通，且平衡。这对于通信拓扑是一个很严格的要求。类似地，针对相对度为 2 的“速度＋位置”协同控制，文献［114］所设计的控制律仍然为式（4.35），但要求通信拓扑为无向的连通图。相比而言，本节提出的控制算法则仅要求通信图含有一个衍生图，这一点在实际应用中无疑更为方便。

4.3.4 二自由度机械臂数值仿真

本节中，我们在 Wolfram Mathematica 仿真平台上利用四个由网络连通的二自由度机械臂，对本章提出的 P 类和 PD 类控制器进行仿真验证。简单起见，假定四个二自由度机械臂具有相同的动力学特性，由下式给出：

$$\begin{bmatrix} H_{11} & H_{12} \\ H_{21} & H_{22} \end{bmatrix} \begin{bmatrix} \ddot{q}_1 \\ \ddot{q}_2 \end{bmatrix} + \begin{bmatrix} -h\dot{q}_2 & -h(\dot{q}_1 + \dot{q}_2) \\ h\dot{q}_1 & 0 \end{bmatrix} \begin{bmatrix} \dot{q}_1 \\ \dot{q}_2 \end{bmatrix} = \begin{bmatrix} \tau_1 \\ \tau_2 \end{bmatrix} \tag{4.36}$$

其中

$$H_{11}=a_1+2a_3\cos q_2+2a_4\sin q_2$$
$$H_{12}=H_{21}=a_2+a_3\cos q_2+a_4\sin q_2$$
$$H_{22}=a_2$$
$$h=a_3\sin q_2-a_4\cos q_2$$
$$a_1=I_1+m_1l_{c1}^2+I_e+m_el_{ce}^2+m_el_1^2$$
$$a_2=I_e+m_el_{ce}^2$$
$$a_3=m_el_1l_{ce}\cos\delta_e$$
$$a_4=m_el_1l_{ce}\sin\delta_e$$

仿真中，我们选取 $m_1=1$，$l_1=1$，$m_e=2$，$\delta_e=30°$，$I_1=0.12$，$l_{c1}=0.5$，$I_e=0.25$，$l_{ce}=0.6$。初值 $\boldsymbol{q}_i$ 和 $\dot{\boldsymbol{q}}_i$ 设置为［$-0.8,0.8$］之间的随机数，并设定通信时延 $T_{ij}=T_{ji}=1$s。为方便起见，设$\mathcal{G}$为简单的环形结构，如图 4.2 所示。容易验证该拓扑具有一个有向互连的衍生树满足假设条件。控制器参数选取 $T_{ij}=T_{ji}=2$，$K=2$，$B_i=6$。可以验证，该参数满足定理 3.1 和定理 3.2 的控制增益设置要求。

以 q_n^m 表示系统中第 n 个体中第 m 关节的位置信息，$\mathrm{d}q_n^m$ 和 τ_n^m 分别表示相应的速度和施加的力，仿真结果如图 4.4～图 4.6 所示。具体而言，图 4.4 为系统中个体的位置误差，图 4.5 为个体的速度误差，图 4.6 为各关节的控制力。由仿真结果可以看出，两种控制器均能达到状态会合，且随着速度与位置的收敛，所施加的力也达到稳态，从而验证了算法的有效性。

为对 P 类控制器与 PD 类控制器进行对比研究，图 4.4～图 4.6 中给出了两种控制器作用下的仿真结果。其中，每个图的上半部分表示 P 类控制器控制效果，下半部分表示 PD 类控制器控制效果。可以看出，在各参数设置相同的前提下，PD 类控制器和 P 类控制器的过渡时间分别约为 50s 和 90s，说明 PD 类控制器具有较好的动态性能。这一结论与传统单体控制的 PD 控制器和 P 控制器的性能比较相符，说明在该群体控制中加入速度信息仍然能够改善系统的动态性能。

进一步，我们将通信时延增大为 $T_{ij}=T_{ji}=4$s，其他参数不变，用以比较不同时延下系统的动态响应。仿真结果如图 4.7 所示。观察仿真结果可知，系统的收敛速度随通信时延的增大而变慢。这一结果是符合常理的：通信时延的增大意味着系统中个体之间信息交互质量的下降。即对于系统中的任意一个个体，其相邻个体的信息（速度与位置）需要更长的时间才能与其交互，因此将影响系统整体的动态性能。结合控制器中增益的时延相关性$\left[B_i>(1+(^*T^2))\dfrac{N}{2}K\right]$，我们可以得出结论：通信时延不仅意味着系统需要耗费更多的能量，而且意味着系统动态性能的下降。

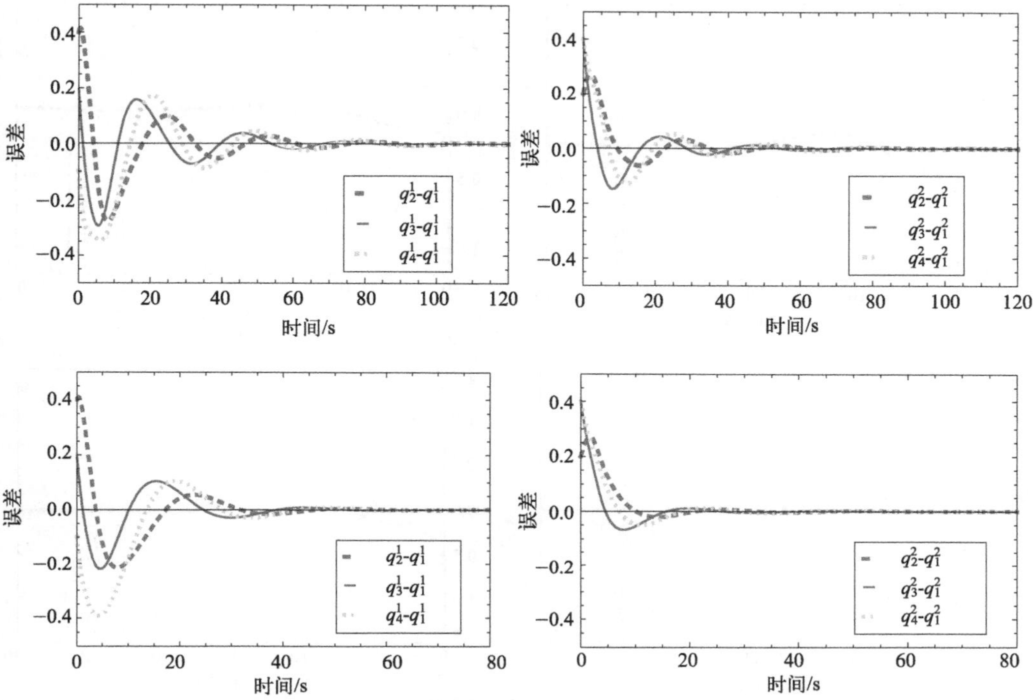

图 4.4 各关节位置误差：（上） P 类控制；（下） PD 类控制

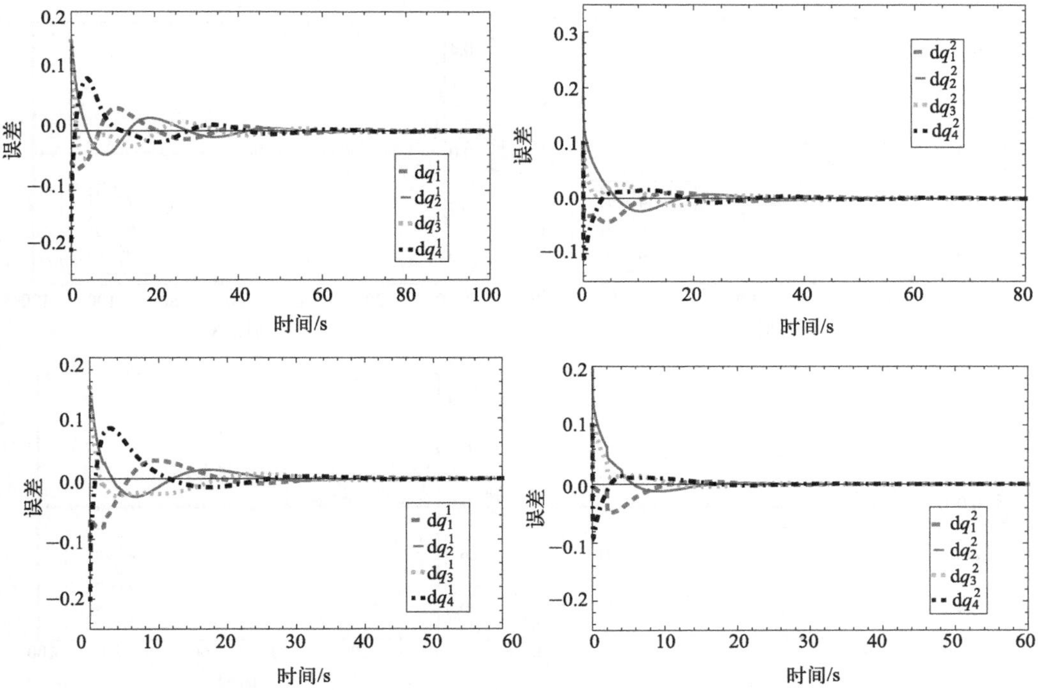

图 4.5 各关节速度误差：（上） P 类控制；（下） PD 类控制

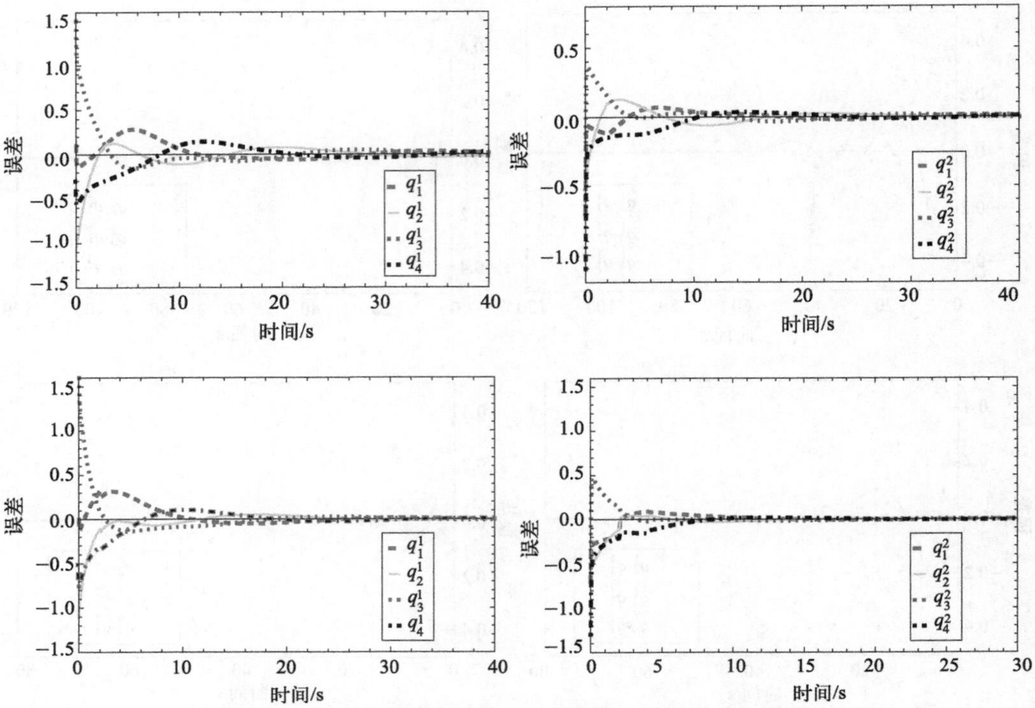

图 4.6　各关节控制力：（上）P 类控制；（下）PD 类控制

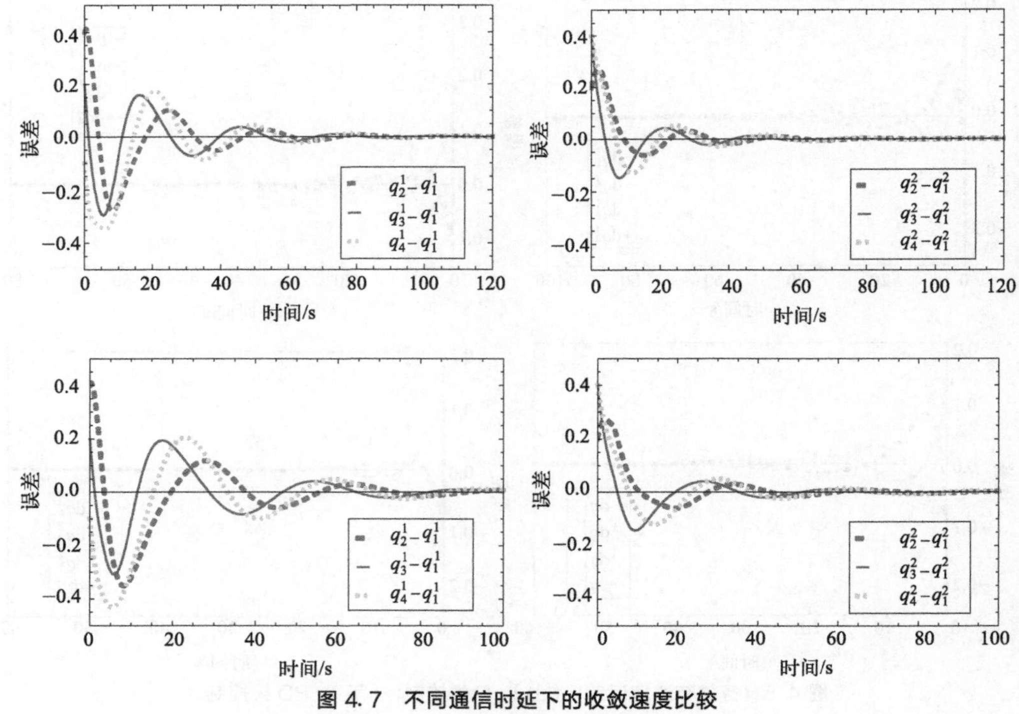

图 4.7　不同通信时延下的收敛速度比较

4.4 通信时延网络中有领航者的多 Lagrangian 系统一致性

4.4.1 问题描述

首先重写机器人动力学方程：

$$\boldsymbol{M}_i(\boldsymbol{q}_i)\ddot{\boldsymbol{q}}_i+\boldsymbol{C}_i(\boldsymbol{q}_i,\dot{\boldsymbol{q}}_i)\dot{\boldsymbol{q}}_i+\boldsymbol{g}_i(\boldsymbol{q}_i)=\boldsymbol{u}_i \tag{4.37}$$

式中，$\boldsymbol{u}_i$ 为输入的控制力矩。对于由 n 个个体组成的 Lagrangian 系统，其第 $i(i\in\mathcal{I},\mathcal{I}=\{1,\cdots,n\})$个个体的运动方程如式（4.37）所示，假设运动方程中矩阵 $\boldsymbol{M}_i(\boldsymbol{q}_i)$，$\boldsymbol{C}_i(\boldsymbol{q}_i,\dot{\boldsymbol{q}}_i)$，$\boldsymbol{g}_i(\boldsymbol{q}_i)$ 中的参数向量 $\boldsymbol{\theta}_i$ 不能精确获得，而只能得到其估计值 $\hat{\boldsymbol{\theta}}_i$。多 Lagrangian 系统通过有向图进行通信，假设存在领航者，其状态为 $\boldsymbol{q}_d$（即系统中所有个体的期望状态），在只有部分个体能和领航者进行通信并且存在恒定通信时延 τ 的情况下，本节分别对领航者为静态和动态两种情况进行研究，设计控制器，使得所有个体的状态和领航者趋于一致。当领航者为静态时，控制目标是使系统中各个个体的位置状态 $\boldsymbol{q}_i$ 趋近于 $\boldsymbol{q}_d$，速度 $\dot{\boldsymbol{q}}_i$ 趋近于 $\boldsymbol{0}$；当领航者为动态时，设计相应控制算法，使得系统中所有个体状态 $\boldsymbol{q}_i(t)$ 和 $\boldsymbol{q}_d(t)$ 的差值是一致有界的。关于一致有界有如下定义：

定义 4.1 对于中立型微分方程（NFDE）

$$\frac{\mathrm{d}}{\mathrm{d}t}\mathcal{D}(t,x_t)=g(t,x_t) \tag{4.38}$$

假设算子$\mathcal{D}$是稳定的，如果存在 $\beta>0$，对于任意 $\alpha>0$，都有常量 $t_0(\alpha)>0$，使得当 $t\geqslant\sigma+t_0(\alpha)$ 时，有 $|x(\sigma,\phi)(t)|\leqslant\beta(\sigma\in\mathbb{R},\phi\in\mathbb{C},|\phi|\leqslant\alpha)$，则称方程（4.38）的解是一致有界的。

本节需要用到以下引理：

引理 4.2 （Lyapunov-Razumikhin 一致有界定理）：对于中立型微分方程(4.38)，假设算子$\mathcal{D}$是稳定的，g：$\mathbb{R}\times\mathbb{C}\mapsto\mathbb{R}^n$ 为$\mathbb{R}\times\mathbb{C}$的有界子集到$\mathbb{R}^n$ 的有界子集的映射，$u,v,w,p:\mathbb{R}_+\mapsto\mathbb{R}_+$ 为连续的非减函数，且 $s\to\infty$时，$u(s)\to\infty$，当 $s>0$ 时 $p(s)$ 为正。若存在连续的可微泛函 V：$\mathbb{R}\times\mathbb{R}^n\to\mathbb{R}$ 和一个常数 $H\geqslant0$，使得对于 $\forall\boldsymbol{x}\in\mathbb{R}^n$，都有 $u(\|\boldsymbol{x}\|)\leqslant V(\boldsymbol{x})\leqslant v(\|\boldsymbol{x}\|)$，并且如果$\|\mathcal{D}(t,\phi)\|\geqslant H$，$V(\phi(\theta))<p[V(\mathcal{D}(t,\phi))]$，对于 $\forall\theta\in[-\tau,0]$有 $\dot{V}(\mathcal{D}(t,\phi))\leqslant-w(\|\mathcal{D}(t,\phi)\|)$，则方程（4.38）的解是一致有界的。

4.4.2 自适应协同控制构架设计

首先给出含未知参数的 Lagrangian 系统自适应协同控制构架：

假设系统中第 i 个和第 j 个个体的状态差为：

$$\boldsymbol{e}_{ij}(t)=\boldsymbol{q}_j(t-\tau)-\boldsymbol{q}_i(t),\quad \forall i\in\mathcal{I},\forall j\in\mathcal{N}_i \tag{4.39}$$

式中，τ 为恒定的通信时延。设计如下协调算法：

$$\boldsymbol{u}_i(t)=\hat{\boldsymbol{M}}_i(\boldsymbol{q}_i)\lambda\sum_{j\in\mathcal{N}_i}\dot{\boldsymbol{e}}_{ij}+\hat{\boldsymbol{C}}_i(\boldsymbol{q}_i,\dot{\boldsymbol{q}}_i)\lambda\sum_{j\in\mathcal{N}_i}\boldsymbol{e}_{ij}+\hat{\boldsymbol{g}}_i(\boldsymbol{q}_i)+\overline{\boldsymbol{u}}_i \tag{4.40}$$

式中，$\lambda\in\mathbb{R}_{>0}$ 为已知的正数；$\hat{\boldsymbol{M}}_i(\boldsymbol{q}_i)$，$\hat{\boldsymbol{C}}_i(\boldsymbol{q}_i,\dot{\boldsymbol{q}}_i)$ 和 $\hat{\boldsymbol{g}}_i(\boldsymbol{q}_i)$ 分别为 $\boldsymbol{M}_i(\boldsymbol{q}_i)$，$\boldsymbol{C}_i(\boldsymbol{q}_i,\dot{\boldsymbol{q}}_i)$ 和 $\boldsymbol{g}_i(\boldsymbol{q}_i)$ 的时变估计；$\overline{\boldsymbol{u}}_i$ 为待定义的协同力变量。算法 (4.40) 中，各个个体还需要知道自身的位置信息 $\boldsymbol{q}_i$、速度信息 $\dot{\boldsymbol{q}}_i$，以及相邻个体的位置信息 $\boldsymbol{q}_j$ 和速度信息 $\dot{\boldsymbol{q}}_j$，其中 $j\in\mathcal{N}_i$。这里假设相邻个体的位置信息和速度信息都由通信拓扑$\mathcal{G}$来传递，由 Lagrangian 系统的线性化性质可得：

$$\boldsymbol{Y}_i\hat{\boldsymbol{\theta}}_i=\hat{\boldsymbol{M}}_i(\boldsymbol{q}_i)\lambda\sum_{j\in\mathcal{N}_i}\dot{\boldsymbol{e}}_{ij}+\hat{\boldsymbol{C}}_i(\boldsymbol{q}_i,\dot{\boldsymbol{q}}_i)\lambda\sum_{j\in\mathcal{N}_i}\boldsymbol{e}_{ij}+\hat{\boldsymbol{g}}_i(\boldsymbol{q}_i) \tag{4.41}$$

式中，$\boldsymbol{Y}_i(\boldsymbol{q}_i,\dot{\boldsymbol{q}}_i,\sum_{j\in\mathcal{N}_i}\dot{\boldsymbol{e}}_{ij},\sum_{j\in\mathcal{N}_i}\boldsymbol{e}_{ij})$ 为已知的广义坐标函数；$\hat{\boldsymbol{\theta}}_i$ 为惯性参数 $\boldsymbol{\theta}_i$ 的时变估计。所以式 (4.40) 可化简为 $\boldsymbol{u}_i=\boldsymbol{Y}_i\hat{\boldsymbol{\theta}}_i+\overline{\boldsymbol{u}}_i$。设第 i 个个体的协同信号为：

$$\boldsymbol{\epsilon}_i=-\dot{\boldsymbol{q}}_i+\lambda\sum_{j\in\mathcal{N}_i}\boldsymbol{e}_{ij} \tag{4.42}$$

将式 (4.42) 和式 (4.40) 代入式 (4.39) 可得：

$$\boldsymbol{M}_i(\boldsymbol{q}_i)\dot{\boldsymbol{\epsilon}}_i+\boldsymbol{C}_i(\boldsymbol{q}_i,\dot{\boldsymbol{q}}_i)\boldsymbol{\epsilon}_i=\boldsymbol{Y}_i\tilde{\boldsymbol{\theta}}_i-\overline{\boldsymbol{u}}_i \tag{4.43}$$

式中，$\tilde{\boldsymbol{\theta}}_i(t)=\boldsymbol{\theta}_i(t)-\hat{\boldsymbol{\theta}}_i(t)$ 为参数的时变估计误差。时变估计 $\hat{\boldsymbol{\theta}}_i(t)$ 的动态方程为：

$$\dot{\hat{\boldsymbol{\theta}}}_i=\boldsymbol{\Gamma}_i\boldsymbol{Y}_i^{\mathrm{T}}\boldsymbol{\epsilon}_i \tag{4.44}$$

式中，$\boldsymbol{\Gamma}_i$ 为已知的正定矩阵。

4.4.3 领航者为静态时的协同算法

假设系统中有领航者为静态时，即 $\boldsymbol{q}_{n+1}=\boldsymbol{q}_d(t)$ 为常量，$\dot{\boldsymbol{q}}_{n+1}=\mathbf{0}$，此时控制目标为：

$$\begin{cases}\lim\limits_{t\to\infty}\|\boldsymbol{q}_i(t)-\boldsymbol{q}_d\|=\mathbf{0}\\ \lim\limits_{t\to\infty}\|\dot{\boldsymbol{q}}_i(t)\|\to\mathbf{0},\forall i\in\mathcal{I}\end{cases} \tag{4.45}$$

为了实现一致性协同控制，本节对分布式 Lagrangian 系统中第 i 个个体设计的自适应控制律如下：

$$\boldsymbol{u}_i=\boldsymbol{Y}_i\hat{\boldsymbol{\theta}}_i+\overline{\boldsymbol{u}}_i \tag{4.46}$$

式中，$\overline{\boldsymbol{u}}_i=K_i\boldsymbol{\epsilon}_i$，$K_i\in\mathbb{R}_{>0}$，$i\in\mathcal{I}$，$j=1$，…，$n+1$，并有：

$$\boldsymbol{Y}_i\hat{\boldsymbol{\theta}}_i=\frac{1}{\sum_{j=1}^{n+1}a_{ij}}\hat{\boldsymbol{M}}_i(\boldsymbol{q}_i)\sum_{j\in\mathcal{N}_i}\dot{\boldsymbol{e}}_{ij}+\frac{1}{\sum_{j=1}^{n+1}a_{ij}}\hat{\boldsymbol{C}}_i(\boldsymbol{q}_i,\dot{\boldsymbol{q}}_i)\sum_{j\in\mathcal{N}_i}\boldsymbol{e}_{ij}+\hat{\boldsymbol{g}}_i(\boldsymbol{q}_i) \tag{4.47}$$

协调信号 $\boldsymbol{\epsilon}_i$ 为：

$$\boldsymbol{\epsilon}_i=-\dot{\boldsymbol{q}}_i+\frac{1}{\sum_{j=1}^{n+1}a_{ij}}\sum_{j\in\mathcal{N}_i}\boldsymbol{e}_{ij} \tag{4.48}$$

注意，如果通信拓扑$\mathcal{G}$含有一个有向生成树，则邻接矩阵 $\boldsymbol{A}$ 除了最后一行为全零，没有其他的全零行，所以 $\sum_{j=1}^{n+1}a_{ij}>0, i=1,\cdots,n$。考虑到控制目标（4.45），即当 $t\to\infty$时，$\boldsymbol{q}_i\to\boldsymbol{q}_d$，假设 $\overline{\boldsymbol{q}}_i=\boldsymbol{q}_i-\boldsymbol{q}_d$，则 $\dot{\overline{\boldsymbol{q}}}_i=\dot{\boldsymbol{q}}_i$。定义 $\boldsymbol{A}=[\overline{a}_{ij}]\in\mathbb{R}^{n\times n}$，其中 $\overline{a}_{ij}=a_{ij}/\sum_{k=1}^{n+1}a_{ik}$，$i,j\in\mathcal{I}$，这里定义 $\boldsymbol{L}=\boldsymbol{I}-\boldsymbol{A}$。式（4.48）可写为如下矩阵形式：

$$\dot{\overline{\boldsymbol{q}}}(t)=-\overline{\boldsymbol{q}}(t)+(\boldsymbol{A}\otimes\boldsymbol{I}_p)\overline{\boldsymbol{q}}(t-\tau)-\boldsymbol{\epsilon} \tag{4.49}$$

式中，$\overline{\boldsymbol{q}}=[\overline{\boldsymbol{q}}_1^{\mathrm{T}},\cdots,\overline{\boldsymbol{q}}_n^{\mathrm{T}}]^{\mathrm{T}}$，$\boldsymbol{\epsilon}=[\boldsymbol{\epsilon}_1^{\mathrm{T}},\cdots,\boldsymbol{\epsilon}_n^{\mathrm{T}}]^{\mathrm{T}}$。

接下来，可以得到以下结论：

定理 4.4 假设有向通信图$\mathcal{G}$含有一个有向生成树，通信时延 $\tau\in[0,\overline{\tau}]$ 满足以下条件：

① $1+\lambda_i(\boldsymbol{A})\frac{1-\mathrm{e}^{s\overline{\tau}}}{s}\neq0$，$\forall s\in C^+$；

② 存在正定矩阵 $\boldsymbol{P}$ 和 $\boldsymbol{S}$，使得以下矩阵为负定，即

$$\boldsymbol{Q}=\begin{bmatrix}\overline{\tau}\boldsymbol{S}-\boldsymbol{L}^{\mathrm{T}}\boldsymbol{P}-\boldsymbol{PL} & -\boldsymbol{L}^{\mathrm{T}}\boldsymbol{PA}^{\mathrm{T}}\\ -\boldsymbol{A}^{\mathrm{T}}\boldsymbol{PL} & -\overline{\tau}\boldsymbol{S}\end{bmatrix}<0 \tag{4.50}$$

则对于系统（4.37），控制器（4.46）可实现式（4.45）意义下的协调控制。

证明： 构造以下 Lyapunov 函数：

$$V(\boldsymbol{\epsilon}_i,\widetilde{\boldsymbol{\theta}}_i)=\frac{1}{2}\sum_{i=1}^{n}[\boldsymbol{\epsilon}_i^{\mathrm{T}}\boldsymbol{M}_i(\boldsymbol{q}_i)\boldsymbol{\epsilon}_i+\widetilde{\boldsymbol{\theta}}_i^{\mathrm{T}}\boldsymbol{\Gamma}^{-1}\widetilde{\boldsymbol{\theta}}_i] \tag{4.51}$$

对其求导可得：

$$\dot{V}(\boldsymbol{\epsilon}_i,\widetilde{\boldsymbol{\theta}}_i)=\frac{1}{2}\sum_{i=1}^{n}\boldsymbol{\epsilon}_i^{\mathrm{T}}\dot{\boldsymbol{M}}_i(\boldsymbol{q}_i)\boldsymbol{\epsilon}_i+\sum_{i=1}^{n}\boldsymbol{\epsilon}_i^{\mathrm{T}}\boldsymbol{M}_i(\boldsymbol{q}_i)\dot{\boldsymbol{\epsilon}}_i+\sum_{i=1}^{n}\widetilde{\boldsymbol{\theta}}_i^{\mathrm{T}}\boldsymbol{\Gamma}^{-1}\dot{\widetilde{\boldsymbol{\theta}}}_i$$

由 Lagrangian 系统的性质 2 可知，$\boldsymbol{\epsilon}_i^{\mathrm{T}}[\dot{\boldsymbol{M}}(\boldsymbol{q}_i)-2\boldsymbol{C}_i(\boldsymbol{q}_i,\dot{\boldsymbol{q}}_i)]\boldsymbol{\epsilon}_i=0$。又因 $\dot{\widetilde{\boldsymbol{\theta}}}_i(t)=-\dot{\hat{\boldsymbol{\theta}}}_i(t)$，所以可得：

$$\dot{V}(\boldsymbol{\epsilon}_i,\widetilde{\boldsymbol{\theta}}_i)=-\sum_{i=1}^{n}\boldsymbol{\epsilon}_i^{\mathrm{T}}K_i\boldsymbol{\epsilon}_i \tag{4.52}$$

易知，$V\geqslant 0$，$\dot{V}\leqslant 0$，则对于$\forall i\in\mathcal{I}$，有$\boldsymbol{\epsilon}_i\in\mathcal{L}_2$和$\boldsymbol{\epsilon}_i$、$\widetilde{\boldsymbol{\theta}}_i(t)\in\mathcal{L}_\infty$，下面证明$\|\boldsymbol{\epsilon}_i(t)\|\to 0$。由 Barbalat 定理可知，只要证明$\dot{\boldsymbol{\epsilon}}_i\in\mathcal{L}_\infty$即可。由式（4.49）可得，由$\boldsymbol{\epsilon}(t)$到$\dot{\boldsymbol{q}}(t)$的传递函数为：

$$\boldsymbol{T}(s)=\frac{s\boldsymbol{I}}{s\boldsymbol{I}+\boldsymbol{I}-\boldsymbol{A}\mathrm{e}^{-s\tau}} \tag{4.53}$$

假设$\boldsymbol{\Xi}(s)=\det(s\boldsymbol{I}+\boldsymbol{I}-\boldsymbol{A}\mathrm{e}^{-s\tau})$，为了说明传递函数$\boldsymbol{T}(s)$的稳定性，需要研究$\boldsymbol{\Xi}(\mathrm{s})$的特征根分布情况，对于可能存在不稳定极点的右半复平面$\mathcal{R}\mathrm{e}(\mathrm{s})>0$，有$|e^{-s\tau}|<1$。根据盖尔圆定理（*Gershgorin's theorem*），可得传递函数$\boldsymbol{T}(s)$在右半平面没有极点。注意到，0 有可能是特征多项式的重根，由于$\boldsymbol{\Xi}(0)=\det(\boldsymbol{L})$。可知，$\mathrm{rank}(\boldsymbol{L})=n-1$，$L$只有一个 0 特征根。所以$s=0$时，$\boldsymbol{\Xi}(s)$仅有一个零根。于是可得，传递函数$\boldsymbol{T}(s)$是稳定的。由于$\boldsymbol{\epsilon}_i\in\mathcal{L}_\infty$，所以$\dot{\boldsymbol{q}}_i\in\mathcal{L}_\infty$。由式（4.48）可知，$\sum_{j\in\mathcal{N}_i}\boldsymbol{e}_{ij}\in\mathcal{L}_\infty$。根据式（4.47）可得，$\boldsymbol{Y}_i$是否有界取决于$\hat{\boldsymbol{M}}_i$、$\sum_{j=\mathcal{N}_i}\boldsymbol{e}_{ij}$、$\hat{\boldsymbol{C}}_i$、$\sum_{j\in\mathcal{N}_i}\dot{\boldsymbol{e}}_{ij}$和$\hat{\boldsymbol{\theta}}_i$。由 Lagrangian 系统的性质 1 和性质 3，$\hat{\boldsymbol{M}}_i$和$\hat{\boldsymbol{C}}_i$有界，又由$\widetilde{\boldsymbol{\theta}}$、$\sum_{j=1}^{n}a_{ij}\boldsymbol{e}_{ij}$、$\sum_{j=1}^{n}a_{ij}\dot{\boldsymbol{e}}_{ij}$的有界性，可得$\boldsymbol{Y}_i$是有界的。所以根据式（4.43）可以得到$\dot{\boldsymbol{\epsilon}}_i\in\mathcal{L}_\infty$，即$\boldsymbol{\epsilon}_i\in\mathcal{L}_\infty\cap\mathcal{L}_2$且$\dot{\boldsymbol{\epsilon}}_i\in\mathcal{L}_\infty$。所以，根据 Barbalat 定理，当$t\to\infty$时，$\|\boldsymbol{\epsilon}_i(t)\|\to 0$。接下来证明$\lim_{t\to\infty}\|\overline{\boldsymbol{q}}_i(t)\|=\lim_{t\to\infty}\|\boldsymbol{q}_i(t)-\boldsymbol{q}_d\|=0$。由于当$t\to\infty$时，$\|\boldsymbol{\epsilon}_i(t)\|\to 0$，基于系统（4.49），首先考虑如下系统的稳定性：

$$\dot{\overline{\boldsymbol{q}}}(t)=-\overline{\boldsymbol{q}}(t)+(\boldsymbol{A}\otimes\boldsymbol{I}_p)\overline{\boldsymbol{q}}(t-\tau) \tag{4.54}$$

如果定理 4.4 中的条件①得到满足，则以下系统

$$\frac{\mathrm{d}}{\mathrm{d}t}\left(-\overline{\boldsymbol{q}}+\boldsymbol{A}\int_{-\tau}^{0}\overline{\boldsymbol{q}}(t+\theta)\mathrm{d}\theta\right)=-(\boldsymbol{I}-\boldsymbol{A})\overline{\boldsymbol{q}} \tag{4.55}$$

的稳定性等价于系统（4.54）的稳定性。

选取 Lyapunov 函数如下：

$$\begin{aligned}V(\overline{\boldsymbol{q}}_t)=&\left(\overline{\boldsymbol{q}}(t)+\boldsymbol{A}\int_{-\tau}^{0}\overline{\boldsymbol{q}}(t+\theta)\mathrm{d}\theta\right)^{\mathrm{T}}(\boldsymbol{P}\otimes\boldsymbol{I}_p)\left(\overline{\boldsymbol{q}}+\boldsymbol{A}\int_{-\tau}^{0}\overline{\boldsymbol{q}}(t+\theta)\mathrm{d}\theta\right)\\&+\int_{-\tau}^{0}\int_{t+\theta}^{t}\overline{\boldsymbol{q}}(\xi)^{\mathrm{T}}(\boldsymbol{S}\otimes\boldsymbol{I}_p)\overline{\boldsymbol{q}}(\xi)\mathrm{d}\xi\mathrm{d}\theta\end{aligned} \tag{4.56}$$

对$V(\overline{\boldsymbol{q}}_t)$求导可得：

$$\dot{V}(\overline{\boldsymbol{q}}_t)\leqslant\overline{\boldsymbol{q}}(t)^{\mathrm{T}}\{[-\boldsymbol{L}^{\mathrm{T}}\boldsymbol{P}-\boldsymbol{PL}+\tau(\boldsymbol{S}+\boldsymbol{L}^{\mathrm{T}}\boldsymbol{PAS}^{-1}\boldsymbol{AL}^{\mathrm{T}})]\otimes\boldsymbol{I}_p\}\overline{\boldsymbol{q}}(t) \tag{4.57}$$

如果定理 4.4 中的条件②得到满足，即$\boldsymbol{Q}<0$，则系统（4.54）是渐近稳定的。

系统（4.49）相当于对稳定系统（4.54）施加扰动 $\boldsymbol{\epsilon}_i(t)$，因为 $\boldsymbol{\epsilon}_i \in \mathcal{L}_2$，且当 $t \to \infty$ 时，$\|\boldsymbol{\epsilon}_i(t)\| \to 0$，于是当 $t \to \infty$ 时，$\dot{\bar{\boldsymbol{q}}}(t) \to \boldsymbol{0}$，由（4.48）知 $\left\| \sum_{j \in \mathcal{N}_i} \boldsymbol{e}_{ij} \right\| \to 0$，假设：

$$\boldsymbol{\Delta}_i = \frac{1}{\sum_{j=1}^{n+1} a_{ij}} \sum_{j \in \mathcal{N}_i} \boldsymbol{e}_{ij} \tag{4.58}$$

可将式（4.58）整理为矩阵形式：

$$\begin{aligned}\boldsymbol{\Delta} &= -\bar{\boldsymbol{q}}(t) + (\boldsymbol{A} \otimes \boldsymbol{I}_p)\bar{\boldsymbol{q}}(t-\tau) \\ &= -\bar{\boldsymbol{q}}(t) + (\boldsymbol{A} \otimes \boldsymbol{I}_p)\bar{\boldsymbol{q}}(t) - (\boldsymbol{A} \otimes \boldsymbol{I}_p)\int_{t-\tau}^{t} \dot{\bar{\boldsymbol{q}}}(\sigma)\mathrm{d}\sigma \\ &= -(\boldsymbol{L} \otimes \boldsymbol{I}_p)\bar{\boldsymbol{q}}(t) - (\boldsymbol{A} \otimes \boldsymbol{I}_p)\int_{t-\tau}^{t} \dot{\bar{\boldsymbol{q}}}(\sigma)\mathrm{d}\sigma\end{aligned} \tag{4.59}$$

由于 $t \to \infty$ 时，$\dot{\bar{\boldsymbol{q}}}(t) \to \boldsymbol{0}$，$\boldsymbol{\Delta} \to \boldsymbol{0}$，所以 $\boldsymbol{L}\bar{\boldsymbol{q}}(t) \to \boldsymbol{0}$。于是可知 $\bar{\boldsymbol{q}}(t)$ 有两种情况：第一，$\bar{\boldsymbol{q}}(t) \to \boldsymbol{0}$，即 $\boldsymbol{q}_i(t) \to \boldsymbol{q}_d$，$\forall i \in \mathcal{I}$；另一种情况，当有向图中含有有向生成树（衍生树）时，Laplacian 矩阵 $\boldsymbol{L}$ 仅有一个零特征值，对应的唯一特征向量为 $\boldsymbol{1}_n$，所以向量 $\bar{\boldsymbol{q}}(t)$ 中每个元素趋于相等，即 $\bar{\boldsymbol{q}}_i(t) \to \bar{\boldsymbol{q}}_j(t)$，也即 $\boldsymbol{q}_i(t) \to \boldsymbol{q}_j(t)$，$\forall i,j \in \mathcal{I}$。由于图 $\mathcal{G}$ 含有一个有向生成树，于是可得 $\boldsymbol{q}_i(t) \to \boldsymbol{q}_d$。

4.4.4 领航者为动态时的协同算法

在 4.4.3 节中，领航者的状态 $\boldsymbol{q}_d(t)$ 为常量，这一节假设 $\boldsymbol{q}_d(t)$ 是时变的，并且编队系统中只有一部分个体能获得领航者的位置 $\boldsymbol{q}_d(t)$ 和速度 $\dot{\boldsymbol{q}}_d(t)$。这里，假设 $\boldsymbol{q}_d(t)$，$\dot{\boldsymbol{q}}_d(t)$，$\ddot{\boldsymbol{q}}_d(t) \in \mathcal{L}_\infty$。在存在通信时延的情况下，设计如下自适应跟踪算法：

$$\boldsymbol{u}_i = \boldsymbol{Y}_i\hat{\boldsymbol{\theta}}_i + K_i \boldsymbol{\varsigma}_i \tag{4.60}$$

式中，$K_i \in \mathbb{R}_{>0}$，协同信号 $\boldsymbol{\varsigma}_i$ 为：

$$\boldsymbol{\varsigma}_i = \frac{1}{\sum_{j=1}^{n+1} a_{ij}} \left(\sum_{j \in \mathcal{N}_i} \dot{\boldsymbol{e}}_{ij} + \sum_{j \in \mathcal{N}_i} \boldsymbol{e}_{ij} \right) \tag{4.61}$$

式中，$\boldsymbol{e}_{ij}$ 如式（4.39）所定义；$\boldsymbol{Y}_i\hat{\boldsymbol{\theta}}_i$ 为：

$$\begin{aligned}\boldsymbol{Y}_i\hat{\boldsymbol{\theta}}_i &= \frac{1}{\sum_{j=1}^{n+1} a_{ij}} \hat{\boldsymbol{M}}_i(\boldsymbol{q}_i) \sum_{j \in \mathcal{N}_i} [\ddot{\boldsymbol{q}}_j(t-\tau) + \dot{\boldsymbol{e}}_{ij}] \\ &\quad + \frac{1}{\sum_{j=1}^{n+1} a_{ij}} \hat{\boldsymbol{C}}_i(\boldsymbol{q}_i, \dot{\boldsymbol{q}}_i) \sum_{j \in \mathcal{N}_i} [\dot{\boldsymbol{q}}_j(t-\tau) + \boldsymbol{e}_{ij}] + \hat{\boldsymbol{g}}_i(\boldsymbol{q}_i)\end{aligned} \tag{4.62}$$

将式（4.60）代入系统（4.37）可得：

$$\boldsymbol{M}_i(\boldsymbol{q}_i)\dot{\boldsymbol{\varsigma}}_i+\boldsymbol{C}_i(\boldsymbol{q}_i,\dot{\boldsymbol{q}}_i)\boldsymbol{\varsigma}_i=\boldsymbol{Y}_i\widetilde{\boldsymbol{\theta}}_i-K_i\boldsymbol{\varsigma}_i \tag{4.63}$$

式中，$\widetilde{\boldsymbol{\theta}}_i(t)=\boldsymbol{\theta}_i-\hat{\boldsymbol{\theta}}_i(t)$ 为参数的时变估计误差，时变估计 $\hat{\boldsymbol{\theta}}_i(t)$ 的动态方程为：

$$\dot{\hat{\boldsymbol{\theta}}}_i=\boldsymbol{\Gamma}_i\boldsymbol{Y}_i^{\mathrm{T}}\boldsymbol{\varsigma}_i \tag{4.64}$$

式中，$\boldsymbol{\Gamma}_i$ 为已知的正定矩阵。

仍假设 $\boldsymbol{q}_{n+1}=\boldsymbol{q}_d(t)$，记 $\overline{\boldsymbol{q}}_i=\boldsymbol{q}_i-\boldsymbol{q}_d$，$\dot{\overline{\boldsymbol{q}}}_i=\dot{\boldsymbol{q}}_i-\dot{\boldsymbol{q}}_d$，则式（4.61）可写为：

$$\begin{aligned}\dot{\overline{\boldsymbol{q}}}_i=&\frac{1}{d_i}\sum_{j=1}^{n+1}a_{ij}[\dot{\overline{\boldsymbol{q}}}_j(t-\tau)-\overline{\boldsymbol{q}}_j(t-\tau)-\overline{\boldsymbol{q}}_i]\\&+\dot{\boldsymbol{q}}_d(t-\tau)-\dot{\boldsymbol{q}}_d+\boldsymbol{q}_d(t-\tau)-\boldsymbol{q}_d-\boldsymbol{\varsigma}_i\end{aligned} \tag{4.65}$$

式中，$d_i=\sum_{j=1}^{n+1}a_{ij}$，将式（4.61）写为矩阵形式：

$$\dot{\overline{\boldsymbol{q}}}=(\boldsymbol{A}\otimes\boldsymbol{I}_p)\dot{\overline{\boldsymbol{q}}}(t-\tau)+(\boldsymbol{A}\otimes\boldsymbol{I}_p)\overline{\boldsymbol{q}}(t-\tau)-\overline{\boldsymbol{q}}+\boldsymbol{R}_e \tag{4.66}$$

式中，$\overline{\boldsymbol{q}}=[\overline{\boldsymbol{q}}_1^{\mathrm{T}},\cdots,\overline{\boldsymbol{q}}_n^{\mathrm{T}}]^{\mathrm{T}}$，$\dot{\overline{\boldsymbol{q}}}=[\dot{\overline{\boldsymbol{q}}}_1^{\mathrm{T}},\cdots,\dot{\overline{\boldsymbol{q}}}_n^{\mathrm{T}}]^{\mathrm{T}}$；矩阵 $\boldsymbol{A}$ 仍为上节所定义；$\boldsymbol{R}_e=[\dot{\boldsymbol{q}}_d(t-\tau)-\dot{\boldsymbol{q}}_d+\boldsymbol{q}_d(t-\tau)-\boldsymbol{q}_d]\otimes\boldsymbol{1}_n-\boldsymbol{\varsigma}$，$\boldsymbol{\varsigma}=[\boldsymbol{\varsigma}_1^{\mathrm{T}},\cdots,\boldsymbol{\varsigma}_n^{\mathrm{T}}]^{\mathrm{T}}$。则可得以下结论：

定理 4.5 假设有向通信图$\mathcal{G}$含有一个有向生成树，对于系统（4.37）和任意通信时延 τ，自适应控制器（4.60）能使得 $\boldsymbol{q}_i-\boldsymbol{q}_d$ 趋于一致有界。

证明：构造如下 Lyapunov 函数：

$$V(\boldsymbol{\varsigma}_i,\widetilde{\boldsymbol{\theta}}_i)=\frac{1}{2}\sum_{i=1}^{n}[\boldsymbol{\varsigma}_i^{\mathrm{T}}\boldsymbol{M}_i(\boldsymbol{q}_i)\boldsymbol{\varsigma}_i+\widetilde{\boldsymbol{\theta}}_i^{\mathrm{T}}\boldsymbol{\Gamma}^{-1}\widetilde{\boldsymbol{\theta}}_i] \tag{4.67}$$

对其求导可得：

$$\dot{V}(\boldsymbol{\varsigma}_i,\widetilde{\boldsymbol{\theta}}_i)=-\sum_{i=1}^{n}\boldsymbol{\varsigma}_i^{\mathrm{T}}K_i\boldsymbol{\varsigma}_i \tag{4.68}$$

类似于定理 4.4 的分析，可以得到$\boldsymbol{\varsigma}_i\in\mathcal{L}_\infty\cap\mathcal{L}_2$。可知 $\rho(\boldsymbol{A})<1$，所以中立算子$\mathcal{D}=\overline{\boldsymbol{q}}-(\boldsymbol{A}\otimes\boldsymbol{I}_p)\overline{\boldsymbol{q}}(x-\tau)$是稳定的。选取 Lyapunov 函数 $V(\overline{\boldsymbol{q}}_t)$：

$$V(\overline{\boldsymbol{q}}_t)=\frac{1}{2}\overline{\boldsymbol{q}}(t)^{\mathrm{T}}\overline{\boldsymbol{q}}(t) \tag{4.69}$$

$V(\overline{\boldsymbol{q}}_t)$ 为正定，求导可得：

$$\begin{aligned}\dot{V}(\mathcal{D}\overline{\boldsymbol{q}}_t)&=(\mathcal{D}\overline{\boldsymbol{q}}_t)^{\mathrm{T}}[(\boldsymbol{A}\otimes\boldsymbol{I}_p)\overline{\boldsymbol{q}}(t-\tau)-\overline{\boldsymbol{q}}+\boldsymbol{R}_e]\\&=-(\mathcal{D}\overline{\boldsymbol{q}}_t)^{\mathrm{T}}(\mathcal{D}\overline{\boldsymbol{q}}_t)+(\mathcal{D}\overline{\boldsymbol{q}}_t)^{\mathrm{T}}\boldsymbol{R}_e\end{aligned} \tag{4.70}$$

因此：

$$\dot{V}(\mathcal{D}\overline{\boldsymbol{q}}_t)\leqslant-\|\mathcal{D}\overline{\boldsymbol{q}}_t\|(\|\mathcal{D}\overline{\boldsymbol{q}}_t\|-\|\boldsymbol{R}_e\|) \tag{4.71}$$

由假设知，$\boldsymbol{q}_d$ 和 $\dot{\boldsymbol{q}}_d$ 有界，由于$\boldsymbol{\varsigma}_i\in\mathcal{L}_\infty\cap\mathcal{L}_2$，所以$\|\boldsymbol{R}_e\|$有界。如果$\|\mathcal{D}\overline{\boldsymbol{q}}_t\|>$

$\|\boldsymbol{R}_e\|$，则有 $\dot{V}(\mathcal{D}\overline{\boldsymbol{q}}_t)<0$，所以，由引理 4.1 可得 $\overline{\boldsymbol{q}}_t$ 最终趋于一致有界，即 $\boldsymbol{q}_i-\boldsymbol{q}_d$ 是一致有界的。

注释 4.4 这里针对存在静态领航者且多 Lagrangian 系统动力学方程含有未知参数的情况，基于控制构架（4.40），设计了自适应协同算法（4.46），并给出了系统稳定的充分条件，要求时延上限和矩阵 L 满足定理 4.4 中的条件①和②。

注释 4.5 这里对含有通信时延的动态跟踪算法进行了研究。由定理 4.4 可知，在只有部分个体和领航者通信的情况下，通信时延的存在并不影响系统的稳定性，但是随着时延的增加，系统中各个个体的跟踪误差也会随之增加。算法中存在一定的稳态误差。分析其原因，一方面因为系统中存在未知参数，实时估计过程中有可能会造成一定的偏差；另一方面，由于通信时延的存在，各个个体获得的领航者的速度和位置信息并不是实时的，再加上领航者的动态特性，使得跟踪精度受到了一定的影响。

注释 4.6 对比静态领航者的协同算法，领航者为动态时的协同算法（4.60）不仅要求个体 i 知道其邻居个体的位置信息，而且需要知道邻居个体的速度信息（包含于分量$\boldsymbol{\varsigma}_i$中）。在考虑动态跟踪问题时，本节假设领航者的位置、速度和加速度信息都是有界的。

4.4.5 数值仿真

为了证明控制器的有效性，用数值仿真实验进行验证，假设存在三个机械臂，其通信拓扑如图 4.8 所示，即：

$$\begin{bmatrix} M_{11} & M_{12} \\ M_{21} & M_{22} \end{bmatrix}\begin{bmatrix} \ddot{q}_1 \\ \ddot{q}_2 \end{bmatrix}+\begin{bmatrix} -h\dot{q}_2 & -h(\dot{q}_1+\dot{q}_2) \\ h\dot{q}_1 & 0 \end{bmatrix}\begin{bmatrix} \dot{q}_1 \\ \dot{q}_2 \end{bmatrix}=\begin{bmatrix} u_1 \\ u_2 \end{bmatrix} \tag{4.72}$$

式中

$$M_{11}=a_1+2a_3\cos q_2+2a_4\sin q_2$$
$$M_{12}=M_{21}=a_2+a_3\cos q_2+a_4\sin q_2$$
$$M_{22}=a_2$$
$$h=a_3\sin q_2-a_4\cos q_2$$
$$a_1=I_1+m_1l_{c1}^2+I_e+m_el_{ce}^2+m_el_1^2$$
$$a_2=I_e+m_el_{ce}^2$$
$$a_3=m_el_1l_{ce}\cos\delta_e$$
$$a_4=m_el_1l_{ce}\sin\delta_e$$

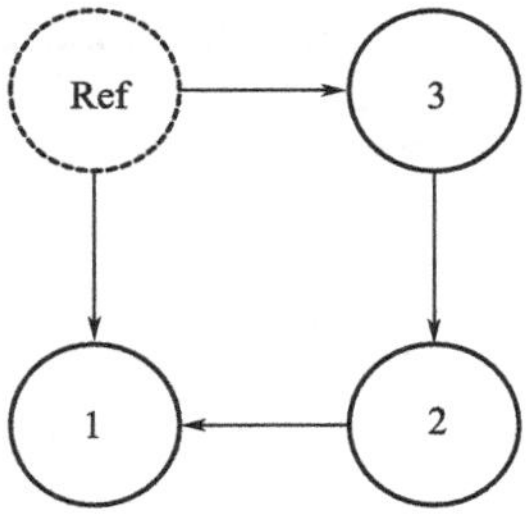

图 4.8 通信拓扑图

仿真参数取为 $m_1=1$，$l_1=1$，$m_e=2$，$\delta_e=30°$，$I_1=0.12$，$l_{c1}=0.5$，$I_e=0.25$，$l_{ce}=0.6$。假设 $\boldsymbol{\varepsilon}=$

$[\varepsilon_1,\varepsilon_2]^{\mathrm{T}}=\dfrac{1}{\sum_{j=1}^{n+1}a_{ij}}\sum_{j\in\mathcal{N}_i}\boldsymbol{e}_{ij}$。根据系统的线性化性质，取 $\boldsymbol{\theta}=[a_1,a_2,a_3,a_4]^{\mathrm{T}}$，假设这些参数不能精确获得，仿真时都设为其真实值的 20%到 80%之间，则相应的 $\boldsymbol{Y}(\boldsymbol{q},\dot{\boldsymbol{q}},\boldsymbol{\varepsilon},\dot{\boldsymbol{\varepsilon}})=[y_{ij}]\in\mathbb{R}^{2\times4}$ 为：

$$\boldsymbol{Y}=\begin{bmatrix}\dot{\varepsilon}_1 & \dot{\varepsilon}_2 & y_{13} & y_{14}\\ 0 & \dot{\varepsilon}_1+\dot{\varepsilon}_2 & \dot{\varepsilon}_1\cos q_2+\varepsilon_1\dot{q}_1\sin q_2 & y_{24}\end{bmatrix}$$

式中

$$y_{24}=-\varepsilon_1\dot{q}_1\cos q_2+\dot{\varepsilon}_1\sin q_2$$
$$y_{13}=(2\dot{\varepsilon}_1+\dot{\varepsilon}_2)\cos q_2-(\varepsilon_1\dot{q}_2+\varepsilon_2\dot{q}_1+\varepsilon_2\dot{q}_2)\sin q_2$$
$$y_{14}=(2\dot{\varepsilon}_1+\dot{\varepsilon}_2)\sin q_2+(\varepsilon_1\dot{q}_2+\varepsilon_2\dot{q}_1+\varepsilon_2\dot{q}_2)\cos q_2$$

将 $\boldsymbol{q}_i$ 和 $\dot{\boldsymbol{q}}_i$ 的初始值设为区间 [−2.5,2.5] 的随机值，并取 $K_i=1$，$\boldsymbol{\Gamma}=2\boldsymbol{I}_{4\times4}$。当领航者为静态时，设 $\boldsymbol{q}_{\mathrm{d}}=[1,-0.5]^{\mathrm{T}}$，时延 $\tau=0.5\mathrm{s}$。仿真结果如图 4.9～图 4.11 所示。图中，$\boldsymbol{q}^{(p)}=[q_1^{(p)},q_2^{(p)},q_3^{(p)}]^{\mathrm{T}}$ 表示三个机械臂的第 p 个关节的位置，$\dot{\boldsymbol{q}}^{(p)}=[\dot{q}_1^{(p)},\dot{q}_2^{(p)},\dot{q}_3^{(p)}]^{\mathrm{T}}$ 表示其第 p 个关节的速度变化情况。其中，$p=\{1,2\}$。由图可知，系统中各个个体在自适应控制器（4.46）的作用下，位置最终和领航者趋于一致。图中曲线说明速度都收敛于零。由仿真结果可知，控制器（4.46）实现了领航者为静态时的控制目标（4.45）。

当领航者为动态时，假设通信拓扑与静态情形相同，如图 4.8 所示，假设领航者的运动方程为 $\boldsymbol{q}_{\mathrm{d}}=[\sin^2(0.2t),\cos(0.4t)]^{\mathrm{T}}$，时延 $\tau=0.2\mathrm{s}$，仿真结果如图

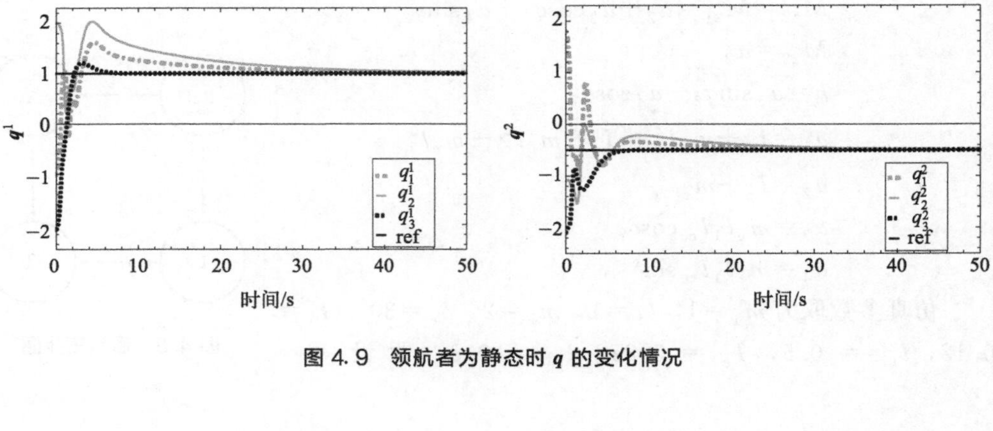

图 4.9 领航者为静态时 q 的变化情况

4.12～图 4.14 所示。由图 4.12 可知，各个个体的运动最终和 $\boldsymbol{q}_{\mathrm{d}}$ 趋于一致，但是始终存在一定的跟踪误差。究其原因，一方面因为系统中存在未知参数，实时估计过程中会造成一定偏差；另一方面，由于时延的存在，对跟踪精度也产生了一定的影响。这和定理的结论是一致的。图 4.13 表示个体的速度也和领航者趋于一致。算法（4.60）的有效性得到了验证。仿真实验中，笔者发现，随着时延 τ 的增加，跟踪误差也随之增大。

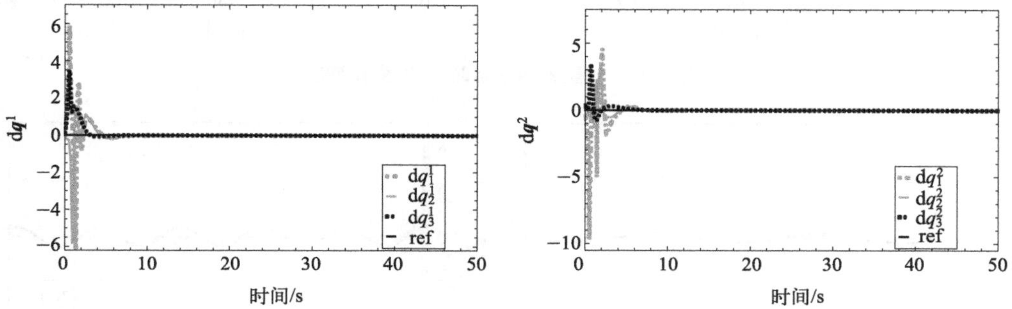

图 4.10　领航者为静态时 $\dot{q}$ 的变化情况

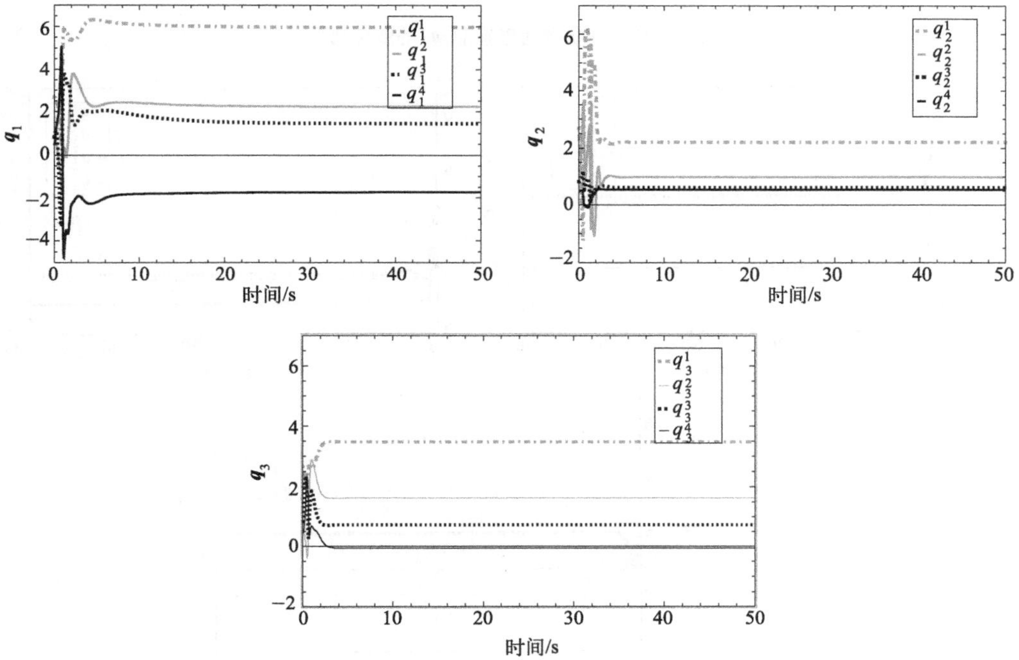

图 4.11　领航者为静态时个体 1、2 和 3 的未知参数变化情况

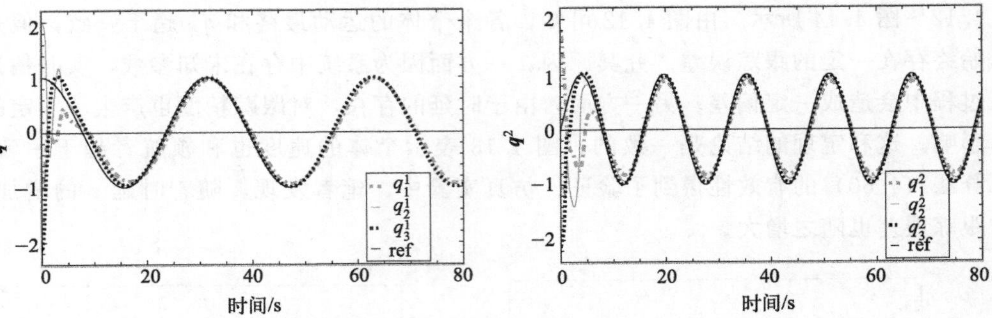

图 4.12　领航者为动态时 $\dot{q}$ 的变化情况

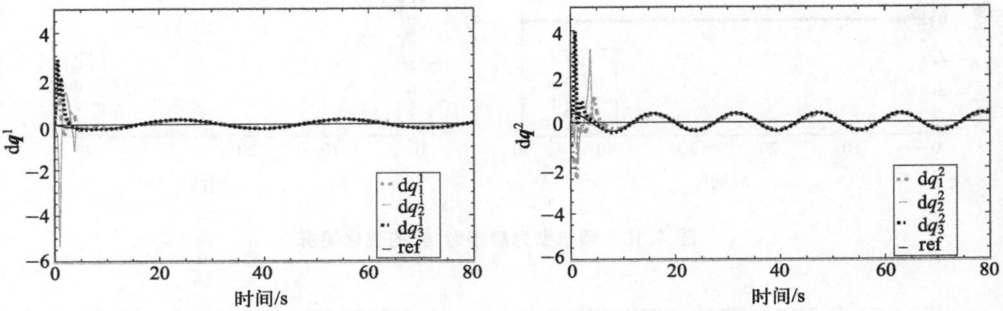

图 4.13　领航者为静态时 $\dot{q}$ 的变化情况

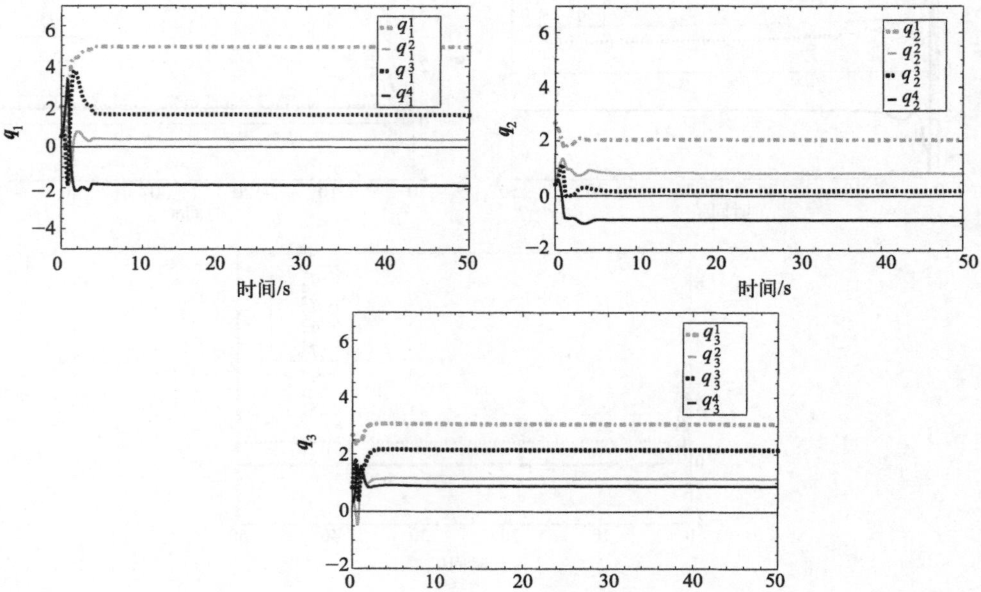

图 4.14　领航者为动态时个体 1、2 和 3 的未知参数变化情况

4.5 含自时延参数未知系统的协同控制

4.5.1 问题描述

假定系统中的时延（通信时延和自时延）为常数，则个体 i 和个体 j 之间的误差可分别定义为以下几种形式：

$$\boldsymbol{e}_{ij}=\boldsymbol{q}_j(t)-\boldsymbol{q}_i(t) \tag{4.73}$$

$$\boldsymbol{e}_{ij}=\boldsymbol{q}_j(t-T_{ij})-\boldsymbol{q}_i(t) \tag{4.74}$$

$$\boldsymbol{e}_{ij}=\boldsymbol{q}_j(t-\tau_{ij})-\boldsymbol{q}_i(t-\tau_{ij}) \tag{4.75}$$

$$\boldsymbol{e}_{ij}=\boldsymbol{q}_j(t-\tau_{ij})-\boldsymbol{q}_i(t-T_{ij}) \tag{4.76}$$

其中，式（4.73）对应于无时延的情形，式（4.74）对应于仅存在通信时延的情形，而式（4.76）则对应于同时存在通信时延和自时延的情形。式（4.75）说明系统存在相同的自时延，这种情形通常用于描述时延对系统状态差($x_{i,t}-x_{j,t}$)的影响，或者用于描述系统中个体存在计算或测量误差，且假定系统的状态与其相邻个体的状态均受相同的时延影响（例如交通流量模型等）。式（4.76）则代表最为广泛的情况，即系统具有异同的自时延和通信时延，其应用包括刻画执行器时延、个体对于自身行为（状态）及相邻个体行为的不同反应的时延以及通信与计算的混合时延。

以下仍考察前面提出的自适应控制体系中各种时延情形对系统的影响。在此基础上设计相应的控制参数，以满足系统的稳定性条件。

4.5.2 含有自时延情况下的聚合控制

首先定义协调控制变量：

$$\boldsymbol{\epsilon}_i=-\dot{\boldsymbol{q}}_i+\sum_{j\in\mathcal{N}_i(\mathcal{G})}\frac{\boldsymbol{e}_{ij}}{d_i} \tag{4.77}$$

注意到当 $T_{ij}=T_{ji}=T$ 时，可将式（4.74）表述为矩阵形式：

$$\dot{\boldsymbol{q}}=-\boldsymbol{q}+\Delta^{-1}\mathcal{A}\boldsymbol{q}(t-T)+\boldsymbol{\epsilon} \tag{4.78}$$

为方便讨论，定义以下时延相关矩阵：

$$\begin{aligned}
&\boldsymbol{A}_\tau(s)=[a_{ij}\mathrm{e}^{-\tau_{ij}s}]\\
&\boldsymbol{D}_\tau(s)=\mathrm{diag}\Big(\sum_{j\in\mathcal{N}_i(\mathcal{G}_a)}\mathrm{e}^{-\tau_{ij}s}\Big)\\
&\boldsymbol{D}_T(s)=\mathrm{diag}\Big(\sum_{j\in\mathcal{N}_i(\mathcal{G}_a)}\mathrm{e}^{-T_{ij}s}\Big)
\end{aligned} \tag{4.79}$$

进一步，将式（4.77）表述为矩阵形式，并取其 Laplacian 变换，有以下几种形式[114]：

无自时延：

$$\boldsymbol{D}_q(s)=-\boldsymbol{\Gamma}_1(s)\boldsymbol{Q}(s)+\boldsymbol{\epsilon}(s)=-(\boldsymbol{I}-\boldsymbol{D}^{-1}\boldsymbol{A}_\tau(s))\boldsymbol{Q}(s)+\boldsymbol{\epsilon}(s) \tag{4.80}$$

相同自时延：

$$\boldsymbol{D}_q(s)=-\boldsymbol{\Gamma}_2(s)\boldsymbol{Q}(s)+\boldsymbol{\epsilon}(s)=-\boldsymbol{D}^{-1}\boldsymbol{L}_\tau(s)\boldsymbol{Q}(s)+\boldsymbol{\epsilon}(s) \tag{4.81}$$

不同自时延：

$$\boldsymbol{D}_q(s)=-\boldsymbol{\Gamma}_3(s)\boldsymbol{Q}(s)+\boldsymbol{\epsilon}(s)=-\boldsymbol{D}^{-1}\boldsymbol{L}_{\tau T}(s)\boldsymbol{Q}(s)+\boldsymbol{\epsilon}(s) \tag{4.82}$$

对称、相同自时延：

$$\boldsymbol{D}_q(s)=-\boldsymbol{\Gamma}_4(s)\boldsymbol{Q}(s)+\boldsymbol{\epsilon}(s)=-\boldsymbol{D}^{-1}\boldsymbol{L}_T(s)\boldsymbol{Q}(s)+\boldsymbol{\epsilon}(s) \tag{4.83}$$

式中

$$\boldsymbol{L}_\tau(s)=\boldsymbol{D}_\tau(s)-\boldsymbol{\mathcal{A}}_\tau(s)$$

$$\boldsymbol{\epsilon}(s)=[\varepsilon_1(s),\cdots,\varepsilon_N(s)]^{\mathrm{T}}$$

$$\boldsymbol{Q}(s)=[Q_1(s),\cdots,Q_N(s)]^{\mathrm{T}}$$

$$\boldsymbol{D}_q(s)=[D_{q_1}(s),\cdots,D_{q_N}(s)]^{\mathrm{T}}$$

$\boldsymbol{D}=\mathrm{diag}(d_i)$，$\boldsymbol{D}_q(s)$、$\boldsymbol{Q}(s)$ 和 $\boldsymbol{\epsilon}(s)$ 分别是 $\dot{\boldsymbol{q}}$、$\boldsymbol{q}$ 和 $\boldsymbol{\epsilon}$ 的 Laplacian 变换。

将式（4.80）～式（4.83）整理为统一的形式，可得：

$$\boldsymbol{D}_q(s)=-\boldsymbol{\Gamma}_i(s)\boldsymbol{Q}(s)+\boldsymbol{\epsilon}(s),\ i=1,\cdots,4 \tag{4.84}$$

不难得到从 $\boldsymbol{\epsilon}$ 到 $\dot{\boldsymbol{q}}$ 的传递函数为：

$$\frac{\boldsymbol{D}_q(s)}{\boldsymbol{\epsilon}(s)}=\boldsymbol{T}(s)=\frac{s\boldsymbol{I}}{s\boldsymbol{I}+\boldsymbol{\Gamma}_l(s)},\ l=1,2,3,4 \tag{4.85}$$

观察式（4.85）可知，如果该传递函数不稳定，则系统式（4.80）～式（4.83）发散。这样，系统稳定性分析首先就转换为判断 $s\boldsymbol{I}+\boldsymbol{\Gamma}_l(s)$ 行列式的性质。令 $\Delta(s)=\det(s\boldsymbol{I}+\boldsymbol{\Gamma}_l(s))$，诚如文献［114］所述，对于 $\Delta(s)$ 根的求解是极度困难的，因为 $\boldsymbol{\Gamma}_l$ 依赖于 $\boldsymbol{A}_\tau(s)$、$\boldsymbol{D}_T(s)$ 和 $\boldsymbol{D}_\tau(s)$，而这些项一般难以求得其数值解。

为此，我们利用广义 Nyquist 判据对 $\Delta(s)$ 位于右半复平面的根数进行判断。广义 Nyquist 判据为频域下的系统稳定性分析提供了一种强有力工具，其基本思想是：通过对 $\Delta(s)=\det(\boldsymbol{I}+\boldsymbol{G}_r(s))$ 中开环传递函数 $\boldsymbol{G}_r(s)$ 根轨迹进行判断，进而确定系统的稳定性。其中

$$\boldsymbol{G}_r(s)=-\mathrm{diag}\left(\frac{1}{s+2}\right)(2\boldsymbol{I}-\boldsymbol{\Gamma}_l(s)),l=1,2,3,4 \tag{4.86}$$

具体而言，需要判断 $\boldsymbol{G}_r(s)$ 根轨迹逆时针环绕（$-1,0\mathrm{i}$）的圈数。实际上，$\boldsymbol{G}_r(s)$ 具体的根轨迹是无需计算的，可以通过包含 $2\boldsymbol{I}-\Gamma_l(s)$ 的凸集来判断。下面首先对 $2\boldsymbol{I}-\boldsymbol{\Gamma}_l(j\omega)$ 的谱进行分析，进而得到式（4.86）的根的性质。

文献 [114] 给出了任意无向拓扑和任意有界时延 $\tau_{ij}, T_{ij} \leqslant T$ 情形下，包含 $2\boldsymbol{I}-\boldsymbol{\Gamma}_l(\mathrm{j}\omega)$ 特征值的凸集 $\Omega_r(\omega T)$。定义一个集合的凸包为 $\{\varsigma(\chi):\chi \in \Delta\chi\}$，其中

$$\mathrm{Co}\{\varsigma(\chi):\chi \in \Delta\chi\} = \left\{\int_{\Delta\chi}\Phi(\chi)\varsigma(\chi)\mathrm{d}\chi:\chi \in \Delta\chi,\right.$$

$$\left.\Phi(\chi) \geqslant 0, \int_{\Delta\chi}\Phi(\chi)\mathrm{d}\chi = 1\right\} \tag{4.87}$$

$\Omega_r(\omega T)$，$r=1$，2，3，4 定义为：

$$\begin{cases}\Omega_1(\omega T)=\mathrm{Co}\{1-\mathrm{e}^{-\mathrm{j}\chi_1}, 1+\mathrm{e}^{-\mathrm{j}\chi_2}:\chi_1,\chi_2 \in [0,\omega T]\} \\ \Omega_2(\omega T)=\mathrm{Co}\{2-\mathrm{e}^{-\mathrm{j}\chi_1}+\mathrm{e}^{-\mathrm{j}\frac{\chi_1+\chi_2}{2}}, 2-\mathrm{e}^{-\mathrm{j}\chi_3}-\mathrm{e}^{-\mathrm{j}\frac{\chi_3+\chi_4}{2}}:\chi_1,\chi_2,\chi_3,\chi_4 \in [0,\omega T]\} \\ \Omega_3(\omega T)=\mathrm{Co}\{2-\mathrm{e}^{-\mathrm{j}\chi_1}+\mathrm{e}^{-\mathrm{j}\chi_2}, 2-\mathrm{e}^{-\mathrm{j}\chi_3}+\mathrm{e}^{-\mathrm{j}\chi_4}:\chi_1,\chi_2,\chi_3,\chi_4 \in [0,\omega T]\} \\ \Omega_4(\omega T)=\mathrm{Co}\{2-2\mathrm{e}^{-\mathrm{j}\chi}:\chi \in [0,\omega T]\}\end{cases} \tag{4.88}$$

有以下结论：

引理 4.3 （$2\boldsymbol{I}-\boldsymbol{\Gamma}_l(\mathrm{j}\omega)$ 的谱性质）对于任意有界时延 τ_{ij}，$T_{ij} \leqslant T$ 和任意无向拓扑，谱 $\sigma(2\boldsymbol{I}-\boldsymbol{\Gamma}_l(\mathrm{j}\omega))$ 满足：

无自时延：

$$\sigma(2\boldsymbol{I}-\boldsymbol{\Gamma}_1(\mathrm{j}\omega)) \subset \Omega_1(\omega T) \tag{4.89}$$

相同自时延：

$$\sigma(2\boldsymbol{I}-\boldsymbol{\Gamma}_2(\mathrm{j}\omega)) \subset \Omega_2(\omega T) \tag{4.90}$$

不同自时延：

$$\sigma(2\boldsymbol{I}-\boldsymbol{\Gamma}_3(\mathrm{j}\omega)) \subset \Omega_3(\omega T) \tag{4.91}$$

如果时延对称，即当 $\tau_{ij}=\tau_{ji} \leqslant T$，且 $T_{ij}=T_{ji} \leqslant T$，则有：

无自时延：

$$\sigma(2\boldsymbol{I}-\boldsymbol{\Gamma}_1(\mathrm{j}\omega)) \subset \Omega_1(\omega T) \tag{4.92}$$

相同自时延：

$$\sigma(2\boldsymbol{I}-\boldsymbol{\Gamma}_4(\mathrm{j}\omega)) \subset \Omega_4(\omega T) \tag{4.93}$$

不同自时延：

$$\sigma(2\boldsymbol{I}-\boldsymbol{\Gamma}_3(\mathrm{j}\omega)) \subset \Omega_3(\omega T) \tag{4.94}$$

证明： 见文献 [114]（引理 3.5）的证明。

注意式 (4.86) 中的 $\boldsymbol{G}_r(s)$，其所对应的系统是开环稳定的，因此，当 ω 从 $-\infty$ 到 $+\infty$ 时，如果 $\boldsymbol{G}_r(s)$ 的特征轨迹既没有穿过也非环绕 -1 时，$\Delta(s)$ 的特征拟多项式根位于左半复平面。

在式 (4.73)～式 (4.76) 的连通条件下，对于单积分系统 $(K_i \in (0,K], K>0)$：

$$Y_i(s)=\frac{K_i}{s}U_i(s) \tag{4.95}$$

有以下结论[114]：

引理 4.4 （无自时延的单积分 MAS 一致性） 对于任意增益 $K_i>0$，任意系统规模 $N\in\mathbb{N}$，任意时延 $\tau_{ij}\leqslant\mathcal{T}$，以及任意无向连通的拓扑$\mathcal{G}$，无自时延的单积分器 MAS（4.95）都能够达到一致性，即该一致性是时延无关的。

引理 4.5 （含自时延的单积分 MAS 一致性） 对于增益 $K_i\in(0,K]$，任意系统规模 $N\in\mathbb{N}$，任意时延 $\tau_{ij},T_{ij}\leqslant\mathcal{T}$，以及任意无向连通的拓扑$\mathcal{G}$，当 K 满足条件（4.96）时，含自时延的单积分器 MAS（4.75）、（4.76）能够达到一致性。其一致性是时延相关的。

$$K<\frac{\pi}{4\mathcal{T}} \tag{4.96}$$

根据引理 4.4 和引理 4.5，可得：

推论 4.1 对于任意 $N\in\mathbb{N}$，任意时延 τ_{ij}，$T_{ij}\leqslant\mathcal{T}$，以及任意无向拓扑，如果系统不含有自时延，则 $\Delta(s)$ 的特征拟多项式具有一个零根，且其他所有非零根都位于左半复平面；如果系统含有自时延，则当$\mathcal{T}<\frac{\pi}{4}$时，$\Delta(s)$ 特征拟多项式具有一个零根，且其他所有非零根都位于左半复平面。

证明：将 $\Delta(s)$ 表述为

$$\Delta(s)=\det[\operatorname{diag}(\delta_i(s))+\operatorname{diag}(v_i(s))\boldsymbol{\Gamma}_r(s)],\ r=1,2,3,4 \tag{4.97}$$

注意，这一表述方法与文献［114］中 $\Delta(s)$ 等同。由式（4.85）可知$\delta_i(s)=s$，$v_i(s)=1$，对应于线性单积分系统（4.95），其中 $K_i=1$。因此，由引理 4.4 和引理 4.5 可得无自时延系统可达到时延无关的一致性，而含自时延系统在满足$\mathcal{T}<\frac{\pi}{4}$时可达到一致性。零根对应于系统一致性的解，我们得到其余所有非零根都位于左半复平面。证毕。

在完成了对 $\Delta(s)$ 特征根性质的讨论后，我们得到本节的主要结果：

定理 4.6 假定通信拓扑为无向连通图，则在自适应控制构架下，如果系统无自时延，则对于任意时延 $\tau_{ij}\leqslant\mathcal{T}$，系统达到式（2.7）意义下的一致性；反之，如果系统存在自时延，对于任意时延 $\tau_{ij},T_{ij}\leqslant\mathcal{T}$，当$\mathcal{T}<\frac{\pi}{4}$时，系统达到式（2.28）意义下的一致性。

证明：重写从 $\boldsymbol{\epsilon}$ 到 $\dot{\boldsymbol{q}}$ 的传递函数：

$$\frac{\boldsymbol{D}_q(s)}{\boldsymbol{\epsilon}(s)}=\boldsymbol{T}(s)=\frac{s\boldsymbol{I}}{s\boldsymbol{I}+\boldsymbol{\Gamma}_l(s)},\ l=1,2,3,4 \tag{4.98}$$

式（4.98）的稳定性由 $\Delta(s)$ 根的性质所决定。由定理 4.5，对于无自时延情形，$\Delta(s)$ 的特征拟多项式具有一个零根，且其他所有非零根都位于左半复平面；对于含自时延的情形，当$T<\frac{\pi}{4}$时，具有同无自时延情形下一样的性质。

另一方面，可构造相同的 Lyapunov 函数。按照定理 4.4 的证明思路不难证明，$t\to\infty$时，$\|\boldsymbol{\epsilon}_i(t)\|\to 0$，$\|\dot{\boldsymbol{q}}_i(t)\|\to 0$，可得式（4.84）中 $\boldsymbol{D}_q(s)\to\boldsymbol{0}$，$\boldsymbol{\epsilon}(s)\to\boldsymbol{0}$。因此，$-\boldsymbol{\Gamma}_i(s)\boldsymbol{Q}(s)\to\boldsymbol{0}$。由推论 4.1 中对于 $\Delta(s)$ 特征拟多项式零根的讨论，可得在无自时延情形下，$\boldsymbol{\Gamma}_i(s)$ 具有一个零根，且其他所有非零根都位于左半复平面；在含自时延情形下，对于任意时延 $\tau_{ij}, T_{ij}\leqslant T$，当$T<\frac{\pi}{4}$时，$\boldsymbol{\Gamma}_i(s)$ 具有一个零根，且其他所有非零根都位于左半复平面。注意到在这些情形下，$\boldsymbol{\Gamma}_i(s)$ 的零根对应于系统状态的一致性空间，因此系统达到一致性。证毕。

注释 4.7 对比无自时延和含自时延系统的一致性控制条件，可以看出无时延系统具有更强的时延鲁棒性。存在相同通信时延和自时延的工作，使其可以考虑存在不同通信时延和自时延的情形。这里，我们进一步将文献［114］的工作推广至网络化的 Lagrangian 系统协同控制中，得出了与其相似的结论。可以看出，在上述自适应控制构架中，当系统存在自时延时，时延的上界应小于$\frac{\pi}{4}$，否则将不能实现系统的一致性。

注释 4.8 本节中假设通信拓扑为无向图。一个很自然的想法是，能否将该结论直接推广至更为一般的通信拓扑（如伪强连通有向拓扑）。遗憾的是，本节中的方法并不能直接推广，这是因为在推证过程中利用到了无向图邻近矩阵的性质。在系统不存在任何时延的情况下，对于无向图，其归一化邻近矩阵$\mathcal{D}^{-1}\mathcal{A}$具有在$[-1,1]$ 区间内的实特征值；而有向图的归一化邻近矩阵$\mathcal{D}^{-1}\mathcal{A}$则分布在整个单位圆上，并依赖于具体的拓扑构型。

4.5.3 数值仿真

本节通过数值仿真验证算法的有效性。类似地，仍选取由四台二自由度机器人组成的多 Agent 系统。由于本章的理论针对无向通信拓扑，因此取其拓扑如图 4.15 所示。机械臂参数设置同前面机械臂动力学方程一致。

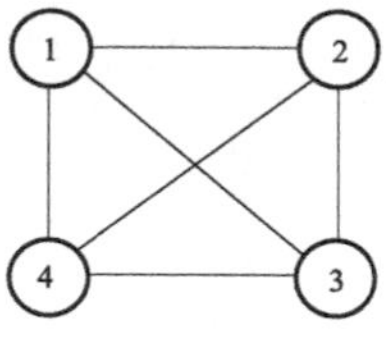

图 4.15 通信拓扑图

由系统线性化性质取 $\boldsymbol{\theta}=[a_1,a_2,a_3,a_4]^{\mathrm{T}}$，$\boldsymbol{\lambda}=\boldsymbol{I}_{4\times4}$。相应地，$\boldsymbol{Y}(\boldsymbol{q},\boldsymbol{r})=[y_{ij}]\in\mathbb{R}^{2\times4}$为：

$$y_{11}=\dot{\epsilon}_1, y_{12}=\dot{\epsilon}_2, y_{21}=0, y_{22}=\dot{\epsilon}_1+\dot{\epsilon}_2$$

$$y_{23}=\dot{\epsilon}_1\cos q_2+\dot{q}_1\epsilon_1\sin q_2, y_{24}=-\dot{q}_1\epsilon_1\cos q_2+\dot{\epsilon}_1\sin q_2$$

$$y_{13}=(2\dot{\epsilon}_1+\dot{\epsilon}_2)\cos q_2-(\dot{q}_2\epsilon_1+\dot{q}_1\epsilon_2+\dot{q}_2\epsilon_2)\sin q_2$$

$$y_{14}=(2\dot{\epsilon}_1+\dot{\epsilon}_2)\sin q_2+(\dot{q}_2\epsilon_1+\dot{q}_1\epsilon_2+\dot{q}_2\epsilon_2)\cos q_2$$

仿真实验中，我们仍选取通信时延为 $T_{ij}=T_{ij}=1.5$。为验证自时延上界的有效性，取两组自时延$\mathcal{T}_1=0.5\text{s}$，$\mathcal{T}_2=1\text{s}$。显然$\mathcal{T}_1<\pi/4$，$\mathcal{T}_2>\pi/4$。依据定理 4.6，系统将在$\mathcal{T}_1$作用下保持稳定，但在$\mathcal{T}_2$作用下发散。

在 Wolfram Mathematica 仿真平台上对上述论断进行了仿真验证。当自时延为$\mathcal{T}_1$时，仿真结果如图 4.16～图 4.18 所示。可以看到，在自时延$\mathcal{T}_1$影响下，系统仍能够实现聚合意义下的协同控制（终值为常值）。同时可以观察到，相对于仅有通信时延 $T_{ij}=T_{ij}=1.5$ 的仿真结果，该组仿真的动态震颤性加剧，且系统动态性能明显变差，说明自时延对于系统稳定性确实产生了较为严重的不利影响。由此我们推断，当进一步加大自时延至$\mathcal{T}_2$时系统将极有可能发散。实际的仿真结果（图 4.19 和图 4.20）证实了这一推断。由仿真结果可知，当系统自时延为$\mathcal{T}_2$时系统发散。对比本书中讨论的仅含通信时延的 Lagrangian 系统，可以得出结论：具有自时延的系统稳定性为时延相关，而仅具有通信时延的系统稳定性为时延无关。

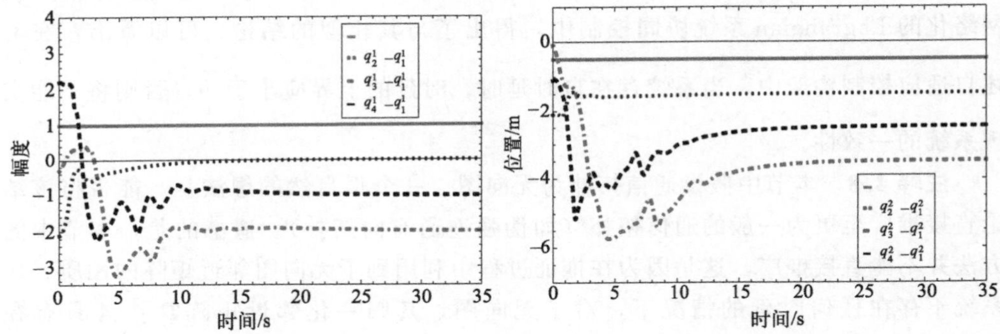

图 4.16　自时延为$\mathcal{T}_1$时的位置

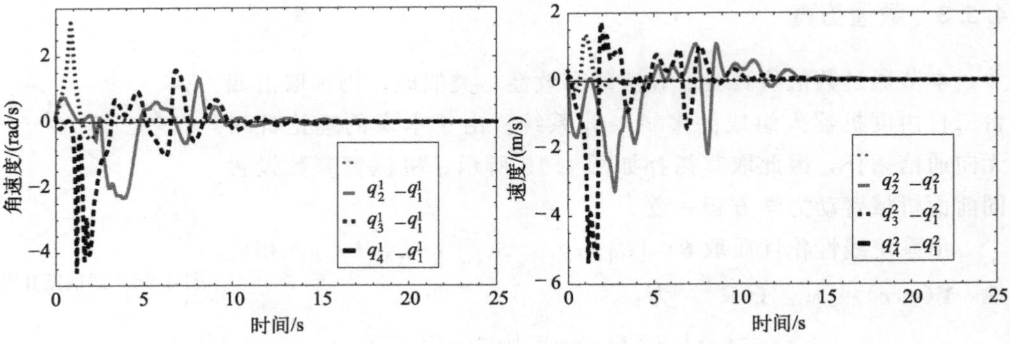

图 4.17　自时延为$\mathcal{T}_1$时的速度

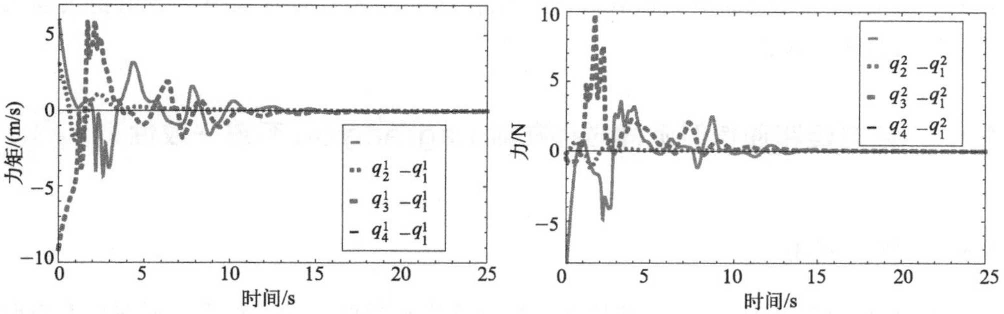

图 4.18　自时延为T_1时的力矩

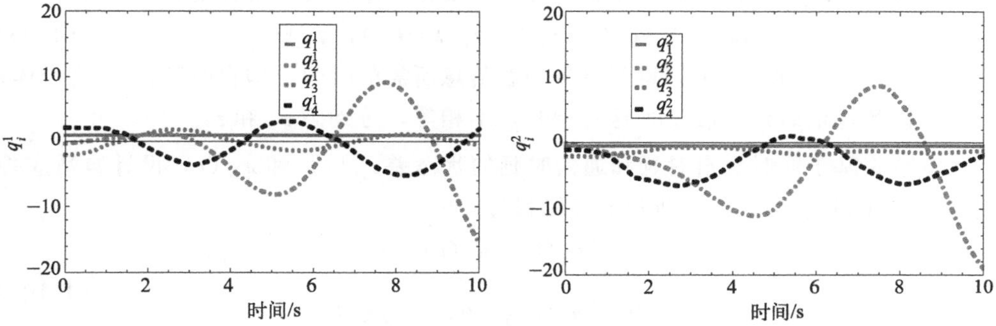

图 4.19　自时延为T_2时的位置

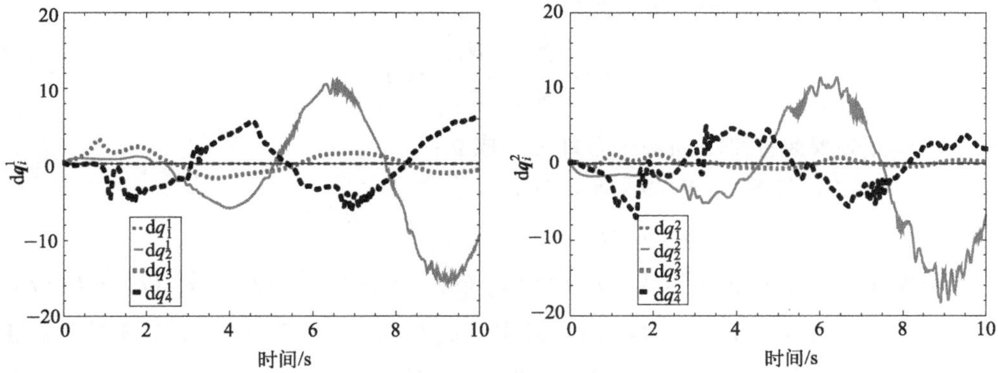

图 4.20　自时延为T_2时的速度

这里研究了自时延情形下的参数未知 Lagrangian 系统分布式协同控制。在假定通信拓扑为无向图情形下，设计会合控制律，并利用广义 Nyquist 定理分析系统的稳定性。结果表明，所设计的控制器稳定性与通信时延无关，但与自时延有关，系统对通信时延具有更好的鲁棒性。这一结果与针对线性系统的研究结果类似，并揭示了该类 Lagrangian 协调控制构架所能容忍的最大自时延阈值。数值仿真验证了该控制器的有效性。

4.6 自时延和通信时延同时存在时 Lagrangian 系统一致性

4.6.1 问题描述

本节将考虑一种更为复杂的情况，即在含有通信时延的情况下，同时含有自时延，并且假设系统的动力学参数不能精确获知。

假设个体之间存在自时延和通信时延，相邻个体之间的状态差 $\boldsymbol{e}_{ij}(t)$ 为：

$$\boldsymbol{e}_{ij}(t)=\boldsymbol{q}_i(t-t_{ii})-\boldsymbol{q}_j(t-t_{ij}),\ \forall i\in\mathcal{I} \tag{4.99}$$

式中，t_{ii} 为第 i 个个体得到自身姿态信息所需的时间，即自时延；t_{ij} 为个体 i 和 j 之间的通信时延，假设时延 t_{ii} 和 t_{ij} 不相等，分别为 t_1 和 t_2。

本节将基于同时含自时延和通信时延的状态差 $\boldsymbol{e}_{ij}(t)$ 和 $\dot{\boldsymbol{e}}_{ij}(t)$ 设计自适应控制器，实现如式（4.100）所示的控制目标：

$$\begin{cases}\lim\limits_{t\to\infty}\|\boldsymbol{q}_i(t)-\boldsymbol{q}_j(t)\|=0\\ \lim\limits_{t\to\infty}\|\dot{\boldsymbol{q}}_i(t)\|\to 0,\forall i,j\in\mathcal{I}\end{cases} \tag{4.100}$$

本节中，需要用到以下引理：

引理 4.6 （Schur 补）分块矩阵

$$\boldsymbol{S}=\begin{bmatrix}\boldsymbol{S}_{11} & \boldsymbol{S}_{12}\\ \boldsymbol{S}_{12}^{\mathrm{T}} & \boldsymbol{S}_{22}\end{bmatrix}<0$$

成立的充分必要条件是下面两个条件之一成立：

① $\boldsymbol{S}_{11}<0$，且 $\boldsymbol{S}_{22}-\boldsymbol{S}_{12}^{\mathrm{T}}\boldsymbol{S}_{11}^{-1}\boldsymbol{S}_{12}<0$；

② $\boldsymbol{S}_{22}<0$，且 $\boldsymbol{S}_{11}-\boldsymbol{S}_{12}^{\mathrm{T}}\boldsymbol{S}_{22}^{-1}\boldsymbol{S}_{12}<0$。

引理 4.7 对于以下等式：$\boldsymbol{e}(t)=\boldsymbol{x}_d(t)-\boldsymbol{x}(t)$，$\dot{\boldsymbol{x}}_r(t)=\dot{\boldsymbol{x}}_d(t)+\boldsymbol{\Gamma e}(t)$，$\boldsymbol{r}(t)=\dot{\boldsymbol{x}}_r(t)-\dot{\boldsymbol{x}}(t)=\dot{\boldsymbol{e}}(t)+\boldsymbol{\Gamma e}(t)$，其中，$\boldsymbol{x}_d(t)$，$\boldsymbol{x}(t)\in\mathbb{R}^m$，$\boldsymbol{\Gamma}\in\mathbb{R}^{m\times m}$ 是正定矩阵。令 $\boldsymbol{e}(t)=\boldsymbol{h}(t)*\boldsymbol{r}(t)$，其中 $*$ 代表卷积符，$\boldsymbol{h}(t)=\boldsymbol{L}^{-1}(\boldsymbol{H}(s))$，$\boldsymbol{H}(s)$ 为 $m\times m$ 维的指数稳定传递函数。如果 $\boldsymbol{r}\in\mathcal{L}_2$，则 $\boldsymbol{e}\in\mathcal{L}_2\cap\mathcal{L}_\infty$，$\dot{\boldsymbol{e}}\in\mathcal{L}_2$，$\boldsymbol{e}$ 连续，则当 $t\to\infty$ 时，$\|\boldsymbol{e}(t)\|\to 0$。此外，如果当 $t\to\infty$ 时，$\|\boldsymbol{r}(t)\|\to 0$ 同时成立，则 $\|\dot{\boldsymbol{e}}(t)\|\to 0$。

引理 4.8 对于任何 $\boldsymbol{a},\boldsymbol{b}\in\mathbb{R}^n$，任意正定矩阵 $\boldsymbol{R}\in\mathbb{R}^{n\times n}$，有

$$-2\boldsymbol{a}^{\mathrm{T}}\boldsymbol{b}\leqslant\boldsymbol{a}^{\mathrm{T}}\boldsymbol{R}^{-1}\boldsymbol{a}+\boldsymbol{b}^{\mathrm{T}}\boldsymbol{R}\boldsymbol{b} \tag{4.101}$$

4.6.2 自适应控制器设计

同样，这里假设方程（4.37）的动力学参数含有不确定性，即 $\boldsymbol{M}_i(\boldsymbol{q}_i)$、$\boldsymbol{C}_i(\boldsymbol{q}_i,\dot{\boldsymbol{q}}_i)$ 和 $\boldsymbol{g}_i(\boldsymbol{q}_i)$ 项不能精确地获得而只能得到其估计值，分别为 $\hat{\boldsymbol{M}}_i(\boldsymbol{q}_i)$、$\hat{\boldsymbol{C}}_i(\boldsymbol{q}_i,\dot{\boldsymbol{q}}_i)$ 和 $\hat{\boldsymbol{g}}_i(\boldsymbol{q}_i)$。为了实现一致性控制，对第 i 个个体设计自适应控制律如下：

$$\boldsymbol{u}_i=\frac{1}{d_i}\hat{\boldsymbol{M}}_i(\boldsymbol{q}_i)\sum_{j=1}^{n}a_{ij}\dot{\boldsymbol{e}}_{ij}+\frac{1}{d_i}\hat{\boldsymbol{C}}_i(\boldsymbol{q}_i,\dot{\boldsymbol{q}}_i)\sum_{j=1}^{n}a_{ij}\boldsymbol{e}_{ij}+\hat{\boldsymbol{g}}_i(\boldsymbol{q}_i)+K_i\boldsymbol{\varsigma}_i \tag{4.102}$$

式中，$K_i\in\mathbb{R}_{>0}$；$d_i=\sum_{j=1}^{n}a_{ij}$。这里假设每个个体至少有一个相邻个体，即 $d_i>0$。根据 Lagrangian 系统的性质 4 可知，下面的等式成立：

$$\boldsymbol{Y}_i\hat{\boldsymbol{\theta}}_i=\hat{\boldsymbol{M}}_i(\boldsymbol{q}_i)\sum_{j=1}^{n}a_{ij}\dot{\boldsymbol{e}}_{ij}+\hat{\boldsymbol{C}}_i(\boldsymbol{q}_i,\dot{\boldsymbol{q}}_i)\sum_{j=1}^{n}a_{ij}\boldsymbol{e}_{ij}+d_i\hat{\boldsymbol{g}}_i(\boldsymbol{q}_i) \tag{4.103}$$

式中，$\boldsymbol{Y}_i$ 为已知的广义坐标函数；$\hat{\boldsymbol{\theta}}_i$ 为惯性参数 $\boldsymbol{\theta}_i$ 的时变估计。控制律（4.102）可以写为 $\boldsymbol{u}_i=\frac{1}{d_i}\boldsymbol{Y}_i\hat{\boldsymbol{\theta}}_i+K_i\boldsymbol{\varsigma}_i$，将$\boldsymbol{\varsigma}_i$定义为：

$$\boldsymbol{\varsigma}_i=-\dot{\boldsymbol{q}}_i+\frac{1}{d_i}\sum_{j=1}^{n}a_{ij}\boldsymbol{e}_{ij} \tag{4.104}$$

于是，系统动力学方程（4.37）可化为：

$$\boldsymbol{M}_i(\boldsymbol{q}_i)\dot{\boldsymbol{\varsigma}}_i+\boldsymbol{C}_i(\boldsymbol{q}_i,\dot{\boldsymbol{q}}_i)\boldsymbol{\varsigma}_i=\frac{1}{d_i}\boldsymbol{Y}_i\widetilde{\boldsymbol{\theta}}_i-K_i\boldsymbol{\varsigma}_i \tag{4.105}$$

该式中 $\widetilde{\boldsymbol{\theta}}_i=\boldsymbol{\theta}_i-\hat{\boldsymbol{\theta}}_i$ 为参数的估计误差，其动态方程为：

$$\dot{\hat{\boldsymbol{\theta}}}_i=\boldsymbol{\Gamma}_i\boldsymbol{Y}_i^{\mathrm{T}}\boldsymbol{\varsigma}_i \tag{4.106}$$

式中，$\boldsymbol{\Gamma}_i$ 为已知的正定矩阵。

在给出结论之前，重新定义通信图的邻近矩阵 $\hat{\boldsymbol{A}}=[\hat{a}_{ij}]\in\mathbb{R}^{n\times n}$。其中，$\hat{a}_{ij}=a_{ij}/\sum_{j=1}^{n}a_{ij}$，$i$，$j\in\mathcal{I}$。定义 $\hat{\boldsymbol{L}}=\boldsymbol{I}_n-\hat{\boldsymbol{A}}$，将式（4.104）写成矩阵形式为

$$\dot{\boldsymbol{q}}(t)=-\boldsymbol{q}(t-t_1)+\hat{\boldsymbol{A}}q(t-t_2)+\boldsymbol{\varsigma} \tag{4.107}$$

其中，$\boldsymbol{q}(t)=[\boldsymbol{q}_1^{\mathrm{T}},\cdots,\boldsymbol{q}_n^{\mathrm{T}}]^{\mathrm{T}}$，当通信图$\mathcal{G}$含有一个有向衍生树时，$\hat{\boldsymbol{L}}$ 有一个零特征值，对应的特征向量为 $\mathbf{1}_n$，并且其他特征值都在右半复平面。因此可以找到可逆矩阵 $\boldsymbol{W}$，使下式成立：

$$\boldsymbol{W}^{-1}\hat{\boldsymbol{L}}\boldsymbol{W}=\begin{bmatrix}\boldsymbol{L} & \mathbf{0}_{n-1}\\ \mathbf{0}_{n-1}^{\mathrm{T}} & \mathbf{1}\end{bmatrix} \tag{4.108}$$

其中，矩阵$\boldsymbol{W}$的最后一列为向量$\boldsymbol{1}_n$。注意到，式（4.108）中$\boldsymbol{L}$为$n-1$阶矩阵，其特征值都为正数。设$\boldsymbol{z}=\boldsymbol{W}^{-1}\boldsymbol{q}$，在这里用向量$\boldsymbol{x}(t)$表示$z$的前$n-1$行，用$\boldsymbol{x}_2(t)$表示$z$的第$n$行，则式（4.107）可化为：

$$
\begin{aligned}
\begin{bmatrix}\dot{\boldsymbol{x}}(t)\\ \dot{\boldsymbol{x}}_2(t)\end{bmatrix}=&-\left(\begin{bmatrix}\boldsymbol{I}_{n-1} & \boldsymbol{0}_{n-1}\\ \boldsymbol{0}_{n-1}^{\mathrm{T}} & \boldsymbol{1}\end{bmatrix}\otimes\boldsymbol{I}_p\right)\begin{bmatrix}\boldsymbol{x}(t-t_1)\\ \boldsymbol{x}_2(t-t_1)\end{bmatrix}\\
&+\left(\begin{bmatrix}\boldsymbol{A} & \boldsymbol{0}_{n-1}\\ \boldsymbol{0}_{n-1}^{\mathrm{T}} & \boldsymbol{1}\end{bmatrix}\otimes\boldsymbol{I}_p\right)\begin{bmatrix}\boldsymbol{x}(t-t_2)\\ \boldsymbol{x}_2(t-t_2)\end{bmatrix}+\begin{bmatrix}\boldsymbol{\varsigma}_{n-1}\\ \boldsymbol{\varsigma}_n\end{bmatrix}
\end{aligned}
\tag{4.109}
$$

式中，$\boldsymbol{A}=\boldsymbol{I}_{n-1}-\boldsymbol{L}$，方程（4.109）可分解为：

$$
\dot{\boldsymbol{x}}(t)=-\boldsymbol{x}(t-t_1)+(\boldsymbol{A}\otimes\boldsymbol{I}_p)\boldsymbol{x}(t-t_2)+\boldsymbol{\varsigma}_{n-1} \tag{4.110}
$$

$$
\dot{\boldsymbol{x}}_2(t)=-\boldsymbol{x}_2(t-t_1)+\boldsymbol{x}_2(t-t_2)+\boldsymbol{\varsigma}_n \tag{4.111}
$$

于是，可以得出以下结论：

定理4.7 对于系统（4.37），假定有向通信图至少包含一个衍生树，并假设每个个体至少有一个相邻个体与之通信，如果存在$\bar{t}_1$和$\bar{t}_2$使得以下条件满足：

① $\bar{t}_1+\bar{t}_2<1$；

② 如果存在$0<\boldsymbol{P}_1=\boldsymbol{P}_1^{\mathrm{T}}$，$\boldsymbol{P}_2$，$\boldsymbol{P}_3$和$\boldsymbol{R}_1=\boldsymbol{R}_1^{\mathrm{T}}$，$\boldsymbol{R}_2=\boldsymbol{R}_2^{\mathrm{T}}$使得下面不等式（LMI）成立：

$$
\begin{bmatrix}
\boldsymbol{X}_{11} & \boldsymbol{X}_{12} & -\bar{t}_1\boldsymbol{P}_2^{\mathrm{T}} & \bar{t}_2 P_2^{\mathrm{T}}\boldsymbol{A}\\
\boldsymbol{X}_{21} & \boldsymbol{X}_{22} & -\bar{t}_1\boldsymbol{P}_3^{\mathrm{T}} & \bar{t}_2\boldsymbol{P}_3^{\mathrm{T}}\boldsymbol{A}\\
-\bar{t}_1\boldsymbol{P}_2 & -\bar{t}_1\boldsymbol{P}_3 & -\bar{t}_1\boldsymbol{R}_1 & 0\\
\bar{t}_2\boldsymbol{A}^{\mathrm{T}}\boldsymbol{P}_2 & \bar{t}_2\boldsymbol{A}^{\mathrm{T}}\boldsymbol{P}_3 & 0 & -\bar{t}_2\boldsymbol{R}_2
\end{bmatrix}<0 \tag{4.112}
$$

式中

$$
\begin{aligned}
\boldsymbol{X}_{11}&=-\boldsymbol{L}^{\mathrm{T}}\boldsymbol{P}_2-\boldsymbol{P}_2^{\mathrm{T}}\boldsymbol{L}\\
\boldsymbol{X}_{12}&=\boldsymbol{P}_1-\boldsymbol{P}_2^{\mathrm{T}}-\boldsymbol{L}^{\mathrm{T}}\boldsymbol{P}_3\\
\boldsymbol{X}_{21}&=\boldsymbol{P}_1-\boldsymbol{P}_2-\boldsymbol{P}_3^{\mathrm{T}}\boldsymbol{L}\\
\boldsymbol{X}_{22}&=-\boldsymbol{P}_3-\boldsymbol{P}_3^{\mathrm{T}}+\bar{t}_1\boldsymbol{R}_1+\bar{t}_2\boldsymbol{R}_2
\end{aligned}
$$

另外，自时延$t_1\in[0,\bar{t}_1]$，通信时延$t_2\in[0,\bar{t}_2]$，则利用控制器（4.102），网络化Lagrangian系统可实现式（4.100）意义下的一致性。

证明： 将证明过程分为两部分：第一，证明系统（4.110）渐近稳定，即$\lim\limits_{t\to\infty}\boldsymbol{x}(t)=\boldsymbol{0}_{n-1}$；第二，证明系统（4.111）收敛于一个平衡点，由前面分析可知，$\boldsymbol{q}=\boldsymbol{W}\boldsymbol{z}$，其中$\boldsymbol{W}$最后一列所有元素相等。若以上两部分得到证明，则定理得证。

构造以下Lyapunov函数：

$$V_0=\frac{1}{2}\sum_{i=1}^{n}\boldsymbol{\varsigma}_i^{\mathrm{T}}\boldsymbol{M}_i(\boldsymbol{q}_i)\boldsymbol{\varsigma}_i+\frac{1}{2}\sum_{i=1}^{n}\frac{\widetilde{\boldsymbol{\theta}}_i^{\mathrm{T}}\boldsymbol{\Gamma}^{-1}\widetilde{\boldsymbol{\theta}}_i}{d_i} \tag{4.113}$$

对其求导可得：

$$\begin{aligned}\dot{V}_0(\boldsymbol{\varsigma}_i,\widetilde{\boldsymbol{\theta}}_i,\boldsymbol{e}_{ij})&=\frac{1}{2}\sum_{i=1}^{n}\boldsymbol{\varsigma}_i^{\mathrm{T}}\dot{\boldsymbol{M}}_i(\boldsymbol{q}_i)\boldsymbol{\varsigma}_i+\sum_{i=1}^{n}\boldsymbol{\varsigma}_i^{\mathrm{T}}\boldsymbol{M}_i(\boldsymbol{q}_i)\dot{\boldsymbol{\varsigma}}_i+\sum_{i=1}^{n}\frac{\widetilde{\boldsymbol{\theta}}_i^{\mathrm{T}}\boldsymbol{\Gamma}^{-1}\dot{\widetilde{\boldsymbol{\theta}}}_i}{d_i}\\&=-\sum_{i=1}^{n}\boldsymbol{\varsigma}_i^{\mathrm{T}}K_i\boldsymbol{\varsigma}_i\end{aligned}$$

这里用到了 Lagrangian 系统的性质 2，即 $\sum_{j=1}^{n}\boldsymbol{\varsigma}_i^{\mathrm{T}}[\dot{\boldsymbol{M}}(\boldsymbol{q}_i)-2\boldsymbol{C}(\boldsymbol{q}_i,\dot{\boldsymbol{q}}_i)]\boldsymbol{\varsigma}_i=0$。由于 $V_0\geqslant0$，$\dot{V}_0\leqslant0$，则对于 $\forall i\in\mathcal{I}$，有 $\boldsymbol{\varsigma}_i(t)\in\mathcal{L}_2$ 和 $\boldsymbol{\varsigma}_i(t)$，$\widetilde{\boldsymbol{\theta}}_i(t)\in\mathcal{L}_\infty$，于是由式（4.104）易知 $\dot{\boldsymbol{q}}_i\in\mathcal{L}_\infty$，$\sum_{j=1}^{n}a_{ij}\boldsymbol{e}_{ij}\in\mathcal{L}_\infty$。由式（4.103）可知，$\boldsymbol{Y}_i$ 是否有界取决于 $\hat{\boldsymbol{M}}_i$、$\sum_{j=1}^{n}a_{ij}\boldsymbol{e}_{ij}$ 、$\hat{\boldsymbol{C}}_i$、$\sum_{j=1}^{n}a_{ij}\dot{\boldsymbol{e}}_{ij}$ 和 $\hat{\boldsymbol{\theta}}_i$。由 Lagrangian 系统的性质 1 和性质 3 知，$\hat{\boldsymbol{M}}_i$ 和 $\hat{\boldsymbol{C}}_i$ 有界，又由 $\widetilde{\boldsymbol{\theta}}$、$\sum_{j=1}^{n}a_{ij}\boldsymbol{e}_{ij}$ 和 $\sum_{j=1}^{n}a_{ij}\dot{\boldsymbol{e}}_{ij}$ 的有界性可得 $\boldsymbol{Y}_i$ 是有界的。根据式（4.105）可以得到 $\dot{\boldsymbol{\varsigma}}_i\in\mathcal{L}_\infty$，又有 $\boldsymbol{\varsigma}_i(t)\in\mathcal{L}_2\cap\mathcal{L}_\infty$，所以由 Barbalat 定理可知，当 $t\to\infty$ 时，$\|\boldsymbol{\varsigma}_i(t)\|\to0$。

接下来首先考虑系统

$$\dot{\boldsymbol{x}}(t)=-\boldsymbol{x}(t-t_1)+(\boldsymbol{A}\otimes\boldsymbol{I}_p)\boldsymbol{x}(t-t_2) \tag{4.114}$$

的稳定性，方程（4.114）可以转化为：

$$\begin{cases}\dot{\boldsymbol{x}}(t)=\boldsymbol{y}(t)\\ \boldsymbol{y}(t)=-\boldsymbol{x}(t-t_1)+(\boldsymbol{A}\otimes\boldsymbol{I}_p)\boldsymbol{x}(t-t_2)\\ \qquad=[(\boldsymbol{A}-\boldsymbol{I})\otimes\boldsymbol{I}_p]\boldsymbol{x}(t)+\int_{t-t_1}^{t}\boldsymbol{y}(s)\mathrm{d}s-(\boldsymbol{A}\otimes\boldsymbol{I}_p)\int_{t-t_2}^{t}\boldsymbol{y}(s)\mathrm{d}s\end{cases} \tag{4.115}$$

选取 Lyapunov-Krasovskii 函数如下：

$$V=V_1+V_2+V_3 \tag{4.116}$$

其中，

$$\begin{aligned}&V_1=\boldsymbol{\varsigma}^{\mathrm{T}}[(\boldsymbol{EP})\otimes\boldsymbol{I}_p]\boldsymbol{\zeta}\\&V_2=\int_{-t_1}^{0}\int_{t+\theta}^{t}\boldsymbol{y}(s)^{\mathrm{T}}(\boldsymbol{R}_1\otimes\boldsymbol{I}_p)\boldsymbol{y}(s)\mathrm{d}s\,\mathrm{d}\theta\\&V_3=\int_{-t_2}^{0}\int_{t+\theta}^{t}\boldsymbol{y}(s)^{\mathrm{T}}(\boldsymbol{R}_2\otimes\boldsymbol{I}_p)\boldsymbol{y}(s)\mathrm{d}s\,\mathrm{d}\theta\\&\boldsymbol{\varsigma}=\begin{bmatrix}\boldsymbol{x}(t)\\\boldsymbol{y}(t)\end{bmatrix},\boldsymbol{E}=\begin{bmatrix}\boldsymbol{I}&\boldsymbol{0}\\\boldsymbol{0}&\boldsymbol{0}\end{bmatrix},\boldsymbol{P}=\begin{bmatrix}\boldsymbol{P}_1&\boldsymbol{0}\\\boldsymbol{P}_2&\boldsymbol{P}_3\end{bmatrix}\end{aligned}$$

分别对 V_1、V_2、V_3 求导：

$$\dot{V}_1 = 2\boldsymbol{\varsigma}^{\mathrm{T}}\left(\begin{bmatrix}\boldsymbol{I} & \boldsymbol{0}\\ \boldsymbol{0} & \boldsymbol{0}\end{bmatrix}\otimes\boldsymbol{I}_p\right)(\boldsymbol{P}\otimes\boldsymbol{I}_p)^{\mathrm{T}}\begin{bmatrix}\dot{\boldsymbol{x}}(t)\\ \dot{\boldsymbol{y}}(t)\end{bmatrix}$$

$$= 2\boldsymbol{\varsigma}^{\mathrm{T}}(\boldsymbol{P}\otimes\boldsymbol{I}_p)^{\mathrm{T}}\begin{bmatrix}\boldsymbol{y}(t)\\ \boldsymbol{0}\end{bmatrix} \tag{4.117}$$

由式（4.115）可知，$[(\boldsymbol{A}-\boldsymbol{I})\otimes\boldsymbol{I}_p]\boldsymbol{x}(t)+\int_{t-t_1}^{t}\boldsymbol{y}(s)\mathrm{d}s-(\boldsymbol{A}\otimes\boldsymbol{I}_p)\int_{t-t_2}^{t}\boldsymbol{y}(s)\mathrm{d}s-\boldsymbol{y}(t)=0$，所以：

$$\dot{V}_1 = 2\boldsymbol{\varsigma}^{\mathrm{T}}(\boldsymbol{P}\otimes\boldsymbol{I}_p)^{\mathrm{T}}\begin{bmatrix}\boldsymbol{y}(t)\\ [(-\boldsymbol{I}+\boldsymbol{A})\otimes\boldsymbol{I}_p]\boldsymbol{x}(t)-\boldsymbol{y}(t)\end{bmatrix}+\boldsymbol{\eta}(t) \tag{4.118}$$

式中

$$\boldsymbol{\eta}(t) = -2\int_{t-t_1}^{t}\boldsymbol{\varsigma}^{\mathrm{T}}(\boldsymbol{P}\otimes\boldsymbol{I}_p)^{\mathrm{T}}\left(\begin{bmatrix}\boldsymbol{0}\\ -\boldsymbol{I}\end{bmatrix}\otimes\boldsymbol{I}_p\right)\boldsymbol{y}(s)\mathrm{d}s$$

$$-2\int_{t-t_2}^{t}\boldsymbol{\varsigma}^{\mathrm{T}}(\boldsymbol{P}\otimes\boldsymbol{I}_p)^{\mathrm{T}}\left(\begin{bmatrix}\boldsymbol{0}\\ \boldsymbol{A}\end{bmatrix}\otimes\boldsymbol{I}_p\right)\boldsymbol{y}(s)\mathrm{d}s$$

由引理 4.8 可得：

$$\boldsymbol{\eta}(t) \leqslant t_1\boldsymbol{\varsigma}^{\mathrm{T}}\left[\left(\boldsymbol{P}^{\mathrm{T}}\begin{bmatrix}\boldsymbol{0}\\ -\boldsymbol{I}\end{bmatrix}\boldsymbol{R}_1^{-1}[\boldsymbol{0}\quad -\boldsymbol{I}]\boldsymbol{P}\right)\otimes\boldsymbol{I}_p\right]\boldsymbol{\varsigma}$$

$$+t_2\boldsymbol{\varsigma}^{\mathrm{T}}\left[\left(\boldsymbol{P}^{\mathrm{T}}\begin{bmatrix}\boldsymbol{0}\\ \boldsymbol{A}\end{bmatrix}\boldsymbol{R}_2^{-1}[\boldsymbol{0}\quad \boldsymbol{A}^{\mathrm{T}}]\boldsymbol{P}\right)\otimes\boldsymbol{I}_p\right]\boldsymbol{\varsigma}$$

$$+\int_{t-t_1}^{t}\boldsymbol{y}(s)(\boldsymbol{R}_1\otimes\boldsymbol{I}_p)\boldsymbol{y}(s)\mathrm{d}s+\int_{t-t_2}^{t}\boldsymbol{y}(s)(\boldsymbol{R}_2\otimes\boldsymbol{I}_p)\boldsymbol{y}(s)\mathrm{d}s$$

另一方面：

$$\dot{V}_2 = -\int_{t-t_1}^{t}\boldsymbol{y}(s)(\boldsymbol{R}_1\otimes\boldsymbol{I}_p)\boldsymbol{y}(s)\mathrm{d}s+t_1\boldsymbol{y}(t)^{\mathrm{T}}(\boldsymbol{R}_1\otimes\boldsymbol{I}_p)\boldsymbol{y}(t)$$

$$\dot{V}_3 = -\int_{t-t_2}^{t}\boldsymbol{y}(s)(\boldsymbol{R}_2\otimes\boldsymbol{I}_p)\boldsymbol{y}(s)\mathrm{d}s+t_2\boldsymbol{y}(t)^{\mathrm{T}}(\boldsymbol{R}_2\otimes\boldsymbol{I}_p)\boldsymbol{y}(t)$$

于是：

$$\dot{V} = \dot{V}_1+\dot{V}_2+\dot{V}_3$$

$$\leqslant 2\boldsymbol{\varsigma}^{\mathrm{T}}(\boldsymbol{P}\otimes\boldsymbol{I}_p)^{\mathrm{T}}\begin{bmatrix}\boldsymbol{y}(t)\\ [(-\boldsymbol{I}+\boldsymbol{A})\otimes\boldsymbol{I}_p]\boldsymbol{x}(t)-\boldsymbol{y}(t)\end{bmatrix}$$

$$+t_1\boldsymbol{\varsigma}^{\mathrm{T}}\left[\left(\boldsymbol{P}^{\mathrm{T}}\begin{bmatrix}\boldsymbol{0}\\ -\boldsymbol{I}\end{bmatrix}\boldsymbol{R}_1^{-1}[\boldsymbol{0}\quad -\boldsymbol{I}]\boldsymbol{P}\right)\otimes\boldsymbol{I}_p\right]\boldsymbol{\varsigma}$$

$$+t_2\boldsymbol{\varsigma}^{\mathrm{T}}\left[\left(\boldsymbol{P}^{\mathrm{T}}\begin{bmatrix}\boldsymbol{0}\\ \boldsymbol{A}\end{bmatrix}\boldsymbol{R}_2^{-1}[\boldsymbol{0}\quad \boldsymbol{A}^{\mathrm{T}}]\boldsymbol{P}\right)\otimes\boldsymbol{I}_p\right]\boldsymbol{\varsigma}$$

$$
\begin{aligned}
&+t_1\boldsymbol{y}(t)^{\mathrm{T}}(\boldsymbol{R}_1\otimes\boldsymbol{I}_p)\boldsymbol{y}(t)+t_2\boldsymbol{y}(t)^{\mathrm{T}}(\boldsymbol{R}_2\otimes\boldsymbol{I}_p)\boldsymbol{y}(t)\\
&=\boldsymbol{\varsigma}^{\mathrm{T}}\left[\left(\boldsymbol{P}^{\mathrm{T}}\begin{bmatrix}\boldsymbol{0} & \boldsymbol{I}\\ -\boldsymbol{L} & -\boldsymbol{I}\end{bmatrix}+\begin{bmatrix}\boldsymbol{0} & -\boldsymbol{L}^{\mathrm{T}}\\ \boldsymbol{I} & -\boldsymbol{I}\end{bmatrix}\boldsymbol{P}\right.\right.\\
&\quad+\begin{bmatrix}\boldsymbol{0} & \boldsymbol{0}\\ \boldsymbol{0} & t_1\boldsymbol{R}_1+t_2\boldsymbol{R}_2\end{bmatrix}+\begin{bmatrix}-t_1\boldsymbol{P}_2^{\mathrm{T}} & t_2\boldsymbol{P}_2^{\mathrm{T}}\boldsymbol{A}\\ -t_1\boldsymbol{P}_3^{\mathrm{T}} & t_2\boldsymbol{P}_3^{\mathrm{T}}\boldsymbol{A}\end{bmatrix}\\
&\quad\left.\left.\begin{bmatrix}t_1\boldsymbol{R}_1 & \boldsymbol{0}\\ \boldsymbol{0} & t_2\boldsymbol{R}_2\end{bmatrix}^{-1}\begin{bmatrix}-\boldsymbol{P}_2 & -\boldsymbol{P}_3\\ \boldsymbol{A}^{\mathrm{T}}\boldsymbol{P}_2 & \boldsymbol{A}^{\mathrm{T}}\boldsymbol{P}_3\end{bmatrix}\right)\otimes\boldsymbol{I}_p\right]\boldsymbol{\varsigma}
\end{aligned}
$$

若不等式（4.112）成立，则有 $\dot{V}<0$，则系统（4.114）渐近稳定。又由 $\boldsymbol{\varsigma}_i(t)\in\mathcal{L}_2$ 且 $\|\boldsymbol{\varsigma}_i(t)\|\rightarrow 0$，可知系统（4.110）也是渐近稳定的，即 $\boldsymbol{x}(t)$ 收敛于 $\lim\limits_{t\rightarrow\infty}\boldsymbol{x}(t)=\boldsymbol{0}_{n-1}$。

下面证明系统（4.111）收敛于一个平衡点。由于 $\boldsymbol{\varsigma}(t)\in\mathcal{L}_\infty\cap\mathcal{L}_2$，所以 $\boldsymbol{\varsigma}_n$ 的 Laplacian 变换存在，记为 $\boldsymbol{\varsigma}_n(s)$，由式（4.111）可得：

$$
\boldsymbol{x}_2(s)=\frac{\boldsymbol{\varsigma}_n(s)}{s+\mathrm{e}^{-t_1 s}-\mathrm{e}^{-t_2 s}} \tag{4.119}
$$

所以，其稳定性取决于方程 $s+\mathrm{e}^{-t_1 s}-\mathrm{e}^{-t_2 s}=0$ 的根的分布。可以得到，当 $t_1+t_2<1$ 时，系统（4.111）稳定，并且 $\boldsymbol{x}_2(t)$ 收敛于：

$$
\lim_{t\rightarrow\infty}\boldsymbol{x}_2(t)=\frac{\boldsymbol{x}_2(0)+\boldsymbol{\varsigma}_n(0)}{1+t_2-t_1} \tag{4.120}
$$

也就是说，系统（4.107）收敛于一个由初值决定的平衡点，并且有已经证明的 $\lim\limits_{t\rightarrow\infty}|\boldsymbol{x}(t)|=\boldsymbol{0}_{n-1}$，于是可以得到 $\lim\limits_{t\rightarrow\infty}\|\boldsymbol{q}_i(t)-\boldsymbol{q}_j(t)\|=0$，由式（4.104）知，$\lim\limits_{t\rightarrow\infty}\|\dot{\boldsymbol{q}}_i(t)\|\rightarrow 0$，定理得证。

注释 4.9 这里借鉴了线性一阶系统多智能体系统一致性控制中对于时延的处理思想，得到了含自时延和通信时延的分布式多 Lagrangian 系统自适应一致性算法。本节得到了进一步的结果，在多个体通信中，不仅允许有通信时延，而且考虑了自时延的存在。本节运用时域和频域相结合的方法，并考虑了通信时延和自时延同时存在的情况。

注释 4.10 在以上的讨论中，假设系统不存在外部干扰，接下来对分布式执行器含有外部干扰的情况进行讨论。假设存在外部干扰 ϱ_i（$\varrho_i\in\mathbb{R}^p$）。这里把外部干扰分为常值干扰和时变干扰两种情况，当外部干扰为常值时，重新定义 $\overline{Y}_i$ 如下：

$$
\overline{\boldsymbol{Y}}_i\hat{\boldsymbol{\theta}}_i=\hat{\boldsymbol{M}}_i(\boldsymbol{q}_i)\sum_{j=1}^{n}a_{ij}\dot{\boldsymbol{e}}_{ij}+\hat{\boldsymbol{C}}_i(\boldsymbol{q}_i,\dot{\boldsymbol{q}}_i)\sum_{j=1}^{n}a_{ij}\boldsymbol{e}_{ij}+d_i\hat{\boldsymbol{g}}_i(\boldsymbol{q}_i)-d_i\varrho_i \tag{4.121}
$$

则类似于控制器 $\boldsymbol{u}_i=\frac{1}{d_i}\boldsymbol{Y}_i\hat{\boldsymbol{\theta}}_i+K_i\boldsymbol{\varsigma}_i$ 可实现多 Lagrangian 系统的协同控制，其中 $\boldsymbol{\varsigma}_i$ 为式（4.104）所定义。

当外部干扰为时变时，拟采用类似于滑模控制的处理思想，假设 $\varrho_i(t)$ 有界，即 $\varrho_i(t)\in\mathcal{L}_\infty$。设计控制如下：

$$\boldsymbol{u}_i=\frac{1}{d_i}\boldsymbol{Y}_i\hat{\boldsymbol{\theta}}_i+K_i\boldsymbol{\varsigma}_i+\boldsymbol{\ell}_i\operatorname{sgn}(\boldsymbol{\varsigma}_i) \tag{4.122}$$

其中，$\boldsymbol{\ell}_i\in\mathbb{R}^p_+$，$\operatorname{sgn}(\boldsymbol{\varsigma}_i)=(\operatorname{sgn}(\varsigma_i^1),\cdots,\operatorname{sgn}(\varsigma_i^p))^{\mathrm{T}}$，$\boldsymbol{\varsigma}_i$ 和 $\boldsymbol{Y}_i$ 如式（4.104）和式（4.103）所定义。此时，闭环系统（4.105）可写为：

$$\boldsymbol{M}_i(\boldsymbol{q}_i)\dot{\boldsymbol{\varsigma}}_i+\boldsymbol{C}_i(\boldsymbol{q}_i,\dot{\boldsymbol{q}}_i)\boldsymbol{\varsigma}_i=\frac{1}{d_i}\boldsymbol{Y}_i\widetilde{\boldsymbol{\theta}}_i-K_i\boldsymbol{\varsigma}_i-\boldsymbol{\ell}_i\operatorname{sgn}(\boldsymbol{\varsigma}_i)-\varrho_i \tag{4.123}$$

选择 Lyapunov 函数如式（4.113），对其关于式（4.122）求导可得：

$$\dot{V}_0(\boldsymbol{\varsigma}_i,\widetilde{\boldsymbol{\theta}}_i)=-\sum_{i=1}^{n}\boldsymbol{\varsigma}_i^{\mathrm{T}}K_i\boldsymbol{\varsigma}_i-\sum_{i=1}^{n}\boldsymbol{\varsigma}_i^{\mathrm{T}}(\ell_i\operatorname{sgn}(\boldsymbol{\varsigma}_i)+\varrho_i)$$

假设外界干扰满足 $|\varrho_i{}^m|\leqslant\Upsilon_i^m$，$m=1,\cdots,p$，其中，$\varrho_i{}^m$ 代表向量 ϱ_i 的第 m 个元素，设 $\ell_i^m=\Upsilon_i^m+\eta_i^m$，$m=1,\cdots,p$，其中 $\eta_i^m\in\mathbb{R}_{>0}$，于是可以得到：

$$\dot{V}_0(\boldsymbol{\varsigma}_i,\widetilde{\boldsymbol{\theta}}_i)=-\sum_{i=1}^{n}\boldsymbol{\varsigma}_i^{\mathrm{T}}K_i\boldsymbol{\varsigma}_i-\sum_{i=1}^{n}\boldsymbol{\eta}_i^{\mathrm{T}}|\boldsymbol{\varsigma}_i|\leqslant 0$$

类似于前面定理的证明过程，可以证明控制器（4.122）的稳定性，这里不再赘述。

4.6.3 数值仿真

本节设计数值仿真实验来验证控制器的有效性，系统模型仍采用 3.2.3 节中方程（3.17）所示的机械臂系统，假设通信拓扑如图 4.21 所示。

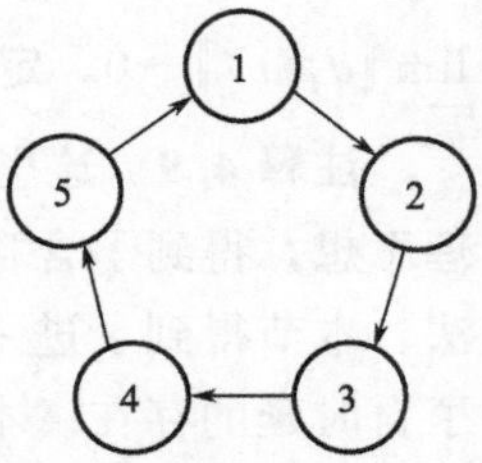

图 4.21 通信拓扑图

仿真参数取 $m_1=1.2$，$l_1=1.2$，$m_{\mathrm{e}}=2.5$，$\delta_{\mathrm{e}}=30°$，$I_1=0.15$，$l_{\mathrm{c1}}=0.5$，$I_{\mathrm{e}}=0.25$，$l_{\mathrm{ce}}=0.6$，类似于 4.4.5 节的仿真，仍假设 $\boldsymbol{\epsilon}=[\epsilon_1,\epsilon_2]^{\mathrm{T}}=\frac{1}{\sum_{j=1}^{n}a_{ij}}\sum_{j\in\mathcal{N}_i}\boldsymbol{e}_{ij}$。根据系统的线性化性质，取 $\boldsymbol{\theta}=[a_1,a_2,a_3,a_4]^{\mathrm{T}}$，假设这些参数不能准确获得，仿真时都设为其真实值的 20%～80%。相应的 $\boldsymbol{Y}(\boldsymbol{q},\dot{\boldsymbol{q}},\epsilon,\dot{\epsilon})=[y_{ij}]\in\mathbb{R}^{2\times4}$ 为：

$$\boldsymbol{Y}=\begin{bmatrix}y_{11} & y_{12} & y_{13} & y_{14}\\ y_{21} & y_{22} & y_{23} & y_{24}\end{bmatrix}$$

式中

$$y_{11}=\dot{\epsilon}_1$$

$$y_{12}=\dot{\epsilon}_2$$

$$y_{13}=(2\dot{\epsilon}_1+\dot{\epsilon}_2)\cos q_2-(\epsilon_1\dot{q}_2+\epsilon_2\dot{q}_1+\epsilon_2\dot{q}_2)\sin q_2$$

$$y_{14}=(2\dot{\epsilon}_1+\dot{\epsilon}_2)\sin q_2+(\epsilon_1\dot{q}_2+\epsilon_2\dot{q}_1+\epsilon_2\dot{q}_2)\cos q_2$$

$$y_{21}=0$$

$$y_{23}=\dot{\epsilon}_1+\dot{\epsilon}_2$$

$$y_{23}=\dot{\epsilon}_1\cos q_2+\epsilon_1\dot{q}_1\sin q_2$$

$$y_{24}=-\epsilon_1\dot{q}_1\cos q_2+\dot{\epsilon}_1\sin q_2$$

假设自时延 $t_1=0.2\text{s}$，通信时延为 $t_2=0.5\text{s}$，仿真结果如图 4.22 和图 4.23 所示。图中，$\boldsymbol{q}^{(p)}=[q_1^{(p)},q_2^{(p)},q_3^{(p)}]^{\mathrm{T}}$ 表示三个机械臂的第 p 个关节的位置，$\dot{\boldsymbol{q}}^{(p)}=[\dot{q}_1^{(p)},\dot{q}_2^{(p)},\dot{q}_3^{(p)}]^{\mathrm{T}}$ 表示其第 p 个关节的速度变化情况，其中，$p=\{1,2\}$。如图 4.22 所示，自适应控制器（4.102）作用下，2 自由度机械臂的位置量都趋于一致。图显示了机械臂的角速度都收敛于零。仿真结果表明，在通信时延和自时延同时存在的情况下，控制器（4.102）可实现一致性控制目标。

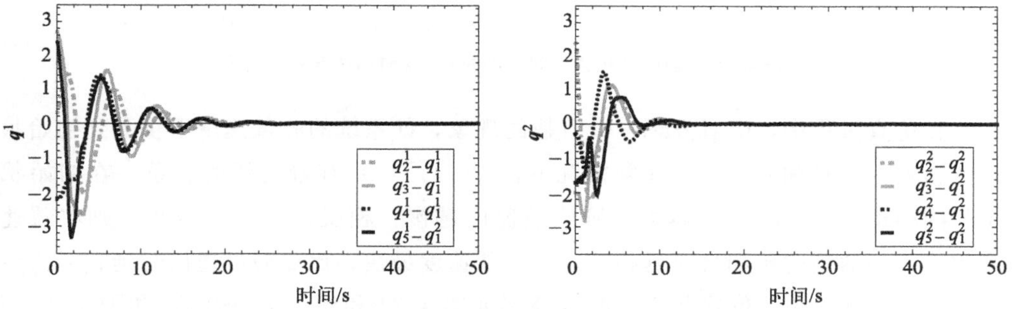

图 4.22　机械臂之间相对姿态差 $\dot{q}$ 的变化情况

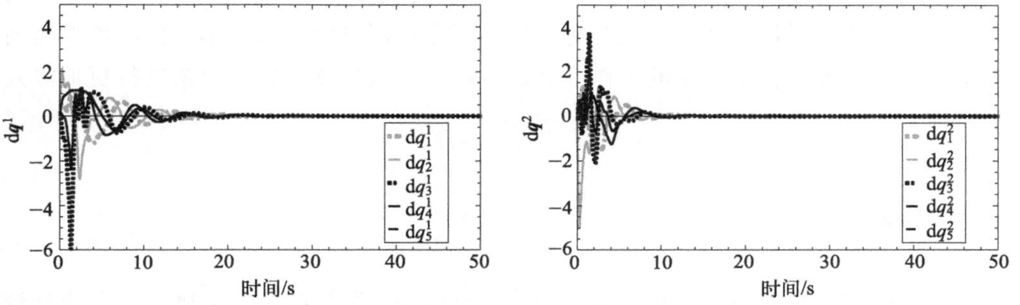

图 4.23　机械臂速度分量 $\dot{q}$ 的变化情况

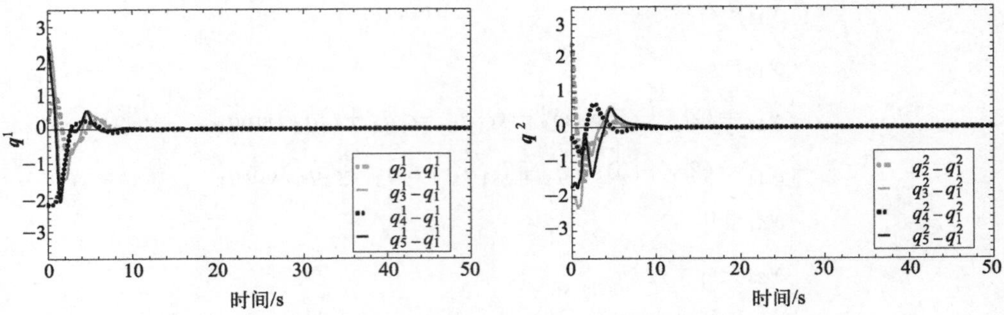

图 4.24 自时延和通信时延都为 0.2s 时相对姿态差的变化情况

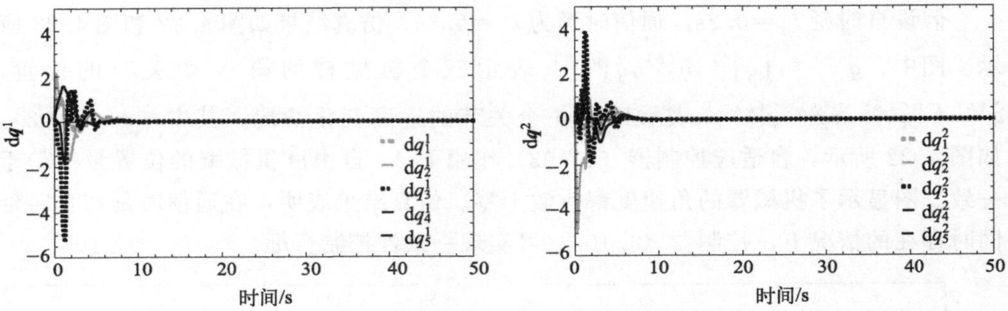

图 4.25 自时延和通信时延都为 0.2s 时角速度变化情况

在仿真过程中，笔者发现一个有趣的现象，即系统的收敛速度不仅受到初始状态的影响，而且和 t_1-t_2（通常情况下，$t_1-t_2\geqslant 0$）有着密切的关系。在初始状态相同的情况下，t_1-t_2 越大，则收敛速度越慢；相反，t_1-t_2 越小，则收敛速度越快。当通信时延和自时延相等时，收敛速度最快，比如假设通信时延 $t_1=t_2=0.2$s，机械臂各关节位置和速度收敛情况如图 4.24 和图 4.25 所示。和图 4.22 相比，可以看出，图 4.24 中各个个体收敛速度明显更快一些。由此可见，对于含未知参数的多 Lagrangian 系统协同控制，在通信时延不可避免的情况下，自时延的存在对系统的控制性能并不是完全有害的。适当控制自时延的大小反而有可能提高系统的收敛速度。在下一步的工作中，笔者将对收敛速度的影响因素进行更加深入的研究。

本章小结

本章研究了含有通信时延的确定性 Lagrangian 系统的协同控制。首先针对较为特殊的单自由度 Lagrangian 系统设计了 P 类控制器，并通过 Lyapunov-

Krasovskii 定理对控制器的稳定性进行了证明。然后，针对更为一般的多自由度 Lagrangian 系统设计了 PD 类控制器和 P 类控制器，并利用 Lyapunov 稳定性理论分析其稳定性。最后，通过实验和数值仿真手段对所设计的控制器的有效性进行了验证。结果表明，本章所设计的控制器能够满足协同控制要求。控制算法降低了之前相关工作在时延、通信拓扑和所需信息类型上的保守性，拓展了应用的范围。此外，通过对 PD 类控制器和 P 类控制器的数值仿真比较，得到了与传统单体控制相似的结论：通过引入速度项，PD 类控制器可以获得比 P 类控制器更好的动态性能。本章研究了含有通信时延和自时延时 Lagrangian 系统的协同控制。首先针对含有通信时延情况下的 leader-following 问题，分别对 regulation 和动态跟踪问题设计了自适应控制器，并结合 Lyapunov 稳定性定理和频域分析法对控制器的稳定性进行了证明，将时延网络中一阶积分器系统的动态跟踪问题推广到了含未知参数的非线性多 Lagrangian 系统中。然后，针对更为一般的时延情况，即同时含有通信时延和自时延，设计了一致性控制器，并利用 Lyapunov 稳定性理论及 LMI 方法对系统的稳定性进行了分析，得到了实现一致性的充分条件。最后，通过数值仿真实验对所设计的控制器的有效性进行了验证。结果表明，本章所设计的控制器具有较好的性能，满足了一致性控制的需求。同时，所设计算法降低了之前相关研究在通信拓扑、时延和所需信息类型上的保守性，扩大了应用范围。

第5章 通信拓扑切换时协同控制算法

拓扑切换不仅十分适于刻画网络中诸如丢包、信道切换等重要特性，而且可以刻画无线网络中有限通信距离对信息流带来的影响。第3章和第4章均假设系统不存在这一特性。本章将考虑实际的通信拓扑切换，进一步利用第4章中所建立的自适应控制构架，对同时包含未知参数、通信时延及拓扑切换的机器人系统分布式协同控制问题进行深入研究。

5.1 问题描述

以图5.1所示的多Agent协同系统为例，在任意时刻，各Agent之间通过通信链路进行信息的传输与共享。由于障碍物遮蔽或距离改变，使得各个时刻各Agent之间的通信拓扑发生变化。为全面刻画这种变化，我们定义了两种信息传输模式：

(1) 混合拓扑模式

该模式下，系统位置（或姿态）信息和速度（或角速度）信息分别在传感器网络和通信网络中共享与传递。例如，空间航天器编队中任意两个航天器之间的相对姿态差通常由姿态传感器直接获取，而航天器之间的角速度差则只能通过通信获取。该情形下，令有限图集 $\{\mathcal{G}_{sp}\}$、$\{\mathcal{G}_{cp}\}$ 分别代表有限的传感器拓扑和通信拓扑集合。其中，$p\in\mathcal{P}=\{1,\cdots,P\}$。在任何一个时刻 t，其中一个图 $\mathcal{G}_{sp}$ 代表当前系统的传感器拓扑（$\mathcal{G}_{cp}$ 代表通信拓扑），切换信号 σ：$[0,\infty)\to\mathcal{P}$ 决定了目前激活的图的索引。

(2) 单一拓扑模式

该模式下，各Agent的位置（或姿态）信息和速度（或角速度）信息都经由通信网络传递，适用于Agent之间距离比较远、系统规模较大的情形。令有限图集 $\{\mathcal{G}_p\}$ 代表有限的通信拓扑集合，其中，$p\in\mathcal{P}=\{1,\cdots,P\}$。在任何一个时刻 t，其中一个图$\mathcal{G}_p$代表当前系统的通信拓扑，切换信号$\sigma:[0,\infty)\rightarrow\mathcal{P}$决定了目前激活的图的索引。

我们的控制目标是一致性（5.1）和会合（5.2），即$\forall i,j\in\mathcal{I}$

$$\begin{cases}\lim\limits_{t\to\infty}\|\boldsymbol{q}_j(t)-\boldsymbol{q}_i(t)\|=0\\ \lim\limits_{t\to\infty}\|\dot{\boldsymbol{q}}_j(t)-\dot{\boldsymbol{q}}_i(t)\|=0\end{cases}\quad（一致性）\tag{5.1}$$

$$\begin{cases}\lim\limits_{t\to\infty}\|\boldsymbol{q}_j(t)-\boldsymbol{q}_i(t)\|=0\\ \lim\limits_{t\to\infty}\|\dot{\boldsymbol{q}}_j(t)\|=0\end{cases}\quad（会合）\tag{5.2}$$

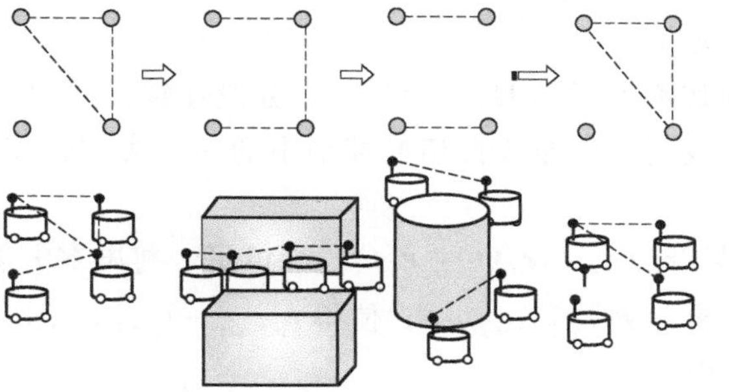

图 5.1 典型的切换系统

以下分别针对这两种模式讨论分布式协同控制器的设计及其稳定性分析。

5.2 混合拓扑模式下的控制器设计

本节针对混合拓扑模式，设计了基于自适应控制构架的切换控制律。为此，首先做以下两点假设：

假设 5.1 系统中个体之间信息交互通过传感器拓扑$\mathcal{G}_s$和通信拓扑$\mathcal{G}_c$。其中通信拓扑为有向的平衡图，且为动态变换，传感器拓扑则为固定的连通图。

假设 5.2 切换信号为分段连续。如果存在无穷多个切换时刻，则存在一个正数τ，使得对于每个$T\geqslant 0$可以找到一个正整数i，使得$t_{i+1}-\tau\geqslant t_i\geqslant T$。换言之，在两次切换时刻之间，必定有一个不小于$\tau$的时间间隔。

这样，在自适应控制律构架下，设计分布式控制律为：

$$\overline{\boldsymbol{F}}_{\sigma i}(x,t)=K\sum_{j\in\mathcal{N}_i(\mathcal{G}_c)}(\boldsymbol{r}_j(t)-\boldsymbol{r}_i(t))\tag{5.3}$$

可得以下结论：

定理 5.1 在假设 5.1 和假设 5.2 的前提下，利用自适应分布式控制律

(5.3)，系统可在任意初值条件下达到一致性。

证明： 定义半正定函数 $V: \mathcal{C} \rightarrow \mathbb{R}^{+}$：

$$V(x_t) = \frac{1}{2}\sum_{i=1}^{N}\boldsymbol{r}_i(t)^{\mathrm{T}}\boldsymbol{M}_i(\boldsymbol{q}_i)\boldsymbol{r}_i(t) + \frac{1}{2}\sum_{i=1}^{N}\sum_{j\in\mathcal{N}_i(\mathcal{G}_s)}\boldsymbol{e}_{ij}(t)^{\mathrm{T}}\boldsymbol{G}\boldsymbol{e}_{ij}(t) + \frac{1}{2}\sum_{i=1}^{N}\tilde{\boldsymbol{\theta}}_i(t)^{\mathrm{T}}\boldsymbol{\Gamma}^{-1}\tilde{\boldsymbol{\theta}}_i(t) \tag{5.4}$$

注意到虽然$\mathcal{G}_c$时变，但$V(x_t)$仅依赖于通信拓扑$\mathcal{G}_s$，因此$V(x_t)$连续可微。按照4.2节中定理4.1的证明思路，$V(x_t)$沿系统轨迹的一阶导数可表示为：

$$\dot{V}(x_t) = -\frac{1}{2}K\sum_{i=1}^{N}\sum_{j\in\mathcal{N}_i(\mathcal{G}_c)}\left(\dot{\boldsymbol{e}}_{ij}(t)^{\mathrm{T}}\dot{\boldsymbol{e}}_{ij}(t) + \boldsymbol{e}_{ij}(t)\lambda^2\boldsymbol{e}_{ij}(t)\right) \leqslant 0 \tag{5.5}$$

根据通信拓扑切换性质的假设，$\dot{V}(x_t)$分段连续。因此，Barbalat定理不能直接应用。在此，我们利用非线性切换控制中的一个类Barbalat定理对该问题进行解决。

由于$V(x)\leqslant V(x_0), \forall t, \boldsymbol{r}_i(t)$，$\dot{\boldsymbol{r}}_i(t)$都恒定。利用索引集$\mathcal{P}$的有限性，存在一个切换时间的无穷序列$t_{w1}, t_{w2}, \cdots$，使得$t_{w^*+1} - t_{w^*} \geqslant d, w^* = 1, 2, \cdots$和$\sigma(t) = h$在这些时间间隔中。

将这些时间间隔序列表示为$\mathcal{H}$，并构造辅助函数：

$$y_{\mathcal{H}}(t) = \begin{cases} -\dot{V}(x(t)), & if t\in\mathcal{H} \\ 0, & \text{其他情况} \end{cases} \tag{5.6}$$

利用式（5.5），$\forall t\geqslant 0$，有：

$$\int_0^t y_{\mathcal{H}}(s)\mathrm{d}s \leqslant V(x(t))_{(t=t_{w1})} - V(x(t))_{(t=t)} \leqslant V(x(t))_{(t=t_{w1})} \tag{5.7}$$

由于$y_{\mathcal{H}}(t)$为正半定，利用式（5.6）并令$t\rightarrow\infty$，得$y_{\mathcal{H}}(t)\in\mathcal{L}_1$。下面，我们用反证法证明$\lim\limits_{t\rightarrow\infty}\dot{V}(x(t))=0$。

假定这一结论错误，那么存在$\epsilon>0$以及无穷时间序列s_k，$k=1,2,\cdots\in\mathcal{H}$，使得$y_{\mathcal{H}}(s_k)\geqslant\epsilon\ \forall k$。由于$\ddot{\boldsymbol{r}}_1(t),\cdots,\ddot{\boldsymbol{r}}_N(t)$有界，$y_{\mathcal{H}}$在$\mathcal{H}$上连续。这样，$\exists\xi\geqslant 0$，使得$s_k$属于长度为$\xi$的时间间隔（这些时间间隔上，$y_{\mathcal{H}}(s_k)\geqslant\frac{\epsilon}{2}$）。我们知道，$y_{\mathcal{H}}\in\mathcal{L}_1$，而这与前一结论矛盾，因此，$\lim\limits_{t\rightarrow\infty}y_{\mathcal{H}}(t)=0$，$\lim\limits_{t\rightarrow\infty}\dot{V}(x(t))=0$。由式（5.5），$\lim\limits_{t\rightarrow\infty}\boldsymbol{e}_{ij}(t)=0$，$\lim\limits_{t\rightarrow\infty}\dot{\boldsymbol{e}}_{ij}(t)=0$。可得式（5.1）意义下的一致性。证毕。

注释5.1 在假设5.1中，我们令通信拓扑为有向的平衡图，且为动态变换，传感器拓扑则为固定的连通图。一般而言，信息经由传感器直接测量获取的稳定性高于其通过通信网络传输的稳定性。例如，空间航天器在编队任务中，在受到太阳风、磁暴干扰时，通信网路会变得很不稳定，而直接的姿态测量则几乎不受此影响。因此这一假设是合理的。

注释 5.2 类似于推论 4.1，应用主从式构架，令主体的速度与状态都收敛于原点，我们可以得到式（5.2）意义下的聚合。

5.3 单一拓扑模式下的控制器设计

本节针对单一拓扑模式设计分布式自适应协同控制律，使其能够同时考虑通信时延和拓扑切换。回顾第 4 章自适应控制构架，将其重新表述如下：

定义个体 i 与个体 j 之间的位置误差向量 $\boldsymbol{e}_{ij}(t)$ 为：

$$\boldsymbol{e}_{ij}(t)=\boldsymbol{q}_j(t-T_{ji})-\boldsymbol{q}_i(t),\quad \forall i,j\in\mathcal{I} \tag{5.8}$$

式中，T_{ji} 为信息从第 j 个个体到第 i 个个体的延迟时间。假定 T_{ji} 恒定，系统受到恒定扰动 $\boldsymbol{F}_{di}\in\mathbb{R}^p$ 作用。我们对个体 i 设计的控制律为：

$$\boldsymbol{F}_i=\hat{\boldsymbol{M}}_i(\dot{\boldsymbol{q}}_i)\lambda\sum_{j\in\mathcal{N}_i(\mathcal{G})}\dot{\boldsymbol{e}}_{ij}+\overline{\boldsymbol{F}}_i+\hat{\boldsymbol{g}}(\boldsymbol{q}_i)\hat{\boldsymbol{C}}_i(\boldsymbol{q}_i,\dot{\boldsymbol{q}}_i)\lambda\sum_{j\in\mathcal{N}_i(\mathcal{G})}\boldsymbol{e}_{ij}-\hat{\boldsymbol{F}}_{di} \tag{5.9}$$

式中，$\hat{\boldsymbol{M}}_i(\dot{\boldsymbol{q}}_i)$、$\hat{\boldsymbol{C}}_i(\boldsymbol{q}_i,\dot{\boldsymbol{q}}_i)$、$\hat{\boldsymbol{g}}_i(\boldsymbol{q}_i)$，$i\in\mathcal{I}$为相关变量的估计值，$\lambda\in\mathbb{R}_+$ 和 $\overline{\boldsymbol{F}}_i\in\mathbb{R}^p$ 为待定义的协同力变量，$\hat{\boldsymbol{F}}_{di}\in\mathbb{R}^p$ 是扰动力的估计量。注意由于$\mathcal{G}$为时变（切换），$\sum_{j\in\mathcal{N}_i(\mathcal{G})}\dot{\boldsymbol{e}}_{ij}$ 和 $\sum_{j\in\mathcal{N}_i(\mathcal{G})}\boldsymbol{e}_{ij}$ 为时变量，因此所设计的控制律 $\boldsymbol{F}_i$ 为切换控制律。同时注意以下线性化性质仍成立：

$$\boldsymbol{Y}_i\hat{\boldsymbol{\theta}}_i=\hat{\boldsymbol{M}}_i(\dot{\boldsymbol{q}}_i)\lambda\sum_{j\in\mathcal{N}_i(\mathcal{G})}\dot{\boldsymbol{e}}_{ij}+\hat{\boldsymbol{g}}(\boldsymbol{q}_i)+\hat{\boldsymbol{C}}_i(\boldsymbol{q}_i,\dot{\boldsymbol{q}}_i)\lambda\sum_{j\in\mathcal{N}_i(\mathcal{G})}\boldsymbol{e}_{ij}-\hat{\boldsymbol{F}}_{d,i} \tag{5.10}$$

式中，$\boldsymbol{Y}_i(\boldsymbol{q}_i,\dot{\boldsymbol{q}}_i,\sum_{j\in\mathcal{N}_i(\mathcal{G})}\dot{\boldsymbol{e}}_{ij},\sum_{j\in\mathcal{N}_i(\mathcal{G})}\boldsymbol{e}_{ij})$ 是已知的广义坐标向量函数，为切换变量；$\hat{\boldsymbol{\theta}}_i(t)$ 为系统 p 维惯性参数 $\boldsymbol{\theta}_i$ 的时变估计。这样，可得系统的闭环动力学方程：

$$\begin{cases}\boldsymbol{M}_i(\boldsymbol{q}_i)\dot{\boldsymbol{\epsilon}}_i+\boldsymbol{C}_i(\boldsymbol{q}_i,\dot{\boldsymbol{q}}_i)\boldsymbol{\epsilon}_i=\boldsymbol{Y}_i\widetilde{\boldsymbol{\theta}}_i-\overline{\boldsymbol{\tau}}_i\\ \dot{\boldsymbol{q}}_i=-\boldsymbol{\epsilon}_i+\lambda\sum_{j\in\mathcal{N}_i(\mathcal{G})}\boldsymbol{e}_{ij}\end{cases} \tag{5.11}$$

式中，$\boldsymbol{\epsilon}_i=-\dot{\boldsymbol{q}}_i+\lambda\sum_{j\in\mathcal{N}_i(\mathcal{G})}\boldsymbol{e}_{ij}$ 为第 i 个个体的协同力。由于通信拓扑$\mathcal{G}$为切换变量，因此 $\boldsymbol{\epsilon}_i$ 同样是切换变量，$\widetilde{\boldsymbol{\theta}}_i(t)=\boldsymbol{\theta}_i-\hat{\boldsymbol{\theta}}_i(t)$ 是参数的估计误差，其动力学方程为：

$$\dot{\hat{\boldsymbol{\theta}}}_i=\boldsymbol{\Gamma}_i\boldsymbol{Y}_i^{\mathrm{T}}\boldsymbol{\epsilon}_i \tag{5.12}$$

式中，$\boldsymbol{\Gamma}_i$ 为已知的正定矩阵。

可以看出，第 4 章的自适应控制构架仍然适合单一拓扑切换模式。进一步，我们选择协同力变量为：

$$\overline{\boldsymbol{F}}_{\sigma i}(t)=K_i\boldsymbol{\epsilon}_i \tag{5.13}$$

注意，由于 $\boldsymbol{\epsilon}_i$ 为切换变量，因此 $\overline{\boldsymbol{F}}_{\sigma i}(t)$ 也是切换变量。在进一步讨论之前，我们首先给出针对非线性切换系统（5.14）稳定性分析的多 Lyapunov 类函数分析定理。

$$\dot{x}=f(x(t),p(t))\equiv f_{p(t)}(x(t)) \tag{5.14}$$

定理 5.2 给定 M 个切换模式的非线性系统（5.14），假定任意向量场 f_i 都在区域 Ω_i 内具有一个关联的 Lyapunov 类函数 V_i，且其平衡点为 $\overline{x}=0$，并且假定 $\bigcup_i\Omega_i=\mathbb{R}^n$。令 $p(t)$ 为给定切换序列，使得仅当 $x(t)\in\Omega_i$ 时，$p(t)$ 可以取 i。此外：

$$V_i(x(t_{i,k}))\leqslant V_i(x(t_{i,k-1})) \tag{5.15}$$

式中，$t_{i,k}$ 为 f_i 第 t 次切换入第 i 个模态，即 $p(t_{i,k}^-)\neq p(t_{i,k}^+)=i$，则式（5.14）为 Lyapunov 稳定。

对通信拓扑$\mathcal{G}$建立以下假设：

假设 5.3 在任意切换模态下，通信拓扑$\mathcal{G}$都包含一个有向衍生树。

可得以下结论：

定理 5.3 在假设 5.2 和假设 5.3 的前提下，利用自适应控制构架Ⅱ和协同力（5.13），系统可在任意初值条件下达到一致性。

证明：选择类 Lyapunov 函数 V：$\mathcal{C}\rightarrow\mathbb{R}^+$：

$$V(\boldsymbol{\epsilon}_i,\widetilde{\boldsymbol{\theta}}_i,\boldsymbol{e}_{ij})=\frac{1}{2}\sum_{i=1}^{N}\boldsymbol{\epsilon}_i^{\mathrm{T}}\boldsymbol{M}_i(\boldsymbol{q}_i)\boldsymbol{\epsilon}_i+\frac{1}{2}\sum_{i=1}^{N}\widetilde{\boldsymbol{\theta}}_i^{\mathrm{T}}\boldsymbol{\Gamma}^{-1}\widetilde{\boldsymbol{\theta}}_i \tag{5.16}$$

注意到 $\boldsymbol{\epsilon}_i$ 是切换变量，因此式（5.16）在切换点处不可微，因此 $V(\boldsymbol{\epsilon}_i,\widetilde{\boldsymbol{\theta}}_i,\boldsymbol{e}_{ij})$ 不是传统意义下的 Lyapunov 函数。注意到在假设 5.2 下，式（5.16）在每个切换模态下都分段可微，因此 $V(\boldsymbol{\epsilon}_i,\widetilde{\boldsymbol{\theta}}_i,\boldsymbol{e}_{ij})$ 可视为特殊的类 Lyapunov 函数。这样，可求得其在各切换模态中的 Lie 微分（Lie-derivative）为：

$$\mathrm{d}V(\boldsymbol{\epsilon}_i,\widetilde{\boldsymbol{\theta}}_i,\boldsymbol{e}_{ij})=-\sum_{i=1}^{N}\boldsymbol{\epsilon}_i^{\mathrm{T}}K_i\boldsymbol{\epsilon}_i$$

注意，该 Lie 微分非正，则根据定理 5.2，说明系统 Lyapunov 意义稳定，因此，$|\boldsymbol{\epsilon}_i|\rightarrow 0$。余下可完全参照定理 4.4 的思路证明一致性的实现。

注释 5.3 如果将假设 5.3 改为任意切换模态下通信拓扑$\mathcal{G}$都为无向图，则根据第 4 章讨论内容，系统可考虑通信时延和自时延的综合影响。

注释 5.4 当外部扰动为时变有界扰动时，4.4.6 节中所讨论的滑模控制技术对于拓扑切换情形下的 Lagrangian 系统同样有效。

5.4 仿真验证

本节利用数值仿真技术对本章中提出的算法进行验证。针对混合切换模式，我们将算法应用于由四个二自由度机械臂组成的多 Agent 系统，各机械臂物理参数与初值设定同第 4 章。我们假定通信拓扑在图 5.2（a）和（b）两种模态下切换，且切换频率为 5Hz。通过图 5.3～图 5.5 的仿真结果我们发现，拓扑切换情形下的系统收敛速度（35s）慢于固定拓扑（25s）。但是，针对前者施加作用力矩的峰值小于后者。如果增加切换频率，我们同样能够观察到相似的现象。因此，我们推断：就消耗的能量而言，通信拓扑的切换并不完全对系统的控制产生负面影响。但是，随着切换频率的增加，施加力矩的震颤现象趋于明显。而且，如果采用注释 5.4 中所讨论的滑模控制技术，该现象更为突出，这无疑会对实际的工程应用产生不利影响。本章仅提供了一个解决该类问题的初步思路，我们需要在后续工作中对震颤问题做进一步的研究。

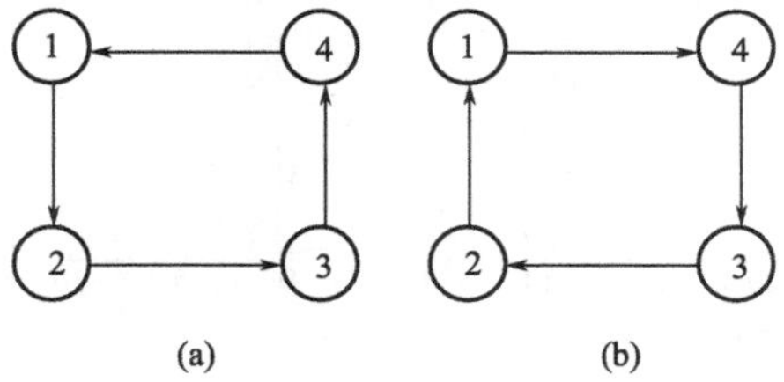

图 5.2 拓扑的切换

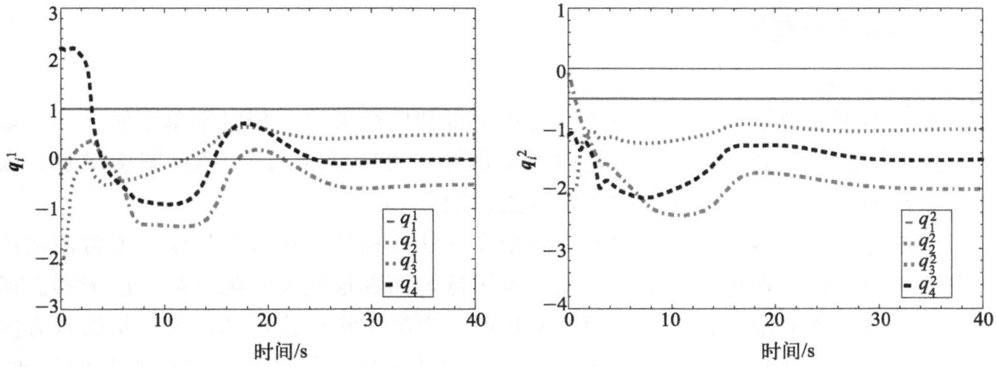

图 5.3 q_i 收敛情况

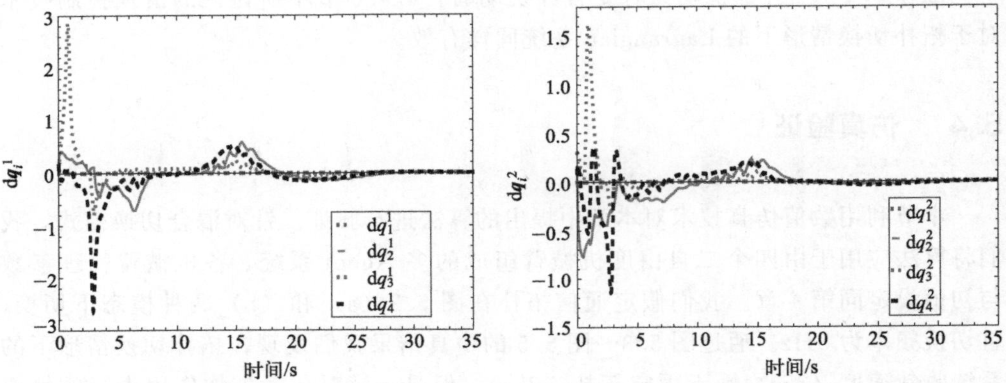

图 5.4 速度$\dot{q}$收敛情况

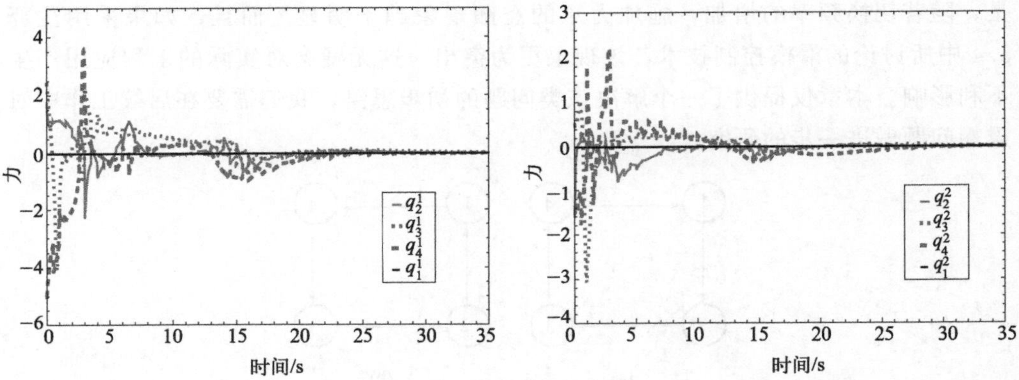

图 5.5 控制力τ_i

5.5 实际控制案例

航天器编队控制问题在过去的十几年中得到广泛关注。相对于单个航天器，多航天器编队具有更高的性能和更好的可扩展性，可广泛应用于 SAR 图像增强、大空域干涉测量、大型空间构件的在轨自主装配等。

传统针对航天器编队控制的研究集中在主从式构架。在该构架中，通常假定编队存在一个或多个理想控制下的“主”航天器，而其他航天器为“从”航天器。通过“从”航天器的跟随运动，实现编队控制。由第 1 章讨论可知，这种构架具有内在的缺点，表现在其集中式控制属性：一旦主体失效，势必造成整个编队的失败；而且，基于该构架的算法不具有可裁剪性，所需通信和计算复杂度随编队规模呈几何级数增加。因此，该构架不能满足未来空间航天器大规模自主编队任务的需要。

近几年来，针对分布式构架的航天器编队成为研究热点。这些研究通常假设通信链路的理想传输特性——个体之间交互信息时通信链路上不存在时延或丢包情况。在理想情况下，对于规模较小的航天器群体，这种假设是适用的。但未来应用则可能使用大规模造价低廉的小航天器，根据具体任务的性质，散布在广阔的空域中。这样，航天器之间的通信和传感受限，极有可能出现信息的时延和丢包。特别是当空间存在磁暴、太阳风干扰时，该问题尤为突出。由前面的讨论可知，信息交互在群体性任务中至关重要，是群体模式区别于单体模式最本质的特征，而当信息出现丢失或者时延时，将使系统整体性能大打折扣，甚至造成整体任务的失败。因此，需要充分考虑时延和丢包对系统性能的影响。

航天器六自由度编队控制是指考虑航天器的平动与转动特性，对编队中的个体同时施加动力和力矩，使其既能满足各航天器的几何构型约束，又能满足个体的姿态约束。目前，在航天器六自由度编队控制研究方面已有一些成熟的结果。本节利用前述章节的相关结果，将 Lagrangian 系统的协同控制理论应用于实际的航天器六自由度编队控制中。首先对分布式航天器编队动力学进行建模，然后针对航天器编队控制任务，在考虑系统参数未知和空间网络通信时延因素影响下设计无速度测量的分布式姿态协同控制律和六自由度编队控制律。最后，对所设计的控制器进行仿真和实验验证，并对部分协同控制器的容错性进行仿真研究。

5.5.1 动力学建模

假定姿态动力学对航天器平动的影响很小，可以忽略，则平动动力学可简单表示为二阶积分器模型。考虑航天器姿态动力学对平动运动的影响，采用 Lagrangian 形式表示。采用的坐标系如图 5.6 所示。其中，$\boldsymbol{r}_i(t)=\boldsymbol{x}_i(t)+\boldsymbol{b}_i(t)$，$1\leqslant i\leqslant p$，$\boldsymbol{b}_i(t)$ 是独立于动力学的位移偏置变量。直观上，这种方法中每个航天器的位置向量可定义为从虚拟原点的偏置。这里，将编队平动定义为相对于期望编队质心的运动。为此，利用图 5.6 比较方便。轨道坐标系中，其原点固连于编队质心，y 轴与位置向量 $\boldsymbol{R}_0$ 对齐，x 轴指向轨道平面的法向，z 轴遵循右手定律。

尽管这种推导可以在固连于“主航天器”的轨道坐标中进行，但主航天器通常也将做出机动，使得轨道速度不为常量。因此，利用固连于编队质心的轨道参考坐标系更为准确。

为简单计，我们假定参考轨道是圆形轨道，其角速度为：

$$\omega_0=\sqrt{\frac{\mu_e}{R_0^3}} \tag{5.17}$$

式中，μ_e 为地球的重力常数，$398600.4418\times10^9\ \mathrm{m^3/s^2}$]；$R_0^3$ 为编队中心距离

地球中心的半径。忽略 J_2 扰动，则轨道坐标系 F^{R0} 中第 i 个航天器相对于第 k 个航天器的相对动力学可表示为：

$$\begin{cases}\ddot{x}_i-2\omega_0\dot{y}_i-\omega_0^2x_i+\dfrac{\mu_e x_i}{R_i^3}=\dfrac{F_x+F_y}{m}\\ \ddot{y}_i+2\omega_0\dot{x}_i-\omega_0^2y_i+\dfrac{\mu_e(R_0+y_i)}{R_i^3}-\dfrac{\mu_e}{R_0^2}=\dfrac{F_{xd}+F_{yd}}{m}\\ \ddot{z}_i+\dfrac{\mu_e z_i}{R_i^3}=\dfrac{F_z+F_{zd}}{m}\end{cases}\tag{5.18}$$

式中，在轨道坐标系 F^{R0} 中，F_x、F_y、F_z 分别代表各方向的控制力；F_{xd}、F_{yd}、F_{zd} 代表外部干扰力。地球中心与第 i 个航天器之间的距离可表示为：

$$R_i=\sqrt{x_i^2+(y_i+R_0)^2+z_i^2}\tag{5.19}$$

其几何构型关系如图 5.6 所示。

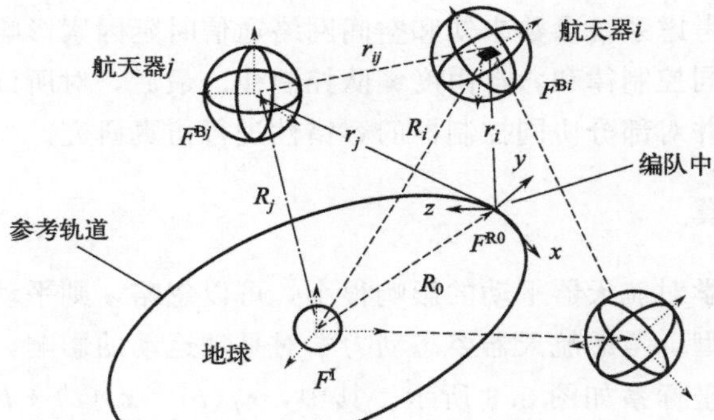

图 5.6 不同参考坐标系的构型

忽略扰动影响，可将其转化为标准 Lagrangian 形式为：

$$M\ddot{r}_i+C\dot{r}_i+D(r_i)r_i+g(r_i)=F_i\tag{5.20}$$

式中

$$M=\begin{bmatrix}m&0&0\\0&m&0\\0&0&m\end{bmatrix},r_i=\begin{bmatrix}x_i\\y_i\\z_i\end{bmatrix},C=\begin{bmatrix}0&-2m\omega_0&0\\2m\omega_0&0&0\\0&0&0\end{bmatrix},g(r_i)=\begin{bmatrix}0\\m\left(\dfrac{\mu_e R_0}{R_i^3}-\dfrac{\mu_e}{R_0^2}\right)\\0\end{bmatrix}$$

$$
\boldsymbol{D}(\boldsymbol{r}_i)=\begin{bmatrix} -m\omega_0^2+m\dfrac{\mu_e}{R_i^3} & 0 & 0 \\ 0 & -m\omega_0^2+m\dfrac{\mu_e}{R_i^3} & 0 \\ 0 & 0 & \dfrac{\mu_e}{R_i^3} \end{bmatrix}
$$

以下我们建立基于欧拉-拉格朗日表示的转动动力学方程。首先引入灵敏机动航天器中常用的控制动量陀螺（CMG）及变速控制动量陀螺（VSCMG），其次基于 MRP 方法，解决旋转$\pm 180°$的奇异值问题。

利用 Euler 旋转方程，以下方程刻画台体轴方向角速度向量的变化情况：

$$
\boldsymbol{J}_{s/c}\dot{\boldsymbol{\omega}}-(\boldsymbol{J}_{s/c}\boldsymbol{\omega})\times\boldsymbol{\omega}=\boldsymbol{u}+\boldsymbol{d}_{\text{ext}} \tag{5.21}
$$

式中，$\boldsymbol{\omega}\in\mathbb{R}^3$ 为航天器的角速度。由多个 VSCMG 或 CMG 产生的控制力矩 $\boldsymbol{u}$ 定义如下：

$$
\boldsymbol{u}=-\dot{\boldsymbol{h}}+\boldsymbol{h}\times\boldsymbol{\omega} \tag{5.22}
$$

注意，矩阵 $\boldsymbol{J}_{s/c}$ 是本体坐标系中的航天器总动量矩，为对称正定。同样，航天器本体坐标系中表示的 $\boldsymbol{h}$ 和 $\boldsymbol{d}_{\text{ext}}$ 分别代表 CMG 的总控制动量和外界干扰力矩（如大气拖拽力矩和重力梯度力矩）。我们还假定由 CMG 转动所引起的总动量矩变化很小，即 $\boldsymbol{J}_{s/c}=\boldsymbol{0}$。

如果采用 VSCMG，则控制动量向量（$\boldsymbol{h}$）及其变化率 $\dot{\boldsymbol{h}}$ 可表示为：

$$
\begin{cases} \boldsymbol{h}=\boldsymbol{A}_g\boldsymbol{I}_g\dot{\gamma}+\boldsymbol{A}_s\boldsymbol{I}_w\Omega \\ \dot{\boldsymbol{h}}=\boldsymbol{A}_g\boldsymbol{I}_g\ddot{\gamma}+\boldsymbol{A}_s\boldsymbol{I}_w\dot{\Omega}+\boldsymbol{A}_t\boldsymbol{I}_w\operatorname{diag}(\dot{\Omega})\dot{\gamma} \end{cases} \tag{5.23}
$$

式中，γ 和 Ω 分别为万向支架的角度和 VSCMG 的转动速度；$\boldsymbol{I}_g$ 和 $\boldsymbol{I}_w$ 分别为万向支架和飞轮的惯性动量；$\boldsymbol{A}_g$、$\boldsymbol{A}_s$ 和 $\boldsymbol{A}_t$ 为关联于本体坐标表示的旋转矩阵。

为避免欧拉角的奇异值表示，常利用四元素表示两个不同坐标系之间的转动：

$$
\begin{aligned} &\beta_1=e_1\sin\frac{\theta}{2}, \quad \beta_2=e_2\sin\frac{\theta}{2} \\ &\beta_3=e_3\sin\frac{\theta}{2}, \quad \beta_4=\cos\frac{\theta}{2} \end{aligned} \tag{5.24}
$$

式中，$\boldsymbol{e}=(e_1,e_2,e_3)^{\mathrm{T}}$ 是基于本体坐标系的欧拉角的旋转轴；θ 是 $\boldsymbol{e}$ 绕的旋转角度。于是 MRP 可表示为：

$$
\boldsymbol{q}=\boldsymbol{\eta}\tan\frac{\phi}{4}, -2\pi<\phi<2\pi \tag{5.25}
$$

可得：

$$
\dot{\boldsymbol{q}}_i=\boldsymbol{Z}(\boldsymbol{q}_i)\boldsymbol{\omega}_i \tag{5.26}
$$

式中

$$\boldsymbol{Z}(\boldsymbol{q}_i)=\frac{1}{2}\left[\boldsymbol{I}\left(\frac{1-\boldsymbol{q}_i^{\mathrm{T}}\boldsymbol{q}_i}{2}\right)+\boldsymbol{q}_i\boldsymbol{q}_i^{\mathrm{T}}+\boldsymbol{S}(\boldsymbol{q}_i)\right]$$

$$=\frac{1}{4}\begin{bmatrix}(1+q_1^2-q_2^2-q_3^2) & 2(q_1q_2-q_3) & 2(q_1q_3+q_2)\\ 2(q_2q_1+q_3) & (1-q_1^2+q_2^2-q_3^2) & 2(q_2q_3-q_2)\\ 2(q_3q_1-q_2) & 2(q_3q_2+q_1) & (1-q_1^2-q_2^2+q_3^2)\end{bmatrix} \tag{5.27}$$

反对称函数矩阵定义为：

$$\boldsymbol{S}(\boldsymbol{x})=\begin{bmatrix}0 & -x_3 & x_2\\ x_3 & 0 & -x_1\\ -x_2 & x_1 & 0\end{bmatrix} \tag{5.28}$$

另外，注意到式（5.24）可通过 MRP 得到：

$$\beta_i=2\boldsymbol{q}_i/(1+\boldsymbol{q}^{\mathrm{T}}\boldsymbol{q}),\quad i=1,2,3$$
$$\beta_4=(1-\boldsymbol{q}^{\mathrm{T}}\boldsymbol{q})/(1+\boldsymbol{q}^{\mathrm{T}}\boldsymbol{q}) \tag{5.29}$$

由式（5.21）和式（5.26）可得多航天器两两之间相对姿态动力学模型为：

$$\boldsymbol{M}_i(\boldsymbol{q}_i)\ddot{\boldsymbol{q}}_i+\boldsymbol{C}_i(\boldsymbol{q}_i,\dot{\boldsymbol{q}}_i)=\boldsymbol{\tau}_i+\boldsymbol{\tau}_{\mathrm{ext},i} \tag{5.30}$$

式中

$$\boldsymbol{\tau}_i=\boldsymbol{Z}(\boldsymbol{q}_i)^{-\mathrm{T}}\boldsymbol{u},\ \boldsymbol{\tau}_{\mathrm{ext},i}=\boldsymbol{Z}(\boldsymbol{q}_i)^{-\mathrm{T}}\boldsymbol{d}_{\mathrm{ext},i} \tag{5.31}$$

$$\boldsymbol{M}_i(\boldsymbol{q}_i)=\boldsymbol{Z}(\boldsymbol{q}_i)^{-\mathrm{T}}\boldsymbol{J}_{s/c,i}\boldsymbol{Z}(\boldsymbol{q}_i)^{-1} \tag{5.32}$$

$$\boldsymbol{C}_i(\boldsymbol{q}_i,\dot{\boldsymbol{q}}_i)=-\boldsymbol{Z}^{-\mathrm{T}}\boldsymbol{J}_{s/c,i}\boldsymbol{Z}^{-1}\dot{\boldsymbol{Z}}\boldsymbol{Z}^{-1}-\boldsymbol{Z}^{-\mathrm{T}}\boldsymbol{S}(\boldsymbol{J}_{s/c,i}\omega_i)\boldsymbol{Z}^{-1} \tag{5.33}$$

$\boldsymbol{S}(\cdot)$ 为反对称矩阵函数，$\boldsymbol{J}_{s/c,i}$ 为第 i 个航天器的转动惯量。需要指出的是，式（5.31）和式（5.33）中都左乘了 $\boldsymbol{Z}(\boldsymbol{q}_i)^{-\mathrm{T}}$ 项，我们不应消去该项，因为这将破坏 $\boldsymbol{M}_i(\boldsymbol{q}_i)$ 的对称性。实质上，通过式（5.30）我们建立了刚体航天器转动动力学的 Lagrangian 表达形式，$\dot{\boldsymbol{M}}_i-2\boldsymbol{C}_i$ 为反对称。这一点也可以由下式验证：

$$\dot{\boldsymbol{M}}_i-2\boldsymbol{C}_i=\frac{\mathrm{d}\boldsymbol{Z}^{-\mathrm{T}}}{\mathrm{d}t}\boldsymbol{J}_{s/c,i}\boldsymbol{Z}^{-1}-\boldsymbol{Z}^{-1}\boldsymbol{J}_{s/c,i}\frac{\mathrm{d}\boldsymbol{Z}^{-\mathrm{T}}}{\mathrm{d}t}+2\boldsymbol{Z}^{-1}\boldsymbol{S}(\boldsymbol{J}_{s/c,i}\omega_i)\boldsymbol{Z}^{-1}$$

这样，就将多航天器的编队平动和姿态转动动力学转换为统一标准的 Lagrangian 形式。

考虑式（5.20）和式（5.30），可将航天器六自由度动力学模型统一表示为 Lagrangian 形式：

$$\boldsymbol{M}_i(\boldsymbol{q}_i)\ddot{\boldsymbol{q}}_i+\boldsymbol{C}(\boldsymbol{q}_i,\dot{\boldsymbol{q}}_i)\dot{\boldsymbol{q}}_i+\boldsymbol{g}(\boldsymbol{q}_i)=\boldsymbol{\tau}_i+\boldsymbol{\tau}_{\mathrm{ext},i} \tag{5.34}$$

式中

$$
\boldsymbol{M}_i=\begin{bmatrix}\boldsymbol{M}_{1i} & \boldsymbol{0}_{3\times 3}\\ \boldsymbol{0}_{3\times 3} & \boldsymbol{M}_{2i}\end{bmatrix},\ \boldsymbol{C}_i=\begin{bmatrix}\boldsymbol{C}_{1i} & \boldsymbol{0}_{3\times 3}\\ \boldsymbol{0}_{3\times 3} & \boldsymbol{C}_{2i}\end{bmatrix}
$$

$$
\boldsymbol{g}_i(\boldsymbol{q}_i)=\begin{bmatrix}\boldsymbol{0}_3^{\mathrm{T}}\\ (\boldsymbol{D}_{2i}(\boldsymbol{r}_i)\boldsymbol{r}_i+\boldsymbol{g}_{2i}(\boldsymbol{r}_i))^{\mathrm{T}}\end{bmatrix}^{\mathrm{T}}
$$

$$
\boldsymbol{\tau}_i=\begin{bmatrix}\boldsymbol{\tau}_{1i}^{\mathrm{T}}\\ \boldsymbol{F}_i^{\mathrm{T}}\end{bmatrix}^{\mathrm{T}},\ \boldsymbol{\tau}_{\mathrm{ext},i}=\begin{bmatrix}\boldsymbol{\tau}_{1\mathrm{ext},i}^{\mathrm{T}}\\ \boldsymbol{0}_3^{\mathrm{T}}\end{bmatrix}^{\mathrm{T}}
$$

5.5.2 编队控制

本节设计典型算例，将第 3 章、第 4 章的相关理论应用到实际的分布式航天器编队控制中。选取由四个航天器组成的编队系统。假定四个航天器的通信拓扑为环式拓扑，如表 5.1 所示。1 号航天器已进入期望轨道，并绕地心做圆周运动。其余三个航天器环绕 1 号航天器做圆周绕飞运动，半径为 50km，并均匀分布在共面圆周上。各仿真参数设定如表 5.1 所示。考虑施加在系统中的扰动力与扰动力矩为时变，包括重力扰动、大气拖拽、太阳辐射产生的压力等，由式 (5.35) 给出：

$$
\begin{bmatrix}F_{dx}\\ F_{dy}\\ F_{dz}\end{bmatrix}=1.2\times 10^{-3}\begin{bmatrix}1-1.5\sin(nt)\\ 0.5\sin(2nt)\\ \sin(nt)\end{bmatrix} \tag{5.35}
$$

式中，n 为平均角速度，等于$\sqrt{\mu_{\mathrm{e}}/a_{\mathrm{c}}^3}$ （μ_{e} 为地球重力参数，a_c 是 1 号航天器轨道的半长轴）。

表 5.1　轨道与系统参数设定

参数	数值
1 号航天器轨道半长轴，a_{c}/km	7178.137
1 号航天器轨道倾角，i/(°)	98.6
1 号航天器偏心率，e	0.1
1 号航天器质量/kg	80
1 号航天器转动惯量，$\boldsymbol{I}/(\mathrm{kg}\cdot\mathrm{m}^2)$	diag[61.0,70.0,37.0]
1 号航天器初始位置/km	[50,50,50]
地球重力参数，$\mu_{\mathrm{e}}/(\mathrm{km}^3\cdot\mathrm{s}^{-2})$	398600×10^6
Ω,ω,M	0

除 1 号航天器外，其余几个航天器惯性矩阵分别为：$\boldsymbol{J}_2=\mathrm{diag}(14,13,10)\mathrm{kg}\cdot\mathrm{m}^2$，$\boldsymbol{J}_3=\mathrm{diag}(20,10,9)\mathrm{kg}\cdot\mathrm{m}^2$，$\boldsymbol{J}_4=\mathrm{diag}(15,9,16)\mathrm{kg}\cdot\mathrm{m}^2$，设其质量均为

60kg。编队中，除各航天器位置需满足共面均匀分布外，之间期望的相对姿态设定为 $\boldsymbol{q}_{21}=[0.5,-1,0.5]$，$\boldsymbol{q}_{32}=[1,0.5,-1]$，$\boldsymbol{q}_{43}=[1,0.5,1]$，$\boldsymbol{q}_{41}=[-0.5,-0.5,1]$。设定各航天器位置初值为 $\boldsymbol{r}_2=[-50,50,50]$km，$\boldsymbol{r}_3=[100,100,50]$km，$\boldsymbol{r}_4=[100,0,50]$km，即几个航天器处于共面轨道。

5.5.3 无相对角速度测量的姿态一致性协同控制

本小节将利用第 3 章中的相关理论，设计无速度测量的航天器姿态一致性协同控制律。在航天器编队控制中，各航天器的角速度或相对角速度往往难以获取，因此，研究无相对角速度测量的协同控制具有重要的理论与应用价值。考虑场景设置中航天器构成的编队系统，其姿态动力学方程为式（5.30），假定外部扰动 $\boldsymbol{\tau}_{\text{ext}}=\boldsymbol{0}$，则式（5.30）转化为标准的 Lagrangian 形式。该环式通信图包含一个衍生树。进一步，假定各通信链路上的通信时延是航天器之间距离的时变函数，定义为：

$$T_{ij}=10^{-5}\sqrt{|\boldsymbol{r}_i|-|\boldsymbol{r}_j|} \tag{5.36}$$

根据设定的初值，可以求得初始值最大时延为 $T_{23}=1.5$s。这样，可设计无相对角速度测量的一致性协同控制律为：

$$\begin{cases}\boldsymbol{\tau}_1=\boldsymbol{q}_2(t-T_{21})-\boldsymbol{q}_1-8\dot{\boldsymbol{q}}_1\\ \boldsymbol{\tau}_2=\boldsymbol{q}_3(t-T_{32})-\boldsymbol{q}_2-8\dot{\boldsymbol{q}}_2\\ \boldsymbol{\tau}_3=\boldsymbol{q}_4(t-T_{43})-\boldsymbol{q}_3-8\dot{\boldsymbol{q}}_3\\ \boldsymbol{\tau}_4=\boldsymbol{q}_1(t-T_{14})-\boldsymbol{q}_4-8\dot{\boldsymbol{q}}_4\end{cases} \tag{5.37}$$

由定理 4.2，参数选择需要满足 $B_i>(1+({}^*T^2))\dfrac{N}{2}K$。对该系统，$K=1$，$N=4$，因此 B_i 需要大于 5.5，故选择 $B_i=8$。这样，系统可实现一致性协同控制目标。仿真结果类似于第 3 章，故此处省略。

5.5.4 含网络通信时延的分布式六自由度编队控制

本节针对由四个航天器组成的编队系统设计分布式六自由度协同控制律。为此，假定各航天器物理参数未知且存在外部扰动（5.35），航天器之间的通信时延仍假设为（5.36）。

为设计协同控制律，令 $\boldsymbol{q}_{d21}=[\boldsymbol{r}_{21},\boldsymbol{q}_{21}]^{\mathrm{T}}$，$\boldsymbol{q}_{d32}=[\boldsymbol{r}_{32},\boldsymbol{q}_{32}]^{\mathrm{T}}$，$\boldsymbol{q}_{d43}=[\boldsymbol{r}_{43},\boldsymbol{q}_{43}]^{\mathrm{T}}$，$\boldsymbol{q}_{d41}=[\boldsymbol{r}_{41},\boldsymbol{q}_{41}]^{\mathrm{T}}$。依据定理 4.3，选择协同控制律为：

$$\boldsymbol{\tau}_i=\boldsymbol{\epsilon}_i$$

式中，$\boldsymbol{\epsilon}_i=-\dot{\boldsymbol{q}}_i+\boldsymbol{e}_{ij}$，则根据定理 4.3，系统可实现期望的六自由度编队控制目标。

以下通过仿真研究该自适应控制律对于执行器突变故障下的容错性。对于航天器编队系统中执行器突变故障的讨论，分以下三种情况考察控制律的容错性：

（1）执行器退化（thruster degradation）

该情况下，处于编队中的第 i 个航天器的执行器在某段时间仅能输出正常值的 $\bar{k}_i$ 倍（$0<\bar{k}_i<1$），其实际输出为 $u_{fi}=\bar{k}_i U_{fi}$。

（2）短时性失效

该情况下，航天器所有执行器在某段时间内失效（即力矩和力为 0），即 $u_{fi}=0$。注意该情况对应于短时性失效的极端情况（一般短时性失效仅可能发生在部分航天器中），因此，如果在该极端情况下所设计的控制器具有良好的容错性，则可以推断在一般情况下该控制律同样具有容错性。

（3）执行器阻塞

该情况下，处于编队中的第 i 个航天器的执行器在某段时间内输出值是一个恒定值 u_{const}，即其实际输出为 $u_{fi}=u_{\text{const}}$。

值得注意的是，以上所有情况中控制器均未获得任何故障信息，即在控制过程中，控制器无法在故障检测和隔离条件下工作，因此对控制器的容错性能提出较高要求。

图 5.7 展示了 2 号、3 号、4 号航天器的编队轨迹。由图可知，各航天器最终均匀分布在与 1 号航天器共面的轨道上做圆周运动。图 5.8～图 5.10 给出了执行器退化情况下的仿真结果。我们假定故障发生在第 1s 至第 5s 期间，实际控制器输出仅为正常情况下的 20%。通过观察可知，图 5.10 中所反映的控制力和力矩在第 1s 至第 5s 期间具有“限幅”性质。尽管如此，第 5s 以后，执行器恢复正常，系统动态性能未显著降低，这说明所设计的控制器对于执行器退化有较好的容错性。

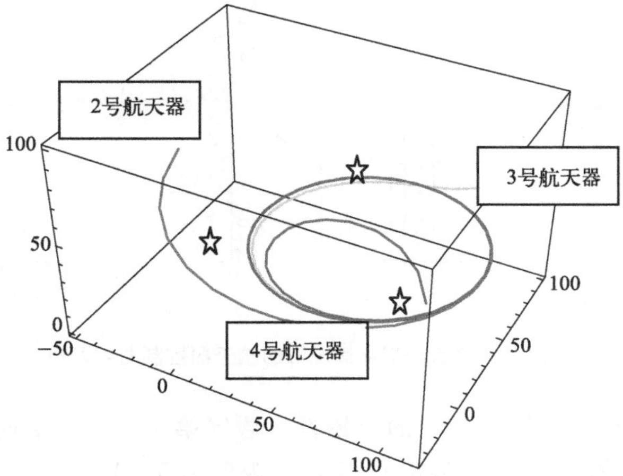

图 5.7 编队轨迹

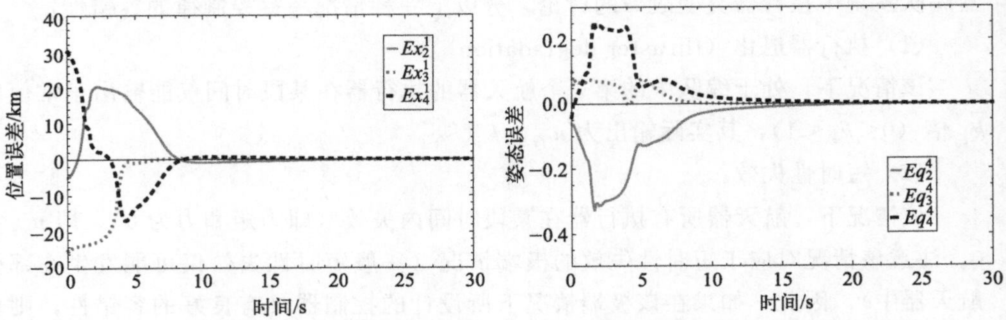

图 5.8 执行器退化情况下的航天器位置误差和姿态误差

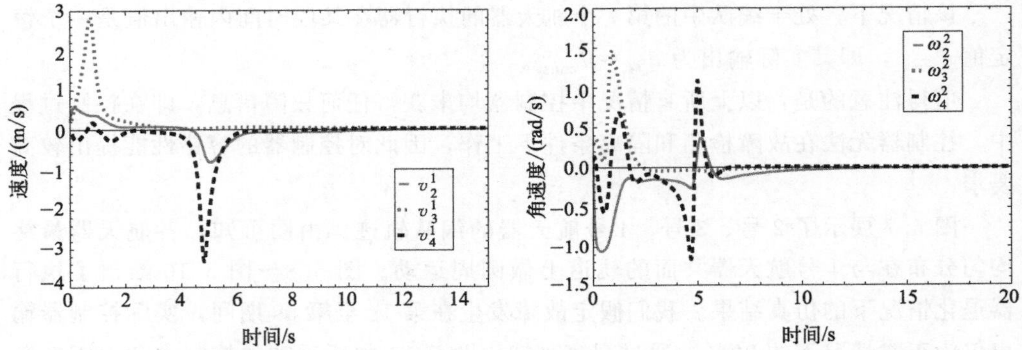

图 5.9 执行器退化情况下的航天器线速度和角速度

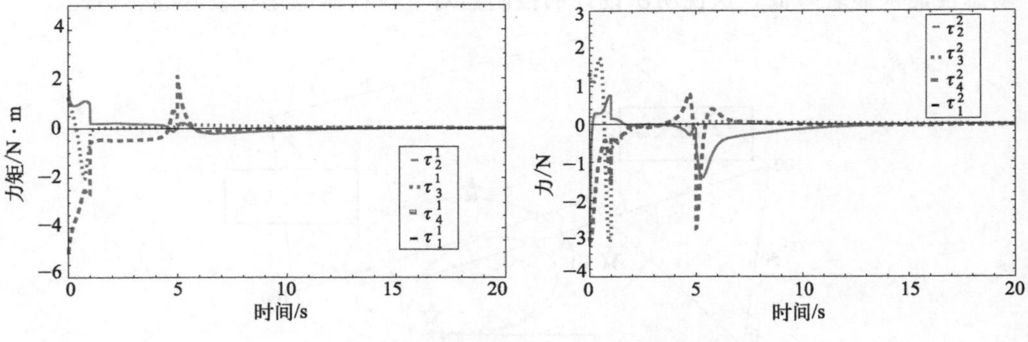

图 5.10 执行器退化情况下的航天器控制力和力矩

为研究控制器对于情况（2）的容错性，假定第 1s 至第 4s 期间，执行器输出为 0。其仿真结果如图 5.11～图 5.13 所示。观察图 5.13 可知，在第 1s 至第 4s 时间段内，执行器输出为 0。待第 4s 后执行器恢复正常，其输出产生明显的跳变现象，随后逐渐恢复正常，并最终实现编队控制目标。由此可以得出结论，控制器对于执行器短时性失效故障具有较好的容错性。注意，情况（3）实际上是情况（1）的特例，可知所设计的控制器对于该种类型的执行器故障同样具有较好的容错性，这里不再赘述。

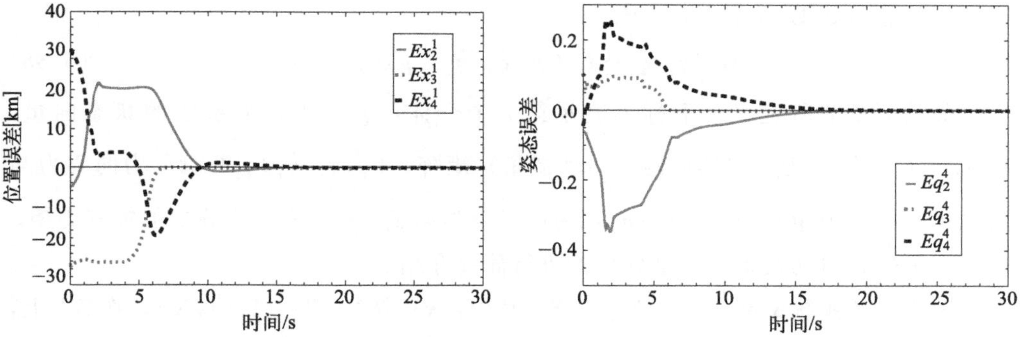

图 5.11　执行器短时性失效情况下的航天器位置误差和姿态误差

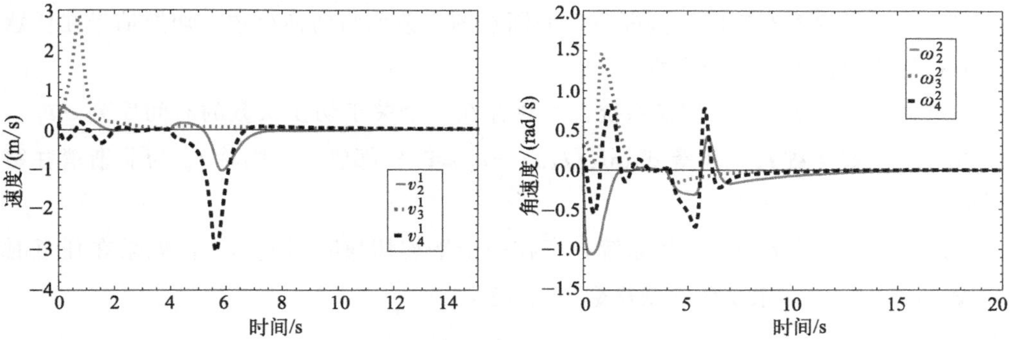

图 5.12　执行器短时性失效情况下的航天器线速度和角速度

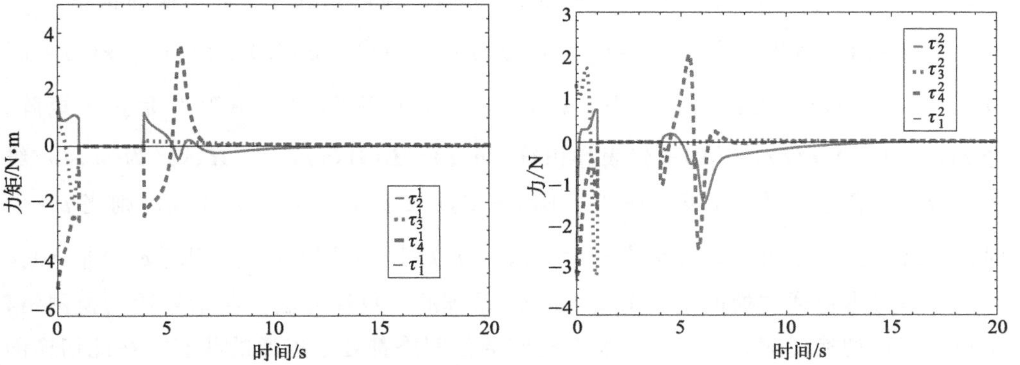

图 5.13　执行器短时性失效情况下的航天器控制力和力矩

5.6 连通切换网络中的一致性控制

对于分布式 Lagrangian 系统：

$$\boldsymbol{M}_i(\boldsymbol{q}_i)\ddot{\boldsymbol{q}}_i+\boldsymbol{C}_i(\boldsymbol{q}_i,\dot{\boldsymbol{q}}_i)\dot{\boldsymbol{q}}_i+\boldsymbol{g}_i(\boldsymbol{q}_i)=\boldsymbol{\tau}_i \tag{5.38}$$

如前面章节所定义，下标 i 表示第 i 个个体，$\boldsymbol{q}_i\in\mathbb{R}^p$ 为系统的状态向量，$\boldsymbol{M}_i(\dot{\boldsymbol{q}}_i)\in\mathbb{R}^{p\times p}$ 为正定的惯性（转动惯量）矩阵，$\boldsymbol{C}_i(\boldsymbol{q}_i,\dot{\boldsymbol{q}}_i)\boldsymbol{q}_i\in\mathbb{R}^p$ 为向心力与科里奥利力（力矩）向量，$\boldsymbol{g}_i(\dot{\boldsymbol{q}}_i)$ 为广义重力向量，$\boldsymbol{\tau}_i\in\mathbb{R}^p$ 为施加的控制力矩。

接下来，对切换系统的基础理论进行简要介绍。

考虑一类系统 $\dot{\boldsymbol{x}}=f_p(\boldsymbol{x},t),p\in\mathcal{B}$。其中，$\boldsymbol{x}\in\mathbb{R}^n$，$\mathcal{B}=\{1,\cdots,N\}$，在 $\mathbb{R}^n$ 上，每一个模态 $f_p(\boldsymbol{x},t):\mathbb{R}^n\times[0,\infty)\to\mathbb{R}^n$ 都是平滑的、Lipschitz 连续的，并且满足 $f_p(\boldsymbol{0})=0$。定义一个分段常函数为切换信号 $\varrho(t):[0,\infty)\to\mathcal{B}$，该分段函数在任意一有界时间段内含有有限个间断点，间断点的个数称为切换次数。切换信号在任意两个相邻的切换点之间为常数。

定义 5.1 对于一个切换系统，如果存在一个关于切换次数的时间序列 $\{\boldsymbol{t}_k\}$，使得对于任意常数 $\bar{\boldsymbol{t}}_k$，不等式 $\inf_k\{\boldsymbol{t}_{k+1}-\boldsymbol{t}_k\geqslant\bar{\boldsymbol{t}}_k\}$ 都成立，则称 $\bar{\boldsymbol{t}}_k$ 为非渐消驻留时间。

定义 5.2 对于一个切换系统，存在一个平均切换时间 $t_{\mathrm{ad}}>0$，如果在任意时间段（t_1,t_2）内，系统的切换次数 N_{sw} 满足：

$$N_{\mathrm{sw}}\leqslant\frac{t_2-t_1}{t_{\mathrm{ad}}}$$

这表明：存在 $t_{\mathrm{ad}}>0$，使得在任意小于 t_{ad} 的时间段内系统处于非切换的状态。

引理 5.1 对于等式 $\boldsymbol{e}(t)=\boldsymbol{x}_d(t)-\boldsymbol{x}(t)$，$\dot{\boldsymbol{x}}_r(t)=\dot{\boldsymbol{x}}_d(t)+\boldsymbol{\Gamma}\boldsymbol{e}(t)$，$\boldsymbol{r}(t)=\dot{\boldsymbol{x}}_r(t)-\dot{\boldsymbol{x}}(t)=\dot{\boldsymbol{e}}(t)+\boldsymbol{\Gamma}\boldsymbol{e}(t)$，其中，$\boldsymbol{x}_d(t)$，$\boldsymbol{x}(t)\in\mathbb{R}^m$，$\boldsymbol{\Gamma}\in\mathbb{R}^{m\times m}$ 是正定矩阵。令 $\boldsymbol{e}(t)=\boldsymbol{h}(t)*\boldsymbol{r}(t)$，其中 * 代表卷积符，$\boldsymbol{h}(t)=\boldsymbol{L}(\boldsymbol{H}(s))^{-1}$，$\boldsymbol{H}(s)$ 为 $m\times m$ 维的指数稳定传递函数。如果 $\boldsymbol{r}\in\mathcal{L}_2$，则 $\boldsymbol{e}\in\mathcal{L}_2\cap\mathcal{L}_\infty$，$\dot{\boldsymbol{e}}\in\mathcal{L}_2$，$\boldsymbol{e}$ 连续，则当 $t\to\infty$ 时，$\|\boldsymbol{e}(t)\|\to0$。此外，如果当 $t\to\infty$ 时，$\|\boldsymbol{r}(t)\|\to0$ 同时成立，则 $\|\dot{\boldsymbol{e}}(t)\|\to0$。

本节考虑连通切换网络中 Lagrangian 系统的一致性算法。所谓连通切换网络，是指除了在切换时刻以外，其他所有时间通信网络都处于连通的状态。在此切换网络的假设下，分别考虑 Lagrangian 系统动力学参数已知和未知两种情况下的一致性控制算法，并对算法的稳定性进行证明。

5.6.1 参数已知 Lagrangian 系统的一致性算法

假设 $\boldsymbol{M}_i(\boldsymbol{q}_i)$、$\boldsymbol{C}_i(\boldsymbol{q}_i, \dot{\boldsymbol{q}}_i)$ 和 $\boldsymbol{g}_i(\boldsymbol{q}_i)$ 精确已知，首先定义辅助变量 $\boldsymbol{\zeta}_i=\dot{\boldsymbol{q}}_i+\kappa\boldsymbol{q}_i$，其中，$\kappa>0$ 为常数。

控制器设计如下：

$$\begin{aligned}\boldsymbol{\tau}_i &= -\kappa\boldsymbol{M}_i(\boldsymbol{q}_i)\dot{\boldsymbol{q}}_i-\kappa\boldsymbol{C}_i(\boldsymbol{q}_i,\dot{\boldsymbol{q}}_i)\dot{\boldsymbol{q}}_i+\boldsymbol{g}_i(\boldsymbol{q}_i)\\&\quad+\gamma\sum_{j=1}^{n}a_{ij}(t)(\boldsymbol{\zeta}_j-\boldsymbol{\zeta}_i)\end{aligned} \tag{5.39}$$

式中，$j\in\mathcal{I}_n$，$\gamma\in\mathbb{R}_{>0}$。将式（5.39）代入式（5.38）可得：

$$\boldsymbol{M}_i(\boldsymbol{q}_i)\dot{\boldsymbol{\zeta}}_i+\boldsymbol{C}(\boldsymbol{q}_i,\dot{\boldsymbol{q}}_i)\boldsymbol{\zeta}_i=\gamma\sum_{j=1}^{n}a_{ij}(t)(\boldsymbol{\zeta}_j-\boldsymbol{\zeta}_i) \tag{5.40}$$

于是可得如下结论：

定理 5.4 对于系统（5.38），假设通信拓扑为无向图，如果通信拓扑除了在切换时刻之外，其他时间都处于连通状态，并且在任意两次切换之间存在一个非渐消驻留时间，则控制器（5.39）可使多 Lagrangian 系统（5.38）实现一致性。

证明： 构造共同 Lyapunov 函数如下：

$$V(t)=\frac{1}{2}\sum_{i=1}^{n}\boldsymbol{\zeta}_i^{\mathrm{T}}\boldsymbol{M}_i(\boldsymbol{q}_i)\boldsymbol{\zeta}_i \tag{5.41}$$

注意，$V(t)$ 与切换量 $a_{ij}(t)$ 无关，连续并且可微，对 $V(t)$ 求导可得：

$$\begin{aligned}\dot{V}(t)&=\frac{1}{2}\sum_{i=1}^{n}\boldsymbol{\zeta}_i{}^{\mathrm{T}}\dot{\boldsymbol{M}}_i(\boldsymbol{q}_i)\boldsymbol{\zeta}_i+\sum_{i=1}^{n}\boldsymbol{\zeta}_i{}^{\mathrm{T}}\boldsymbol{M}_i(\boldsymbol{q}_i)\dot{\boldsymbol{\zeta}}_i\\&=\frac{1}{2}\sum_{i=1}^{n}\boldsymbol{\zeta}_i{}^{\mathrm{T}}\dot{\boldsymbol{M}}_i(\boldsymbol{q}_i)\boldsymbol{\zeta}_i+\sum_{i=1}^{n}\boldsymbol{\zeta}_i{}^{\mathrm{T}}\\&\quad\left[\gamma\sum_{j=1}^{n}a_{ij}(t)(\boldsymbol{\zeta}_j-\boldsymbol{\zeta}_i)-\boldsymbol{C}_i(\boldsymbol{q}_i,\dot{\boldsymbol{q}}_i)\boldsymbol{\zeta}_i(t)\right]\\&=\frac{1}{2}\sum_{i=1}^{n}\boldsymbol{\zeta}_i{}^{\mathrm{T}}[\dot{\boldsymbol{M}}_i(\boldsymbol{q}_i)-2\boldsymbol{C}_i(\boldsymbol{q}_i,\dot{\boldsymbol{q}}_i)]\boldsymbol{\zeta}_i\\&\quad+\sum_{i=1}^{n}\gamma\boldsymbol{\zeta}_i{}^{\mathrm{T}}\sum_{j=1}^{n}a_{ij}(t)(\boldsymbol{\zeta}_j-\boldsymbol{\zeta}_i)\\&=\sum_{i=1}^{n}\sum_{i=1}^{n}\gamma a_{ij}(t)(\boldsymbol{\zeta}_i{}^{\mathrm{T}}\boldsymbol{\zeta}_j-\boldsymbol{\zeta}_i{}^{\mathrm{T}}\boldsymbol{\zeta}_i)\end{aligned}$$

由于通信拓扑为无向图，所以 $a_{ij}(t)=a_{ji}(t)$，于是可得：

$$\dot{V}(t)=-\frac{1}{2}\sum_{i=1}^{n}\sum_{i=1}^{n}\gamma a_{ij}(t)(-2\boldsymbol{\zeta}_i^{\mathrm{T}}\boldsymbol{\zeta}_j+2\boldsymbol{\zeta}_i^{\mathrm{T}}\boldsymbol{\zeta}_i)$$

$$=-\frac{1}{2}\sum_{i=1}^{n}\sum_{i=1}^{n}\gamma a_{ij}(t)(-2\boldsymbol{\zeta}_i^{\mathrm{T}}\boldsymbol{\zeta}_j+\boldsymbol{\zeta}_i^{\mathrm{T}}\boldsymbol{\zeta}_i+\boldsymbol{\zeta}_j^{\mathrm{T}}\boldsymbol{\zeta}_j)$$

$$=-\frac{\gamma}{2}\sum_{i=1}^{n}\sum_{i=1}^{n}a_{ij}(t)(\boldsymbol{\zeta}_i-\boldsymbol{\zeta}_j)^{\mathrm{T}}(\boldsymbol{\zeta}_i-\boldsymbol{\zeta}_j)$$

由上式可知，$\dot{V}(t)$ 为负半定，$\boldsymbol{\zeta}_i-\boldsymbol{\zeta}_j\in\mathcal{L}_2$。对于所有通信拓扑，$V(t)$ 都是一样的，所以可知 $V(t)$ 为所有切换模态的共同 Lyapunov 函数。定义集合$\mathcal{S}=\{\boldsymbol{\zeta}_i-\boldsymbol{\zeta}_j\in\mathbb{R}^p,\forall i,j\in\mathcal{I},i\neq j:\dot{V}(t)=0\}$。注意到，如果 $\dot{V}(t)=0$，而通信拓扑在所有切换模态都处于连通状态，即 $a_{ij}>0$，则有$\boldsymbol{\zeta}_i-\boldsymbol{\zeta}_j=\mathbf{0}$。定义$\overline{\mathcal{S}}$为$\mathcal{S}$的最大弱不变集，在$\overline{\mathcal{S}}$内，有$\boldsymbol{\zeta}_i-\boldsymbol{\zeta}_j=\mathbf{0}$。在非渐消驻留时间内，$\boldsymbol{\zeta}_i-\boldsymbol{\zeta}_j$ 收敛于$\overline{\mathcal{S}}$。所以，对于多 Lagrangian 系统，可以得到，当 $t\to\infty$ 时，$\boldsymbol{\zeta}_i-\boldsymbol{\zeta}_j\to\mathbf{0}$。由于$\boldsymbol{\zeta}_i-\boldsymbol{\zeta}_j\in\mathcal{L}_2$，又$\boldsymbol{\zeta}_i-\boldsymbol{\zeta}_j=(\dot{\boldsymbol{q}}_i-\dot{\boldsymbol{q}}_j)+\kappa(\boldsymbol{q}_i-\boldsymbol{q}_j)$，$\kappa>0$，根据引理 5.1 可知，当 $t\to\infty$ 时，$\boldsymbol{q}_i-\boldsymbol{q}_j\to\mathbf{0}$，$\dot{\boldsymbol{q}}_i-\dot{\boldsymbol{q}}_j\to\mathbf{0}$。定理得证。

5.6.2 参数不确定 Lagrangian 系统的一致性算法

5.6.1 节中，系统参数均假设精确已知，然而在实际系统中，Lagrangian 系统的动力学参数通常无法精确获知。所以，本节假设 $\boldsymbol{M}_i(\boldsymbol{q}_i)$、$\boldsymbol{C}_i(\boldsymbol{q}_i,\dot{\boldsymbol{q}}_i)$ 和 $\boldsymbol{g}_i(\boldsymbol{q}_i)$ 不能精确获得，其估计量分别为 $\hat{\boldsymbol{M}}(\boldsymbol{q}_i)$、$\hat{\boldsymbol{C}}(\boldsymbol{q}_i,\dot{\boldsymbol{q}}_i)$ 和 $\hat{\boldsymbol{g}}_i(\boldsymbol{q}_i)$，同样定义辅助变量 $\boldsymbol{\zeta}_i=\dot{\boldsymbol{q}}_i+\kappa\boldsymbol{q}_i$，其中，$\kappa\in\mathbb{R}_{>0}$。将辅助变量代入系统（5.38）可得：

$$\boldsymbol{M}_i(\boldsymbol{q}_i)\dot{\boldsymbol{\zeta}}_i t+\boldsymbol{C}_i(\boldsymbol{q}_i,\dot{\boldsymbol{q}}_i)\boldsymbol{\zeta}_i t=\boldsymbol{Y}_i\boldsymbol{\Theta}_i+\boldsymbol{\tau}_i \tag{5.42}$$

根据 Lagrangian 系统的性质 2 知，$\boldsymbol{Y}_i\boldsymbol{\Theta}_i=\kappa\boldsymbol{M}_i(\boldsymbol{q}_i)\dot{\boldsymbol{q}}_i+\kappa\boldsymbol{C}_i(\boldsymbol{q}_i,\dot{\boldsymbol{q}}_i)\boldsymbol{q}_i-\boldsymbol{g}_i(\boldsymbol{q}_i)$。

针对参数未知的情况，自适应控制器设计如下：

$$\boldsymbol{\tau}_i=-\boldsymbol{Y}_i\hat{\boldsymbol{\Theta}}_i+\gamma\sum_{j=1}^{n}a_{ij}(t)(\boldsymbol{\epsilon}_j-\boldsymbol{\epsilon}_i) \tag{5.43}$$

控制器（5.43）中，$i,j\in\mathcal{I}_n$，$\gamma>0$，$\boldsymbol{Y}_i\hat{\boldsymbol{\Theta}}_i=\kappa\hat{\boldsymbol{M}}_i(\boldsymbol{q}_i)\dot{\boldsymbol{q}}_i+\kappa\hat{\boldsymbol{C}}_i(\boldsymbol{q}_i,\dot{\boldsymbol{q}}_i)\boldsymbol{q}_i-\hat{\boldsymbol{g}}_i(\boldsymbol{q}_i)$。于是闭环系统可写为：

$$\boldsymbol{M}_i(\boldsymbol{q}_i)\dot{\boldsymbol{\zeta}}_i+\boldsymbol{C}(\boldsymbol{q}_i,\dot{\boldsymbol{q}}_i)\boldsymbol{\zeta}_i=\boldsymbol{Y}_i\widetilde{\boldsymbol{\Theta}}_i+\gamma\sum_{j=1}^{n}a_{ij}(t)(\boldsymbol{\zeta}_j-\boldsymbol{\zeta}_i) \tag{5.44}$$

式中，$\widetilde{\boldsymbol{\Theta}}_i=\boldsymbol{\Theta}_i-\hat{\boldsymbol{\Theta}}_i$，$\hat{\boldsymbol{\Theta}}_i$ 满足：

$$\dot{\hat{\boldsymbol{\Theta}}}_i=\boldsymbol{\Lambda}_i\boldsymbol{Y}_i^{\mathrm{T}}\boldsymbol{\zeta}_i \tag{5.45}$$

式中，$\boldsymbol{\Lambda}_i$ 为正定的常数矩阵；$\boldsymbol{Y}_i$ 为已知的广义函数矩阵。

于是可得下述结论：

定理 5.5 对于含有未知参数的系统（5.38），假设无向通信图在切换时刻之外的其他时间都处于连通状态，并且在任意两次切换之间存在一个非渐消驻留时间，则控制器（5.43）可使系统（5.38）实现一致性控制。

证明： 构造共同 Lyapunov 函数如下：

$$V(t)=\frac{1}{2}\sum_{i=1}^{n}\boldsymbol{\zeta}_i^{\mathrm{T}}\boldsymbol{M}_i(\boldsymbol{q}_i)\boldsymbol{\zeta}_i+\frac{1}{2}\sum_{i=1}^{n}\widetilde{\boldsymbol{\Theta}}_i^{\mathrm{T}}\boldsymbol{\Lambda}_i^{-1}\widetilde{\boldsymbol{\Theta}}_i$$

注意到，$V(t)$ 与切换量 $a_{ij}(t)$ 无关，连续并且可微，对 $V(t)$ 求导可得：

$$\begin{aligned}\dot{V}(t)&=\frac{1}{2}\sum_{i=1}^{n}\boldsymbol{\zeta}_i^{\mathrm{T}}\dot{\boldsymbol{M}}_i(\boldsymbol{q}_i)\boldsymbol{\zeta}_i+\sum_{i=1}^{n}\boldsymbol{\zeta}_i^{\mathrm{T}}\boldsymbol{M}_i(\boldsymbol{q}_i)\dot{\boldsymbol{\zeta}}_i+\sum_{i=1}^{n}\widetilde{\boldsymbol{\Theta}}_i^{\mathrm{T}}\boldsymbol{\Lambda}_i^{-1}\dot{\widetilde{\boldsymbol{\Theta}}}_i\\
&=\frac{1}{2}\sum_{i=1}^{n}\boldsymbol{\zeta}_i^{\mathrm{T}}\dot{\boldsymbol{M}}_i(\boldsymbol{q}_i)\boldsymbol{\zeta}_i+\sum_{i=1}^{n}\boldsymbol{\zeta}_i^{\mathrm{T}}\Big[\boldsymbol{Y}_i\widetilde{\boldsymbol{\Theta}}_i+\gamma\sum_{j=1}^{n}a_{ij}(t)(\boldsymbol{\zeta}_j-\boldsymbol{\zeta}_i)\\
&\quad-\boldsymbol{C}_i(\boldsymbol{q}_i,\dot{\boldsymbol{q}}_i)\boldsymbol{\zeta}_i(t)\Big]-\sum_{i=1}^{n}\widetilde{\boldsymbol{\Theta}}_i^{\mathrm{T}}\boldsymbol{Y}_i^{\mathrm{T}}\boldsymbol{\zeta}_i\\
&=\frac{1}{2}\sum_{i=1}^{n}\boldsymbol{\zeta}_i^{\mathrm{T}}[\dot{\boldsymbol{M}}_i(\boldsymbol{q}_i)-2\boldsymbol{C}_i(\boldsymbol{q}_i,\dot{\boldsymbol{q}}_i)]\boldsymbol{\zeta}_i+\sum_{i=1}^{n}\gamma\boldsymbol{\zeta}_i^{\mathrm{T}}\sum_{j=1}^{n}a_{ij}(t)(\boldsymbol{\zeta}_j-\boldsymbol{\zeta}_i)\\
&=\sum_{i=1}^{n}\sum_{i=1}^{n}\gamma a_{ij}(t)(\boldsymbol{\zeta}_i^{\mathrm{T}}\boldsymbol{\zeta}_j-\boldsymbol{\zeta}_i^{\mathrm{T}}\boldsymbol{\zeta}_i)\end{aligned}$$

由于通信拓扑为无向图，即 $a_{ij}(t)=a_{ji}(t)$，类似于定理 5.4 的证明，可得：

$$\dot{V}(t)=-\frac{\gamma}{2}\sum_{i=1}^{n}\sum_{i=1}^{n}a_{ij}(t)(\boldsymbol{\zeta}_i-\boldsymbol{\zeta}_j)^{\mathrm{T}}(\boldsymbol{\zeta}_i-\boldsymbol{\zeta}_j)\leqslant 0$$

由上式可知，$V(t)$ 为非减的连续标量函数，所以 $\lim\limits_{t\to\infty}V(t)\leqslant V(0)$，即 $V(t)$ 有界，同时 $\boldsymbol{\zeta}_i-\boldsymbol{\zeta}_j\in\mathcal{L}_2$。对于所有通信拓扑构型，$V(t)$ 都是一样的，所以可知 $V(t)$ 为所有切换模态的共同 Lyapunov 函数。同样地，可定义集合 $\mathcal{S}=\{\boldsymbol{\zeta}_i-\boldsymbol{\zeta}_j\in\mathbb{R}^p,\forall i,j\in\mathcal{I},i\neq j:\dot{V}(t)=0\}$。注意，如果 $\dot{V}(t)=0$，而通信拓扑在所有切换模态都处于连通状态，则有 $\boldsymbol{\zeta}_i-\boldsymbol{\zeta}_j=\boldsymbol{0}$。定义 $\overline{\mathcal{S}}$ 为 $\mathcal{S}$ 的最大弱不变集，在 $\overline{\mathcal{S}}$ 内，有 $\boldsymbol{\zeta}_i-\boldsymbol{\zeta}_j=\boldsymbol{0}$。类似于 5.6.1 节中定理 5.4 的证明，可以得到，$\boldsymbol{\zeta}_i-\boldsymbol{\zeta}_j$ 收敛于 $\overline{\mathcal{S}}$。所以，当 $t\to\infty$ 时，$\boldsymbol{\zeta}_i-\boldsymbol{\zeta}_j\to\boldsymbol{0}$。由于 $\boldsymbol{\zeta}_i-\boldsymbol{\zeta}_j\in\mathcal{L}_2$，又 $\boldsymbol{\zeta}_i-\boldsymbol{\zeta}_j=(\dot{\boldsymbol{q}}_i-\dot{\boldsymbol{q}}_j)+\kappa(\boldsymbol{q}_i-\boldsymbol{q}_j)$，$\kappa>0$，所以，当 $t\to\infty$ 时，$\boldsymbol{q}_i-\boldsymbol{q}_j\to\boldsymbol{0}$，$\dot{\boldsymbol{q}}_i-\dot{\boldsymbol{q}}_j\to\boldsymbol{0}$。定理得证。

5.6.3 案例仿真

本节中，设计数值仿真实验来验证所设计的控制算法有效性，系统模型仍采用 3.2.3 节中方程（3.17）所示的机械臂系统，控制器采用（5.43），假设通信拓扑在如图 5.14 所示的两个通信图之间循环切换，其切换频率为 2Hz。

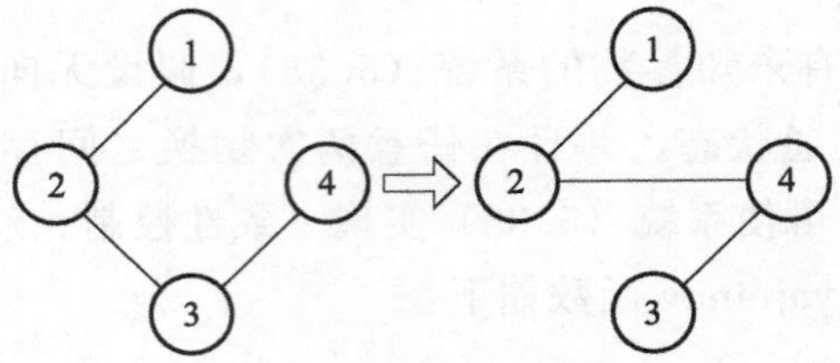

图 5.14 通信拓扑图

参数取 $m_1=1$，$l_1=1$，$m_e=2.5$，$\delta_e=30°$，$I_1=0.12$，$l_{c1}=0.5$，$I_e=0.25$，$l_{ce}=0.6$，假设 $\boldsymbol{\theta}=[a_1,a_2,a_3,a_4]^T$ 不能精确获知，根据 Lagrangian 系统的性质 2 可得相应的 $\boldsymbol{Y}(\boldsymbol{q},\dot{\boldsymbol{q}})=[y_{ij}]\in\mathbb{R}^{2\times4}$ 的表达式为

$$\boldsymbol{Y}=\begin{bmatrix}\dot{q}_1 & \dot{q}_2 & y_{13} & y_{14}\\ 0 & \dot{q}_1+\dot{q}_2 & y_{23} & y_{24}\end{bmatrix}$$

式中

$$y_{23}=\dot{q}_1\cos q_2+q_1\dot{q}_1\sin q_2$$

$$y_{24}=-q_1\dot{q}_1\cos q_2+\dot{q}_1\sin q_2$$

$$y_{13}=(2\dot{q}_1+\dot{q}_2)\cos q_2-(q_1\dot{q}_2+q_2\dot{q}_1+q_2\dot{q}_2)\sin q_2$$

$$y_{14}=(2\dot{q}_1+\dot{q}_2)\sin q_2+(q_1\dot{q}_2+q_2\dot{q}_1+q_2\dot{q}_2)\cos q_2$$

将未知参数设为其真值的 20%～80%，$\boldsymbol{q}_i$ 和 $\dot{\boldsymbol{q}}_i$ 的初值在 $[-1,1]$ 区间随机选取，取参数 $\kappa=1$，$\boldsymbol{\Lambda}=I_{4\times4}$，仿真结果如图 5.15～图 5.18 所示。可见，分布式协同控制律（5.43）可实现多 Lagrangian 系统的一致性控制。

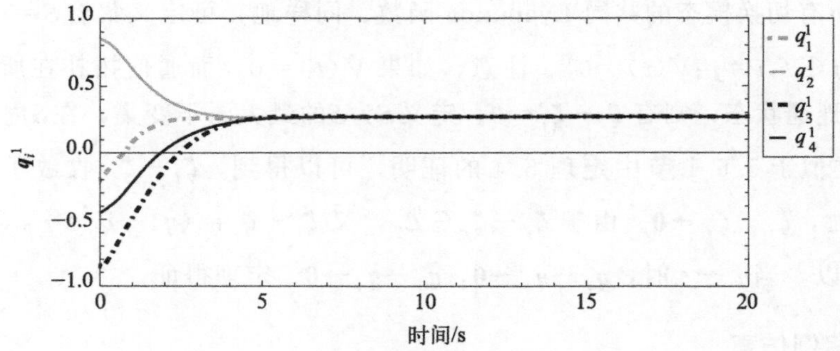

图 5.15 个体的姿态分量 q_i^1 变化情况

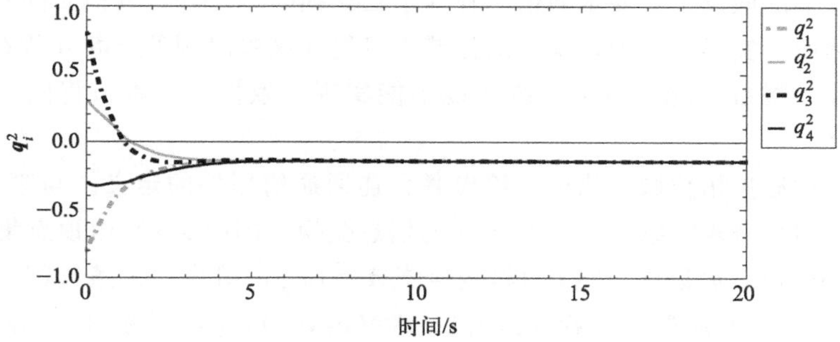

图 5.16　个体的姿态分量 q_i^2 变化情况

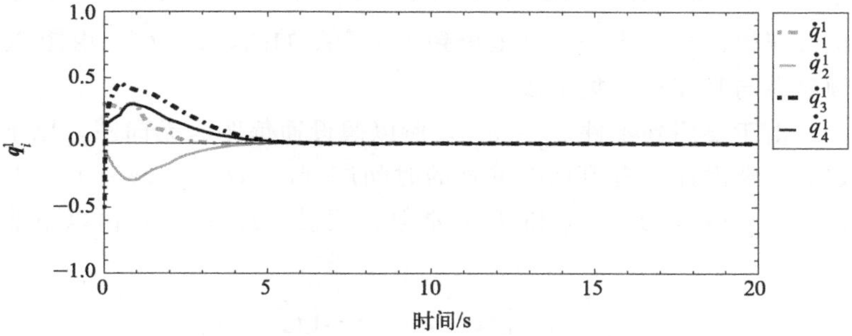

图 5.17　个体的速度分量 $\dot{q}_i^1$ 变化情况

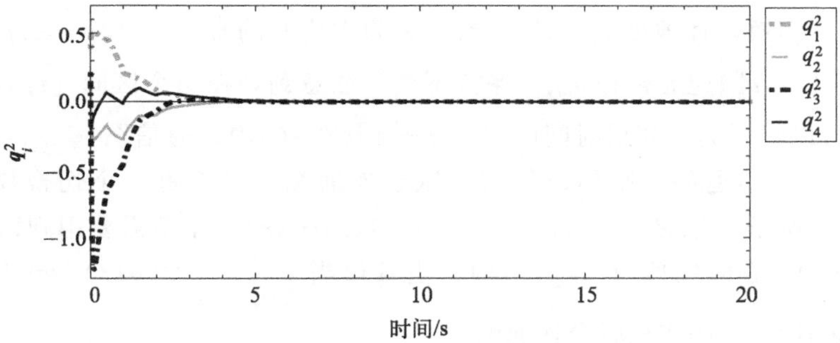

图 5.18　个体的速度分量 $\dot{q}_i^2$ 变化情况

5.7　联合连通网络中多 Lagrangian 系统的一致性

5.7.1　问题描述

5.6 节研究了连通切换网络中参数已知和未知 Lagrangian 系统的协调一致性算

法。在5.6节的假设中，要求通信拓扑除了在切换时刻之外，其他时间一直处于连通状态。然而，实际系统中，某些通信节点可能在某些时刻处于断开状态。如果这种情况发生，网络 Lagrangian 系统还能不能实现一致性呢？本节将同时对这个问题展开研究。

首先，对通信拓扑做出描述，给出联合连通通信拓扑的定义。与第2章一样，用图$\mathcal{G}(\mathcal{V},\mathcal{E},\mathcal{A})$来表示编队中$n$个个体的信息交换。图$\mathcal{G}(\mathcal{V},\mathcal{E})$由顶点集$\mathcal{V}=\{v_i\}$，$i\in\mathcal{I}=\{1,\cdots,n\}$，边集$\mathcal{E}\subseteq\mathcal{V}\times\mathcal{V}$和邻接矩阵$\boldsymbol{A}=\{a_{ij}\}$组成。每条边都可由两个不同的顶点$(v_i,v_j)$所确定。若$(v_i,v_j)\in\mathcal{E}\Leftrightarrow(v_j,v_i)\in\mathcal{E}$，则称图为无向的或对称的；反之，称该图为有向的。将与个体v_i通信的所有个体集合记作$\mathcal{N}_i=\{v_j\in\mathcal{V}:(v_i,v_j)\in\mathcal{E}\}$。当系统中存在领航者时，用序号0来表示领航者，与领航者相邻的个体可以从其获得信息，于是，这里得到了一个新的图，记为$\overline{\mathcal{G}}$，由图$\mathcal{G}(\mathcal{V},\mathcal{E})$、领航者0和领航者与其邻居边集组成。

本节中，由于要用到条件$a_{ij}=a_{ji}$，所以假设通信图为无向图，以下给出联合连通图的定义。考虑连续有界且不重叠的时间序列$[t_k,t_{k+1}),k=0,1,2,\cdots$，其中$t_0=0$，$T_0\leqslant t_{k+1}-t_k\leqslant T$，$T_0$和$T$为常数。假设$[t_k,t_{k+1})$由以下非重叠子区间组成：

$$[t_k^0,t_k^1),\cdots,[t_k^{j-1},t_k^j),\cdots,[t_k^{l_k-1},t_k^{l_k})$$

其中，$t_k^0=t_k$，$t_k^{l_k}=t_{k+1}$，m_k为确定的非负常数。通信拓扑在时刻t_k^0，$t_k^1,\cdots,t_k^{l_k-1}$切换，且满足$t_k^j-t_k^{j-1}\geqslant\gamma$（$\gamma$为大于0的常数）、$0\leqslant j\leqslant l_k$使得在每个子区间$[t_k^{j-1},t_k^j)$连通拓扑$\overline{\mathcal{G}}_{\varrho(t)}$保持不变。注意到，在每个区间$[t_k,t_{k+1})$内，$\overline{\mathcal{G}}_{\varrho(t)}$是可以断开的。如果时间区间$[t,t+\mathbb{T}](\mathbb{T}>0)$内，通信图$\{\overline{\mathcal{G}}_{\varrho(s)}:s\in[t,t+\mathbb{T}]\}$叠加起来是连通的，则称通信图为联合连通图。对于每一个切换模态$\varrho\in\mathcal{B}$，$\boldsymbol{H}_\varrho$有n个特征值，记$\mathfrak{L}(\varrho)=\{k\mid\lambda_\varrho^k\neq0,k=1,2,\cdots,n\}$。本节需要用到以下引理：

引理5.2 在时间段$[t_k,t_{k+1})$内，当且仅当$\bigcup\limits_{t\in[t_k,t_{k+1})}\mathfrak{L}(\varrho(t))=\{1,2,\cdots,n\}$时，通信拓扑$\mathcal{G}_\varrho$，$\varrho\in\mathcal{B}$是联合连通的。

5.7.2 无领航者的一致性

首先，对无领航者情况下的一致性问题进行研究，在考虑联合连通网络拓扑的同时，假设 Lagrangian 方程中的参数非精确已知。注意到，对于联合连通通信拓扑，在某些时刻可能会出现通信链路断开的情况，某些个体就会处于孤立状态。为了描述这种情况，用$\mathcal{V}_\eta(t)$表示在t时刻所有连通个体的集合，用$\mathcal{V}_\iota(t)$表示孤立点的集合。则有$\mathcal{V}_\eta(t)\cup\mathcal{V}_\iota(t)=\mathcal{V}$。

可定义辅助变量$\boldsymbol{\zeta}_i=\dot{\boldsymbol{q}}_i+\kappa\boldsymbol{q}_i$，$\kappa\in\mathbb{R}_{>0}$。对个体$i$设计的控制器如下：

$$\boldsymbol{\tau}_i = K\sum_{j\in\mathcal{N}_i(t)} a_{ij}(t)(\boldsymbol{\zeta}_j - \boldsymbol{\zeta}_i) - \boldsymbol{Y}_i\hat{\boldsymbol{\Theta}}_i, i\in\mathcal{I} \tag{5.46}$$

式中，$K>0$，同时

$$\boldsymbol{Y}_i\hat{\boldsymbol{\Theta}}_i = \kappa\hat{\boldsymbol{M}}_i(\boldsymbol{q}_i)\dot{\boldsymbol{q}}_i + \kappa\hat{\boldsymbol{C}}_i(\boldsymbol{q}_i,\dot{\boldsymbol{q}}_i)\boldsymbol{q}_i + \hat{\boldsymbol{g}}_i(\boldsymbol{q}_i) \tag{5.47}$$

当 $i\in\mathcal{V}_\iota(t)$ 时，控制器（5.46）变为 $\boldsymbol{\tau}_i = -\boldsymbol{Y}_i\hat{\boldsymbol{\Theta}}_i$，这里的 $\hat{\boldsymbol{M}}_i(\boldsymbol{q}_i)$、$\hat{\boldsymbol{C}}_i(\boldsymbol{q}_i$、$\dot{\boldsymbol{q}}_i)$、$\hat{\boldsymbol{g}}_i(\dot{\boldsymbol{q}}_i)$ 分别为 $\boldsymbol{M}_i(\boldsymbol{q}_i)$、$\boldsymbol{C}_i(\boldsymbol{q}_i,\dot{\boldsymbol{q}}_i)$、$\boldsymbol{g}_i(\boldsymbol{q}_i)$ 的估计值。设参数估计误差为 $\tilde{\boldsymbol{\Theta}}_i = \boldsymbol{\Theta}_i - \hat{\boldsymbol{\Theta}}_i$，其中 $\dot{\hat{\boldsymbol{\Theta}}}_i$ 的动态方程为：

$$\dot{\hat{\boldsymbol{\Theta}}}_i = \boldsymbol{\Gamma}_i\boldsymbol{Y}_i^{\mathrm{T}}\boldsymbol{\zeta}_i \tag{5.48}$$

式中，$\boldsymbol{\Gamma}_i$ 为已知的正定矩阵。将式（5.46）代入式（5.38）可得：

$$\boldsymbol{M}_i(\boldsymbol{q}_i)\dot{\boldsymbol{\zeta}}_i + \boldsymbol{C}_i(\boldsymbol{q}_i,\dot{\boldsymbol{q}}_i)\boldsymbol{\zeta}_i = K\sum_{j\in\mathcal{N}_i(t)} a_{ij}(t)(\boldsymbol{\zeta}_j - \boldsymbol{\zeta}_i) + \boldsymbol{Y}_i\tilde{\boldsymbol{\Theta}}_i \tag{5.49}$$

为了更清楚地描述问题，也为后续的研究奠定基础，将闭环系统分成两部分考虑：

$$\begin{cases}\boldsymbol{M}_i(\boldsymbol{q}_i)\dot{\boldsymbol{\zeta}}_i + \boldsymbol{C}_i(\boldsymbol{q}_i,\dot{\boldsymbol{q}}_i)\boldsymbol{\zeta}_i = K\displaystyle\sum_{j\in\mathcal{N}_i(t)} a_{ij}(t)(\boldsymbol{\zeta}_j - \boldsymbol{\zeta}_i) + \boldsymbol{Y}_i\tilde{\boldsymbol{\Theta}}_i, & i\in\mathcal{V}_\eta(t)\\ \boldsymbol{M}_i(\boldsymbol{q}_i)\dot{\boldsymbol{\zeta}}_i + \boldsymbol{C}_i(\boldsymbol{q}_i,\dot{\boldsymbol{q}}_i)\boldsymbol{\zeta}_i = \boldsymbol{Y}_i\tilde{\boldsymbol{\Theta}}_i, & i\in\mathcal{V}_\iota(t)\end{cases} \tag{5.50}$$

接下来，对通信网络作出如下假设：

假设 5.4 无向图 $\mathcal{G}_\varrho$ 在每个时间段 $[t_k,t_{k+1})$ 内都是联合连通的。

于是，可以得到以下结论：

定理 5.6 如果通信网络满足假设 5.4，则对任何初值，控制器（5.46）可实现对无领航者系统（5.38）的一致性控制。

证明： 构造共同 Lyapunov 函数 $V(t)=\sum_{i=1}^{n}V_i(t)$，其中 $V_i(t)$ 为：

$$V_i(t) = \frac{1}{2}\boldsymbol{\zeta}_i^{\mathrm{T}}\boldsymbol{M}_i(\boldsymbol{q}_i)\boldsymbol{\zeta}_i + \frac{1}{2}\tilde{\boldsymbol{\Theta}}_i^{\mathrm{T}}\boldsymbol{\Gamma}_i^{-1}\tilde{\boldsymbol{\Theta}}_i \tag{5.51}$$

注意，$V(t)$ 中不含和网络切换相关的任何变量，所以 $V(t)$ 是连续可导的。将 $V(t)$ 分为两部分，即 $V(t)=V_\eta(t)+V_\iota(t)$，其中，$V_\eta(t)=\sum_{i\in\mathcal{V}_\eta(t)}V_i(t)$，$V_\iota(t)=\sum_{i\in\mathcal{V}_\iota(t)}V_i(t)$。基于式（5.50），分别对 $V_\eta(t)$ 和 $V_\iota(t)$ 求导可得：

$$
\begin{aligned}
\dot V_\eta(t) &= \frac{1}{2}\sum_{i\in\mathcal{V}_\eta(t)} \boldsymbol{\zeta}_i^{\mathrm T}\dot{\boldsymbol M}_i(\boldsymbol q_i)\boldsymbol{\zeta}_i + \sum_{i\in\mathcal{V}_\eta(t)} \boldsymbol{\zeta}_i^{\mathrm T}\boldsymbol M_i(\boldsymbol q_i)\dot{\boldsymbol{\zeta}}_i + \sum_{i\in\mathcal{V}_\eta(t)} \tilde{\boldsymbol\Theta}_i^{\mathrm T}\boldsymbol\Lambda_i^{-1}\dot{\tilde{\boldsymbol\Theta}}_i \\
&= \frac{1}{2}\sum_{i\in\mathcal{V}_\eta(t)} \boldsymbol{\zeta}_i^{\mathrm T}\dot{\boldsymbol M}_i(\dot{\boldsymbol q}_i)\boldsymbol{\zeta}_i + \sum_{i\in\mathcal{V}_\eta(t)} \boldsymbol{\zeta}_i^{\mathrm T}[\boldsymbol Y_i(\boldsymbol q_i,\dot{\boldsymbol q}_i)\ \tilde{\boldsymbol\Theta}_i \\
&\quad + K\sum_{j\in\mathcal{N}_i(t)} a_{ij}(t)(\boldsymbol\zeta_j-\boldsymbol\zeta_i) - \boldsymbol C_i(\boldsymbol q_i,\dot{\boldsymbol q}_i)\boldsymbol\zeta_i(t)] \\
&\quad - \sum_{i\in\mathcal{V}_\eta(t)} \tilde{\boldsymbol\Theta}_i^{\mathrm T}\boldsymbol Y_i^{\mathrm T}(\boldsymbol q_i,\dot{\boldsymbol q}_i)\boldsymbol\zeta_i \\
&= \sum_{i\in\mathcal{V}_\eta(t)}\sum_{j\in\mathcal{N}_i(t)} K a_{ij}(t)(\boldsymbol\zeta_i^{\mathrm T}\boldsymbol\zeta_j - \boldsymbol\zeta_i^{\mathrm T}\boldsymbol\zeta_i)
\end{aligned}
$$

由于$\mathcal{G}_p$为无向图，所以 $\sum_{i\in\mathcal{V}_\eta(t)}\sum_{j\in\mathcal{N}_i(t)} a_{ij}(t)\boldsymbol\zeta_i^{\mathrm T}\boldsymbol\zeta_i = \sum_{i\in\mathcal{V}_\eta(t)}\sum_{j\in\mathcal{N}_i(t)} a_{ij}(t)\boldsymbol\zeta_j^{\mathrm T}\boldsymbol\zeta_j$ ，于是可得：

$$
\dot V_\eta(t) = -\frac{K}{2}\sum_{i\in\mathcal{V}_\eta(t)}\sum_{j\in\mathcal{N}_i(t)} a_{ij}(t)(\boldsymbol\zeta_i-\boldsymbol\zeta_j)^{\mathrm T}(\boldsymbol\zeta_i-\boldsymbol\zeta_j) \leqslant 0
$$

对 $V_\iota(t)$ 求导可得：

$$
\begin{aligned}
\dot V_\iota(t) &= \frac{1}{2}\sum_{i\in\mathcal{V}_\eta(t)} \boldsymbol{\zeta}_i^{\mathrm T}\dot{\boldsymbol M}_i(\boldsymbol q_i)\boldsymbol{\zeta}_i + \sum_{i\in\mathcal{V}_\iota(t)} \boldsymbol{\zeta}_i^{\mathrm T}\boldsymbol M_i(\boldsymbol q_i)\dot{\boldsymbol{\zeta}}_i + \sum_{i\in\mathcal{V}_l(t)} \tilde{\boldsymbol\Theta}_i^{\mathrm T}\boldsymbol\Lambda_i^{-1}\dot{\tilde{\boldsymbol\Theta}}_i \\
&= \frac{1}{2}\sum_{i\in\mathcal{V}_\iota(t)} \boldsymbol{\zeta}_i^{\mathrm T}\dot{\boldsymbol M}_i(\boldsymbol q_i)\boldsymbol{\zeta}_i + \sum_{i\in\mathcal{V}_\iota(t)} \boldsymbol{\zeta}_i^{\mathrm T}[\boldsymbol Y_i(\boldsymbol q_i,\dot{\boldsymbol q}_i)\ \tilde{\boldsymbol\Theta}_i - \boldsymbol C_i(\boldsymbol q_i,\dot{\boldsymbol q}_i)\boldsymbol\zeta_i(t)] \\
&\quad - \sum_{i\in\mathcal{V}_\iota(t)} \tilde{\boldsymbol\Theta}_i^{\mathrm T}\boldsymbol Y_i^{\mathrm T}(\boldsymbol q_i,\dot{\boldsymbol q}_i)\boldsymbol\zeta_i \\
&= \frac{1}{2}\sum_{i\in\mathcal{V}_\iota(t)} \boldsymbol\zeta_i^{\mathrm T}[\dot{\boldsymbol M}_i(\boldsymbol q_i) - 2\boldsymbol C_i(\boldsymbol q_i,\dot{\boldsymbol q}_i)]\boldsymbol\zeta_i
\end{aligned}
$$

所以可以得到：

$$
\dot V(t) = \dot V_\eta(t) + \dot V_\iota(t) \leqslant 0
$$

由此可知，$\lim\limits_{t\to\infty} V(t) = V(\infty)$存在，$\boldsymbol\zeta_i-\boldsymbol\zeta_j\in\mathcal{L}_2$，$\boldsymbol\zeta_i\in\mathcal{L}_\infty$，$\tilde{\boldsymbol\Theta}_i\in\mathcal{L}_\infty$。注意到，由 $\boldsymbol\zeta_i$ 到 $\boldsymbol q_i$ 的 Laplacian 变换函数为 $\boldsymbol\Psi(s)=[s+k]^{-1}$，则 $\boldsymbol q(s)=\boldsymbol\Psi(s)\boldsymbol\zeta(s)$，由 $\kappa>0$ 可知传递函数 $\boldsymbol\Psi(s)$ 是稳定的。所以由 $\boldsymbol\zeta_i\in\mathcal{L}_\infty$ 可知 $\boldsymbol q_i\in\mathcal{L}_\infty$，于是可得 $\dot{\boldsymbol q}_i\in\mathcal{L}_\infty$。由式（5.47）知 $\boldsymbol Y_i$ 是否有界取决于$\hat{\boldsymbol M}_i$、$\hat{\boldsymbol C}_i$、$\boldsymbol q_i$ 和 $\dot{\boldsymbol q}_i$。由 Lagrangian 系统的性质 1、性质 3 和 $\tilde{\boldsymbol\Theta}_i\in\mathcal{L}_\infty$ 可知 $\boldsymbol Y_i$ 是有界的，于是由式（5.49）可以得到 $\dot{\boldsymbol\zeta}_i$ 是有界的。所以 $\ddot V(t) = -K\sum_{i\in\mathcal{V}_\eta(t)}\sum_{j\in\mathcal{N}_i(t)} a_{ij}(t)(\dot{\boldsymbol\zeta}_i-\dot{\boldsymbol\zeta}_j)^{\mathrm T}(\boldsymbol\zeta_i-\boldsymbol\zeta_j)$ 是有界的，可假设 $|\ddot V(t)|\leqslant\boldsymbol\gamma$，$\boldsymbol\gamma>0$。接下来，用反证法证明 $\lim\limits_{t\to\infty}\dot V(t)=0$。

假设$\lim\limits_{t\to\infty}\dot{V}(t)=0$不成立，则意味着$\dot{V}(t)$极限不等于0，那么存在常数$\bar{\omega}$使得对于所有$T>0$，都能找到$t_*\geqslant T$使得$\dot{V}(t_*)>\bar{\omega}$，假设$t_*\in[t_k,t_{k+1})$，其中$t_{k+1}-t_k\geqslant\check{t}$，于是可对$t_*$分两种情况考虑：①$t_*\in[t_k,t_k+\frac{\check{t}}{2})$；②$t_*\in[t_k+\frac{\check{t}}{2},t_{k+1})$。首先考虑情况（1），令$\delta<\min\left\{\frac{\bar{\omega}}{2\gamma},\ \frac{\check{t}}{2}\right\}$，对于任意$t\in[t_*,t_*+\delta)$，根据积分中值定理可知，$|\dot{V}(t_*)-\dot{V}(t)|\leqslant|\ddot{V}(t_m)|\cdot|t_*-t|<\frac{\bar{\omega}}{2}$，所以：

$$|\dot{V}(t)|=|\dot{V}(t)-\dot{V}(t_*)+\dot{V}(t_*)|\geqslant|\dot{V}(t_*)|-|\dot{V}(t_*)-\dot{V}(t)|>\frac{\bar{\omega}}{2}$$

由于$\dot{V}(t)$在$t\in[t_*,t_*+\delta)$上有连续性，则有

$$\left|\int_{t_*}^{t_*+\delta}\dot{V}(s)\mathrm{d}s\right|=\int_{t_*}^{t_*+\delta}|\dot{V}(s)|\ \mathrm{d}s>\int_{t_*}^{t_*+\delta}\frac{\bar{\omega}}{2}\mathrm{d}s=\frac{\bar{\omega}\delta}{2}$$

同样地，对于情况（2），可得：

$$\left|\int_{t_*-\delta}^{t_*}\dot{V}(s)\mathrm{d}s\right|=\int_{t_*-\delta}^{t_*}|\dot{V}(s)|\ \mathrm{d}s>\frac{\bar{\omega}\delta}{2}$$

因为$\lim\limits_{t\to\infty}V(t)$存在，由柯西收敛准则可知，对于任意$\varepsilon>0$，存在正数$T$，使得对于任意$T_2>T_1>T$，$|V(T_2)-V(T_1)|<\varepsilon$，即$\left|\int_{T_1}^{T_2}\dot{V}(t)\mathrm{d}t\right|<\varepsilon$，情况（1）和（2）与此矛盾，所以假设不成立。因此可得$\lim\limits_{t\to\infty}\dot{V}(t)=0$，于是可得：

$$\lim_{t\to\infty}\frac{K}{2}\sum_{i\in\mathcal{V}_\eta(t)}\sum_{j\in\mathcal{N}_i(t)}a_{ij}(t)\|\boldsymbol{\zeta}_j-\boldsymbol{\zeta}_i\|^2=0$$

由假设5.4可知，存在常数$M>0$，使得$\forall m>n\geqslant M$，选择m和n使得$t_m-t_n\geqslant\mathrm{T}$，从而在时间段$[t_n,t_m)$内通信拓扑是联合连通的，可以得到$\lim\limits_{t\to\infty}\|\boldsymbol{\zeta}_j(t)-\boldsymbol{\zeta}_i(t)\|=0$，$i$，$j\in\mathcal{I}$。又由于$\boldsymbol{\zeta}_i-\boldsymbol{\zeta}_j\in\mathcal{L}_2$，于是根据引理5.1可得：

$$\lim_{t\to\infty}\|\boldsymbol{q}_i(t)-\boldsymbol{q}_j(t)\|=0$$

$$\lim_{t\to\infty}\|\dot{\boldsymbol{q}}_i(t)-\dot{\boldsymbol{q}}_j(t)\|=0,\forall i,j\in\mathcal{I}$$

定理得证。

5.7.3 动态跟踪

前面研究了无领航者时，联合连通网络中多Lagrangian系统的一致性控制问题。很自然会想到，如果存在领航者，并且为动态领航者时，在联合连通网络中如何设计一致跟踪算法呢？本节将对这个问题展开研究。

假设存在领航者，领航者的位置状态为$\boldsymbol{q}_0$。同时假设其速度和加速度都是有

界的，分别满足$\|\mathbf{1}_n\otimes\dot{\boldsymbol{q}}_0(t)\|\leqslant l_v<+\infty$，$\|\mathbf{1}_n\otimes\ddot{\boldsymbol{q}}_0(t)\|\leqslant l_a<+\infty$。注意到，这里只假设领航者的速度和加速度有界，而不需要位置信息 $\boldsymbol{q}_0$ 有界，这样的假设是合理的。

这里，定义每个个体和领航者的状态差为：$\boldsymbol{q}_i^*=\boldsymbol{q}_i-\boldsymbol{q}_0$，$\dot{\boldsymbol{q}}_i^*=\dot{\boldsymbol{q}}_i-\dot{\boldsymbol{q}}_0$，同时定义辅助变量 $\boldsymbol{\zeta}_i=\dot{\boldsymbol{q}}_i+\kappa\boldsymbol{q}_i$，$\kappa\in\mathbb{R}_{>0}$，并定义 $\boldsymbol{\zeta}_i^*=\boldsymbol{\zeta}_i-\boldsymbol{\zeta}_0=\dot{\boldsymbol{q}}_i-\dot{\boldsymbol{q}}_0+\kappa(\boldsymbol{q}_i-\boldsymbol{q}_0)$，于是，闭环系统可写为：

$$\begin{aligned}\boldsymbol{M}_i(\boldsymbol{q}_i)\dot{\boldsymbol{\zeta}}_i^*+\boldsymbol{C}(\boldsymbol{q}_i,\dot{\boldsymbol{q}}_i)\boldsymbol{\zeta}_i^*=&\boldsymbol{\tau}_i+[\kappa\boldsymbol{M}_i(\boldsymbol{q}_i)\dot{\boldsymbol{q}}_i^*+\kappa\boldsymbol{C}_i(\boldsymbol{q}_i,\dot{\boldsymbol{q}}_i)\boldsymbol{q}_i^*-\boldsymbol{g}_i(\boldsymbol{q}_i)]\\&-\boldsymbol{M}_i(\boldsymbol{q}_i)\ddot{\boldsymbol{q}}_0-\boldsymbol{C}(\boldsymbol{q}_i,\dot{\boldsymbol{q}}_i)\dot{\boldsymbol{q}}_0\end{aligned}\tag{5.52}$$

这里记 $\boldsymbol{q}^*=[\boldsymbol{q}_1^{*\mathrm{T}},\cdots,\boldsymbol{q}_n^{*\mathrm{T}}]^{\mathrm{T}}$，$\dot{\boldsymbol{q}}^*=[\dot{\boldsymbol{q}}_1^{*\mathrm{T}},\cdots,\dot{\boldsymbol{q}}_n^{*\mathrm{T}}]^{\mathrm{T}}$，$\dot{\boldsymbol{q}}=[\dot{\boldsymbol{q}}_1^{\mathrm{T}},\cdots,\dot{\boldsymbol{q}}_n^{\mathrm{T}}]^{\mathrm{T}}$，$\boldsymbol{g}=[\boldsymbol{g}_1^{\mathrm{T}},\cdots,\boldsymbol{g}_n^{\mathrm{T}}]^{\mathrm{T}}$。另外，假设 $\|\boldsymbol{g}\|\leqslant l_g$，$l_g\in\mathbb{R}_{>0}$，记：

$$\chi(t)=\kappa l_{\overline{m}}\|\dot{\boldsymbol{q}}^*\|+\kappa l_c\|\dot{\boldsymbol{q}}\|\|\boldsymbol{q}^*\|+l_g+l_{\overline{m}}l_a+l_c l_v\|\dot{\boldsymbol{q}}\|\tag{5.53}$$

式中，$l_{\overline{m}}$ 如第 2 章中 Lagrangian 系统的性质 1 所示。

本节将方法推广到联合连通网络拓扑下，设计如下分布式控制器：

$$\begin{aligned}\boldsymbol{\tau}_i=&\beta_1\sum_{j\in\mathcal{N}_i(t)}a_{ij}(t)(\boldsymbol{\zeta}_j-\boldsymbol{\zeta}_i)+\beta_2\sum_{j\in\overline{\mathcal{N}}_i(t)}a_{ij}(t)\{\mathrm{sgn}[\sum_{k\in\overline{\mathcal{N}}_j(t)}a_{kj}(t)(\boldsymbol{\zeta}_k-\boldsymbol{\zeta}_j)]\\&+\mathrm{sgn}[\sum_{k\in\overline{\mathcal{N}}_i(t)}a_{kj}(t)(\boldsymbol{\zeta}_k-\boldsymbol{\zeta}_i)]\},j=0,\cdots,n\end{aligned}\tag{5.54}$$

式中，$\overline{\mathcal{N}}_i(t)$ 为有领航者时，个体 i 的所有邻居个体集合。当个体 i 和领航者通信时，$a_{i0}=1$，否则 $a_{i0}=0$。这里不要求每个个体都和领航者通信，只要求部分个体和领航者通信即可。对通信拓扑做出如下假设：

假设 5.5 无向图 $\overline{\mathcal{G}}_\varrho$ 在每个时间段 $[t_k,t_{k+1})$ 内都是联合连通的。

于是，可以得到以下结论：

定理 5.7 对于系统（5.38），如果通信拓扑满足假设 5.5，如果领航者的速度和加速度是有界的，并且当 β_2 满足 $\beta_2\geqslant\dfrac{\chi(0)}{\lambda_{\min}(\boldsymbol{H}_\varrho)}$，其中 $\chi(t)$ 如式（5.53）所定义，$\lambda_{\min}(\boldsymbol{H}_\varrho)$ 为 $\boldsymbol{H}_\varrho$ 的最小非零特征值，则控制器（5.54）可实现各个个体对领航者的一致跟踪。

证明： 将系统（5.52）写为矩阵形式：

$$\begin{aligned}\boldsymbol{M}(\boldsymbol{q})\dot{\boldsymbol{\zeta}}^*+\boldsymbol{C}(\boldsymbol{q},\dot{\boldsymbol{q}})\boldsymbol{\zeta}^*=&-\beta_1(\boldsymbol{H}_\varrho\otimes\boldsymbol{I}_p)\boldsymbol{\zeta}^*-\beta_2(\boldsymbol{H}_\varrho\otimes\boldsymbol{I}_p)\\&\mathrm{sgn}[(\boldsymbol{H}_\varrho\otimes\boldsymbol{I}_p)\dot{\boldsymbol{\zeta}}^*]+\boldsymbol{\Phi}\end{aligned}\tag{5.55}$$

式中，$\boldsymbol{q}=[\boldsymbol{q}_1^{\mathrm{T}},\cdots,\boldsymbol{q}_n^{\mathrm{T}}]^{\mathrm{T}}$，$\boldsymbol{\zeta}^*=[\boldsymbol{\zeta}_1^{*\mathrm{T}},\cdots,\boldsymbol{\zeta}_n^{*\mathrm{T}}]^{\mathrm{T}}$，$\widetilde{\boldsymbol{\Theta}}=\mathrm{diag}[\widetilde{\boldsymbol{\Theta}}_1,\cdots,\widetilde{\boldsymbol{\Theta}}_n]^{\mathrm{T}}$，$\boldsymbol{M}(\boldsymbol{q})=\mathrm{diag}[\boldsymbol{M}_1(\boldsymbol{q}_1),\cdots,\boldsymbol{M}_n(\boldsymbol{q}_n)]$，$\boldsymbol{C}(\boldsymbol{q},\dot{\boldsymbol{q}})=\mathrm{diag}[\boldsymbol{C}_1(\boldsymbol{q}_1,\dot{\boldsymbol{q}}_1),\cdots,\boldsymbol{C}_n(\boldsymbol{q}_n,\dot{\boldsymbol{q}}_n)]$。

变量 $\boldsymbol{\Phi}(t)$ 为：

$$\boldsymbol{\Phi}(t)=[\kappa\boldsymbol{M}(\boldsymbol{q})\dot{\boldsymbol{q}}^{*}+\kappa\boldsymbol{C}(\boldsymbol{q},\dot{\boldsymbol{q}})\boldsymbol{q}^{*}-\boldsymbol{g}(\boldsymbol{q})]-\boldsymbol{M}(\boldsymbol{q})(\boldsymbol{1}\otimes\ddot{\boldsymbol{q}}_0)-\boldsymbol{C}(\boldsymbol{q},\dot{\boldsymbol{q}})\otimes(\boldsymbol{1}\otimes\dot{\boldsymbol{q}}_0) \tag{5.56}$$

由于 $\boldsymbol{\zeta}_i^{*}=\dot{\boldsymbol{q}}_i^{*}+\kappa\boldsymbol{q}_i^{*}$，将等式两边同时乘以 $\mathrm{e}^{\kappa\tau}$，然后两边同时从 0 到 t 积分，可得：

$$\boldsymbol{q}^{*}(t)=\mathrm{e}^{\kappa t}\left[\boldsymbol{q}^{*}(0)+\int_0^t \mathrm{e}^{\kappa t}\boldsymbol{\zeta}^{*}(\tau)\mathrm{d}\tau\right]$$

于是：

$$\begin{aligned}\|\boldsymbol{q}^{*}(t)\| &\leqslant \mathrm{e}^{-\kappa t}\|\boldsymbol{q}^{*}(0)\|+\frac{1}{\kappa}\sup_{0\leqslant\tau\leqslant t}\|\boldsymbol{\zeta}^{*}(\tau)\|(1-\mathrm{e}^{-\kappa t})\\ &\leqslant\|\boldsymbol{q}^{*}(0)\|+\frac{1}{\kappa}\sup_{0\leqslant\tau\leqslant t}\|\boldsymbol{\zeta}^{*}(\tau)\|\end{aligned} \tag{5.57}$$

由于 $\boldsymbol{\zeta}^{*}=\dot{\boldsymbol{q}}^{*}+\kappa\boldsymbol{q}^{*}$，则：

$$\begin{aligned}\|\dot{\boldsymbol{q}}^{*}(t)\|&=\|\boldsymbol{\zeta}^{*}(t)-\kappa\boldsymbol{q}^{*}(t)\|\leqslant\|\boldsymbol{\zeta}^{*}(t)\|+\kappa\|\boldsymbol{q}^{*}(t)\|\\ &\leqslant\kappa\|\boldsymbol{q}^{*}(0)\|+2\sup_{0\leqslant\tau\leqslant t}\|\boldsymbol{\zeta}^{*}(\tau)\|\end{aligned} \tag{5.58}$$

所以可得：

$$\begin{aligned}\|\dot{\boldsymbol{q}}(t)\|&=\|\dot{\boldsymbol{q}}^{*}(t)+\boldsymbol{1}_n\otimes\dot{\boldsymbol{q}}_0(t)\|\leqslant\|\dot{\boldsymbol{q}}^{*}(t)\|+\|\boldsymbol{1}_n\otimes\dot{\boldsymbol{q}}_0(t)\|\\ &\leqslant\kappa\|\boldsymbol{q}^{*}(0)\|+2\sup_{0\leqslant\tau\leqslant t}\|\boldsymbol{\zeta}^{*}(\tau)\|+l_v\end{aligned} \tag{5.59}$$

定义 $\psi(t)=\sup_{0\leqslant\tau\leqslant t}\|\boldsymbol{\zeta}^{*}(\tau)\|$，则可得：

$$\begin{aligned}\|\boldsymbol{\Phi}(t)\|&=\|\kappa\boldsymbol{M}(\boldsymbol{q})\dot{\boldsymbol{q}}^{*}+\kappa\boldsymbol{C}(\boldsymbol{q},\dot{\boldsymbol{q}})\boldsymbol{q}^{*}-\boldsymbol{g}(\boldsymbol{q})-\boldsymbol{M}(\boldsymbol{q})(\boldsymbol{1}\otimes\ddot{\boldsymbol{q}}_0)-\boldsymbol{C}(\boldsymbol{q},\dot{\boldsymbol{q}})\otimes(\boldsymbol{1}\otimes\dot{\boldsymbol{q}}_0)\|\\ &\leqslant\kappa l_{\overline{m}}\|\dot{\boldsymbol{q}}^{*}\|+\kappa l_c\|\dot{\boldsymbol{q}}\|\|\boldsymbol{q}^{*}\|+l_g+l_{\overline{m}}l_a+l_c l_v\|\dot{\boldsymbol{q}}\|\\ &=\chi(t)\end{aligned}$$

式中

$$\begin{aligned}\chi(t)=&2l_c\psi^2(t)+(3l_c l_v+2\kappa l_{\overline{m}}+3\kappa l_c\|\boldsymbol{q}^{*}(0)\|)\psi(t)+(2\kappa l_c l_v+\boldsymbol{\kappa}^2 l_{\overline{m}})\|\boldsymbol{q}^{*}(0)\|\\ &+\kappa^2 l_c\|\boldsymbol{q}^{*}(0)\|^2+l_{\overline{m}}l_a+l_c l_v^2+l_g\end{aligned} \tag{5.60}$$

设计共同 Lyapunov 方程如下：

$$V(t)=\frac{1}{2}\boldsymbol{\zeta}^{*\mathrm{T}}\boldsymbol{M}(\boldsymbol{q})\boldsymbol{\zeta}^{*} \tag{5.61}$$

求导可得：

$$\begin{aligned}\dot{V}(t)&=\boldsymbol{\zeta}^{*\mathrm{T}}\boldsymbol{M}(\boldsymbol{q})\dot{\boldsymbol{\zeta}}^{*}+\frac{1}{2}\boldsymbol{\zeta}^{*\mathrm{T}}\dot{\boldsymbol{M}}(\boldsymbol{q})\boldsymbol{\zeta}^{*}+\tilde{\boldsymbol{\Theta}}^{\mathrm{T}}\boldsymbol{\Lambda}\dot{\tilde{\boldsymbol{\Theta}}}\\ &=\boldsymbol{\zeta}^{*\mathrm{T}}[-\beta_1(\boldsymbol{H}_Q\otimes\boldsymbol{I}_p)\boldsymbol{\zeta}^{*}-\beta_2(\boldsymbol{H}_Q\otimes\boldsymbol{I}_p)\mathrm{sgn}[(\boldsymbol{H}_Q\otimes\boldsymbol{I}_p)\boldsymbol{\zeta}^{*}]+\boldsymbol{\Phi}(t)]\\ &\leqslant-\beta_1\boldsymbol{\zeta}^{*\mathrm{T}}(\boldsymbol{H}_Q\otimes\boldsymbol{I}_p)\boldsymbol{\zeta}^{*}-\beta_2\|(\boldsymbol{H}_Q\otimes\boldsymbol{I}_p)\boldsymbol{\zeta}^{*}\|_2+\|\boldsymbol{\Phi}(t)\|\|\boldsymbol{\zeta}^{*}\|\\ &\leqslant-\beta_1\boldsymbol{\zeta}^{*\mathrm{T}}(\boldsymbol{H}_Q\otimes\boldsymbol{I}_p)\boldsymbol{\zeta}^{*}-[\beta_2\lambda_{\min}(\boldsymbol{H}_Q)-\chi(t)]\|\boldsymbol{\zeta}^{*}\|\end{aligned}$$

类似地，可以证明当满足 $\beta_2 \geqslant \dfrac{\chi(0)}{\lambda_{\min}(\boldsymbol{H}_Q)}$ 时，$\beta_2\lambda_{\min}(\boldsymbol{H}_Q)-\chi(t)\geqslant 0$，这里不再赘述。同时，可以得到：

$$\dot{V}(t)\leqslant -\beta_1\boldsymbol{\zeta}^*(\boldsymbol{H}_Q\otimes\boldsymbol{I}_p)\boldsymbol{\zeta}^*$$

由于 $\boldsymbol{H}_Q$ 为对称矩阵，所以存在正交矩阵 $\boldsymbol{U}_Q$ 使得：

$$\boldsymbol{U}_Q\boldsymbol{H}_Q\boldsymbol{U}_Q^{\mathrm{T}}=\boldsymbol{\Lambda}_Q=\mathrm{diag}[\lambda_Q^{i_1},\cdots,\lambda_Q^{i_n}]$$

式中，$\lambda_Q^{i_1}$，…，$\lambda_Q^{i_n}$ 为 $\boldsymbol{H}_Q$ 的特征值，$i_1,\cdots,i_n$ 为 $1,\cdots,n$ 的组合。令

$$\tilde{\boldsymbol{\zeta}}=(\boldsymbol{U}_Q\otimes\boldsymbol{I}_p)\boldsymbol{\zeta}^* \tag{5.62}$$

可得：

$$\begin{aligned}\dot{V}(t)&\leqslant -\beta_1\boldsymbol{\zeta}^{*\mathrm{T}}(\boldsymbol{H}_Q\otimes\boldsymbol{I}_p)\boldsymbol{\zeta}^*\\&\leqslant -\beta_1\lambda_{\min}(\boldsymbol{H}_Q)\sum_{i\in\mathfrak{L}(Q)}\tilde{\boldsymbol{\zeta}}_i^{\mathrm{T}}\tilde{\boldsymbol{\zeta}}_i\\&\leqslant 0\end{aligned}$$

所以 $V(t)$ 是非增函数并且有下界，即 $\lim\limits_{t\to\infty}V(t)=V(\infty)$ 存在，接下来证明 $\lim\limits_{t\to\infty}\boldsymbol{\zeta}^*(t)=0$。

假设存在序列 $V(t_k),k=0,1,\cdots$，由柯西收敛准则可知，对于任意 $\forall\varepsilon>0$，存在正数 K 使得对于任意 $\forall k>K$，有 $|V(t_{k+1})-V(t_k)|<\varepsilon$，也即 $\left|\int_{t_k}^{t_{k+1}}\dot{V}(t)\mathrm{d}t\right|<\varepsilon$，同时可得

$$\int_{t_k^0}^{t_k^1}\dot{V}(t)\mathrm{d}t+\cdots+\int_{t_k^{m_k-1}}^{t_k^{m_k}}\dot{V}(t)\mathrm{d}t>-\varepsilon$$

在每个时间间隔内有：

$$\begin{aligned}\int_{t_k^l}^{t_k^{l+1}}\dot{V}(t)\mathrm{d}t&\leqslant -\lambda_{\min}(\boldsymbol{H}_Q)\int_{t_k^l}^{t_k^{l+1}}\sum_{i\in\mathcal{L}(Q(t_k^l))}\tilde{\boldsymbol{\zeta}}_i^{\mathrm{T}}\tilde{\boldsymbol{\zeta}}_i\mathrm{d}t\\&\leqslant -\lambda_{\min}(\boldsymbol{H}_Q)\int_{t_k^l}^{t_k^l+\tau}\sum_{i\in\mathcal{L}(Q(t_k^l))}\tilde{\boldsymbol{\zeta}}_i^{\mathrm{T}}\tilde{\boldsymbol{\zeta}}_i\mathrm{d}t\end{aligned}$$

所以：

$$-\varepsilon<\sum_{l=0}^{l_k-1}\int_{t_k^l}^{t_k^{l+1}}\dot{V}(t)\mathrm{d}t\leqslant -\lambda_{\min}(\boldsymbol{H}_Q)\sum_{l=0}^{l_k-1}\int_{t_k^l}^{t_k^l+\tau}\sum_{i\in\mathcal{L}(Q(t_k^l))}\tilde{\boldsymbol{\zeta}}_i^{\mathrm{T}}\tilde{\boldsymbol{\zeta}}_i\mathrm{d}t$$

由于在时间间隔 $[t_k,t_{k+1})$ 内切换次数 l_k 是有限的，所以对于任意 $\forall k>K$ 可以得到：

$$\int_{t_k^l}^{t_k^l+\tau}\sum_{i\in\mathcal{L}(Q(t_k^l))}\tilde{\boldsymbol{\zeta}}_i^{\mathrm{T}}\tilde{\boldsymbol{\zeta}}_i\mathrm{d}t\leqslant\frac{\varepsilon}{\lambda_{\min}(\boldsymbol{H}_Q)},\ l=0,1,\cdots,l_k-1$$

这意味着：

$$\lim_{t\to\infty}\int_t^{t+\tau}\sum_{i\in\mathfrak{L}(Q(t_k^l))}\tilde{\zeta}_i^{\mathrm{T}}\tilde{\zeta}_i\,\mathrm{d}t=0,\ l=0,1,\cdots,l_k-1$$

所以：

$$\lim_{t\to\infty}\sum_{l=0}^{l_k-1}\int_t^{t+\tau}\sum_{i\in\mathcal{L}(Q(t_k^l))}\tilde{\zeta}_i^{\mathrm{T}}\tilde{\zeta}_i\,\mathrm{d}t=0$$

由引理 5.2 可知，由于在 $t\in[t_k,t_{k+1})$ 内通信拓扑是联合连通的，所以 $\bigcup_{t\in[t_k,t_{k+1})}\mathcal{L}(\varrho(t))=\{1,2,\cdots,n\}$，于是有：

$$\lim_{t\to\infty}\int_t^{t+\tau}[\sum_{i=1}^{n}a_i\tilde{\zeta}_i^{\mathrm{T}}\tilde{\zeta}_i]\mathrm{d}t=0$$

式中，$a_1,\cdots,a_n>0$ 为常数。

$\lim_{t\to\infty}V(t)=V(\infty)$ 说明 $\boldsymbol{\zeta}^*(t)$ 是有界的，于是由式（5.57)～式（5.59）可知 $\dot{\boldsymbol{q}}_i^*$、$\boldsymbol{q}_i^*$ 和 $\dot{\boldsymbol{q}}_i$ 都是有界的，所以 $\|\boldsymbol{C}_i(\boldsymbol{q}_i,\dot{\boldsymbol{q}})\|\leqslant l_c\|\dot{\boldsymbol{q}}_i\|<\infty$，即 $\boldsymbol{C}_i(\boldsymbol{q}_i,\dot{\boldsymbol{q}})$ 是有界的，根据式（5.52）可得 $\dot{\boldsymbol{\zeta}}^*(t)$ 也是有界的，所以 $\sum_{i=1}^{n}a_i\tilde{\zeta}_i^{\mathrm{T}}\tilde{\zeta}_i$ 是一致连续的，由 Barbalat 定理可以得到，$\lim_{t\to\infty}\sum_{i=1}^{n}a_i\tilde{\zeta}_i^{\mathrm{T}}\tilde{\zeta}_i\,\mathrm{d}t=0$，所以 $\lim_{t\to\infty}\tilde{\zeta}_i=0$，即 $\lim_{t\to\infty}\zeta_i^*=0$。再由本章引理 5.1 可得，当 $t\to\infty$ 时，$\boldsymbol{q}_i(t)\to\boldsymbol{q}_0(t)$，$\dot{\boldsymbol{q}}_i(t)\to\dot{\boldsymbol{q}}_0(t)$。

定理得证。

注释 5.5 这里将其结果推广到了更为一般的联合连通切换网络中，并结合切换系统的相关理论对系统稳定性进行了证明。注意，算法（5.54）中，需要每个个体的参数 β_2 满足 $\beta_2\geqslant\frac{\chi(0)}{\lambda_{\min}(\boldsymbol{H}_Q)}$，即每个个体都需要知道其他个体的初始状态以及领航者的速度和加速度上界。然而在实际应用中，可以通过多次实验，并根据系统的性能表现来调整参数，而无须知道初始状态的具体值。

本章小结

本章针对切换网络环境中网络化 Lagrangian 系统的协同控制进行了深入研究。首先，针对连通切换网络，分别针对动力学参数已知和未知 Lagrangian 系统两种情况设计了分布式一致性算法，使得系统状态达到一致性意义下的稳定性。然后，针对更为一般的切换通信、联合连通网络，设计了一种新的自适应控制构架，该构架将网络化 Lagrangian 系统分为孤立个体和连通个体两种类型。基于此构架，对联合连通网络中含未知参数的 Lagrangian 系统一致性问题进行了研究，并基于共同 Lyapunov 方法和 Barbalat 定理，对算法的稳定性进行了证明。同时，针对含有动态领航者的情形，本章研究了一种不依赖模型参数的动态跟踪算法，并证明该算法在联合连通网络中能够实现对领航者的动态跟踪。最后，对网络化 Lagrangian 系统中既含有参数已知个体又含有参数未知个体的情况进行了研究。结果表明，在二者共存的情况下，系统的一致性仍然可以实现。而且，从后续的第 6 章还将看到，该控制构架能够适用于系统同时存在通信时延与通信拓扑切换的特殊情况，进一步扩展了其实际应用范围。

第6章 复杂网络环境中多机器人协同控制

6.1 引言

在前面章节的讨论中，假设系统存在时延或者存在通信网络切换。然而，在实际多机器人系统中，不仅可能存在个体之间的通信时延，也有可能存在通信网络切换的情况。所以，综合考虑这两种因素显然更具有实际意义，同时也更有挑战性。目前综合考虑这两种复杂网络环境的研究结果主要集中在线性一阶和二阶积分器系统上，对于非线性的 Lagrangian 系统，目前还没有见到同时考虑时延和网络切换的相关结果。本章将沿用前面章节中把网络化 Lagrangian 系统分为连通个体和孤立个体两种类型的控制构架，对同时含有时延和切换的协同控制问题展开研究，从而将该类方法进行推广，以满足更加广泛的应用需求。

6.2 联合连通恒定时延网络中多 Lagrangian 系统协同控制

6.2.1 问题描述

本节首先假设系统中的通信时延 $T\in\mathbb{R}_{>0}$ 为常数，同时假设通信网络为联合连通网络（具体如 5.7.1 节所定义），重写分布式 Lagrangian 系统：

$$\boldsymbol{M}_i(\boldsymbol{q}_i)\ddot{\boldsymbol{q}}_i+\boldsymbol{C}_i(\boldsymbol{q}_i,\dot{\boldsymbol{q}}_i)\dot{\boldsymbol{q}}_i+\boldsymbol{g}_i(\boldsymbol{q}_i)=\boldsymbol{\tau}_i \tag{6.1}$$

式中，$i\in\mathcal{I}$。假设 $\boldsymbol{M}_i(\boldsymbol{q}_i)$、$\boldsymbol{C}_i(\boldsymbol{q}_i,\dot{\boldsymbol{q}}_i)$ 和 $\boldsymbol{g}_i(\boldsymbol{q}_i)$ 不能精确获得，其估计量分别为 $\hat{\boldsymbol{M}}_i(\boldsymbol{q}_i)$、$\hat{\boldsymbol{C}}_i(\boldsymbol{q}_i,\dot{\boldsymbol{q}}_i)$ 和 $\hat{\boldsymbol{g}}_i(\dot{\boldsymbol{q}}_i)$，同样定义辅助变量 $\boldsymbol{\zeta}_i=\dot{\boldsymbol{q}}_i+\kappa\boldsymbol{q}_i$，其中，$\kappa>0$ 为常数。将辅助变量代入系统（6.1）可得：

$$\boldsymbol{M}_i(\boldsymbol{q}_i)\dot{\boldsymbol{\zeta}}_i(t)+\boldsymbol{C}_i(\boldsymbol{q}_i,\dot{\boldsymbol{q}}_i)\boldsymbol{\zeta}_i(t)=\boldsymbol{Y}_i\boldsymbol{\Theta}_i+\boldsymbol{\tau}_i \tag{6.2}$$

式中，根据 Lagrangian 系统的性质 2 知 $\boldsymbol{Y}_i\boldsymbol{\Theta}_i=\kappa\boldsymbol{M}_i(\boldsymbol{q}_i)\dot{\boldsymbol{q}}_i+\kappa\boldsymbol{C}_i(\boldsymbol{q}_i,\dot{\boldsymbol{q}}_i)\boldsymbol{q}_i-\boldsymbol{g}_i(\boldsymbol{q}_i)$。这里需要用到相邻个体的时延信息，定义 $\boldsymbol{\zeta}_i(t-T)=\dot{\boldsymbol{q}}_i(t-T)+\kappa\boldsymbol{q}_i(t-T)$。

对于联合连通通信拓扑，在某些时刻可能会出现通信链路断开的情况，致使部分个体无相邻个体与之通信，处于孤立状态。为了描述这种情况，如 5.7 节一样，用$\mathcal{V}_\eta(t)$ 表示在 t 时刻所有连通个体的集合，用$\mathcal{V}_\iota(t)$ 表示孤立个体的集合。则有$\mathcal{V}_\eta(t)\cup\mathcal{V}_\iota(t)=\mathcal{V}$。这里考虑系统中无领航者的情况，对通信拓扑做出以下假设：

假设 6.1 无向图$\mathcal{G}_Q$在每个时间段 $[t_k,t_{k+1})$ 内都是联合连通的。

本节需要用到以下引理：

引理 6.1 令序列$\{t_i,i=0,1,2,\cdots\}$满足 $t_0=0$，$t_{i+1}-t_i\geqslant\gamma>0$。假设标量函数 $V(t):[0,+\infty)\rightarrow\mathbb{R}$ 满足以下条件：

① $V(t)$ 有界；

② $\dot{V}(t)$ 可导，并且在每个区间 $[t_i,t_{i+1})$ 都为非负；

③ $\ddot{V}(t)$ 在 $[0,+\infty)$ 上有界，即存在常数 ξ 使得

$$\sup_{t_i\leqslant t\leqslant t_{i+1},i=0,1,2,\cdots}|\ddot{V}(t)|\leqslant\xi$$

则可以得到当 $t\rightarrow\infty$时，$\dot{V}(t)\rightarrow0$。

证明： 构造共同 Lyapunov 函数 $V(t)=\sum_{i=1}^{n}V_i(t)$，其中 $V_i(t)$ 为：

$$V_i(t)=\frac{K}{2}\int_{t-T}^{t}\boldsymbol{\zeta}_i(\zeta)^{\mathrm{T}}\boldsymbol{\zeta}_i(\zeta)\mathrm{d}\zeta+\frac{1}{2}\boldsymbol{\zeta}_i^{\mathrm{T}}\boldsymbol{M}_i(\boldsymbol{q}_i)\boldsymbol{\zeta}_i+\frac{1}{2}\tilde{\boldsymbol{\Theta}}_i^{\mathrm{T}}\boldsymbol{\Lambda}_i^{-1}\tilde{\boldsymbol{\Theta}}_i \tag{6.3}$$

注意，这里 $V(t)$ 中也不含和网络切换相关的变量，所以 $V(t)$ 是连续的。将 $V(t)$ 分为两部分，$V(t)=V_\eta(t)+V_\iota(t)$，其中，$V_\eta(t)=\sum_{i\in\mathcal{V}_\eta(t)}V_i(t)$，$V_\iota(t)=\sum_{i\in\mathcal{V}_\iota(t)}V_i(t)$。分别对 $V_\eta(t)$ 和 $V_\iota(t)$ 求导可得：

$$\begin{aligned}\dot{V}_\eta(t)=&\frac{K}{2}\sum_{i\in\mathcal{V}_\eta(t)}\eta_i\sum_{j\in\mathcal{N}_i(t)}a_{ij}(t)[\boldsymbol{\zeta}_i^{\mathrm{T}}\boldsymbol{\zeta}_i-\boldsymbol{\zeta}_i(t-T)^{\mathrm{T}}\boldsymbol{\zeta}_i(t-T)]\\&+\frac{1}{2}\sum_{i\in\mathcal{V}_\eta(t)}\boldsymbol{\zeta}_i^{\mathrm{T}}\dot{\boldsymbol{M}}_i(\dot{\boldsymbol{q}}_i)\boldsymbol{\zeta}_i+\sum_{i\in\mathcal{V}_\eta(t)}\boldsymbol{\zeta}_i^{\mathrm{T}}\boldsymbol{M}_i(\boldsymbol{q}_i)\dot{\boldsymbol{\zeta}}_i\\&+\sum_{i\in\mathcal{V}_\eta(t)}\tilde{\boldsymbol{\Theta}}_i^{\mathrm{T}}\boldsymbol{\Lambda}_i^{-1}\dot{\tilde{\boldsymbol{\Theta}}}_i\\=&\frac{K}{2}\sum_{i\in\mathcal{V}_\eta(t)}\eta_i\sum_{j\in\mathcal{N}_i(t)}a_{ij}(t)[\boldsymbol{\zeta}_i^{\mathrm{T}}\boldsymbol{\zeta}_i-\boldsymbol{\zeta}_i(t-T)^{\mathrm{T}}\boldsymbol{\zeta}_i(t-T)]\\&+\frac{K}{2}\sum_{i\in\mathcal{V}_\eta(t)}\boldsymbol{\zeta}_i^{\mathrm{T}}\sum_{j\in\mathcal{N}_i(t)}a_{ij}(t)[2\eta_j\boldsymbol{\zeta}_j(t-T)-(\eta_j+\eta_i)\boldsymbol{\zeta}_i]\end{aligned}$$

由于通信拓扑为无向图，即 $a_{ij}(t)=a_{ji}(t)$，所以可以证明 $\sum_{i\in\mathcal{V}_\eta(t)}\sum_{j\in\mathcal{N}_i(t)}a_{ij}(t)\eta_i\boldsymbol{\zeta}_i(t-T)^{\mathrm{T}}\boldsymbol{\zeta}_i(t-T)=\sum_{i\in\mathcal{V}_\eta(t)}\sum_{j\in\mathcal{N}_i(t)}a_{ij}(t)\eta_j\boldsymbol{\zeta}_j(t-T)^{\mathrm{T}}\boldsymbol{\zeta}_j(t-T)$，所以可得：

$$
\begin{aligned}
\dot{V}_\eta(t)=&\frac{K}{2}\sum_{i\in\mathcal{V}_\eta(t)}\sum_{j\in\mathcal{N}_i(t)}a_{ij}(t)[\eta_i\boldsymbol{\zeta}_i^{\mathrm{T}}\boldsymbol{\zeta}_i-\eta_j\boldsymbol{\zeta}_j(t-T)^{\mathrm{T}}\boldsymbol{\zeta}_j(t-T)\\
&+2\eta_j\boldsymbol{\zeta}_i^{\mathrm{T}}\boldsymbol{\zeta}_j(t-T)-(\eta_j+\eta_i)\boldsymbol{\zeta}_i^{\mathrm{T}}\boldsymbol{\zeta}_i]\\
=&\frac{K}{2}\sum_{i\in\mathcal{V}_\eta(t)}\sum_{j\in\mathcal{N}_i(t)}a_{ij}(t)\eta_j\|\boldsymbol{\zeta}_j(t-T)-\boldsymbol{\zeta}_i(t)\|^2
\end{aligned}
$$

对 $V_\iota(t)$ 求导得：

$$
\begin{aligned}
\dot{V}_\iota(t)=&\frac{K}{2}\sum_{i\in\mathcal{V}_\iota(t)}[\boldsymbol{\zeta}_i^{\mathrm{T}}\boldsymbol{\zeta}_i-\boldsymbol{\zeta}_i(t-T)^{\mathrm{T}}\boldsymbol{\zeta}_i(t-T)]\\
&+\sum_{i\in\mathcal{V}_\iota(t)}K[\boldsymbol{\zeta}_i^{\mathrm{T}}\boldsymbol{\zeta}_i(t-T)-\boldsymbol{\zeta}_i^{\mathrm{T}}\boldsymbol{\zeta}_i]\\
=&\frac{K}{2}\sum_{i\in\mathcal{V}_\iota(t)}\|\boldsymbol{\zeta}_i(t-T)-\boldsymbol{\zeta}_i(t)\|^2
\end{aligned}
$$

所以可以得到：

$$\dot{V}(t)=\dot{V}_\eta(t)+\dot{V}_\iota(t)\leqslant 0$$

类似于定理 4.3 的分析过程，同样可以得到 $\ddot{V}(t)\in\mathcal{L}_\infty$，于是据引理 6.1 可知，$\lim_{t\to\infty}\dot{V}(t)=0$，从而得到 $\lim_{t\to\infty}\|\boldsymbol{\zeta}_i(t-T)-\boldsymbol{\zeta}_i(t)\|=0$（$i\in\mathcal{V}_\eta(t)$）和 $\lim_{t\to\infty}\|\boldsymbol{\zeta}_i(t-T)-\boldsymbol{\zeta}_i(t)\|=0$（$i\in\mathcal{V}_\iota(t)$）。由于通信拓扑的联合连通特性，同定理 4.3 的证明过程一样，可以得到 $\lim_{t\to\infty}\|\boldsymbol{\zeta}_i(t)-\boldsymbol{\zeta}_j(t-T)\|=0(i,j\in\mathcal{I})$。根据引理 6.1 可得：

$$
\begin{cases}
\lim_{t\to\infty}\|\boldsymbol{q}_i(t)-\boldsymbol{q}_j(t-T)\|=0\\
\lim_{t\to\infty}\|\dot{\boldsymbol{q}}_i(t)-\dot{\boldsymbol{q}}_j(t-T)\|=0,\forall i,j\in\mathcal{I}
\end{cases}
\tag{6.4}
$$

若当 $t\to\infty$ 时，$\mathcal{V}_\eta(t)$ 为非空集合，这里对一致性结论进行进一步讨论。由前面的分析可知 $\lim_{t\to\infty}\|\boldsymbol{q}_r(t-T)-\boldsymbol{q}_r(t)\|=0$，$r\in\mathcal{V}_\iota(t)$。假设任意孤立个体 r 在时刻 $t_m(t_m\to+\infty)$ 和个体 $i(i\in\mathcal{V}_\eta(t))$ 连通，首先 $\boldsymbol{q}_r(t_m-T)=\boldsymbol{q}_r(t_m)$，由 $\boldsymbol{q}_r(t)$ 的连续性可知，存在一个足够小的常数 $\varepsilon>0$ 使得 $\boldsymbol{q}_r(t_m-\varepsilon-T)\to\boldsymbol{q}_r(t_m-T)$，$\boldsymbol{q}_r(t_m)\to\boldsymbol{q}_r(t_m+\varepsilon)$，于是 $\boldsymbol{q}_r(t_m-\varepsilon-T)\to\boldsymbol{q}_r(t_m+\varepsilon)$。同时在 $t_m+\varepsilon$ 时刻，个体 r 与 i 连通，又可得到 $\boldsymbol{q}_r(t_m+\varepsilon-T)\to\boldsymbol{q}_i(t_m+\varepsilon)$。最后可以得到 $\boldsymbol{q}_r(t_m)\to\boldsymbol{q}_i(t_m)$，同样可以得到 $\dot{\boldsymbol{q}}_r(t_m)\to\dot{\boldsymbol{q}}_i(t_m)$，即 $\lim_{t\to\infty}\|\boldsymbol{q}_i(t)-\boldsymbol{q}_j(t)\|=0$，$\lim_{t\to\infty}$

$\|\dot{\boldsymbol{q}}_i(t)-\dot{\boldsymbol{q}}_j(t)\|=0$。

6.2.2 主要结论

在含有通信时延条件下，对联合连通网络中多 Lagrangian 系统设计的分布式自适应控制器如下：

$$\boldsymbol{\tau}_i=\begin{cases}K\sum\limits_{j\in\mathcal{N}_i(t)}a_{ij}(t)\left[\eta_j\boldsymbol{\zeta}_j(t-T)-\dfrac{\eta_j+\eta_i}{2}\boldsymbol{\zeta}_i(t)\right]-\boldsymbol{Y}_i\hat{\boldsymbol{\Theta}}_i, & i\in\mathcal{V}_\eta(t)\\ K\left[\boldsymbol{\zeta}_i(t-T)-\boldsymbol{\zeta}_i(t)\right]-\boldsymbol{Y}_i\hat{\boldsymbol{\Theta}}_i, & i\in\mathcal{V}_\iota(t)\end{cases} \tag{6.5}$$

式中，$K\in\mathbb{R}_{>0}$，$\eta_i=1/\sum\limits_{j\in\mathcal{N}_i(t)}a_{ij}(t)>0$，$\eta_j=1/\sum\limits_{i\in N_j(t)}a_{ij}(t)>0$。其他符号定义和第 4 章一致，这里有：

$$\boldsymbol{Y}_i\hat{\boldsymbol{\Theta}}_i=\kappa\hat{\boldsymbol{M}}_i(\boldsymbol{q}_i)\dot{\boldsymbol{q}}_i+\kappa\hat{\boldsymbol{C}}_i(\boldsymbol{q}_i,\dot{\boldsymbol{q}}_i)\boldsymbol{q}_i+\hat{\boldsymbol{g}}_i(\boldsymbol{q}_i)$$

式中，$\hat{\boldsymbol{M}}_i(\boldsymbol{q}_i)$、$\hat{\boldsymbol{C}}_i(\boldsymbol{q}_i、\dot{\boldsymbol{q}}_i)$、$\hat{\boldsymbol{g}}_i(\dot{\boldsymbol{q}}_i)$ 分别为 $\boldsymbol{M}_i(\boldsymbol{q}_i)$、$\boldsymbol{C}_i(\boldsymbol{q}_i、\dot{\boldsymbol{q}}_i)$、$\boldsymbol{g}_i(\boldsymbol{q}_i)$ 的估计值。设参数估计误差为$\tilde{\boldsymbol{\Theta}}_i=\boldsymbol{\Theta}_i-\hat{\boldsymbol{\Theta}}_i$，$\hat{\boldsymbol{\Theta}}_i$ 的动态方程为：

$$\dot{\hat{\boldsymbol{\Theta}}}_i=\boldsymbol{\Gamma}_i\boldsymbol{Y}_i^{\mathrm{T}}\boldsymbol{\zeta}_i \tag{6.6}$$

式中，$\boldsymbol{\Gamma}_i$ 为已知的正定矩阵。

注释 6.1 在联合连通网络中，通信链路在某些时刻是可以断开的，所以在式(6.5) 中，分别对连通个体和孤立个体设计不同的控制算法，连通个体之间互相通信，状态差值作为输入量，而孤立个体将自身当前时刻状态与 T 时刻之前的状态差值作为输入。

将式 (6.5) 代入式 (6.1) 可得：

$$\begin{cases}\boldsymbol{M}_i(\boldsymbol{q}_i)\dot{\boldsymbol{\zeta}}_i(t)+\boldsymbol{C}_i(\boldsymbol{q}_i,\dot{\boldsymbol{q}}_i)\boldsymbol{\zeta}_i(t)=K\sum\limits_{j\in\mathcal{N}_i}a_{ij}(t)\Big[\eta_j\boldsymbol{\zeta}_j(t-T)-\\ \qquad\qquad\dfrac{\eta_j+\eta_i}{2}\boldsymbol{\zeta}_i(t)\Big]+\boldsymbol{Y}_i(\boldsymbol{q}_i,\dot{\boldsymbol{q}}_i)\tilde{\boldsymbol{\Theta}}_i, \quad i\in\mathcal{V}_\eta(t)\\ \boldsymbol{M}_i(\boldsymbol{q}_i)\boldsymbol{\zeta}_i(t)+\boldsymbol{C}_i(\boldsymbol{q}_i,\dot{\boldsymbol{q}}_i)\boldsymbol{\zeta}_i(t)=K\left[\boldsymbol{\zeta}_i(t-T)-\boldsymbol{\zeta}_i(t)\right]+\\ \qquad\qquad\boldsymbol{Y}_i(\boldsymbol{q}_i,\dot{\boldsymbol{q}}_i)\tilde{\boldsymbol{\Theta}}_i, \quad i\in\mathcal{V}_\iota(t)\end{cases} \tag{6.7}$$

于是，可以得到以下结论：

定理 6.1 如果通信网络满足假设 6.1，同时存在网络通信时延 $T>0$，则控制器 (6.5) 可实现多 Lagrangian 系统 (6.1) 的一致性控制。

证明：构造共同 Lyapunov 函数 $V(t)=\sum\limits_{i=1}^{n}V_i(t)$，其中 $V_i(t)$ 为：

$$V_i(t)=\frac{K}{2}\int_{t-T}^{t}\boldsymbol{\zeta}_i(\zeta)^{\mathrm{T}}\boldsymbol{\zeta}_i(\zeta)\mathrm{d}\zeta+\frac{1}{2}\boldsymbol{\zeta}_i^{\mathrm{T}}\boldsymbol{M}_i(\boldsymbol{q}_i)\boldsymbol{\zeta}_i+\frac{1}{2}\tilde{\boldsymbol{\Theta}}_i^{\mathrm{T}}\boldsymbol{\Lambda}_i^{-1}\tilde{\boldsymbol{\Theta}}_i \tag{6.8}$$

注意，这里$V(t)$中也不含和网络切换相关的变量，所以$V(t)$是连续的。将$V(t)$分为两部分，$V(t)=V_\eta(t)+V_\iota(t)$，其中，$V_\eta(t)=\sum_{i\in\mathcal{V}_\eta(t)}V_i(t)$，$V_\iota(t)=\sum_{i\in\mathcal{V}_\iota(t)}V_i(t)$。分别对$V_\eta(t)$和$V_\iota(t)$求导可得：

$$\begin{aligned}\dot{V}_\eta(t)=&\frac{K}{2}\sum_{i\in\mathcal{V}_\eta(t)}\eta_i\sum_{j\in\mathcal{N}_i(t)}a_{ij}(t)[\boldsymbol{\zeta}_i^{\mathrm{T}}\boldsymbol{\zeta}_i-\boldsymbol{\zeta}_i(t-T)^{\mathrm{T}}\boldsymbol{\zeta}_i(t-T)]\\&+\frac{1}{2}\sum_{i\in\mathcal{V}_\eta(t)}\boldsymbol{\zeta}_i^{\mathrm{T}}\dot{\boldsymbol{M}}_i(\boldsymbol{q}_i)\boldsymbol{\zeta}_i+\sum_{i\in\mathcal{V}_\eta(t)}\boldsymbol{\zeta}_i^{\mathrm{T}}\boldsymbol{M}_i(\boldsymbol{q}_i)\dot{\boldsymbol{\zeta}}_i\\&+\sum_{i\in\mathcal{V}_\eta(t)}\tilde{\boldsymbol{\Theta}}_i^{\mathrm{T}}\boldsymbol{\Lambda}_i^{-1}\dot{\tilde{\boldsymbol{\Theta}}}_i\\=&\frac{K}{2}\sum_{i\in\mathcal{V}_\eta(t)}\eta_i\sum_{j\in\mathcal{N}_i(t)}a_{ij}(t)[\boldsymbol{\zeta}_i^{\mathrm{T}}\boldsymbol{\zeta}_i-\boldsymbol{\zeta}_i(t-T)^{\mathrm{T}}\boldsymbol{\zeta}_i(t-T)]\\&+\frac{K}{2}\sum_{i\in\mathcal{V}_\eta(t)}\boldsymbol{\zeta}_i^{\mathrm{T}}\sum_{j\in\mathcal{N}_i(t)}a_{ij}(t)[2\eta_j\boldsymbol{\zeta}_j(t-T)-(\eta_j+\eta_i)\boldsymbol{\zeta}_i]\end{aligned}$$

由于通信拓扑为无向图，即$a_{ij}(t)=a_{ji}(t)$，所以可以证明$\sum_{i\in\mathcal{V}_\eta(t)}\sum_{j\in\mathcal{N}_i(t)}a_{ij}(t)\eta_i\boldsymbol{\zeta}_i(t-T)^{\mathrm{T}}\boldsymbol{\zeta}_i(t-T)=\sum_{i\in\mathcal{V}_\eta(t)}\sum_{j\in\mathcal{N}_i(t)}a_{ij}(t)\eta_j\boldsymbol{\zeta}_j(t-T)^{\mathrm{T}}\boldsymbol{\zeta}_j(t-T)$，可得：

$$\begin{aligned}\dot{V}_\eta(t)=&\frac{K}{2}\sum_{i\in\mathcal{V}_\eta(t)}\sum_{j\in\mathcal{N}_i(t)}a_{ij}(t)[\eta_i\boldsymbol{\zeta}_i^{\mathrm{T}}\boldsymbol{\zeta}_i-\eta_j\boldsymbol{\zeta}_j(t-T)^{\mathrm{T}}\boldsymbol{\zeta}_j(t-T)+\\&2\eta_j\boldsymbol{\zeta}_i^{\mathrm{T}}\boldsymbol{\zeta}_j(t-T)-(\eta_j+\eta_i)\boldsymbol{\zeta}_i^{\mathrm{T}}\boldsymbol{\zeta}_i]\\=&\frac{K}{2}\sum_{i\in\mathcal{V}_\eta(t)}\sum_{j\in\mathcal{N}_i(t)}a_{ij}(t)\eta_j\|\boldsymbol{\zeta}_j(t-T)-\boldsymbol{\zeta}_i(t)\|^2\end{aligned}$$

对$V_\iota(t)$求导得：

$$\begin{aligned}\dot{V}_\iota(t)=&\frac{K}{2}\sum_{i\in\mathcal{V}_\iota(t)}[\boldsymbol{\zeta}_i^{\mathrm{T}}\boldsymbol{\zeta}_i-\boldsymbol{\zeta}_i(t-T)^{\mathrm{T}}\boldsymbol{\zeta}_i(t-T)]\\&+\sum_{i\in\mathcal{V}_\iota(t)}K[\boldsymbol{\zeta}_i^{\mathrm{T}}\boldsymbol{\zeta}_i(t-T)-\boldsymbol{\zeta}_i^{\mathrm{T}}\boldsymbol{\zeta}_i]\\=&\frac{K}{2}\sum_{i\in\mathcal{V}_\iota(t)}\|\boldsymbol{\zeta}_i(t-T)-\boldsymbol{\zeta}_i(t)\|^2\end{aligned}$$

所以：

$$\dot{V}(t)=\dot{V}_\eta(t)+\dot{V}_\iota(t)\leqslant 0$$

可以得到 $\ddot{V}(t)\in\mathcal{L}_\infty$，于是据引理 6.1 可知 $\lim\limits_{t\to\infty}\dot{V}(t)=0$，从而得到 $\lim\limits_{t\to\infty}\|\boldsymbol{\zeta}_j(t-T)-\boldsymbol{\zeta}_i(t)\|=0(i\in\mathcal{V}_\eta(t))$ 和 $\lim\limits_{t\to\infty}\|\boldsymbol{\zeta}_i(t-T)-\boldsymbol{\zeta}_i(t)\|=0(i\in\mathcal{V}_\iota(t))$。由于通信拓扑的联合连通特性，同定理 4.3 的证明过程一样，可以得到 $\lim\limits_{t\to\infty}\|\boldsymbol{\zeta}_i(t)-\boldsymbol{\zeta}_j(t-T)\|=0(i,j\in\mathcal{I})$。根据引理 6.1 可得：

$$
\begin{cases}\lim\limits_{t\to\infty}\|\boldsymbol{q}_i(t)-\boldsymbol{q}_j(t-T)\|=0\\ \lim\limits_{t\to\infty}\|\dot{\boldsymbol{q}}_i(t)-\dot{\boldsymbol{q}}_j(t-T)\|=0,\forall i,j\in\mathcal{I}\end{cases}\tag{6.9}
$$

若当 $t\to\infty$ 时，$\mathcal{V}_\eta(t)$ 为非空集合，这里对一致性结论进行进一步讨论。由前面的分析可知 $\lim\limits_{t\to\infty}\|\boldsymbol{q}_r(t-T)-\boldsymbol{q}_r(t)\|=0$，$r\in\mathcal{V}_\iota(t)$。假设任意孤立个体 r 在时刻 $t_m(t_m\to+\infty)$ 和个体 $i(i\in\mathcal{V}_\eta(t))$ 连通，首先 $\boldsymbol{q}_r(t_m-T)=\boldsymbol{q}_r(t_m)$，由 $\boldsymbol{q}_r(t)$ 的连续性可知，存在一个足够小的常数 $\varepsilon>0$ 使得 $\boldsymbol{q}_r(t_m-\varepsilon-T)\to\boldsymbol{q}_r(t_m-T)$，$\boldsymbol{q}_r(t_m)\to\boldsymbol{q}_r(t_m+\varepsilon)$，于是 $\boldsymbol{q}_r(t_m-\varepsilon-T)\to\boldsymbol{q}_r(t_m+\varepsilon)$。同时，在 $t_m+\varepsilon$ 时刻，个体 r 与 i 连通，又可得到 $\boldsymbol{q}_r(t_m+\varepsilon-T)\to\boldsymbol{q}_i(t_m+\varepsilon)$。最后可以得到 $\boldsymbol{q}_r(t_m)\to\boldsymbol{q}_i(t_m)$，同样可以得到 $\dot{\boldsymbol{q}}_r(t_m)\to\dot{\boldsymbol{q}}_i(t_m)$，即 $\lim\limits_{t\to\infty}\|\boldsymbol{q}_i(t)-\boldsymbol{q}_j(t)\|=0$，$\lim\limits_{t\to\infty}\|\dot{\boldsymbol{q}}_i(t)-\dot{\boldsymbol{q}}_j(t)\|=0$。

注释 6.2 算法 (6.5) 中假设所有通信时延均为定值 T，事实上还可将结果推广到不同时延的情况，设个体 i 向相邻个体传递信息的通信时延为 $T_i>0$。此时，控制器为：

$$
\boldsymbol{\tau}_i=\begin{cases}K\sum\limits_{j\in\mathcal{N}_i(t)}a_{ij}(t)[\eta_j\boldsymbol{\zeta}_j(t-T_j)-\dfrac{\eta_j+\eta_i}{2}\boldsymbol{\zeta}_i(t)]-\boldsymbol{Y}_i\hat{\boldsymbol{\Theta}}_i, & i\in\mathcal{V}_\eta(t)\\ K[\boldsymbol{\zeta}_i(t-T_i)-\boldsymbol{\zeta}_i(t)]-\boldsymbol{Y}_i\hat{\boldsymbol{\Theta}}_i & i\in\mathcal{V}_\iota(t)\end{cases}\tag{6.10}
$$

类似于定理 6.1，可构造 Lyapunov 函数 $V(t)=\sum\limits_{i=1}^{n}V_i(t)$，其中 $V_i(t)$ 为：

$$
V_i(t)=\frac{K}{2}\int_{t-T_i}^{t}\boldsymbol{\zeta}_i(\zeta)^{\mathrm{T}}\boldsymbol{\zeta}_i(\zeta)\mathrm{d}\zeta+\frac{1}{2}\boldsymbol{\zeta}_i^{\mathrm{T}}\boldsymbol{M}_i(\boldsymbol{q}_i)\boldsymbol{\zeta}_i+\frac{1}{2}\tilde{\boldsymbol{\Theta}}_i^{\mathrm{T}}\boldsymbol{\Lambda}_i^{-1}\tilde{\boldsymbol{\Theta}}_i
$$

接下来的证明过程和定理 6.1 的证明过程类似，这里不再赘述。

注释 6.3 在前面章节讨论了同时含有参数已知和未知两类个体的复杂异构网络化 Lagrangian 系统，这里可以将算法推广到含有时延的情况，设计控制器如下：

$$
\boldsymbol{\tau}_i=\begin{cases}-k\boldsymbol{M}_i(\boldsymbol{q}_i)\dot{q}_i-k\boldsymbol{C}_i(\boldsymbol{q}_i,\dot{q}_i)\dot{\boldsymbol{q}}_i+\boldsymbol{g}_i(\boldsymbol{q}_i)\\+\gamma\ell_i(t)\sum_{j=1}^{n}a_{ij}(t)[\ell_j\boldsymbol{\epsilon}_j(t-T)-\frac{\ell_i+\ell_j}{2}\boldsymbol{\epsilon}_i], & i\in\mathcal{I}_{1c},j\in\mathcal{I}_n\\-k\boldsymbol{M}_i(\boldsymbol{q}_i)\dot{\boldsymbol{q}}_i-k\boldsymbol{C}_i(\boldsymbol{q}_i,\dot{\boldsymbol{q}}_i)\dot{\boldsymbol{q}}_i+\boldsymbol{g}_i(\boldsymbol{q}_i)+\gamma[\boldsymbol{\epsilon}_i(t-T)-\boldsymbol{\epsilon}_i], & i\in\mathcal{I}_{1s},j\in\mathcal{I}_n\\\lambda\sum_{j=1}^{n}a_{ij}(t)[\ell_j\boldsymbol{\epsilon}_j(t-T)-\frac{\ell_i+\ell_j}{2}\boldsymbol{\epsilon}_i]-\boldsymbol{Y}_i\hat{\boldsymbol{\Theta}}_i, & i\in\mathcal{I}_{2c},j\in\mathcal{I}_n\\\lambda[\boldsymbol{\epsilon}_i(t-T)-\boldsymbol{\epsilon}_i]-\boldsymbol{Y}_i\hat{\boldsymbol{\Theta}}_i, & i\in\mathcal{I}_{2s},j\in\mathcal{I}_n\end{cases}
\tag{6.11}
$$

式中，$\gamma>0$ 为常数，其他符号含义与 5.7 节一致。在含有通信时延 T 时，分布式协同算法（6.11）可使系统实现一致性。可构造共同 Lyapunov 函数对此结论进行证明，$V(t)=\sum_{i=1}^{n}V_i(t)$ ，式中

$$
V_i(t)=\begin{cases}\frac{\gamma}{2}\int_{t-T}^{t}\boldsymbol{\epsilon}_i(\zeta)^{\mathrm{T}}\boldsymbol{\epsilon}_i(\zeta)\mathrm{d}\zeta+\frac{1}{2}\boldsymbol{\epsilon}_i^{\mathrm{T}}\boldsymbol{M}_i\boldsymbol{\epsilon}_i, & i\in\mathcal{I}_1\\\frac{\lambda}{2}\int_{t-T}^{t}\boldsymbol{\epsilon}_i(\zeta)^{\mathrm{T}}\boldsymbol{\epsilon}_i(\zeta)\mathrm{d}\zeta+\frac{1}{2}\boldsymbol{\epsilon}_i^{\mathrm{T}}\overline{\boldsymbol{M}}_i\boldsymbol{\epsilon}_i+\frac{1}{2}\tilde{\boldsymbol{\Theta}}_i^{\mathrm{T}}\boldsymbol{\Gamma}_i^{-1}\tilde{\boldsymbol{\Theta}}_i, & i\in\mathcal{I}_2\end{cases}
$$

接下来用定理 6.1 的证明过程进行证明，这里不再赘述。

6.3 联合连通时变时延网络中多 Lagrangian 系统协同控制

6.3.1 相同时变时延

本节在联合连通通信拓扑的基础上，考虑更加复杂的时延情况，即时变通信时延。记 $T(t)$ 为个体之间的通信时延，假设通信时延可微、有界并且满足：

$$
\dot{T}(t)\leqslant\mathcal{T}<1 \tag{6.12}
$$

式中，$\mathcal{T}$为非负的常数。下面基于通信时延的最大变化率，定义一个常量 d，满足：

$$
d^2\leqslant 1-\mathcal{T} \tag{6.13}
$$

假设 $\ddot{T}(t)$ 有界，即 $\ddot{T}(t)\in\mathcal{L}_\infty$。这里，记 $\boldsymbol{\sigma}_i(t)=\dot{\boldsymbol{q}}_i(t)+\kappa\boldsymbol{q}_i(t)$，其中 κ 为正的常数。注意到，在联合连通拓扑中，在某些时刻通信链路是断开的，也就可能会有孤立个体的存在，在时刻 t，同样记$\mathcal{V}_\eta(t)$ 为所有连通个体的集合，而$\mathcal{V}_\iota(t)$ 为孤立个体的集合。于是，有$\mathcal{V}_\eta(t)\cup\mathcal{V}_\iota(t)=\mathcal{V}$。

接下来，设计控制律：

$$\boldsymbol{\tau}_i=\begin{cases}K\sum\limits_{j\in\mathcal{N}_i(t)}a_{ij}(t)\left[d^2\eta_j\boldsymbol{\sigma}_j(t-T(t))-\dfrac{d^2\eta_j+\eta_i}{2}\boldsymbol{\sigma}_i(t)\right]-Y_i\hat{\boldsymbol{\Theta}}_i, & i\in\mathcal{V}_\eta(t)\\ K\left[d^2\boldsymbol{\sigma}_i(t-T(t))-\dfrac{d^2+1}{2}\boldsymbol{\sigma}_i(t)\right]-\boldsymbol{Y}_i\hat{\boldsymbol{\Theta}}_i, & i\in\mathcal{V}_\iota(t)\end{cases}\tag{6.14}$$

式中，$K>0$，$\eta_i=1/\sum\limits_{j\in\mathcal{N}_i(t)}a_{ij}(t)>0$，$\eta_j=1/\sum\limits_{i\in\mathcal{N}_j(t)}a_{ij}(t)>0$，并且$\boldsymbol{\sigma}_i(t-T(t))=\dot{\boldsymbol{q}}_i(t-T(t))+\kappa\boldsymbol{q}_i(t-T(t))$，$\boldsymbol{Y}_i\hat{\boldsymbol{\Theta}}_i=\kappa\hat{\boldsymbol{M}}_i(\boldsymbol{q}_i)\dot{\boldsymbol{q}}_i+\kappa\hat{\boldsymbol{C}}_i(\boldsymbol{q}_i,\dot{\boldsymbol{q}}_i)\boldsymbol{q}_i-\hat{\boldsymbol{g}}_i(\boldsymbol{q}_i)$，$\hat{\boldsymbol{M}}_i(\boldsymbol{q}_i)$、$\hat{\boldsymbol{C}}_i(\boldsymbol{q}_i、\dot{\boldsymbol{q}}_i)$、$\hat{\boldsymbol{g}}_i(\boldsymbol{q}_i)$ 分别为 $\boldsymbol{M}_i(\boldsymbol{q}_i)$、$\boldsymbol{C}_i(\boldsymbol{q}_i、\dot{\boldsymbol{q}}_i)$、$\boldsymbol{g}_i(\boldsymbol{q}_i)$ 的估计值。将控制律代入式（6.1）可得：

$$\begin{cases}\boldsymbol{M}_i(\boldsymbol{q}_i)\dot{\boldsymbol{\sigma}}_i(t)+\boldsymbol{C}_i(\boldsymbol{q}_i,\dot{\boldsymbol{q}}_i)\boldsymbol{\sigma}_i(t)=\boldsymbol{Y}_i(\boldsymbol{q}_i,\dot{\boldsymbol{q}}_i)\tilde{\boldsymbol{\Theta}}_i\\ \qquad +K\sum\limits_{j\in\mathcal{N}_i(t)}a_{ij}(t)\left[d^2\eta_j\boldsymbol{\sigma}_j(t-T(t))-\dfrac{d^2\eta_j+\eta_i}{2}\boldsymbol{\sigma}_i(t)\right], & i\in\mathcal{V}_\eta(t)\\ \boldsymbol{M}_i(\boldsymbol{q}_i)\dot{\boldsymbol{\sigma}}_i(t)+\boldsymbol{C}_i(\boldsymbol{q}_i,\dot{\boldsymbol{q}}_i)\boldsymbol{\sigma}_i(t)=\boldsymbol{Y}_i(\boldsymbol{q}_i,\dot{\boldsymbol{q}}_i)\tilde{\boldsymbol{\Theta}}_i\\ \qquad +K\left[d^2(\boldsymbol{\sigma}_i(t-T(t))-\dfrac{d^2+1}{2}\boldsymbol{\sigma}_i(t)\right], & i\in\mathcal{V}_\iota(t)\end{cases}\tag{6.15}$$

式中，$\tilde{\boldsymbol{\Theta}}_i=\boldsymbol{\Theta}_i-\hat{\boldsymbol{\Theta}}_i$，$\hat{\boldsymbol{\Theta}}_i$ 满足：

$$\dot{\hat{\boldsymbol{\Theta}}}_i=\boldsymbol{\Lambda}_i\boldsymbol{Y}_i^{\mathrm{T}}(\boldsymbol{q}_i,\dot{\boldsymbol{q}}_i)\boldsymbol{\sigma}_i,i\in\mathcal{I}$$

于是，可以得出以下结论：

定理 6.2 对于多 Lagrangian 系统（6.1），如果通信拓扑满足假设 5.1，时变通信时延满足式（6.12），则控制算法（6.14）能使系统（6.1）的所有个体实现一致性。

证明：定义 Lyapunov-Krasovskii 函数 $V(t)=\sum\limits_{i=1}^{n}V_i(t)$，式中：

$$V_i(t)=\frac{K}{2}\int_{t-T(t)}^{t}\boldsymbol{\sigma}_i(\zeta)^{\mathrm{T}}\boldsymbol{\sigma}_i(\zeta)\mathrm{d}\zeta+\frac{1}{2}\boldsymbol{\sigma}_i^{\mathrm{T}}\boldsymbol{M}_i\boldsymbol{\sigma}_i+\frac{1}{2}\tilde{\boldsymbol{\Theta}}_i^{\mathrm{T}}\boldsymbol{\Lambda}_i^{-1}\tilde{\boldsymbol{\Theta}}_i$$

由于 $V_i(t)$ 与切换变量 $a_{ij}(t)$ 无关，所以 $V(t)$ 在所有时刻均连续并且可微。将 $V(t)$ 分为两部分，$V(t)=V_\eta(t)+V_\iota(t)$，其中 $V_\eta(t)=\sum\limits_{i\in\mathcal{V}_\eta(t)}V_i(t)$，$V_\iota(t)=\sum\limits_{i\in\mathcal{V}_\iota(t)}V_i(t)$。对 $V_\eta(t)$ 求导可得：

$$\dot{V}_\eta(t)=\frac{K}{2}\sum_{i\in\mathcal{V}_\eta(t)}\eta_i\sum_{j\in\mathcal{N}_i(t)}a_{ij}(t)\left[\boldsymbol{\sigma}_i^{\mathrm{T}}\boldsymbol{\sigma}_i-(1-\dot{T}(t))\boldsymbol{\sigma}_i(t-T(t))^{\mathrm{T}}\boldsymbol{\sigma}_i(t-T(t))\right]$$

$$+\frac{1}{2}\sum_{i\in\mathcal{V}_\eta(t)}\boldsymbol{\sigma}_i^{\mathrm{T}}\dot{\boldsymbol{M}}_i\boldsymbol{\sigma}_i+\sum_{i\in\mathcal{V}_\eta(t)}\boldsymbol{\sigma}_i^{\mathrm{T}}\boldsymbol{M}_i\dot{\boldsymbol{\sigma}}_i+\sum_{i\in\mathcal{V}_\eta(t)}\widetilde{\boldsymbol{\Theta}}_i^{\mathrm{T}}\boldsymbol{\Lambda}_i^{-1}\dot{\widetilde{\boldsymbol{\Theta}}}_i$$

$$=\frac{K}{2}\sum_{i\in\mathcal{V}_\eta(t)}\eta_i\sum_{j\in\mathcal{N}_i(t)}a_{ij}(t)[\boldsymbol{\sigma}_i^{\mathrm{T}}\boldsymbol{\sigma}_i-(1-\dot{T}(t))\boldsymbol{\sigma}_i(t-T(t))^{\mathrm{T}}\boldsymbol{\sigma}_i(t-T(t))]$$

$$+\frac{K}{2}\sum_{i\in\mathcal{V}_\eta(t)}\boldsymbol{\sigma}_i^{\mathrm{T}}\sum_{j\in\mathcal{N}_i(t)}a_{ij}(t)[2d^2\eta_j\boldsymbol{\sigma}_j(t-T(t))-(d^2\eta_j+\eta_i)\boldsymbol{\sigma}_i(t)]$$

同样，对 $V_\iota(t)$ 求导得：

$$\dot{V}_\iota(t)=\frac{K}{2}\sum_{i\in\mathcal{V}_\iota(t)}[\boldsymbol{\sigma}_i^{\mathrm{T}}\boldsymbol{\sigma}_i-(1-\dot{T}(t))\boldsymbol{\sigma}_i(t-T(t))^{\mathrm{T}}\boldsymbol{\sigma}_i(t-T(t))]$$

$$+\sum_{i\in\mathcal{V}_\iota(t)}K[d^2\boldsymbol{\sigma}_i^{\mathrm{T}}\boldsymbol{\sigma}_i(t-T(t))-\frac{1}{2}(d^2+1)\boldsymbol{\sigma}_i^{\mathrm{T}}\boldsymbol{\sigma}_i(t)]$$

由式（6.13）可知，$\dot{V}_\eta(t)$ 满足：

$$\dot{V}_\eta(t)\leqslant\frac{K}{2}\sum_{i\in\mathcal{V}_\eta(t)}\sum_{j\in\mathcal{N}_i(t)}a_{ij}(t)[\eta_i\boldsymbol{\sigma}_i^{\mathrm{T}}\boldsymbol{\sigma}_i-d^2\eta_i\boldsymbol{\sigma}_i(t-T(t))^{\mathrm{T}}\boldsymbol{\sigma}_i(t-T(t))]$$

$$+\frac{K}{2}\sum_{i\in\mathcal{V}_\eta(t)}\sum_{j\in\mathcal{N}_i(t)}a_{ij}(t)[2d^2\eta_j\boldsymbol{\sigma}_i^{\mathrm{T}}\boldsymbol{\sigma}_j(t-T(t))-(d^2\eta_j+\eta_i)\boldsymbol{\sigma}_i^{\mathrm{T}}\boldsymbol{\sigma}_i(t)]$$

由于通信图为无向图，即 $a_{ij}(t)=a_{ji}(t)$，于是可得：

$$\sum_{i\in\mathcal{V}_\eta(t)}\sum_{j\in\mathcal{N}_i(t)}a_{ij}(t)\eta_i\boldsymbol{\sigma}_i(t-T(t))^{\mathrm{T}}\boldsymbol{\sigma}_i(t-T(t))=$$

$$\sum_{i\in\mathcal{V}_\eta(t)}\sum_{j\in\mathcal{N}_i(t)}a_{ij}(t)\eta_j\boldsymbol{\sigma}_j(t-T(t))^{\mathrm{T}}\boldsymbol{\sigma}_j(t-T(t))$$

所以，$\dot{V}_\eta(t)$ 满足：

$$\dot{V}_\eta(t)\leqslant\frac{K}{2}\sum_{i\in\mathcal{V}_\eta(t)}\sum_{j\in\mathcal{N}_i(t)}a_{ij}(t)[\eta_i\boldsymbol{\sigma}_i^{\mathrm{T}}\boldsymbol{\sigma}_i-d^2\eta_j\boldsymbol{\sigma}_j(t-T(t))^{\mathrm{T}}\boldsymbol{\sigma}_j(t-T(t))$$

$$+2d^2\eta_j\boldsymbol{\sigma}_i^{\mathrm{T}}\boldsymbol{\sigma}_j(t-T(t))-(d^2\eta_j+\eta_i)\boldsymbol{\sigma}_i^{\mathrm{T}}\boldsymbol{\sigma}_i(t)]$$

$$=-\frac{K}{2}\sum_{i\in\mathcal{V}_\eta(t)}\sum_{j\in\mathcal{N}_i(t)}d^2a_{ij}(t)\eta_j[\boldsymbol{\sigma}_j(t-T(t))-\boldsymbol{\sigma}_i(t)]^{\mathrm{T}}$$

$$[\boldsymbol{\sigma}_j(t-T(t))-\boldsymbol{\sigma}_i(t)]$$

同样地，对于 $\dot{V}_\iota(t)$，可得：

$$\dot{V}_\iota(t)\leqslant-\frac{K}{2}\sum_{i\in\mathcal{V}_\iota(t)}d^2[\boldsymbol{\sigma}_i(t-T(t))-\boldsymbol{\sigma}_i(t)]^{\mathrm{T}}[\boldsymbol{\sigma}_i(t-T(t))-\boldsymbol{\sigma}_i(t)]$$

于是，可以得到：

$$\dot{V}(t)\leqslant-\frac{K}{2}\sum_{i\in\mathcal{V}_\eta(t)}\sum_{j\in\mathcal{N}_i(t)}d^2a_{ij}(t)\eta_j\|\boldsymbol{\sigma}_j(t-T(t))-\boldsymbol{\sigma}_i(t)\|^2$$

$$-\frac{K}{2}\sum_{i\in\mathcal{V}_\iota(t)}d^2\|\boldsymbol{\sigma}_i(t-T(t))-\boldsymbol{\sigma}_i(t)\|^2\leqslant 0$$

由以上分析可知，$V(t)$ 有界，$V(t) \leqslant V(0)$，即 $\lim_{t \to \infty} V(t) = V(\infty)$ 存在。另外，$\boldsymbol{\sigma}_i(t) \in \mathcal{L}_\infty$，$\tilde{\boldsymbol{\Theta}}_i \in \mathcal{L}_\infty$。接下来证明 $\lim_{t \to \infty} \| \boldsymbol{\sigma}_j(t-T(t)) - \boldsymbol{\sigma}_i(t) \| = 0$。

由于 $\boldsymbol{\sigma}_i(t) = \dot{\boldsymbol{q}}_i(t) + \kappa \boldsymbol{q}_i(t)$，将其写为矩阵形式 $\boldsymbol{\sigma} = \dot{\boldsymbol{q}} + \kappa \boldsymbol{q}$，其中，$\boldsymbol{\sigma} = [\boldsymbol{\sigma}_1^{\mathrm{T}}(t), \boldsymbol{\sigma}_2^{\mathrm{T}}(t), \cdots, \boldsymbol{\sigma}_n^{\mathrm{T}}(t)]$，$\boldsymbol{q} = [\boldsymbol{q}_1^{\mathrm{T}}(t), \boldsymbol{q}_2^{\mathrm{T}}(t), \cdots, \boldsymbol{q}_n^{\mathrm{T}}(t)]$。从 $\boldsymbol{\sigma}$ 到 $\boldsymbol{q}$ 的 Laplacian 变换函数为：

$$T(s) = \frac{1}{s+\kappa}$$

即 $\boldsymbol{q}(s) = \boldsymbol{\sigma}(s) \boldsymbol{T}(s)$，由于 $\kappa > 0$，所以传递函数 $\boldsymbol{T}(s)$ 是稳定的。由于 $\boldsymbol{\sigma}_i(t) \in \mathcal{L}_\infty$，所以 $\boldsymbol{q}_i(t) \in \mathcal{L}_\infty$，$\dot{\boldsymbol{q}}_i(t) \in \mathcal{L}_\infty$。另外，$\boldsymbol{Y}_i$ 是否有界取决于 $\hat{\boldsymbol{M}}_i(\boldsymbol{q}_i)$、$\hat{\boldsymbol{C}}_i(\boldsymbol{q}_i, \dot{\boldsymbol{q}}_i)$、$\hat{\boldsymbol{\Theta}}_i$、$\boldsymbol{q}_i$ 和 $\dot{\boldsymbol{q}}_i$，由 Lagrangian 系统的性质 1、性质 4 以及 $\hat{\boldsymbol{\Theta}}_i$ 的有界性可知 $\boldsymbol{Y}_i$ 是有界的。根据式（6.15）可得 $\dot{\boldsymbol{\sigma}}_i(t) \in \mathcal{L}_\infty$。观察 $\dot{V}(t)$ 的表达式，易知 $\ddot{V}(t)$ 的有界与否取决于 $T(t)$、$\dot{T}(t)$、$\ddot{T}(t)$、$\boldsymbol{\sigma}(t)$、$\dot{\boldsymbol{\sigma}}(t)$、$\boldsymbol{\sigma}(t-T(t))$ 和 $\dot{\boldsymbol{\sigma}}(t-T(t))$，而由以上分析可知这些变量都是有界的，所以 $\ddot{V}(t)$ 是有界的。由引理 6.1 可得 $\lim_{t \to \infty} \dot{V}(t) = 0$，所以可以得到：

$$\lim_{t \to \infty} \frac{K}{2} \sum_{i \in \mathcal{V}_\eta(t)} \sum_{j \in \mathcal{N}_i(t)} d^2 a_{ij}(t) \eta_j \| \boldsymbol{\sigma}_j(t - T(t)) - \boldsymbol{\sigma}_i(t) \|^2 = 0$$

$$\lim_{t \to \infty} \frac{K}{2} \sum_{i \in \mathcal{V}_\iota(t)} d^2 \| \boldsymbol{\sigma}_i(t - T(t)) - \boldsymbol{\sigma}_i(t) \|^2 = 0$$

由于通信网络在每个时间段 $[t_k, t_{k+1})$ 都是联合连通的，所以存在 $M > 0$，对于 $\forall u > v \geqslant M$ 使得在时间区间 $[t_v, t_u]$ 内，通信拓扑是联合连通的。于是：

$$\lim_{t \to \infty} \| \boldsymbol{\sigma}_j(t-T(t)) - \boldsymbol{\sigma}_i(t) \| = 0, \forall i, j \in \mathcal{I}, i \neq j$$

定义 $\boldsymbol{e}_{ij} = \boldsymbol{q}_j(t-T(t)) - \boldsymbol{q}_i(t)$，则有：

$$\begin{aligned} \boldsymbol{\sigma}_j(t-T(t)) - \boldsymbol{\sigma}_i(t) &= \dot{\boldsymbol{q}}_j(t-T(t)) - \dot{\boldsymbol{q}}_i(t) + \kappa [\boldsymbol{q}_j(t-T(t)) - \boldsymbol{q}_i(t)] \\ &= \dot{\boldsymbol{e}}_{ij} + \kappa \boldsymbol{e}_{ij} \end{aligned}$$

所以，根据引理 6.1 可知 $\lim_{t \to \infty} \boldsymbol{e}_{ij} = 0$，$\lim_{t \to \infty} \dot{\boldsymbol{e}}_{ij} = 0$，即：

$$\lim_{t \to \infty} \| \boldsymbol{q}_i(t) - \boldsymbol{q}_j(t-T(t)) \| = 0$$

$$\lim_{t \to \infty} \| \dot{\boldsymbol{q}}_i(t) - \dot{\boldsymbol{q}}_j(t-T(t)) \| = 0, \forall i, j \in \mathcal{I}$$

如果当 $t \to \infty$ 时，$\mathcal{V}_\eta(t)$ 为非空集合，对一致性结论进行进一步讨论。由前面的分析可知 $\lim_{t \to \infty} \| \boldsymbol{q}_l(t-T(t)) - \boldsymbol{q}_l(t) \| = 0$，$l \in \mathcal{V}_\iota(t)$。假设任意孤立个体 l 在时刻 $t_m (t_m \to \infty)$ 和个体 $i (i \in \mathcal{V}_\eta(t))$ 连通，首先可得，$\boldsymbol{q}_l(t_m - T(t)) = \boldsymbol{q}_r(t_m)$，由 $\boldsymbol{q}_l(t)$ 的连续性可知，存在一个足够小的常数 $\varepsilon > 0$ 使得 $\boldsymbol{q}_l(t_m - \varepsilon - T(t)) \to \boldsymbol{q}_l$

$(t_m - T(t))$，$\boldsymbol{q}_l(t_m) \to \boldsymbol{q}_l(t_m+\varepsilon)$，于是 $\boldsymbol{q}_l(t_m-\varepsilon-T(t)) \to \boldsymbol{q}_l(t_m+\varepsilon)$。同时在 $t_m+\varepsilon$ 时刻，个体 l 与 i 连通，又可得到 $\boldsymbol{q}_l(t_m+\varepsilon-T(t)) \to \boldsymbol{q}_i(t_m+\varepsilon)$。最后可以得到 $\boldsymbol{q}_l(t_m) \to \boldsymbol{q}_i(t_m)$，同样可以得到 $\dot{\boldsymbol{q}}_l(t_m) \to \dot{\boldsymbol{q}}_i(t_m)$，即：

$$\lim_{t\to\infty} \|\boldsymbol{q}_i(t) - \boldsymbol{q}_j(t)\| = 0$$

$$\lim_{t\to\infty} \|\dot{\boldsymbol{q}}_i(t) - \dot{\boldsymbol{q}}_j(t)\| = 0, \forall i, j \in \mathcal{I}$$

证毕。

注释 6.4 算法（6.14）中，综合考虑了联合连通网络、时变时延和 Lagrangian 系统未知动力学参数。调研文献发现，目前还没有文献进行类似的研究。另外，需要指出的是，本节不仅考虑了时变时延，而且考虑了联合连通切换网络的同时存在，将研究结果推广到了更为广泛的应用。

注释 6.5 对于控制器（6.14），通过对状态量叠加网络通信权值和最大时延变化率，解决了既含时变通信时延又存在网络切换的复杂网络情况下的一致性问题。注意，对于个体 i，在和相邻个体通信时，需要用到邻居个体的状态信息，同时也需要知道邻居个体的通信入度 $\sum_{i \in N_j(t)} a_{ij}(t)$，这在实际系统中是可以实现的。

注释 6.6 从定理 6.2 的证明可知，尽管没有考虑 PE（persistent excitation）条件，多 Lagrangian 系统依然实现了一致性。这种情况下，并不能保证 $\boldsymbol{\Theta}_i - \hat{\boldsymbol{\Theta}}_i$ 趋近于零，即估计值 $\hat{\boldsymbol{\Theta}}_i$ 并未收敛于其真实值 $\boldsymbol{\Theta}_i$，但这并不影响系统一致性的实现。事实上，当系统达到一致性时，$\dot{\hat{\boldsymbol{\Theta}}}_i = \mathbf{0}$，即 $\hat{\boldsymbol{\Theta}}_i$ 为某一常数。

6.3.2 异质时变时延

6.3.1 节研究了多 Lagrangian 系统在联合连通拓扑下同时含有时变时延的一致性算法。注意到其中的通信时延为 T（t），这意味着所有的时变时延都是相同的，然而实际系统中，时延有可能是不一样的。所以，本节将对异质的时变时延展开研究。

首先，尝试对 6.3.1 节中的结果做直接的推广，可考虑将相同时延 $T(t)$ 推广到不同的 $T_i(t)$，假设通信时延为 $T_i(t)$，$T_i(t)$ 满足（6.12），此时控制器为：

$$\boldsymbol{\tau}_i = \begin{cases} K \sum_{j \in \mathcal{N}_i(t)} a_{ij}(t)\left[d^2 \eta_j \boldsymbol{\sigma}_j(t - T_i(t)) - \dfrac{d^2 \eta_j + \eta_i}{2} \boldsymbol{\sigma}_i(t)\right] - \boldsymbol{Y}_i \hat{\boldsymbol{\Theta}}_i, & i \in \mathcal{V}_\eta(t) \\ K\left[d^2 \boldsymbol{\sigma}_i(t - T_i(t)) - \dfrac{d^2+1}{2} \boldsymbol{\sigma}_i(t)\right] - \boldsymbol{Y}_i \hat{\boldsymbol{\Theta}}_i, & i \in \mathcal{V}_\iota(t) \end{cases} \tag{6.16}$$

为了证明该控制器的稳定性，像定理 6.2 的证明一样，可以设计连续的

Lyapunov-Krasovskii 方程 $V(t)=\sum_{i=1}^{n}V_i(t)$，式中：

$$V_i(t)=\frac{K}{2}\int_{t-T_i(t)}^{t}\boldsymbol{\sigma}_i(\zeta)^{\mathrm{T}}\boldsymbol{\sigma}_i(\zeta)\mathrm{d}\zeta+\frac{1}{2}\boldsymbol{\sigma}_i^{\mathrm{T}}\boldsymbol{M}_i\boldsymbol{\sigma}_i+\frac{1}{2}\widetilde{\boldsymbol{\Theta}}_i^{\mathrm{T}}\boldsymbol{\Lambda}_i^{-1}\widetilde{\boldsymbol{\Theta}}_i$$

接下来，类似于定理 6.2 的证明过程，可以证明控制器的稳定性。需要注意的是，定理 6.2 的证明中用到的等式这里依然成立，即：

$$\begin{aligned}&\sum_{i\in\mathcal{V}_\eta(t)}\sum_{j\in\mathcal{N}_i(t)}a_{ij}(t)\eta_i\boldsymbol{\sigma}_i(t-T_i(t))^{\mathrm{T}}\boldsymbol{\sigma}_i(t-T_i(t))\\&=\sum_{i\in\mathcal{V}_\eta(t)}\sum_{j\in\mathcal{N}_i(t)}a_{ij}(t)\eta_j\boldsymbol{\sigma}_j(t-T_i(t))^{\mathrm{T}}\boldsymbol{\sigma}_j(t-T_i(t))\end{aligned}$$

算法（6.16）的稳定性证明与定理 6.2 的证明类似，这里不再赘述。这样，本节将相同时延 $T(t)$ 推广到不同的时延 $T_i(t)$，这表明每个个体对其他个体的通信时延可以不同。但是，这也意味着如果某个个体有多于一个的相邻个体，那么该个体对所有的相邻个体时延相同，都为 $T_i(t)$。接下来，考虑更为一般的时延情况，即在所有个体中，任意两个相邻个体的通信时延都可不同，为 $T_{ij}(t)$，假设时延的种类有 r 种，每种时延为 $T_k(t)$，$T_k(t)\in\{T_{ij}(t),i,j\in\mathcal{I}\}$，首先对时延做出如下假设：

假设 6.2 时变时延 $T_k(t)$，$k=1,2,\cdots,r$ 满足 $0\leqslant T_k(t)\leqslant h_k$ 和 $\dot{T}_k(t)\leqslant d_k<1$，其中 $h_k>0$ 和 $d_k>0$ 为确定的常数。

这里，将有领航者的参数已知的 Lagrangian 系统作为研究对象，假设领航者为 $\boldsymbol{q}_0$，为常量，系统中存在通信时延 $T_{ij}(t)$，同时存在自时延也为 $T_{ij}(t)$。定义变量 $\boldsymbol{\epsilon}_i(t)=\dot{\boldsymbol{q}}_i(t)+\kappa(\boldsymbol{q}_i(t)-\boldsymbol{q}_0)$，则系统方程可写为：

$$\begin{aligned}&\boldsymbol{M}_i(\boldsymbol{q}_i)\dot{\boldsymbol{\epsilon}}_i(t)+\boldsymbol{C}_i(\boldsymbol{q}_i,\dot{\boldsymbol{q}}_i)\boldsymbol{\epsilon}_i(t)-\\&\kappa\boldsymbol{M}_i(\boldsymbol{q}_i)\dot{\boldsymbol{q}}_i-\kappa\boldsymbol{C}_i(\boldsymbol{q}_i,\dot{\boldsymbol{q}}_i)\boldsymbol{q}_i+\boldsymbol{g}_i(\boldsymbol{q}_i)+\kappa\boldsymbol{C}_i(\boldsymbol{q}_i,\dot{\boldsymbol{q}}_i)\boldsymbol{q}_0=\boldsymbol{\tau}_i(t)\end{aligned}\tag{6.17}$$

设计控制器如下：

$$\boldsymbol{\tau}_i(t)=\boldsymbol{F}_i(t)+\boldsymbol{\nu}_i(t)\tag{6.18}$$

式中，$\boldsymbol{F}_i(t)$ 为协调力，表达式为：

$$\begin{aligned}\boldsymbol{F}_i(t)=&\sum_{j\in\mathcal{N}_i}a_{ij}(t)[\boldsymbol{q}_j(t-T_{ij}(t))-\boldsymbol{q}_i(t-T_{ij}(t))]\\&+b_i(t)[\boldsymbol{q}_0(t-T_{ij}(t))-\boldsymbol{q}_i(t-T_{ij}(t))]\end{aligned}$$

式中，当个体 i 和领航者通信时，$b_i(t)=1$，否则 $b_i(t)=0$。而 $\boldsymbol{\nu}_i(t)$ 为补偿力，其表达式为：

$$\boldsymbol{\nu}_i(t)=-\kappa\boldsymbol{M}_i(\boldsymbol{q}_i)\dot{\boldsymbol{q}}_i-\kappa\boldsymbol{C}_i(\boldsymbol{q}_i,\dot{\boldsymbol{q}}_i)\boldsymbol{q}_i+\boldsymbol{g}_i(\boldsymbol{q}_i)-\gamma\dot{\boldsymbol{q}}_i$$

式中，$\kappa>0$ 和 $\gamma>0$ 为常数，假设 $\hat{\boldsymbol{q}}_i=\boldsymbol{q}_i-\boldsymbol{q}_0$，$\hat{\boldsymbol{q}}_i(t-\tau_{ij})=\boldsymbol{q}_i(t-\tau_{ij})-\boldsymbol{q}_0(t-\tau_{ij})$，将控制器（6.18）代入式（6.17）可以得到闭环系统的表达式：

$$\boldsymbol{M}_i(\boldsymbol{q}_i)\dot{\boldsymbol{\epsilon}}_i(t)+\boldsymbol{C}_i(\boldsymbol{q}_i,\dot{\boldsymbol{q}}_i)\boldsymbol{\epsilon}_i(t)=-\gamma\dot{\boldsymbol{q}}_i(t)+\sum_{j\in\mathcal{N}_i}a_{ij}(t)(\hat{\boldsymbol{q}}_j(t-\tau_{ij}(t))-\hat{\boldsymbol{q}}_i(t-\tau_{ij}(t)))+b_i(t)\hat{\boldsymbol{q}}_i(t-\tau_{ij}(t))-\kappa\boldsymbol{C}_i(\boldsymbol{q}_i,\dot{\boldsymbol{q}}_i)\boldsymbol{q}_0 \tag{6.19}$$

将式（6.19）写成矩阵形式：

$$\boldsymbol{M}(\boldsymbol{q})\dot{\boldsymbol{\epsilon}}(t)+\boldsymbol{C}(\boldsymbol{q},\dot{\boldsymbol{q}})\boldsymbol{\epsilon}(t)=-\gamma\dot{\hat{\boldsymbol{q}}}(t)+\sum_{k=1}^{r}(\boldsymbol{L}_{\sigma k}^{i}\otimes\boldsymbol{I}_p+\boldsymbol{B}_{\sigma k}^{i}\otimes\boldsymbol{I}_p)\hat{\boldsymbol{q}}(t-\tau_k)+\hat{\boldsymbol{v}}(t) \tag{6.20}$$

式中，$\boldsymbol{\epsilon}(t)=[\boldsymbol{\epsilon}_1^{\mathrm{T}},\cdots,\boldsymbol{\epsilon}_n^{\mathrm{T}}]^{\mathrm{T}}$，$\hat{\boldsymbol{q}}(t)=[\hat{\boldsymbol{q}}_1^{\mathrm{T}},\cdots,\hat{\boldsymbol{q}}_n^{\mathrm{T}}]^{\mathrm{T}}$，$\boldsymbol{M}(\boldsymbol{q})$ 和 $\boldsymbol{C}(\boldsymbol{q},\dot{\boldsymbol{q}})$ 分别为 $\boldsymbol{M}_i(\boldsymbol{q}_i)$ 和 $\boldsymbol{C}_i(\boldsymbol{q}_i,\dot{\boldsymbol{q}}_i)$ 的矩阵形式，$\boldsymbol{M}(\boldsymbol{q})=\mathrm{diag}[\boldsymbol{M}_1(\boldsymbol{q}_1),\cdots,\boldsymbol{M}_n(\boldsymbol{q}_n)]$，$\boldsymbol{C}(\boldsymbol{q},\dot{\boldsymbol{q}})=\mathrm{diag}[\boldsymbol{C}_1(\boldsymbol{q}_1,\dot{\boldsymbol{q}}_1),\cdots,\boldsymbol{C}_n(\boldsymbol{q}_n,\dot{\boldsymbol{q}}_n)]$。$\boldsymbol{L}_{\sigma k}^{i}$ 为变量 $\hat{\boldsymbol{q}}(t-\tau_k)$ 的系数矩阵，易知，$\boldsymbol{L}_\sigma=\sum_{i=1}^{r}\boldsymbol{L}_{\sigma k}^{i}$，$\boldsymbol{L}_\sigma=\boldsymbol{L}_\sigma^{\mathrm{T}}$，记 $\boldsymbol{H}_{\sigma k}^{i}=\boldsymbol{L}_{\sigma k}^{i}+\boldsymbol{B}_{\sigma k}^{i}$，$\hat{\boldsymbol{v}}(t)=-\kappa\boldsymbol{C}(\boldsymbol{q},\dot{\boldsymbol{q}})$ $(\boldsymbol{1}_p\otimes\boldsymbol{q}_0)$。定义 $\beta=k_c^2p\|\boldsymbol{q}_0\|^2$，$\boldsymbol{\Xi}_\sigma^i=\begin{bmatrix}\boldsymbol{\Xi}_{11} & \boldsymbol{\Xi}_{12}\\ \boldsymbol{\Xi}_{12}^{\mathrm{T}} & \boldsymbol{\Xi}_{22}\end{bmatrix}$，式中：

$$\boldsymbol{\Xi}_{11}=-\sum_{k=1}^{r}\boldsymbol{H}_{\sigma k}^{i}+\frac{\kappa^2}{4}\sum_{k=1}^{r}\frac{h_k}{1-d_k}\boldsymbol{H}_{\sigma k}^{i\ \mathrm{T}}\boldsymbol{H}_{\sigma k}^{i}$$

$$\boldsymbol{\Xi}_{12}=-\frac{1}{2}\sum_{k=1}^{r}\boldsymbol{H}_{\sigma k}^{i}+\frac{\kappa}{4}\sum_{k=1}^{r}\frac{h_k}{1-d_k}\boldsymbol{H}_{\sigma k}^{i\ \mathrm{T}}\boldsymbol{H}_{\sigma k}^{i}$$

$$\boldsymbol{\Xi}_{22}=\left(\frac{(1+\kappa)\beta+1}{2}+\sum_{k=1}^{r}\tau_k-\gamma\right)\boldsymbol{I}_\sigma^i+\frac{\kappa^2}{4}\sum_{k=1}^{r}\frac{h_k}{1-d_k}\boldsymbol{H}_{\sigma k}^{i\ \mathrm{T}}\boldsymbol{H}_{\sigma k}^{i}$$

对于通信网络，做以下假设：

假设 6.3 通信网络无向图 $\bar{\mathcal{G}}_Q$ 在每个时间段 $[t_k,t_{k+1})$ 内都是联合连通的。

于是可以得到以下结论：

定理 6.3 假设多 Lagrangian 系统存在静态领航者，如果通信网络满足假设 6.2，时延满足假设 6.3，则对于多 Lagrangian 系统（6.1），如果存在常数 κ 和 γ，使得 $\boldsymbol{\Xi}_\sigma^i<0$，则控制器（6.18）可实现系统的一致性。

证明： 定义 Lyapunov-Krasovskii 方程如下：

$$V(t)=\frac{1}{2}\boldsymbol{\epsilon}(t)^{\mathrm{T}}\boldsymbol{M}(q)\boldsymbol{\epsilon}(t)+\sum_{k=1}^{r}\int_{-\tau_k}^{t}\int_{t+\theta}^{t}\dot{\hat{\boldsymbol{q}}}(\zeta)^{\mathrm{T}}\dot{\hat{\boldsymbol{q}}}(\zeta)\mathrm{d}\zeta\mathrm{d}\theta$$

注意，$V(t)$ 连续可导，并且和切换变量 $a_{ij}(t)$ 无关，对 $V(t)$ 求导可得：

$$\dot{V}(t)=\frac{1}{2}\boldsymbol{\epsilon}^{\mathrm{T}}\dot{\boldsymbol{M}}(\boldsymbol{q})\boldsymbol{\epsilon}+\boldsymbol{\epsilon}^{\mathrm{T}}\boldsymbol{M}(\boldsymbol{q})\dot{\boldsymbol{\epsilon}}+\sum_{k=1}^{r}\tau_k\dot{\hat{\boldsymbol{q}}}(t)^{\mathrm{T}}\dot{\hat{\boldsymbol{q}}}(t)-\sum_{k=1}^{r}(1-\dot{\tau}_k)\int_{t-\tau_k}^{t}\dot{\hat{\boldsymbol{q}}}(\zeta)^{\mathrm{T}}\dot{\hat{\boldsymbol{q}}}(\zeta)\mathrm{d}\zeta$$

$$=\frac{1}{2}\boldsymbol{\epsilon}^{\mathrm{T}}\dot{\boldsymbol{M}}(\boldsymbol{q})\boldsymbol{\epsilon}-\boldsymbol{\epsilon}^{\mathrm{T}}\boldsymbol{C}(\boldsymbol{q},\dot{\boldsymbol{q}})\boldsymbol{\epsilon}+\sum_{i=1}^{l_\sigma}[\dot{\hat{\boldsymbol{q}}}_\sigma^i(t)+\kappa\hat{\boldsymbol{q}}_\sigma^i(t)]^{\mathrm{T}}[-\sum_{k=1}^{r}(\boldsymbol{L}_{\sigma k}^i\otimes\boldsymbol{I}_p$$

$$+\boldsymbol{B}_{\sigma k}^i\otimes\boldsymbol{I}_p)\hat{\boldsymbol{q}}_\sigma^i(t-\tau_k)-\gamma\dot{\hat{\boldsymbol{q}}}_\sigma^i(t)+\hat{\boldsymbol{v}}_\sigma^i(t)]+\sum_{i=1}^{l_\sigma}\sum_{k=1}^{r}\tau_k\dot{\hat{\boldsymbol{q}}}_\sigma^i(t)^{\mathrm{T}}\dot{\hat{\boldsymbol{q}}}_\sigma^i(t)$$

$$-\sum_{i=1}^{l_\sigma}\sum_{k=1}^{r}(1-\dot{\tau}_k)\int_{t-\tau_k}^{t}\dot{\hat{\boldsymbol{q}}}_\sigma^i(\zeta)^{\mathrm{T}}\dot{\hat{\boldsymbol{q}}}_\sigma^i(\zeta)\mathrm{d}\zeta$$

$$\leqslant\sum_{i=1}^{l_\sigma}\{[\dot{\hat{\boldsymbol{q}}}_\sigma^i(t)+\kappa\hat{\boldsymbol{q}}_\sigma^i(t)]^{\mathrm{T}}[-\sum_{k=1}^{r}(\boldsymbol{L}_{\sigma k}^i\otimes\boldsymbol{I}_p+\boldsymbol{B}_{\sigma k}^i\otimes\boldsymbol{I}_p)$$

$$\hat{\boldsymbol{q}}_\sigma^i(t-\tau_k)-\gamma\dot{\hat{\boldsymbol{q}}}_\sigma^i(t)+\hat{\boldsymbol{v}}_\sigma^i(t)]+\sum_{k=1}^{r}\tau_k\dot{\hat{\boldsymbol{q}}}_\sigma^i(t)^{\mathrm{T}}\dot{\hat{\boldsymbol{q}}}_\sigma^i(t)-$$

$$\sum_{k=1}^{r}(1-d_k)\int_{t-\tau_k}^{t}\dot{\hat{\boldsymbol{q}}}_\sigma^i(\zeta)^{\mathrm{T}}\dot{\hat{\boldsymbol{q}}}_\sigma^i(\zeta)\mathrm{d}\zeta\}$$

设 $\boldsymbol{\delta}_{\sigma k}^i=\hat{\boldsymbol{q}}_\sigma^i(t)-\hat{\boldsymbol{q}}_\sigma^i(t-\tau_k)$，则上式可写为：

$$\dot{V}(t)\leqslant\sum_{i=1}^{l_\sigma}\{[\dot{\hat{\boldsymbol{q}}}_\sigma^i(t)+\kappa\hat{\boldsymbol{q}}_\sigma^i(t)]^{\mathrm{T}}[-\sum_{k=1}^{r}(\boldsymbol{L}_{\sigma k}^i\otimes\boldsymbol{I}_p+\boldsymbol{B}_{\sigma k}^i\otimes\boldsymbol{I}_p)\hat{\boldsymbol{q}}_\sigma^i(t)$$

$$+\sum_{k=1}^{r}(\boldsymbol{L}_{\sigma k}^i\otimes\boldsymbol{I}_p+\boldsymbol{B}_{\sigma k}^i\otimes\boldsymbol{I}_p)\boldsymbol{\delta}_{\sigma k}^i(t)-\gamma\dot{\hat{\boldsymbol{q}}}_\sigma^i(t)+\hat{\boldsymbol{v}}_\sigma^i(t)]$$

$$+\sum_{k=1}^{r}\tau_k\dot{\hat{\boldsymbol{q}}}_\sigma^i(t)^{\mathrm{T}}\dot{\hat{\boldsymbol{q}}}_\sigma^i(t)-\sum_{k=1}^{r}(1-d_k)/h_k\boldsymbol{\delta}_{\sigma k}^i(t)^{\mathrm{T}}\boldsymbol{\delta}_{\sigma k}^i(t)\}$$

根据 Lagrangian 系统的性质 4 可得 $\|\hat{\boldsymbol{v}}_\sigma^i\|\leqslant l_c\sqrt{p}\|\boldsymbol{q}_0\|\|\dot{\hat{\boldsymbol{q}}}_\sigma^i\|$，则以下不等式成立：

$$[\dot{\hat{\boldsymbol{q}}}_\sigma^i(t)+\kappa\hat{\boldsymbol{q}}_\sigma^i(t)]^{\mathrm{T}}\hat{\boldsymbol{v}}_\sigma^i(t)\leqslant(\|\dot{\hat{\boldsymbol{q}}}_\sigma^i(t)\|+\alpha\|\hat{\boldsymbol{q}}_\sigma^i(t)\|)\|\hat{\boldsymbol{v}}_\sigma^i(t)\|$$

$$\leqslant\frac{1+\kappa}{2}\|\hat{\boldsymbol{v}}_\sigma^i(t)\|^2+\frac{1}{2}(\|\dot{\hat{\boldsymbol{q}}}_\sigma^i(t)\|^2+\kappa\|\hat{\boldsymbol{q}}_\sigma^i(t)\|^2)$$

$$\leqslant\frac{(1+\kappa)\beta+1}{2}\|\dot{\hat{\boldsymbol{q}}}_\sigma^i(t)\|^2+\frac{\kappa}{2}\|\hat{\boldsymbol{q}}_\sigma^i(t)\|^2$$

于是可得 $\dot{V}(t)$ 满足：

$$\dot{V}(t)\leqslant\sum_{i=1}^{l_\sigma}\{[\dot{\hat{\boldsymbol{q}}}_\sigma^i(t)+\kappa\hat{\boldsymbol{q}}_\sigma^i(t)]^{\mathrm{T}}[-\sum_{k=1}^{r}(\boldsymbol{H}_{\sigma k}^i\otimes\boldsymbol{I}_p)\hat{\boldsymbol{q}}_\sigma^i(t)$$

$$+\sum_{k=1}^{r}(\boldsymbol{H}_{\sigma k}^i\otimes\boldsymbol{I}_p)\boldsymbol{\delta}_{\sigma k}^i(t)-\gamma\dot{\hat{\boldsymbol{q}}}_\sigma^i(t)]+\frac{(1+\kappa)\beta+1}{2}$$

$$\dot{\hat{\boldsymbol{q}}}_\sigma^i(t)^{\mathrm{T}}\dot{\hat{\boldsymbol{q}}}_\sigma^i(t)+\frac{\kappa}{2}\hat{\boldsymbol{q}}_\sigma^i(t)^{\mathrm{T}}\hat{\boldsymbol{q}}_\sigma^i(t)+\sum_{k=1}^{r}\tau_k\dot{\hat{\boldsymbol{q}}}_\sigma^i(t)^{\mathrm{T}}\dot{\hat{\boldsymbol{q}}}_\sigma^i(t)$$

$$-\sum_{k=1}^{r}(1-d_k)/h_k\boldsymbol{\delta}_{\sigma k}^i(t)^{\mathrm{T}}\boldsymbol{\delta}_{\sigma k}^i(t)\}$$

$$=\sum_{i=1}^{l_\sigma}\boldsymbol{\vartheta}_i^{\mathrm{T}}(\boldsymbol{\Pi}_\sigma^i\otimes\boldsymbol{I}_p)\boldsymbol{\vartheta}_i$$

式中：

$$\boldsymbol{\vartheta}_i=[\hat{\boldsymbol{q}}_\sigma^i(t)^{\mathrm{T}},\dot{\hat{\boldsymbol{q}}}_\sigma^i(t)^{\mathrm{T}},\boldsymbol{\delta}_{\sigma1}^i(t)^{\mathrm{T}},\cdots,\boldsymbol{\delta}_{\sigma r}^i(t)^{\mathrm{T}}]^{\mathrm{T}}$$

$$\boldsymbol{\Pi}_\sigma^i=\begin{bmatrix}-\sum_{k=1}^r\boldsymbol{H}_{\sigma k}^i & -\frac{1}{2}\sum_{k=1}^r\boldsymbol{H}_{\sigma k}^i & \frac{\kappa}{2}[\boldsymbol{H}_{\sigma1}^i,\cdots,\boldsymbol{H}_{\sigma r}^i]\\ -\frac{1}{2}\sum_{k=1}^r\boldsymbol{H}_{\sigma k}^{i\mathrm{T}} & \left(\frac{(1+\kappa)\beta+1}{2}+\sum_{k=1}^r\tau_k-\gamma\right)\boldsymbol{I}_{d_\sigma^i} & \frac{1}{2}[\boldsymbol{H}_{\sigma1}^i,\cdots,\boldsymbol{H}_{\sigma r}^i]\\ \frac{\kappa}{2}[\boldsymbol{H}_{\sigma1}^i,\cdots,\boldsymbol{H}_{\sigma r}^i]^{\mathrm{T}} & \frac{1}{2}[\boldsymbol{H}_{\sigma1}^i,\cdots,\boldsymbol{H}_{\sigma r}^i]^{\mathrm{T}} & -\mathrm{diag}\left\{\frac{1-d_1}{h_1}\boldsymbol{I}_{d_\sigma^i},\cdots,\frac{1-d_r}{h_r}\boldsymbol{I}_{d_\sigma^i}\right\}\end{bmatrix}$$

假设矩阵 $\boldsymbol{\Pi}_\sigma^i=\begin{bmatrix}\boldsymbol{\Pi}_{11} & \boldsymbol{\Pi}_{12}\\ \boldsymbol{\Pi}_{12}^{\mathrm{T}} & \boldsymbol{\Pi}_{22}\end{bmatrix}$，其中

$$\boldsymbol{\Pi}_{11}=\begin{bmatrix}-\sum_{k=1}^r\boldsymbol{H}_{\sigma k}^i & -\frac{1}{2}\sum_{k=1}^r\boldsymbol{H}_{\sigma k}^i\\ -\frac{1}{2}\sum_{k=1}^r\boldsymbol{H}_{\sigma k}^{i\mathrm{T}} & \left(\frac{(1+\kappa)\beta+1}{2}+\sum_{k=1}^r\tau_k-\gamma\right)\boldsymbol{I}_{d_\sigma^i}\end{bmatrix}$$

$$\boldsymbol{\Pi}_{12}=\begin{bmatrix}\frac{\kappa}{2}\ [\boldsymbol{H}_{\sigma1}^i,\ \cdots,\ \boldsymbol{H}_{\sigma r}^i]\\ \frac{1}{2}\ [\boldsymbol{H}_{\sigma1}^i,\ \cdots,\ \boldsymbol{H}_{\sigma r}^i]\end{bmatrix}$$

$$\boldsymbol{\Pi}_{22}=-\mathrm{diag}\left\{\frac{1-d_1}{h_1}\boldsymbol{I}_{d_\sigma^i},\ \cdots,\ \frac{1-d_r}{h_r}\boldsymbol{I}_{d_\sigma^i}\right\}$$

根据 Schur 补可知，当且仅当 $\boldsymbol{\Pi}_{22}<0$ 和 $\boldsymbol{\Pi}_{11}-\boldsymbol{\Pi}_{12}\boldsymbol{\Pi}_{22}^{-1}\boldsymbol{\Pi}_{12}^{\mathrm{T}}<0$ 时，$\boldsymbol{\Pi}_\sigma^i<0$。由于 $d_i<1$，所以 $\boldsymbol{\Pi}_{22}<0$，设矩阵 $\boldsymbol{\Xi}_\sigma^i=\boldsymbol{\Pi}_{11}-\boldsymbol{\Pi}_{12}\boldsymbol{\Pi}_{22}^{-1}\boldsymbol{\Pi}_{12}^{\mathrm{T}}$，而 $\boldsymbol{\Xi}_\sigma^i=\begin{bmatrix}\boldsymbol{\Xi}_{11} & \boldsymbol{\Xi}_{12}\\ \boldsymbol{\Xi}_{12}^{\mathrm{T}} & \boldsymbol{\Xi}_{22}\end{bmatrix}$，如果 $\boldsymbol{\Xi}_\sigma^i<0$，则 $\dot{V}(t)\leqslant 0$。接下来，证明 $\lim_{t\to\infty}\dot{V}(t)=0$。

用反证法证明 $\lim_{t\to\infty}\dot{V}(t)=0$。假设当 $t\to 0$ 时，$\dot{V}(t)$ 不趋近于 0，则存在一个无限的时间序列 $\{T_{s_1},T_{s_2},\cdots\}$，$T_{s_k}\in[t_{s_k},t_{s_{k+1}})$，$\lim_{k\to\infty}T_{s_k}=+\infty$ 使得 $|\dot{V}(T_{s_k})|>\varepsilon_0$，$\varepsilon_0$ 为某一正数。

因为 $\lim_{t\to\infty}V(t)$ 存在，由柯西收敛准则可知，对于任意 $\varepsilon>0$，存在正数 T 使得对于任意 $T_2>T_1>T$，$|V(T_2)-V(T_1)|<\varepsilon$，即：

$$\left|\int_{T_1}^{T_2}\dot{V}(t)\mathrm{d}t\right|<\varepsilon \tag{6.21}$$

令 $\delta=\min\{\varepsilon_0/2K,T\}$，那么 $t_{s_{k+1}}-t_{s_k}>T\geqslant\delta$，则有 $(T_{s_k}-\frac{\delta}{2},T_{s_k}]\subset[t_{s_k},t_{s_{k+1}})$ 或者 $(T_{s_k},T_{s_k}+\frac{\delta}{2}]\subset[t_{s_k},t_{s_{k+1}})$。

如果第一式成立，根据积分中值定理可知，对于任意 $t\in(T_{s_k}-\frac{\delta}{2},T_{s_k}]$ 存在 t_m 使得：

$$|\dot{V}(T_{s_k})|-|\dot{V}(t)|\leqslant|\dot{V}(T_{s_k})-\dot{V}(t)|\leqslant|\ddot{V}(t_m)|\cdot|t-T_{s_k}|\leqslant\frac{\varepsilon_0}{2} \tag{6.22}$$

这表明：

$$|\dot{V}(t)|\geqslant|\dot{V}(T_{s_k})|-\frac{\varepsilon_0}{2}>\frac{\varepsilon_0}{2} \tag{6.23}$$

由 $\dot{V}(t)$ 在 $(T_{s_k}-\frac{\delta}{2},T_{s_k}]$ 上的连续性和上式可知，对于任意 $t\in(T_{s_k}-\frac{\delta}{2},T_{s_k}]$，$\dot{V}(t)$ 不变号，所以：

$$\left|\int_{T_{s_k}-\frac{\delta}{2}}^{T_{s_k}}\dot{V}(s)\mathrm{d}s\right|>\int_{T_{s_k}-\frac{\delta}{2}}^{T_{s_k}}\frac{\varepsilon_0}{2}\mathrm{d}s>\frac{\delta\varepsilon_0}{4}>0 \tag{6.24}$$

同样，也可以得到：

$$\left|\int_{T_{s_k}}^{T_{s_k}+\frac{\delta}{2}}\dot{V}(s)\mathrm{d}s\right|>\frac{\delta\varepsilon_0}{4}>0 \tag{6.25}$$

注意，当 T_{s_k} 足够大时，式（6.24）和式（6.25）与式（6.21）构成矛盾，所以可得 $\lim\limits_{t\to\infty}\dot{V}(t)=0$，即 $\lim\limits_{t\to\infty}\|\hat{\boldsymbol{q}}_\sigma^i(t)\|=0$，$\lim\limits_{t\to\infty}\|\dot{\hat{\boldsymbol{q}}}_\sigma^i(t)\|=0$，即 $\lim\limits_{t\to\infty}\|\boldsymbol{q}_i(t)\|=\boldsymbol{q}_0$，$\lim\limits_{t\to\infty}\|\dot{\boldsymbol{q}}_i(t)\|=0$。

定理得证。

6.3.3 控制实例

为了验证控制器的有效性，基于 Mathmatica 软件设计数值仿真实验。假设存在四个二自由度机械臂，与 3.2.3 节中方程（3.17）一样，各机械臂动力学方程为：

$$\begin{bmatrix}M_{11} & M_{12}\\ M_{21} & M_{22}\end{bmatrix}\begin{bmatrix}\ddot{q}_1\\ \ddot{q}_2\end{bmatrix}+\begin{bmatrix}-h\dot{q}_2 & -h(\dot{q}_1+\dot{q}_2)\\ h\dot{q}_1 & 0\end{bmatrix}\begin{bmatrix}\dot{q}_1\\ \dot{q}_2\end{bmatrix}=\begin{bmatrix}u_1\\ u_2\end{bmatrix}$$

式中：

$$M_{11}=a_1+2a_3\cos q_2+2a_4\sin q_2$$
$$M_{12}=M_{21}=a_2+a_3\cos q_2+a_4\sin q_2$$
$$M_{22}=a_2$$
$$h=a_3\sin q_2-a_4\cos q_2$$
$$a_1=I_1+m_1l_{c1}^2+I_e+m_el_{ce}^2+m_el_1^2$$
$$a_2=I_e+m_el_{ce}^2$$
$$a_3=m_el_1l_{ce}\cos\delta_e$$
$$a_4=m_el_1l_{ce}\sin\delta_e$$

参数取 $m_1=1$，$l_1=1$，$m_e=2.5$，$\delta_e=30°$，$I_1=0.12$，$l_{c1}=0.5$，$I_e=0.25$，$l_{ce}=0.6$，假设 $\boldsymbol{\theta}=[a_1,a_2,a_3,a_4]^{\mathrm{T}}$ 不能精确获知，根据 Lagrangian 系统的性质 2，可得相应的 $\boldsymbol{Y}(\boldsymbol{q},\dot{\boldsymbol{q}})=[y_{ij}]\in\mathbb{R}^{2\times4}$ 的表达式为

$$\boldsymbol{Y}=\begin{bmatrix} y_{11} & y_{12} & y_{13} & y_{14} \\ y_{21} & y_{22} & y_{23} & y_{24}\end{bmatrix}$$

式中：
$$y_{11}=\dot{q}_1$$
$$y_{12}=\dot{q}_2$$
$$y_{13}=(2\dot{q}_1+\dot{q}_2)\cos q_2-(q_1\dot{q}_2+q_2\dot{q}_1+q_2\dot{q}_2)\sin q_2$$
$$y_{14}=(2\dot{q}_1+\dot{q}_2)\sin q_2+(q_1\dot{q}_2+q_2\dot{q}_1+q_2\dot{q}_2)\cos q_2$$
$$y_{21}=0$$
$$y_{22}=\dot{q}_1+\dot{q}_2$$
$$y_{23}=\dot{q}_1\cos q_2+q_1\dot{q}_1\sin q_2$$
$$y_{24}=-q_1\dot{q}_1\cos q_2+\dot{q}_1\sin q_2$$

通信拓扑在三个构型 G_1、G_2 和 G_3 之间反复切换，如图 6.1 所示，其切换频率如图 6.2 所示，控制器采用（6.14），式中，$d^2=0.5$，$K=1.5$。$\boldsymbol{\Lambda}=\boldsymbol{I}_{4\times4}$，时变通信时延为 $T(t)=0.4+0.2\sin t$。仿真结果如图 6.3～图 6.6 所示。由仿真结果可知，系统实现了一致性。

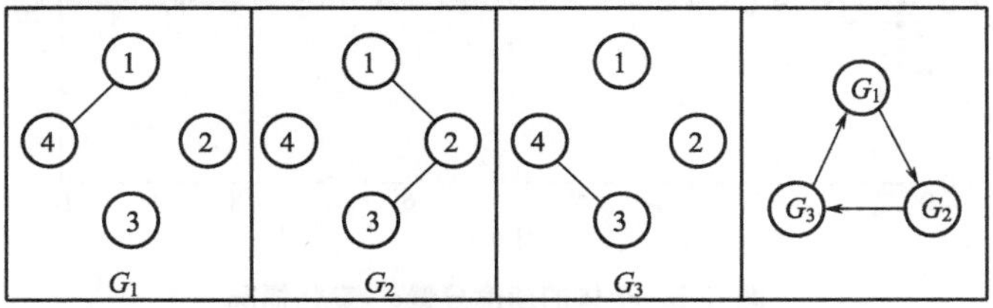

图 6.1　通信拓扑图

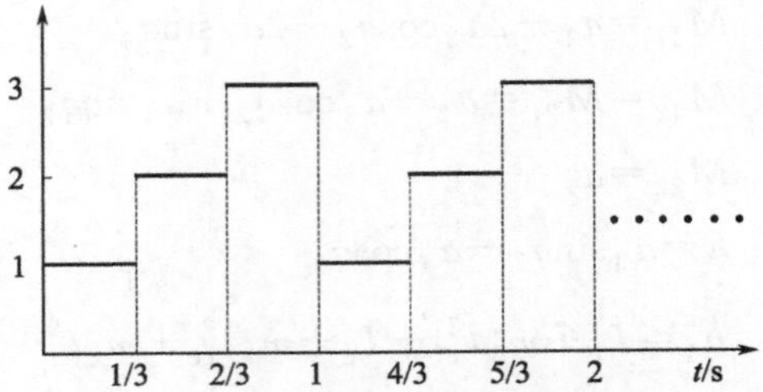

图 6.2　通信拓扑的切换频率

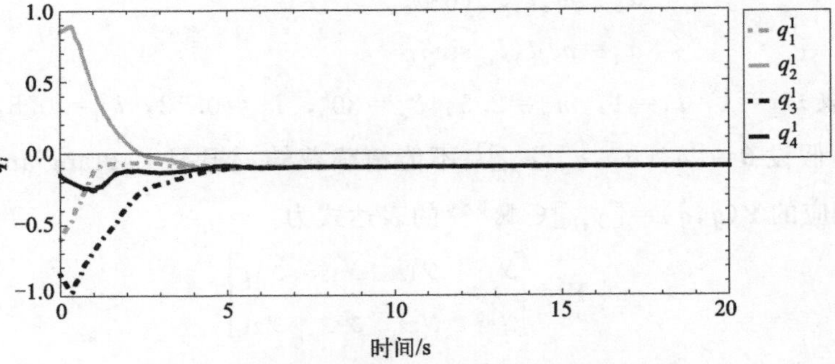

图 6.3　个体的状态分量 q^1 变化情况

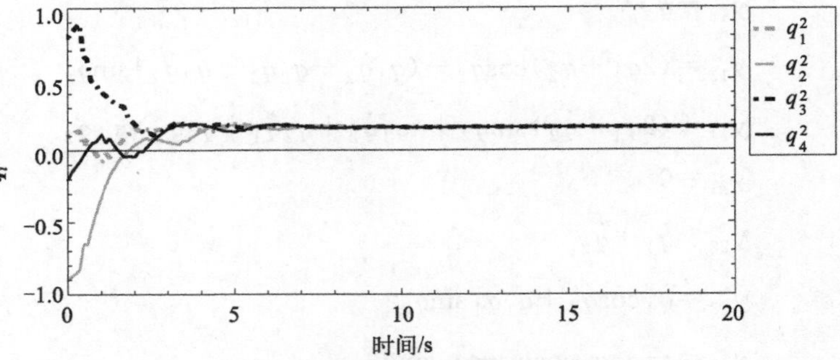

图 6.4　个体的状态分量 q^2 变化情况

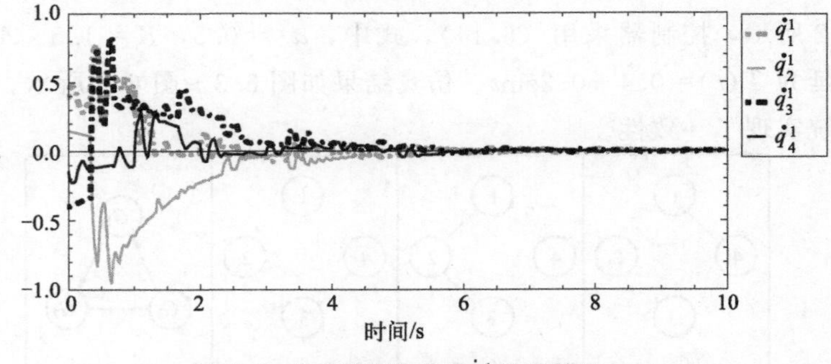

图 6.5　个体的速度分量 $\dot{q}^1$ 变化情况

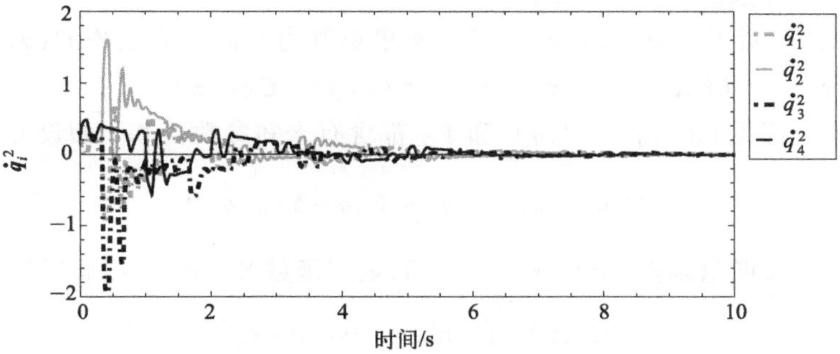

图 6.6 个体的速度分量 $\dot{q}^2$ 变化情况

6.4 速度观测器设计

多机器人协同控制中，速度量相对难以测量，尤其是在存在不确定参数的情况下，很少有关于平滑速度观测器实现全局收敛的结果。基于此，本节针对 Lagrangian 系统设计了一种新的自适应速度观测器，适用于系统含有不确定参数的场景，并采用 Lyapunov 函数方法对所设计观测器的性能进行了分析，同时也给出了构建观测器增益系数和矩阵的过程。

对于一个由 Lagrangian 系统描述的机械系统，其动力学模型为

$$\boldsymbol{M}(\boldsymbol{q})\ddot{\boldsymbol{q}}+\boldsymbol{C}(\boldsymbol{q},\dot{\boldsymbol{q}})\dot{\boldsymbol{q}}+\boldsymbol{G}(\boldsymbol{q})+\boldsymbol{F}_d\dot{\boldsymbol{q}}=\boldsymbol{\tau} \tag{6.26}$$

式中，$\boldsymbol{q}\in\mathbb{R}^n$ 为系统状态向量；$\boldsymbol{M}(\boldsymbol{q})\in\mathbb{R}^{n\times n}$ 为对称正定的惯性矩阵；$\boldsymbol{C}(q,\dot{q})$ 为科里奥利力与向心力矩阵；$\boldsymbol{G}(\boldsymbol{q})\in\mathbb{R}^n$ 为重力项；$\boldsymbol{F}_d\in\mathbb{R}^{n\times n}$ 为正定的黏性摩擦系数矩阵，这里假设其为对角常数矩阵；$\boldsymbol{\tau}\in\mathbb{R}^n$ 为执行器输出力矩向量。

通常情况下，状态向量 $\boldsymbol{q}\in\mathbb{R}^n$ 较易测量，而广义速度 $\dot{\boldsymbol{q}}\in\mathbb{R}^n$ 则难以直接获取。本节将在状态向量 $\boldsymbol{q}\in\mathbb{R}^n$ 已知的前提下设计观测器对速度 $\dot{\boldsymbol{q}}$ 进行估计。

接下来，给出系统（6.26）常见的一些假设：

假设 6.4 假设存在正的常数 $l_{\underline{m}}$、$l_{\overline{m}}$、l_{c1} 和 l_d，使得对于任意 $\boldsymbol{x},\boldsymbol{y}\in\mathbb{R}^n$，有 $\|F_d\|\leqslant l_d$，$0<l_{\underline{m}}\boldsymbol{I}\leqslant\boldsymbol{M}(\boldsymbol{q})\leqslant l_{\overline{m}}\boldsymbol{I}$，$\|\boldsymbol{C}(\boldsymbol{x},\boldsymbol{y})\|\leqslant l_{c1}\|\boldsymbol{y}\|$。

假设 6.5 矩阵 $\dot{\boldsymbol{M}}(\boldsymbol{q})-2\boldsymbol{C}(\boldsymbol{q},\dot{\boldsymbol{q}})$ 为反对称矩阵，即对于任意向量 $\boldsymbol{x}\in\mathbb{R}^n$，等式 $\boldsymbol{x}^{\mathrm{T}}[\dot{\boldsymbol{M}}(\boldsymbol{q})-2\boldsymbol{C}(\boldsymbol{q},\dot{\boldsymbol{q}})]\boldsymbol{x}=0$ 成立。

假设 6.6 对于任意向量 $\boldsymbol{x}\in\mathbb{R}^n$，系统可线性化为 $\boldsymbol{M}(\boldsymbol{q})\dot{\boldsymbol{x}}+\boldsymbol{C}(\boldsymbol{q},\dot{\boldsymbol{q}})\boldsymbol{x}+\boldsymbol{g}(\boldsymbol{q})=\boldsymbol{Y}(\boldsymbol{q},\dot{\boldsymbol{q}},\boldsymbol{x},\dot{\boldsymbol{x}})\boldsymbol{\theta}$，式中 $\boldsymbol{\theta}\in\mathbb{R}^k$ 为常数参数向量，$\boldsymbol{Y}(\cdot)\in\mathbb{R}^{n\times k}$ 为包含广义

坐标向量及其导数的已知函数矩阵。

假设 6.7 对于任意 $\boldsymbol{x},\boldsymbol{y},\boldsymbol{z}\in\mathbb{R}^n$，科里奥利力与向心力矩阵 $\boldsymbol{C}(\boldsymbol{q},\dot{\boldsymbol{q}})\in\mathbb{R}^{n\times n}$ 满足 $\boldsymbol{C}(\boldsymbol{x},\boldsymbol{y})\boldsymbol{z}=\boldsymbol{C}(\boldsymbol{x},\boldsymbol{z})\boldsymbol{y}$，$\boldsymbol{C}(\boldsymbol{x},\boldsymbol{y}+\boldsymbol{z})=\boldsymbol{C}(\boldsymbol{x},\boldsymbol{y})+\boldsymbol{C}(\boldsymbol{x},\boldsymbol{z})$。

本节中，假设 $\boldsymbol{C}(\boldsymbol{q},\dot{\boldsymbol{q}})$、$\boldsymbol{G}(\boldsymbol{q})$ 和 $\boldsymbol{F}_d$ 都含有未知参数，基于假设 6.7，则有：

$$\boldsymbol{C}(\boldsymbol{q},\dot{\boldsymbol{q}})\dot{\boldsymbol{q}}+\boldsymbol{G}(\boldsymbol{q})+\boldsymbol{F}_d\dot{\boldsymbol{q}}=\boldsymbol{Y}(\boldsymbol{q},\dot{\boldsymbol{q}})\boldsymbol{\theta} \tag{6.27}$$

另外，定义向量函数 $\tanh(\cdot)\in\mathbb{R}^n$ 和矩阵函数 $\mathrm{Sech}(\cdot)\in\mathbb{R}^{n\times n}$ 如下：

$$\tanh(\boldsymbol{x})=[\tanh\boldsymbol{x}_1,\cdots,\tanh\boldsymbol{x}_n]^{\mathrm{T}} \tag{6.28}$$

$$\mathrm{sech}(\boldsymbol{x})=\mathrm{diag}\{\mathrm{sech}\boldsymbol{x}_1,\cdots,\mathrm{sech}\boldsymbol{x}_n\} \tag{6.29}$$

式中，$\boldsymbol{x}=[x_1,\cdots,x_n]\in\mathbb{R}^n$。类似地，定义：

$$\cosh(\boldsymbol{x})=\mathrm{diag}\{1/\mathrm{sech}x_1,\cdots,1/\mathrm{sech}x_n\} \tag{6.30}$$

接下来，对系统（6.26）做以下假设：

假设 6.8 对于任意 $\boldsymbol{\zeta},\boldsymbol{\nu}\in\mathbb{R}^n$，假设存在正的常数 ι_1、l_g、l_{c2}，满足下式：

$$\|\boldsymbol{G}(\boldsymbol{\zeta})-\boldsymbol{G}(\boldsymbol{\nu})\|\leqslant l_g\|\tanh[\iota_1(\boldsymbol{\zeta}-\boldsymbol{\nu})]\| \tag{6.31}$$

$$\|\boldsymbol{C}(\boldsymbol{\zeta},\dot{\boldsymbol{q}})-\boldsymbol{C}(\boldsymbol{\nu},\dot{\boldsymbol{q}})\|\leqslant l_{c2}\|\dot{\boldsymbol{q}}\|\|\tanh[\iota_1(\boldsymbol{\zeta}-\boldsymbol{\nu})]\| \tag{6.32}$$

针对 Puma 机器人，文献［23］中的附录 A 对式（6.31）和式（6.32）中的界限给出了详细的推导。对于以 Lagrangian 建模的其他旋转关节机器人，可以用类似的方式证明式（6.31）和式（6.32）中给出的界限。

6.4.1 观测器设计

接下来，将根据已知状态量 $\boldsymbol{q}$ 设计速度观测器，实现对系统（6.26）中速度量 $\dot{\boldsymbol{q}}$ 的估计。假设系统（6.26）中 $\boldsymbol{C}(\boldsymbol{q},\dot{\boldsymbol{q}})$ 和 $\boldsymbol{G}(\boldsymbol{q})$ 含有不确定参数，定义 $\hat{\boldsymbol{q}}$ 和 $\hat{\boldsymbol{\theta}}$ 分别为 $\boldsymbol{q}$ 和 $\boldsymbol{\theta}$ 的估计值，其中，$\boldsymbol{q}\in\mathbb{R}^n$，$\hat{\boldsymbol{\theta}}\in\mathbb{R}^p$，$\boldsymbol{F}_d$ 未知。估计误差定义为 $\tilde{\boldsymbol{q}}=\boldsymbol{q}-\hat{\boldsymbol{q}}$，$\tilde{\boldsymbol{\theta}}=\boldsymbol{\theta}-\hat{\boldsymbol{\theta}}$，设计观测器如下：

$$\boldsymbol{M}(\boldsymbol{q})\ddot{\hat{\boldsymbol{q}}}+\boldsymbol{Y}(\hat{\boldsymbol{q}},\dot{\hat{\boldsymbol{q}}})\hat{\boldsymbol{\theta}}+\boldsymbol{\chi}=\boldsymbol{\tau} \tag{6.33}$$

式中，$\boldsymbol{\chi}$ 和 $\boldsymbol{Y}(\hat{\boldsymbol{q}},\dot{\hat{\boldsymbol{q}}})\hat{\boldsymbol{\theta}}$ 满足：

$$\begin{cases}\boldsymbol{\chi}=\bar{\iota}\boldsymbol{M}(\boldsymbol{q})\mathrm{sech}^2(\iota_1\tilde{\boldsymbol{q}})(\dot{\hat{\boldsymbol{q}}}-\nu)-\bar{\iota}_2\boldsymbol{M}(\boldsymbol{q})\mathrm{sech}^2\boldsymbol{\vartheta}[\tanh(\iota_1\tilde{\boldsymbol{q}})-\tanh(\iota_1\boldsymbol{\vartheta})]\\ \quad-\bar{\iota}_2\tanh(\iota_1\tilde{\boldsymbol{q}})-\dfrac{\mu(t)}{\iota_1}\cosh^2\boldsymbol{\vartheta}\tanh\boldsymbol{\vartheta}\\ \boldsymbol{Y}(\hat{\boldsymbol{q}},\dot{\hat{\boldsymbol{q}}})\hat{\boldsymbol{\theta}}=\hat{\boldsymbol{C}}(\hat{\boldsymbol{q}},\dot{\hat{\boldsymbol{q}}})\dot{\hat{\boldsymbol{q}}}+\boldsymbol{G}(\hat{\boldsymbol{q}})+\hat{\boldsymbol{F}}_d\dot{\hat{\boldsymbol{q}}}\end{cases} \tag{6.34}$$

式中，ι_1，$\iota_2>0$，$\bar{\iota}=\iota_1\iota_2$，$\boldsymbol{\vartheta}$ 和 $\hat{\boldsymbol{\theta}}$ 为：

$$\begin{cases}\boldsymbol{\vartheta}=\iota_1^{-1}\operatorname{arctanh}\left[\dfrac{\boldsymbol{\psi}-\mu(t)\boldsymbol{q}}{\iota_2}\right]\\ \dot{\boldsymbol{\psi}}=\bar{\iota}\ \mathrm{Sech}^2(\iota_1\boldsymbol{\vartheta})[\iota_2\tanh(\iota_1\tilde{\boldsymbol{q}})-\iota_2\tanh(\iota_1\boldsymbol{\vartheta})]+\mu(t)\nu+\dot{\mu}(t)\boldsymbol{q}\\ \nu=\dot{\hat{\boldsymbol{q}}}-\iota_2\tanh(\iota_1\tilde{\boldsymbol{q}})-\iota_2\tanh(\iota_1\boldsymbol{\vartheta})\\ \dot{\hat{\boldsymbol{\theta}}}=\boldsymbol{\Gamma}[\boldsymbol{\varphi}-Y(\hat{\boldsymbol{q}},\dot{\hat{\boldsymbol{q}}})^{\mathrm{T}}\boldsymbol{q}]\\ \dot{\varphi}=\dfrac{\mathrm{d}}{\mathrm{d}t}[\boldsymbol{Y}(\hat{\boldsymbol{q}},\dot{\hat{\boldsymbol{q}}})^{\mathrm{T}}]\boldsymbol{q}-\boldsymbol{Y}(\hat{\boldsymbol{q}},\dot{\hat{\boldsymbol{q}}})^{\mathrm{T}}\boldsymbol{\nu}\end{cases}\tag{6.35}$$

式中，$\boldsymbol{\Gamma}$ 为正定矩阵，函数 $\mu(t)$ 为

$$\mu(t)=\frac{1}{2l_{\underline{m}}}[\delta^2+(\delta+\iota_2^{-1}l_{c2}\|\dot{\hat{\boldsymbol{q}}}\|^2+\iota_2^{-1}l_g)^2+\bar{\iota}l_{\overline{m}}\| +l_{c1}(\|\dot{\hat{\boldsymbol{q}}}\|+2\iota_2\sqrt{n})+l_d+\gamma]\tag{6.36}$$

式中，$\gamma>0$，$\delta=2l_{c1}(\|\dot{\hat{\boldsymbol{q}}}\|+\iota_2\sqrt{n})+l_d$。

基于 $\boldsymbol{\vartheta}$ 在式（6.35）中的定义可知，$\boldsymbol{\psi}-\mu(t)\boldsymbol{q}$ 满足 $\|\boldsymbol{\psi}-\mu(t)\boldsymbol{q}\|_\infty<\iota_2$，详见下述引理：

引理 6.2 记 $\boldsymbol{\zeta}(t)=\boldsymbol{\psi}-\mu(t)\boldsymbol{q}$，如果 $\boldsymbol{\vartheta}$、$\boldsymbol{\psi}$ 和 $\boldsymbol{\nu}$ 如式（6.35）中定义，则 $\boldsymbol{\zeta}$ 满足 $\|\boldsymbol{\zeta}\|_\infty<\iota_2$。

证明：定义向量 $\boldsymbol{\varepsilon}$ 为

$$\dot{\boldsymbol{\varepsilon}}=\iota_2\tanh(\iota_1\tilde{\boldsymbol{q}})-\iota_2\tanh(\iota_1\boldsymbol{\varepsilon})-\frac{1}{\bar{\iota}}\mu(t)\cosh^2(\boldsymbol{\varepsilon})\boldsymbol{\zeta}\tag{6.37a}$$

式中，$\boldsymbol{\zeta}$ 如下式定义：

$$\boldsymbol{\zeta}=\dot{\hat{\boldsymbol{q}}}+\iota_2\tanh(\iota_1\boldsymbol{q})+\iota_2\tanh(\iota_1\boldsymbol{\vartheta})\tag{6.37b}$$

于是可知 $\tanh(\boldsymbol{\varepsilon})$ 的导数满足：

$$[\iota_2\tanh(\iota_1\boldsymbol{\varepsilon})]'=\bar{\iota}\mathrm{Sech}^2(\iota_1\boldsymbol{\varepsilon})[\iota_2\tanh(\iota_1\tilde{\boldsymbol{q}})-\iota_2\tanh(\iota_1\boldsymbol{\varepsilon})]-\mu(t)\boldsymbol{\zeta}\tag{6.38}$$

接下来，对 $\boldsymbol{\zeta}(t)$ 求导，并代入式（6.34）中的第二个等式，可得：

$$\begin{aligned}\dot{\boldsymbol{\zeta}}(t)&=\dot{\boldsymbol{\psi}}-\dot{\mu}(t)\boldsymbol{q}-\mu(t)\dot{\boldsymbol{q}}\\&=\bar{\iota}\mathrm{sech}^2(\iota_1\boldsymbol{\vartheta})[\iota_2\tanh(\iota_1\tilde{\boldsymbol{q}})-\iota_2\tanh(\iota_1\boldsymbol{\vartheta})]-\mu(t)\boldsymbol{\zeta}\end{aligned}\tag{6.39}$$

对比式（6.38）和式（6.39）发现，$\iota_2\tanh(\iota_1\boldsymbol{\varepsilon})$ 和 $\boldsymbol{\zeta}(t)$ 有相同的动态方程。所以，如果它们的初始值相等，即 $\boldsymbol{\zeta}(0)=\iota_2\tanh[\iota_1\boldsymbol{\varepsilon}(0)]$，那么 $\boldsymbol{\zeta}(t)$ 和 $t_2\tanh(t_1\boldsymbol{\varepsilon})$ 将一致保持相等。所以，$\boldsymbol{\zeta}(t)$ 满足 $\|\boldsymbol{\zeta}(t)\|_\infty<\iota_2$。

注释 6.7 由引理 6.2 可知，如果 $\boldsymbol{\vartheta}$ 的导数设计如式（6.36）所示，结合式（6.35）中第三个方程可知，$\boldsymbol{\psi}-\mu(t)\boldsymbol{q}$ 是有界的。

6.4.2 收敛性分析

基于 $\boldsymbol{v}$ 在式（6.35）中的定义，变量 $\boldsymbol{\zeta}$ 也可表示为：

$$\boldsymbol{\zeta}=\dot{\boldsymbol{q}}-\boldsymbol{v} \tag{6.40}$$

将观测器代入方程（6.26）得：

$$\boldsymbol{M}(\boldsymbol{q})\ddot{\tilde{\boldsymbol{q}}}+\boldsymbol{C}(\boldsymbol{q},\dot{\boldsymbol{q}})\dot{\boldsymbol{q}}+\boldsymbol{G}(\boldsymbol{q})-\boldsymbol{Y}(\hat{\boldsymbol{q}},\dot{\hat{\boldsymbol{q}}})\hat{\boldsymbol{\theta}}+\boldsymbol{Q}=\boldsymbol{0} \tag{6.41}$$

式中，$\boldsymbol{Q}$ 为：

$$\begin{aligned}\boldsymbol{Q}=&\bar{\iota}\boldsymbol{M}(\boldsymbol{q})\mathrm{sech}^2\boldsymbol{\vartheta}[\iota_2\tanh(\iota_1\tilde{\boldsymbol{q}})-\iota_2\tanh(\iota_1\boldsymbol{\vartheta})]\\&-\bar{\iota}\boldsymbol{M}(\boldsymbol{q})\mathrm{sech}^2\boldsymbol{q}[\iota_2\tanh(\iota_1\tilde{\boldsymbol{q}})+\iota_2\tanh(\iota_1\boldsymbol{\vartheta})]\\&-\boldsymbol{F}_d\dot{\boldsymbol{q}}+\iota_2\tanh(\iota_1\tilde{\boldsymbol{q}})-\iota_1^{-1}\mu(t)\cosh^2\boldsymbol{\vartheta}\tanh(\iota_1\boldsymbol{\vartheta})\end{aligned} \tag{6.42}$$

接下来，基于式（6.41），将 $\ddot{\tilde{\boldsymbol{q}}}$ 替换为 $\boldsymbol{\zeta}$、$\dot{\boldsymbol{\zeta}}$ 和 $\boldsymbol{v}$ 可得：

$$\boldsymbol{M}(\boldsymbol{q})\dot{\boldsymbol{\zeta}}+\boldsymbol{C}(\boldsymbol{q},\dot{\boldsymbol{q}})\boldsymbol{\zeta}+\boldsymbol{Y}(\hat{\boldsymbol{q}},\dot{\hat{\boldsymbol{q}}})\tilde{\boldsymbol{\theta}}+\boldsymbol{x}=0 \tag{6.43}$$

式中：

$$\begin{aligned}\boldsymbol{x}=&\mu(t)\boldsymbol{M}(\boldsymbol{q})\boldsymbol{\zeta}-\bar{\iota}\boldsymbol{M}(\boldsymbol{q})\mathrm{sech}^2(\iota_1\tilde{\boldsymbol{q}})\boldsymbol{\zeta}+\boldsymbol{C}(\boldsymbol{q},\boldsymbol{v})\boldsymbol{\zeta}\\&+\boldsymbol{C}(\boldsymbol{q},\boldsymbol{v})\boldsymbol{v}-\boldsymbol{C}(\hat{\boldsymbol{q}},\dot{\hat{\boldsymbol{q}}})\dot{\hat{\boldsymbol{q}}}+\boldsymbol{F}_d\dot{\boldsymbol{q}}-\boldsymbol{F}_d\dot{\hat{\boldsymbol{q}}}+\boldsymbol{G}(\boldsymbol{q})\\&-\boldsymbol{G}(\hat{\boldsymbol{q}})+\iota_2\tanh(\iota_1\tilde{\boldsymbol{q}})-\iota_1^{-1}\mu(t)\cosh^2(\boldsymbol{\vartheta})\tanh(\iota_1\boldsymbol{\vartheta})\end{aligned} \tag{6.44}$$

记 $\Upsilon=\boldsymbol{C}(\boldsymbol{q},\boldsymbol{v})\boldsymbol{v}-\boldsymbol{C}(\hat{\boldsymbol{q}},\dot{\hat{\boldsymbol{q}}})\dot{\hat{\boldsymbol{q}}}$，根据 Lagrangian 系统的特性 4 可知：

$$\begin{aligned}\Upsilon=&\boldsymbol{C}(\boldsymbol{q},\boldsymbol{v})\boldsymbol{v}-\boldsymbol{C}(\boldsymbol{q},\boldsymbol{v})\dot{\hat{\boldsymbol{q}}}+\boldsymbol{C}(\boldsymbol{q},\boldsymbol{v})\dot{\hat{\boldsymbol{q}}}-\boldsymbol{C}(\hat{\boldsymbol{q}},\dot{\hat{\boldsymbol{q}}})\dot{\hat{\boldsymbol{q}}}\\=&\boldsymbol{C}(\boldsymbol{q},\boldsymbol{v})(\boldsymbol{v}-\dot{\hat{\boldsymbol{q}}})+\boldsymbol{C}(\boldsymbol{q},\dot{\hat{\boldsymbol{q}}})\boldsymbol{v}-\boldsymbol{C}(\boldsymbol{q},\dot{\hat{\boldsymbol{q}}})\dot{\hat{\boldsymbol{q}}}+\boldsymbol{C}(\boldsymbol{q},\dot{\hat{\boldsymbol{q}}})\dot{\hat{\boldsymbol{q}}}-\boldsymbol{C}(\hat{\boldsymbol{q}},\dot{\hat{\boldsymbol{q}}})\dot{\hat{\boldsymbol{q}}}\\=&\boldsymbol{C}(\boldsymbol{q},\boldsymbol{v}-\dot{\hat{\boldsymbol{q}}})\boldsymbol{v}+\boldsymbol{C}(\boldsymbol{q},\dot{\hat{\boldsymbol{q}}})(\boldsymbol{v}-\dot{\hat{\boldsymbol{q}}})+\boldsymbol{C}(\boldsymbol{q},\dot{\hat{\boldsymbol{q}}})\dot{\hat{\boldsymbol{q}}}-\boldsymbol{C}(\hat{\boldsymbol{q}},\dot{\hat{\boldsymbol{q}}})\dot{\hat{\boldsymbol{q}}}\\=&\boldsymbol{C}(\boldsymbol{q},\boldsymbol{v}+\dot{\hat{\boldsymbol{q}}})(\boldsymbol{v}-\dot{\hat{\boldsymbol{q}}})+\boldsymbol{C}(\boldsymbol{q},\dot{\hat{\boldsymbol{q}}})\dot{\hat{\boldsymbol{q}}}-\boldsymbol{C}(\hat{\boldsymbol{q}},\dot{\hat{\boldsymbol{q}}})\dot{\hat{\boldsymbol{q}}}\end{aligned} \tag{6.45}$$

将式（6.45）代入式（6.44）可得：

$$\begin{aligned}\boldsymbol{x}=&\mu(t)\boldsymbol{M}(\boldsymbol{q})\boldsymbol{\zeta}-\bar{\iota}\boldsymbol{M}(\boldsymbol{q})\mathrm{sech}^2(\iota_1\tilde{\boldsymbol{q}})\boldsymbol{\zeta}+\boldsymbol{C}(\boldsymbol{q},\boldsymbol{v})\boldsymbol{\zeta}+\boldsymbol{C}(\boldsymbol{q},\boldsymbol{v}+\dot{\hat{\boldsymbol{q}}})(\boldsymbol{v}-\dot{\hat{\boldsymbol{q}}})\\&+\boldsymbol{C}(\boldsymbol{q},\dot{\hat{\boldsymbol{q}}})\dot{\hat{\boldsymbol{q}}}-\boldsymbol{C}(\hat{\boldsymbol{q}},\dot{\hat{\boldsymbol{q}}})\dot{\hat{\boldsymbol{q}}}+\boldsymbol{G}(\boldsymbol{q})-\boldsymbol{G}(\hat{\boldsymbol{q}})+\boldsymbol{F}_d\dot{\boldsymbol{q}}-\boldsymbol{F}_d\dot{\hat{\boldsymbol{q}}}+\bar{\iota}\tanh(\iota_1\tilde{\boldsymbol{q}})\\&-\iota_1^{-1}\mu(t)\cosh^2\boldsymbol{\vartheta}\tanh(\iota_1\boldsymbol{\vartheta})\end{aligned} \tag{6.46}$$

于是，可得到以下定理：

定理 6.4 对于系统（6.26），如式（6.33）～式（6.35）所设计观测器，可使估计误差 $\tilde{\boldsymbol{q}}$ 和 $\dot{\tilde{\boldsymbol{q}}}$ 全局渐近收敛，即当 $t\to\infty$ 时，$\tilde{\boldsymbol{q}}\to\boldsymbol{0}$，$\dot{\tilde{\boldsymbol{q}}}\to\boldsymbol{0}$。

证明：设计如下 Lyapunov 函数：

$$V=\frac{\iota_2}{\iota_1}\sum_{k=1}^{n}\ln[\cosh(\iota_1\tilde{\boldsymbol{q}}_k)]+\frac{\iota_2}{\iota_1}\sum_{k=1}^{n}\ln[\cosh(\iota_1\boldsymbol{\vartheta}_k)]$$
$$+\frac{1}{2}\boldsymbol{\zeta}^{\mathrm{T}}\boldsymbol{M}(\boldsymbol{q})\boldsymbol{\xi}+\frac{1}{2}\tilde{\boldsymbol{\theta}}^{\mathrm{T}}\boldsymbol{\Gamma}^{-1}\tilde{\boldsymbol{\theta}} \tag{6.47}$$

对 $\boldsymbol{V}(\tilde{\boldsymbol{q}},\boldsymbol{\vartheta},\boldsymbol{\zeta},\tilde{\boldsymbol{\theta}})$ 求导可得：

$$\dot{V}=\iota_2\tanh(\iota_1\tilde{\boldsymbol{q}})\dot{\tilde{\boldsymbol{q}}}+\iota_2\tanh(\iota_1\boldsymbol{\vartheta})\dot{\boldsymbol{\vartheta}}+\boldsymbol{\zeta}^{\mathrm{T}}\boldsymbol{M}(\boldsymbol{q})\dot{\boldsymbol{\zeta}}$$
$$+\frac{1}{2}\boldsymbol{\zeta}^{\mathrm{T}}\dot{\boldsymbol{M}}(\boldsymbol{q})\boldsymbol{\zeta}-\tilde{\boldsymbol{\theta}}^{\mathrm{T}}\boldsymbol{\Gamma}^{-1}\dot{\hat{\boldsymbol{\theta}}} \tag{6.48}$$

上式中用到 $\dot{\tilde{\boldsymbol{q}}}=\boldsymbol{\zeta}-\iota_2\tanh(\iota_1\tilde{\boldsymbol{q}})-\iota_2\tanh(\iota_1\boldsymbol{\vartheta})$ 和 $\dot{\tilde{\boldsymbol{\theta}}}=-\dot{\hat{\boldsymbol{\theta}}}$。记 $\boldsymbol{\Psi}=\iota_2\tanh(\iota_1\vartheta)$，由引理 6.2 的证明可知，$\boldsymbol{\Psi}$ 的导数为：

$$\begin{aligned}\boldsymbol{\Psi}'&=\bar{\iota}\,\mathrm{sech}^2(\iota_1\boldsymbol{\vartheta})\dot{\boldsymbol{\vartheta}}\\&=\dot{\boldsymbol{\psi}}-\mu(t)\dot{\boldsymbol{q}}-\dot{\mu}(t)\boldsymbol{q}\\&=\bar{\iota}\iota_2\,\mathrm{sech}^2(\iota_1\boldsymbol{\vartheta})[\tanh(\iota_1\tilde{\boldsymbol{q}})-\tanh(\iota_1\boldsymbol{\vartheta})]-\mu(t)(\dot{\boldsymbol{q}}-\boldsymbol{v})\\&=\bar{\iota}\iota_2\,\mathrm{sech}^2(\iota_1\boldsymbol{\vartheta})[\tanh(\iota_1\tilde{\boldsymbol{q}})-\tanh(\iota_1\boldsymbol{\vartheta})]-\mu(t)\boldsymbol{\zeta}\end{aligned} \tag{6.49}$$

于是，可得 $\boldsymbol{\vartheta}$ 的导数为：

$$\dot{\boldsymbol{\vartheta}}=\iota_2\tanh(\iota_1\tilde{\boldsymbol{q}})-\iota_2\tanh(\iota_1\boldsymbol{\vartheta})-\frac{1}{\bar{\iota}}\mu(t)\cosh^2(\boldsymbol{\vartheta})\boldsymbol{\zeta} \tag{6.50}$$

接下来，对式（6.35）中的 $\hat{\boldsymbol{\theta}}$ 求导可得：

$$\dot{\hat{\boldsymbol{\theta}}}=-\boldsymbol{\Gamma}\boldsymbol{Y}(\hat{\boldsymbol{q}},\dot{\hat{\boldsymbol{q}}})^{\mathrm{T}}\boldsymbol{\zeta} \tag{6.51}$$

基于式 $\dot{\boldsymbol{M}}(\boldsymbol{q})-2\boldsymbol{C}(\boldsymbol{q},\dot{\boldsymbol{q}})$ 的反对称性，式（6.48）可写为：

$$\begin{aligned}\dot{V}=&-\iota_2^2\tanh^{\mathrm{T}}(\iota_1\tilde{\boldsymbol{q}})\tanh(\iota_1\tilde{\boldsymbol{q}})-\iota_2^2\tanh^{\mathrm{T}}(\iota_1\boldsymbol{\vartheta})\tanh(\iota_1\boldsymbol{\vartheta})\\&-\mu(t)\boldsymbol{\zeta}^{\mathrm{T}}\boldsymbol{M}(\boldsymbol{q})\boldsymbol{\zeta}+\boldsymbol{\zeta}^{\mathrm{T}}[\bar{\iota}\boldsymbol{M}(\boldsymbol{q})\mathrm{sech}^2(\iota_1\tilde{\boldsymbol{q}})-C(\boldsymbol{q},\boldsymbol{v})]\boldsymbol{\zeta}\\&-\boldsymbol{\zeta}^{\mathrm{T}}[\boldsymbol{C}(\boldsymbol{q},\boldsymbol{v}+\dot{\tilde{\boldsymbol{q}}})(\boldsymbol{v}-\dot{\tilde{\boldsymbol{q}}})+\boldsymbol{C}(\boldsymbol{q},\dot{\hat{\boldsymbol{q}}})\dot{\hat{\boldsymbol{q}}}-\boldsymbol{C}(\hat{\boldsymbol{q}},\dot{\hat{\boldsymbol{q}}})\dot{\hat{\boldsymbol{q}}}+\boldsymbol{G}(\boldsymbol{q})\\&-\boldsymbol{G}(\hat{\boldsymbol{q}})+\boldsymbol{F}_d\dot{\boldsymbol{q}}-\boldsymbol{F}_d\dot{\hat{\boldsymbol{q}}}]\end{aligned} \tag{6.52}$$

由式（6.35）和 Lagrangian 系统的假设 6.4 可知，$\|\boldsymbol{C}(\boldsymbol{q},\boldsymbol{v}+\dot{\tilde{\boldsymbol{q}}})(\boldsymbol{v}-\dot{\tilde{\boldsymbol{q}}})\|\leqslant 2l_{c1}(\|\dot{\hat{\boldsymbol{q}}}\|+\iota_2\sqrt{n})(\|\iota_2\tanh(\iota_1\tilde{\boldsymbol{q}})\|+\|\iota_2\tanh(\iota_1\boldsymbol{\vartheta})\|)$。于是可得：

$$\begin{aligned}\dot{V}\leqslant&-\iota_2^2\|\tanh(\iota_1\tilde{\boldsymbol{q}})\|^2-\iota_2^2\|\tanh(\iota_1\boldsymbol{\vartheta})\|^2-\mu(t)l_{\underline{m}}\|\boldsymbol{\zeta}\|^2\\&+(\bar{\iota}l_{\overline{m}}+l_{c1}\|\boldsymbol{v}\|)\|\boldsymbol{\zeta}\|^2+2l_{c1}(\|\dot{\hat{\boldsymbol{q}}}\|+\iota_2\sqrt{n})\|\boldsymbol{\zeta}\|\\&(\|\iota_2\tanh(\iota_1\tilde{\boldsymbol{q}})\|+\|\iota_2\tanh(\iota_1\boldsymbol{\vartheta})\|)+l_{c2}\|\dot{\hat{\boldsymbol{q}}}\|^2\|\boldsymbol{\zeta}\|\\&\|\tanh(\iota_1\tilde{\boldsymbol{q}})\|+l_g\|\boldsymbol{\zeta}\|\|\tanh(\iota_1\tilde{\boldsymbol{q}})\|+l_d\|\boldsymbol{\zeta}\|\|\dot{\boldsymbol{q}}-\dot{\hat{\boldsymbol{q}}}\|\end{aligned}$$

$$
\begin{aligned}
&\leqslant -\iota_2^2\|\tanh(\iota_1\tilde{\boldsymbol{q}})\|^2-\iota_2^2\|\tanh(\iota_1\boldsymbol{\vartheta})\|^2+[\bar{\iota}l_{\overline{m}}+l_{c1}(\|\dot{\hat{\boldsymbol{q}}}\|+2\iota_2\sqrt{n})\\
&\quad -\mu(t)l_{\underline{m}}]\|\boldsymbol{\zeta}\|^2+[2l_{c1}\iota_2(\|\dot{\hat{\boldsymbol{q}}}\|+\iota_2\sqrt{n})+l_{c2}\|\dot{\hat{\boldsymbol{q}}}\|^2+l_g]\\
&\quad \|\boldsymbol{\zeta}\|\|\tanh(\iota_1\tilde{\boldsymbol{q}})\|+2l_{c1}\iota_2(\|\dot{\hat{\boldsymbol{q}}}\|+\iota_2\sqrt{n})\|\boldsymbol{\zeta}\|\|\tanh(\iota_1\boldsymbol{\vartheta})\|\\
&\quad +l_d\|\boldsymbol{\zeta}\|(\|\boldsymbol{\zeta}\|+\|\iota_2\tanh(\iota_1\tilde{\boldsymbol{q}})\|+\|\iota_2\tanh(\iota_1\boldsymbol{\vartheta})\|)\\
&=-\iota_2^2\|\tanh(\iota_1\tilde{\boldsymbol{q}})\|^2-\iota_2^2\|\tanh(\iota_1\boldsymbol{\vartheta})\|^2+[\bar{\iota}l_{\overline{m}}+l_{c1}(\|\dot{\hat{\boldsymbol{q}}}\|+2\iota_2\sqrt{n})\\
&\quad +l_d-\mu(t)l_{\underline{m}}]\|\boldsymbol{\zeta}\|^2+[2l_{c1}\iota_2(\|\dot{\hat{\boldsymbol{q}}}\|+\iota_2\sqrt{n})+\iota_2 l_d]\\
&\quad \|\boldsymbol{\zeta}\|\|\tanh(\iota_1\boldsymbol{\vartheta})\|+[2l_{c1}\iota_2(\|\dot{\hat{\boldsymbol{q}}}\|+\iota_2\sqrt{n})+l_{c2}\|\dot{\hat{\boldsymbol{q}}}\|^2\\
&\quad +l_g+\iota_2 l_d]\|\boldsymbol{\zeta}\|\|\tanh(\iota_1\tilde{\boldsymbol{q}})\|
\end{aligned}
\tag{6.53}
$$

根据杨氏不等式和式（6.53）不难得出：

$$
\dot{V}\leqslant -\frac{\iota_2^2}{2}\|\tanh(\iota_1\tilde{\boldsymbol{q}})\|^2-\frac{\iota_2^2}{2}\|\tanh(\iota_1\boldsymbol{\vartheta})\|^2-\frac{\gamma}{2}\|\boldsymbol{\zeta}\|^2 \tag{6.54}
$$

式中，γ 如式（6.36）所定义。记向量 $\boldsymbol{x}=[\tanh^{\mathrm{T}}(\tilde{\boldsymbol{q}}),\tanh^{\mathrm{T}}(\boldsymbol{\vartheta}),\boldsymbol{\zeta}^{\mathrm{T}}]^{\mathrm{T}}$，于是 $\dot{V}$ 满足

$$
\dot{V}\leqslant -\frac{\beta}{2}\|\boldsymbol{x}\|^2 \tag{6.55}
$$

式中，$\beta=\min(\iota_2^2,\gamma)$。由于 V 是全局正定、仿射无界函数（对于 $\tilde{\boldsymbol{q}}(t)$、$\boldsymbol{\vartheta}(t)$、$\boldsymbol{\zeta}(t)$、$\tilde{\boldsymbol{\theta}}(t)$），而 $\dot{V}$ 是半负定的，$V\in\mathbb{L}_\infty$，所以有 $\tilde{\boldsymbol{q}}(t)$，$\boldsymbol{\vartheta}(t)$，$\boldsymbol{\zeta}(t)$，$\tilde{\boldsymbol{\theta}}(t)\in\mathbb{L}_\infty$。观测器设计中，$\boldsymbol{q}$ 和 $\dot{\boldsymbol{q}}$ 通常被认为是有界的，所以 $\dot{\hat{q}}\in\mathbb{L}_\infty$。由式（6.35）和式（6.40）可得 $\dot{\boldsymbol{\vartheta}}\in\mathbb{L}_\infty$。基于式（6.55），不难发现 $\ddot{\tilde{\boldsymbol{q}}}$ 是有界的，所以可得 $\dot{\tilde{\boldsymbol{\zeta}}}\in\mathbb{L}_\infty$。基于以上分析可知，$\boldsymbol{x}(t)$，$\dot{\boldsymbol{x}}(t)\in\mathbb{L}_\infty$，并且 $\boldsymbol{x}(t)\in\mathbb{L}_2$。应用 Barbalat 定理可得 $\lim\limits_{t\to\infty}\|\boldsymbol{x}(t)\|=0$。因此，基于双曲正切函数的性质和式（6.38）可得，当 $t\to\infty$ 时，$\tilde{\boldsymbol{q}}\to\boldsymbol{0}$ 和 $\dot{\tilde{\boldsymbol{q}}}\to\boldsymbol{0}$。

注释 6.8 本方案将速度观测器的设计推广到了更为一般的情形。一般情况下，需要系统模型参数部分精确可知，离心力和科里奥利力矩阵 $\boldsymbol{C}(\boldsymbol{q},\boldsymbol{v})$ 在观测器的设计中需要部分精确可知。而这里的结果则不需要满足这样的条件，$\boldsymbol{C}(\boldsymbol{q},\boldsymbol{v})$ 中的参数可以全部未知，得到了使用场景更为广泛的结果。

6.4.3 案例仿真

为验证所设计的观测器的有效性，本节设计了数值仿真实验。假设一个二自由度机械臂，其模型如下所示。

$$\begin{bmatrix} M_{11} & M_{12} \\ M_{21} & M_{22} \end{bmatrix} \ddot{q} + \begin{bmatrix} C_{11} & C_{12} \\ C_{21} & C_{22} \end{bmatrix} \dot{q} + \begin{bmatrix} g_1 \\ g_2 \end{bmatrix} = \tau$$

其中，$M_{11} = 2a_3\cos q_2 + 2a_4\sin q_2 I_1 + m_1 l_{c1}^2 + I_e + m_e l_{ce}^2 + m_e l_1^2$，$M_{12} = M_{21} = I_e + m_e l_{ce}^2 + m_e l_1 l_{ce}\cos\delta_e \cos q_2 + m_e l_1 l_{ce}\sin\delta_e \sin q_2$，$M_{22} = I_e + m_e l_{ce}^2$，$C_{11} = -h\dot{q}_2$，$C_{12} = C_{21} = -h(\dot{q}_1 + \dot{q}_2)$，$C_{21} = h\dot{q}_1$，$h = a_3\sin q_2 - a_4\cos q_2$，$g_1 = [m_1 l_{c1} + m_e l_1] g\sin q_1 + m_e l_{ce} g\sin(q_1 + q_2)$，$g_2 = m_e l_{ce} g\sin(q_1 + q_2)$。

假设二自由度机械臂的控制目标是让关节角 $\boldsymbol{q} = [q_1, q_2]^{\mathrm{T}}$ 跟踪信号 $\boldsymbol{q}_{\mathrm{d}} = [q_{d1}, q_{d2}]^{\mathrm{T}} = [\sin\omega t, \cos\omega t]^{\mathrm{T}}$。这里只考虑观测器的设计，利用观测器（6.33）对闭环系统的状态进行估计。假设系统初值为 $\boldsymbol{q}(0) = [\pi/2, -\pi/6]^{\mathrm{T}}\mathrm{rad}$，$\dot{\boldsymbol{q}}(0) = [0, 0]^{\mathrm{T}}\ \mathrm{rad/s}$，观测器初值假设为 $\hat{\boldsymbol{q}}(0) = [-\pi/6, \pi/6]^{\mathrm{T}}$，$\dot{\hat{\boldsymbol{q}}}(0) = [\pi, -\pi]^{\mathrm{T}}\mathrm{rad/s}$，其他参数为 $\iota_1 = 0.1$，$\iota_2 = 20$，$\gamma = 10$，$l_{\underline{m}} = 0.5$，$l_{\overline{m}} = 5$，$\boldsymbol{\Gamma} = 2\boldsymbol{I}$，$l_g = 10$，$l_{c2} = 5$，仿真结果如图 6.7～图 6.10 所示，可见观测器实现了对系统速度的估计。

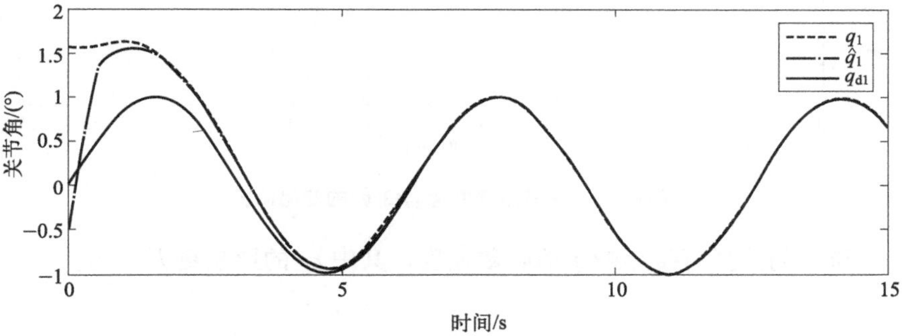

图 6.7　关节角 q_1 和 $\hat{q}_1$ 的变化情况

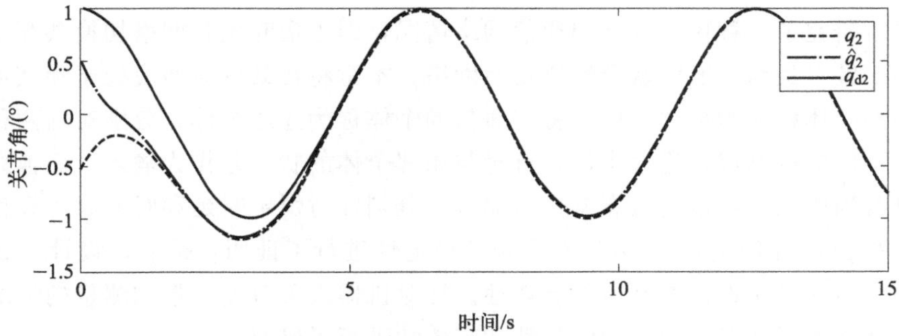

图 6.8　关节角 q_2 和 $\hat{q}_2$ 的变化情况

值得注意的是，通过数值仿真发现，不同参数的选择对于观测器的性能有不同的影响，尤其是参数 ι_1、ι_2 和 γ。γ 对于 ζ 的收敛时间影响更大。ι_2 可以看作饱和

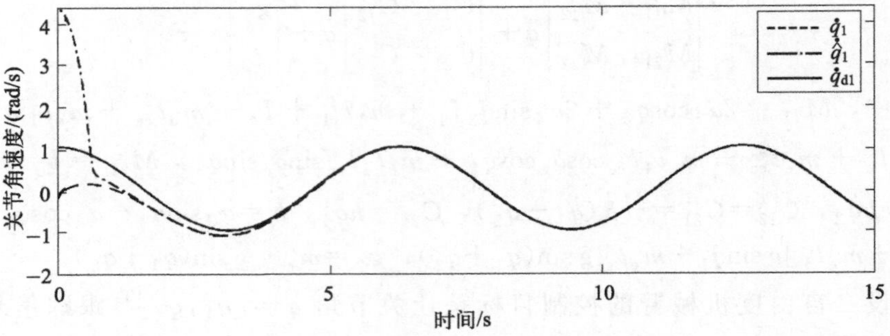

图 6.9 关节角速度 $\dot{q}_1$ 和 $\hat{\dot{q}}_1$ 的变化情况

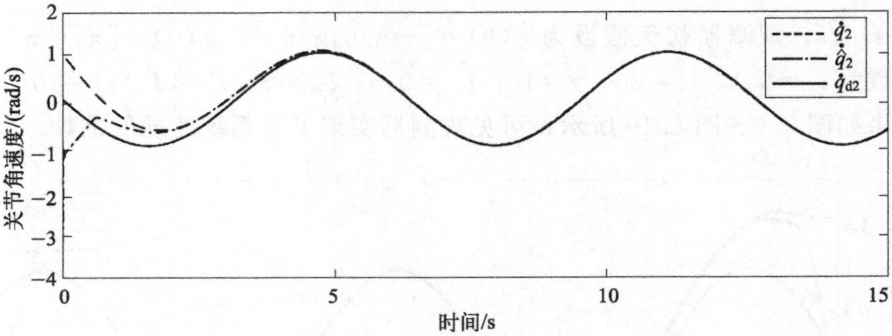

图 6.10 关节角速度 $\dot{q}_2$ 和 $\hat{\dot{q}}_2$ 的变化情况

增益，ι_2 和 γ 的选择直接影响 $\tilde{q}$ 的收敛速度，其中 ι_2 的影响更大一些。

本章小结

本章研究了一种更为复杂的通信网络情况，即通信时延和网络切换共存于通信网络中。针对最为一般的联合连通切换网络，本章将在某些时间段处于和其他个体无通信的个体称之为孤立个体，将有通信的个体称为连通个体，分别对这两种个体设计了不同的控制律，连通个体将自身与相邻个体的状态差作为输入，而孤立个体将其自身当前状态与过去状态差作为输入。分别针对恒定时延和时变时延设计了控制器，基于共同 Lyapunov 方法对系统的稳定性进行了证明，最后，设计了数值仿真实验，验证了所设计控制器的有效性。针对机器人关节速度量难测量的情况，设计了速度观测器并对观测器的收敛性和有效性进行了研究。

第7章 多领航者条件下多机器人系统姿态协调控制

7.1 引言

多机器人系统的姿态协调控制问题在诸多领域受到广泛关注，当涉及到多个领航者时，该问题变得更加复杂，但在实际工程应用中却十分有用。例如，在地面机器人集群执行的区域监控、无人机编队进行的空中巡检，或者水下机器人团队进行的海洋探测等任务中，这类技术具有广泛应用。此时，多个领航者设定姿态的目标区域，其他机器人最终将姿态调整至这一目标区域内，从而扩大整个系统的监控范围和观测视野。同时，跟随者机器人只能与邻近个体进行通信，这类问题可以归结为包含控制（Containment Control）问题。本章以有向通信网络为基本拓扑条件，对系统中存在多个领航者条件下的多机器人系统姿态协调控制问题进行了深入研究。

7.2 静态多领航者条件下多机器人系统姿态协调控制

7.2.1 问题描述

考虑 n 个机器人组成的系统，包括 m 个跟随者（编号 $1,\cdots,m$）和 $n-m$ 个领航者（编号 $m+1,\cdots,n$），其中跟随者机器人的姿态动力学方程为：

其姿态动力学方程可以表示为：

$$\begin{aligned}\dot{\sigma}_i&=G(\sigma_i)\omega_i\\ \dot{\omega}_i&=J_i^{-1}(-\omega_i^{\times}J_i\omega_i+u_i)\end{aligned}\tag{7.1}$$

其中，矩阵 $G(\sigma_i)$ 的具体形式为：

$$G(\sigma_i)=\frac{1}{2}\left(\frac{1-\sigma_i^{\mathrm{T}}\sigma_i}{2}I_3+\sigma_i^{\times}+\sigma_i\sigma_i^{\mathrm{T}}\right) \tag{7.2}$$

在计算过程中，矩阵 $G(\sigma_i)$ 具有以下特殊性质

$$\sigma_i^{\mathrm{T}}G(\sigma_i)\omega_i=\frac{1+\sigma_i^{\mathrm{T}}\sigma_i}{4}\sigma_i^{\mathrm{T}}\omega_i \tag{7.3}$$

$$G(\sigma_i)G^{\mathrm{T}}(\sigma_i)=\left(\frac{1+\sigma_i^{\mathrm{T}}\sigma_i}{4}\right)^2 I_3=p_iI_3 \tag{7.4}$$

假设 7.1 系统的通信拓扑是有向图，且对于 m 个跟随者机器人，至少有一个领航者机器人能够通过有向路径与其连通。

定义 7.1[1] $\mathcal{C}$为实向量空间 $\xi\subseteq\mathbb{R}^n$ 中的一个集合，若对于任意 $x,y\in\mathcal{C}$和 $t\in[0,1]$，都能够满足 $(1-t)x+ty\in\mathcal{C}$，那么$\mathcal{C}$是 ξ 的一个凸集。

定义 7.2[2][3] ξ 中点集 $\boldsymbol{x}\triangleq\{x_1,x_2,\cdots,x_n\}$ 的凸包是 ξ 中包含 $\boldsymbol{x}$ 的所有点的凸集，用 $\mathrm{Co}(\boldsymbol{x})$ 表示，其表达式为 $\mathrm{Co}(\boldsymbol{x})\triangleq\left\{\sum_{i=1}^n\alpha_ix_i \mid x_i\in\boldsymbol{x},\alpha_i\geqslant 0,\sum_{i=1}^n\alpha_i=1\right\}$。

用$\mathcal{V}_F\triangleq\{1,2,\cdots,m\}$ 和$\mathcal{V}_L\triangleq\{m+1,m+2,\cdots,n\}$ 分别表示跟随者集合和领航者集合，令 $\sigma_F=[\sigma_1^{\mathrm{T}},\cdots,\sigma_m^{\mathrm{T}}]^{\mathrm{T}}$，$\sigma_L=[\sigma_{m+1}^{\mathrm{T}},\cdots,\sigma_n^{\mathrm{T}}]^{\mathrm{T}}$。控制目标可以描述为将跟随者的姿态机动到由所有领航者姿态形成的凸包内，即

$$\begin{aligned}&\lim_{t\to\infty}\sigma_i(t)\to\mathrm{Co}(\sigma_L)\\&\lim_{t\to\infty}\dot{\sigma}_i(t)\to 0,\forall i\in\mathcal{V}_F\end{aligned} \tag{7.5}$$

7.2.2 分布式控制器设计

引理 7.1[4] 对于 n 阶有向图$\mathcal{G}$和相应的 Laplacian 矩阵$\mathcal{L}$，以下三个条件是等价的：

① 矩阵$\mathcal{L}$只有一个零特征值且其他所有特征值具有正实部；

② 图$\mathcal{G}$含有一个有向生成树；

③ 系统 $\dot{z}\triangleq-\mathcal{L}z$，$z=[z_1,z_2,\cdots,z_n]^{\mathrm{T}}$ 的一致性是指数收敛的，对于所有 $i=1,2,\cdots,n$ 和 $z_i(0)$，$z_i(t)\to\sum_{i=1}^n p_iz_i(0)$ 也是指数收敛的，其中 $p\triangleq[p_1,p_2,\cdots,p_n]^{\mathrm{T}}$ 是矩阵$\mathcal{L}$的关于零特征值的非零左特征向量，且满足 $\sum_{i=1}^n p_i=1$。

定义 7.3[5] 用 $Z_n\subset\mathbb{R}^{n\times n}$ 表示所有含有非负对角元素的 n 阶方阵的集合。如果矩阵 $A\in Z_n$ 且其所有特征值都含有正实部，那么矩阵 A 是非奇异 M-矩阵。

引理 7.2[6] 对于矩阵 A 和 B，以$\otimes$表示克罗内克积（Kronecker product），

则有 $(A\otimes B)^{\mathrm{T}}=A^{\mathrm{T}}\otimes B^{\mathrm{T}}$，$(A\otimes I_p)(B\otimes I_p)=(AB)\otimes I_p$。

引理 7.3[5] 矩阵 $A\in Z_n$ 是非奇异 M-矩阵的充分必要条件是 A^{-1} 存在且 A^{-1} 的所有元素是非负的。

假设领航者没有相邻个体，即领航者不接收任何信息，此时整个系统的 Laplacian 矩阵可以表示为：

$$L=\begin{bmatrix} L_1 & L_2 \\ 0_{(n-m)\times m} & 0_{(n-m)\times(n-m)} \end{bmatrix} \tag{7.6}$$

其中，$L_1\in\mathbb{R}^{m\times m}$，$L_2\in\mathbb{R}^{m\times(n-m)}$。

引理 7.4[7] 当且仅当假设 7.1 成立时，式（7.6）中的矩阵 L_1 是非奇异 M-矩阵，此时 $-L_1^{-1}L_2$ 的所有元素是非负的且其各行的行和为 1。

引理 7.5[8] 若矩阵 L_1 是非奇异 M-矩阵，则对于任意向量 $x\neq 0$ 都存在正对角矩阵 Q，使得满足 $x^{\mathrm{T}}L_1Qx>0$。

要解决多领航者问题，有效的解决途径是为每个跟随者建立观测变量，在此基础上对每个领航者姿态进行预测，并将预测结果引入控制器设计。

首先定义辅助向量：

$$\rho_i=\sum_{j\in\mathcal{V}_F\cup\mathcal{V}_L}a_{ij}(\sigma_i-\sigma_j) \tag{7.7}$$

然后为每个跟随者建立观测变量：

$$s_i=\dot{\sigma}_i+c_1\rho_i \tag{7.8}$$

其中，c_1 是正常数。显然，式（7.7）可以写为向量形式：

$$\rho=(L_1\otimes I_3)\sigma_F+(L_2\otimes I_3)\sigma_L \tag{7.9}$$

其中，$\sigma_F=[\sigma_1^{\mathrm{T}},\cdots,\sigma_m^{\mathrm{T}}]^{\mathrm{T}}$，$\sigma_L=[\sigma_{m+1}^{\mathrm{T}},\cdots,\sigma_n^{\mathrm{T}}]^{\mathrm{T}}$，$\rho_F=[\rho_1^{\mathrm{T}},\cdots,\rho_m^{\mathrm{T}}]^{\mathrm{T}}$。

由式（7.7）和式（7.8）可得：

$$\dot{\sigma}_i=-c_1\sum_{j\in\mathcal{V}_F}a_{ij}(\sigma_i-\sigma_j)-c_1\sum_{j\in\mathcal{V}_L}a_{ij}(\sigma_i-\sigma_j)+s_i \tag{7.10}$$

转化为矩阵形式即：

$$\dot{\sigma}_F=-c_1(L_1\otimes I_3)\sigma_F-c_1(L_2\otimes I_3)\sigma_L+s_F \tag{7.11}$$

其中，$s_F=[s_1^{\mathrm{T}},\ \cdots,\ s_m^{\mathrm{T}}]^{\mathrm{T}}$。

定理 7.1 为系统设计控制输入为

$$u_i=\omega_i^{\times}J_i\omega_i-\frac{J_iG^{\mathrm{T}}(\sigma_i)}{p_i}(y_i+c_2s_i) \tag{7.12}$$

其中，$y_i=\dot{G}(\sigma_i)\omega_i+c_1\sum_{j\in\mathcal{V}_F\cup\mathcal{V}_L}a_{ij}(G(\sigma_i)\omega_i-G(\sigma_j)\omega_j)$，$c_2$ 是正常数，p_i 的定义在式（7.4）中给出，$\dot{G}(\sigma_i)=\frac{1}{2}\left(\frac{(-2\sigma_i^{\mathrm{T}}\dot{\sigma}_i)I_3}{2}+\dot{\sigma}_i^{\times}+\dot{\sigma}_i\sigma_i^{\mathrm{T}}+\sigma_i\dot{\sigma}_i^{\mathrm{T}}\right)$，当且仅当

假设 7.1 成立时控制目标（7.5）可以实现。

证明：联立式（7.8）和式（7.12），对 s_i 求导可得

$$\begin{aligned}
\dot{s}_i &= \ddot{\sigma}_i + c_1 \sum_{j \in \mathcal{V}_F \cup \mathcal{V}_L} a_{ij}(\dot{\sigma}_i - \dot{\sigma}_j) \\
&= \dot{G}(\sigma_i)\omega_i + G(\sigma_i)\dot{\omega}_i + c_1 \sum_{j \in \mathcal{V}_F \cup \mathcal{V}_L} a_{ij}(G(\sigma_i)\omega_i - G(\sigma_j)\omega_j) \\
&= \dot{G}(\sigma_i)\omega_i + G(\sigma_i)J_i^{-1}(-\omega_i^{\times}J_i\omega_i + u_i) \\
&\quad + c_1 \sum_{j \in \mathcal{V}_F \cup \mathcal{V}_L} a_{ij}(G(\sigma_i)\omega_i - G(\sigma_j)\omega_j) \\
&= \dot{G}(\sigma_i)\omega_i + G(\sigma_i)J_i^{-1}(-\omega_i^{\times}J_i\omega_i + \omega_i^{\times}J_i\omega_i \\
&\quad - \frac{J_i G^{\mathrm{T}}(\sigma_i)}{p_i}(y_i + s_i)) \\
&\quad + c_1 \sum_{j \in \mathcal{V}_F \cup \mathcal{V}_L} a_{ij}(G(\sigma_i)\omega_i - G(\sigma_j)\omega_j) \\
&= -c_2 s_i
\end{aligned} \tag{7.13}$$

为系统定义如下 Lyapunov 函数：

$$V(t) = \frac{1}{2} s_i^{\mathrm{T}} s_i \tag{7.14}$$

对 $V(t)$ 求导可得：

$$\dot{V}(t) = s_i^{\mathrm{T}} \dot{s}_i = -c_2 s_i^{\mathrm{T}} s_i \tag{7.15}$$

由 $V \geqslant 0$ 和 $\dot{V} \leqslant 0$ 可得 $s_i(t)$ 是有界的，对 $\dot{V}(t)$ 求导可得 $\ddot{V}(t) = -2c_2 s_i^{\mathrm{T}} \dot{s}_i$ 且 $\ddot{V}(t)$ 是有界的，因此 $\dot{V}(t)$ 是一致连续的。根据 Barbalat 引理可得 $\lim\limits_{t\to\infty} \dot{V}(t) \to 0$，即 $\lim\limits_{t\to\infty} s_i(t) \to 0$，换言之 $\lim\limits_{t\to\infty} s_F(t) \to 0$。

接下来证明 $s_F(t) \to 0$ 时，控制目标可以实现。如果假设 7.1 成立，根据引理 7.4 可得 L_1 是非奇异 M-矩阵且 L_1^{-1} 存在，因此式（7.11）可以化为如下形式：

$$\dot{\tilde{\sigma}}_F = -c_1(L_1 \otimes I_3)\tilde{\sigma}_F + s_F \tag{7.16}$$

其中

$$\tilde{\sigma}_F \triangleq \sigma_F + (L_1^{-1} L_2 \otimes I_3)\sigma_L \tag{7.17}$$

由于 L_1 是非奇异 M-矩阵，矩阵 L_1 的所有特征值都具有正实部，因此当 $s_F = 0$ 时，系统（7.16）在点 $\tilde{\sigma}_F = 0$ 处是全局指数稳定的，对于输入 s_F 和状态 $\tilde{\sigma}_F$，系统（7.16）是输入-输出稳定的。由此可得 $\lim\limits_{t\to\infty} \tilde{\sigma}_F(t) \to 0$，进一步结合式（7.17）可以得到 $\lim\limits_{t\to\infty} \sigma_F \to -(L_1^{-1} L_2 \otimes I_3)\sigma_L$，$\lim\limits_{t\to\infty} \dot{\sigma}_F \to 0$。根据引理 7.4 可知，$-L_1^{-1} L_2$ 的所有元素是非负的且其各行的行和为 1，由定义 7.1 可知，$-(L_1^{-1} L_2 \otimes I_3)\sigma_L$ 是所有领航者姿态张成的凸包。证毕。

定理 7.1 解决了静态多领航者条件下的多机器人系统姿态协调控制问题，下面将相关结果扩展至有限时间收敛的情况。首先，为每个跟随者构建如下滑动模态观测变量：

$$s_i=\dot{\sigma}_i+k_1\rho_i+k_2\operatorname{sig}(\rho_i)^{\alpha_1} \tag{7.18}$$

其中 k_1 和 k_2 为正常数，$0.5<\alpha_1<1$。

定理 7.2 为整个系统设计控制输入为

$$u_i=\omega_i^{\times}J_i\omega_i-\frac{J_iG^{\mathrm{T}}(\sigma_i)}{p_i}(y_i+s_i+\operatorname{sig}(s_i)^{r_1}) \tag{7.19}$$

其中，$y_i=\dot{G}(\sigma_i)\omega_i+k_1\dot{\rho}_i+k_2\alpha_1|\rho_i|^{\alpha_1-1}\dot{\rho}_i$，$0.5<r_1<1$，当且仅当假设 7.1 成立时控制目标（7.15）可以在有限时间内实现。

证明： 联立式（7.18）和式（7.19），对 s_i 求导可得

$$\begin{aligned}\dot{s}_i&=\ddot{\sigma}_i+k_1\dot{\rho}_i+k_2\alpha_1|\rho_i|^{\alpha_1-1}\dot{\rho}_i\\&=\dot{G}(\sigma_i)\omega_i+G(\sigma_i)\dot{\omega}_i+k_1\dot{\rho}_i+k_2\alpha_1|\rho_i|^{\alpha_1-1}\dot{\rho}_i\\&=G(\sigma_i)\dot{\omega}_i+y_i\\&=G(\sigma_i)J_i^{-1}(-\omega_i^{\times}J_i\omega_i+u_i)+y_i\\&=-s_i-\operatorname{sig}(s_i)^{r_1}\end{aligned} \tag{7.20}$$

为系统定义如下 Lyapunov 函数：

$$V_1(t)=\frac{1}{2}s_i^{\mathrm{T}}s_i \tag{7.21}$$

对 $V_1(t)$ 求导可得：

$$\begin{aligned}\dot{V}_1&=s_i^{\mathrm{T}}\dot{s}_i\\&=-s_i^{\mathrm{T}}s_i-s_i^{\mathrm{T}}\operatorname{sig}(s_i)^{r_1}\\&\leqslant-2V_1-2^{\frac{r_1+1}{2}}V_1^{\frac{r_1+1}{2}}\end{aligned} \tag{7.22}$$

根据引理 2.4 可得，在建立时间 $T_{1i}\leqslant\dfrac{1}{1-r_1}\ln\dfrac{2V_1^{\frac{1-r_1}{2}}(s_i(t_0))+2^{\frac{r_1+1}{2}}}{2^{\frac{r_1+1}{2}}}$内，$V_1\rightarrow0$，即 $s_i(t)\rightarrow0$。换言之，若令 $T_1=\max(T_{11},\cdots,T_{1m})$，当 $t\geqslant T_1$ 时，$s_F(t)=0$。

接下来证明，当 $s_F(t)=0$ 时控制目标可以实现。由引理 7.5 可知，在假设 7.1 条件下矩阵 L_1 为非奇异 M-矩阵，同样地 L_1^{T} 为非奇异 M-矩阵，存在正对角矩阵 Q，使得对任意向量 $x\neq0$ 满足 $x^{\mathrm{T}}L_1^{\mathrm{T}}Qx>0$。因此可以为系统定义另一个 Lyapunov 函数：

$$V_2=\frac{1}{2}\rho^{T}(L_1^{T}Q\otimes I_3)\rho \tag{7.23}$$

其中，$\rho=[\rho_1^{T} \quad \cdots \quad \rho_m^{T}]^{T}$，$Q$ 为符合条件的正对角矩阵。对其求导可得

$$\begin{aligned}\dot{V}_2&=\rho^{T}(L_1^{T}Q\otimes I_3)\dot{\rho}\\&=\rho^{T}(L_1^{T}Q\otimes I_3)[(L_1\otimes I_3)\dot{\sigma}_F+(L_2\otimes I_3)\dot{\sigma}_L]\\&=\rho^{T}(L_1^{T}Q\otimes I_3)(L_1\otimes I_3)\dot{\sigma}_F\end{aligned} \tag{7.24}$$

由 $s_F(t)=0$，$\dot{\sigma}_F=-k_1\rho-k_2\text{sig}(\rho)^{\alpha_1}$，$\text{sig}(\rho)^{\alpha_1}=[(\text{sig}(\rho_1)^{\alpha_1})^{T} \quad \cdots \quad (\text{sig}(\rho_m)^{\alpha_1})^{T}]^{T}$ 可以得到：

$$\begin{aligned}\dot{V}_2&=\rho^{T}(L_1^{T}QL_1\otimes I_3)\dot{\sigma}_F\\&=\rho^{T}(L_1^{T}QL_1\otimes I_3)(-k_1\rho-k_2\text{sig}(\rho)^{\alpha_1})\\&\leqslant -k_1\lambda_1\rho^{T}\rho-k_2\lambda_1\rho^{T}\text{sig}(\rho)^{\alpha_1}\\&\leqslant -2k_1\lambda V_2-2^{\frac{\alpha_1+1}{2}}k_2\lambda V_2^{\frac{\alpha_1+1}{2}}\end{aligned} \tag{7.25}$$

其中，$\lambda=\lambda_1/\lambda_2$ 为，λ_1 为矩阵 $(L_1^{T}QL_1\otimes I_3)$ 的最小特征值，λ_2 为矩阵 $(L_1^{T}Q\otimes I_3)$ 的最大特征值。

在建立时间 $T_2\leqslant T_1+\dfrac{1}{k_1\lambda(1-\alpha_1)}\ln\dfrac{2k_1V_2^{\frac{1-\alpha_1}{2}}(\rho(t_0))+2^{\frac{\alpha_1+1}{2}}k_2}{2^{\frac{\alpha_1+1}{2}}k_2}$内，$V_2\rightarrow 0$，即 $\rho\rightarrow 0$。根据式（7.9）和（7.11）可得 $\sigma_F\rightarrow -(L_1^{-1}L_2\otimes I_3)\sigma_L$，$\dot{\sigma}_F\rightarrow 0$。综上，控制目标在有限时间内实现。证毕。

7.2.3 数值仿真与分析

本小节分别对 7.2.2 节渐近收敛控制算法和有限时间收敛控制算法进行数值仿真验证。设定整个系统由 8 个机器人组成，包括 4 个领航者机器人（L_1～L_4）和 4 个跟随者机器人（F_1～F_4），验证两种算法时的通信网络拓扑如图 7.1 所示。注意到，图 7.1 中跟随者机器人之间的通信拓扑是有向的。
设定所有跟随者机器人的转动惯量都是相同的，取值为

$$J_1=J_2=J_3=J_4=\begin{bmatrix}60 & 20 & 10\\20 & 80 & 10\\10 & 10 & 90\end{bmatrix}$$

控制参数取值为 $c_2=1$，$k_1=k_2=5$，$\alpha_1=r_1=0.75$。4 个静态领航者机器人姿态值分别为

$$\tan(\pi/3)[1 \quad 0 \quad 0]^{T}$$

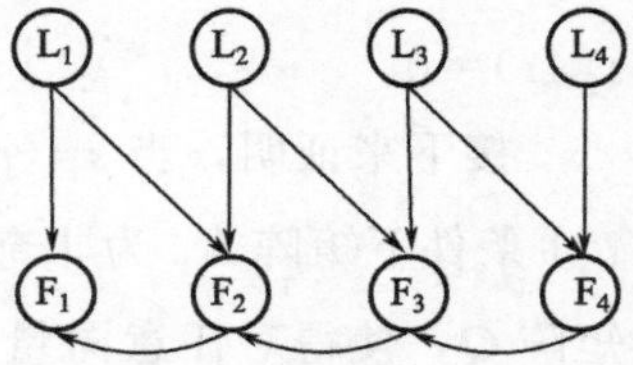

图 7.1 通信拓扑图

$$\tan(\pi/3)[-1 \quad 0 \quad 0]^{\mathrm{T}}$$
$$\tan(\pi/3)[0 \quad 1 \quad 0]^{\mathrm{T}}$$
$$\tan(\pi/3)[0 \quad 0 \quad -1]^{\mathrm{T}}$$

4 个跟随者机器人的初始姿态值和初始角速度的值如表 7.1 所示。

表 7.1　跟随者机器人姿态和角速度初始值

初始姿态	取值	初始角速度	取值
$\sigma_1(0)$	$[1 \quad 6 \quad 8]^{\mathrm{T}}$	$\omega_1(0)$	$[2 \quad 3 \quad 4]^{\mathrm{T}}$
$\sigma_2(0)$	$[5 \quad 7 \quad 1]^{\mathrm{T}}$	$\omega_2(0)$	$[4 \quad 3 \quad 2]^{\mathrm{T}}$
$\sigma_3(0)$	$[4 \quad 1 \quad 9]^{\mathrm{T}}$	$\omega_3(0)$	$[3 \quad 6 \quad 9]^{\mathrm{T}}$
$\sigma_4(0)$	$[-7 \quad -1 \quad 6]^{\mathrm{T}}$	$\omega_4(0)$	$[2 \quad 5 \quad 8]^{\mathrm{T}}$

渐进收敛控制算法（7.12）的仿真结果分别如图 7.2～图 7.5 所示，有限时间收敛控制算法（7.19）的仿真结果分别如图 7.6～图 7.9 所示。

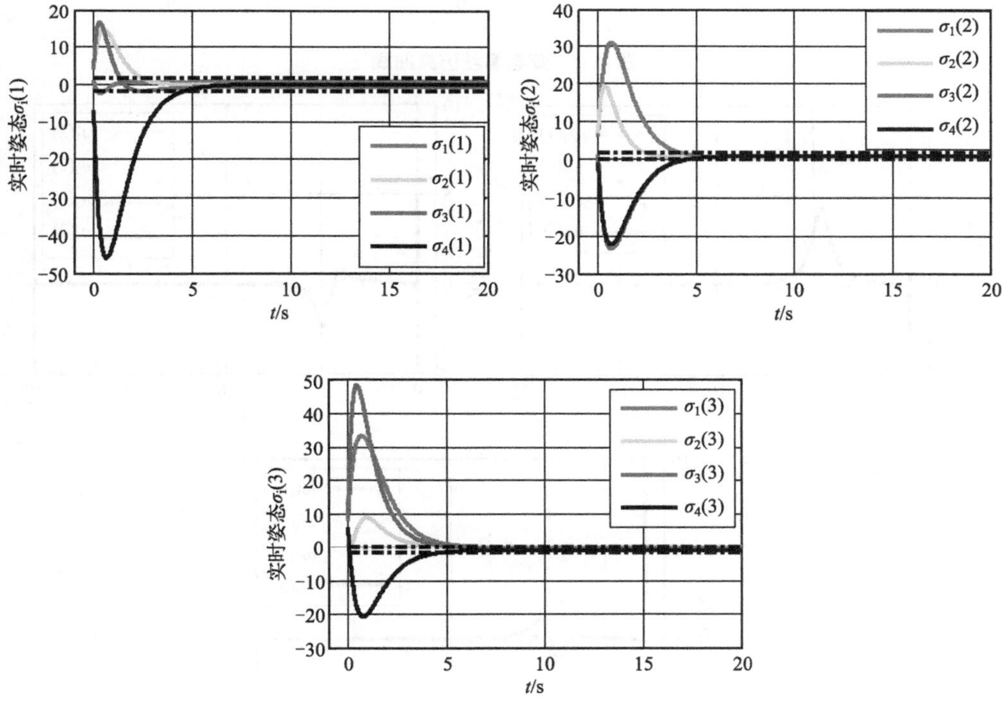

图 7.2　姿态仿真曲线

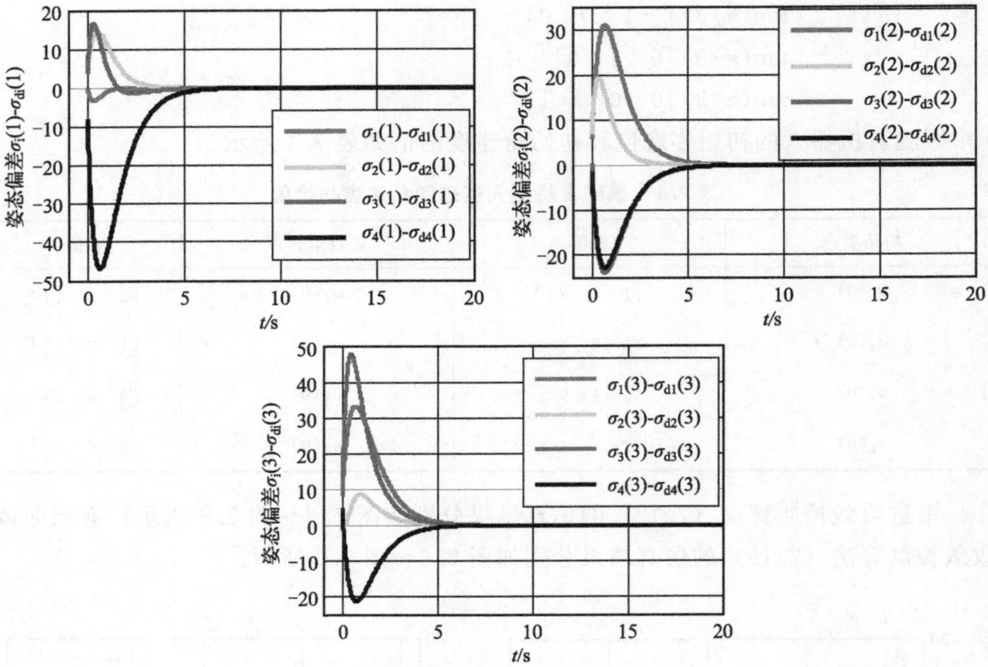

图 7.3　姿态偏差仿真曲线

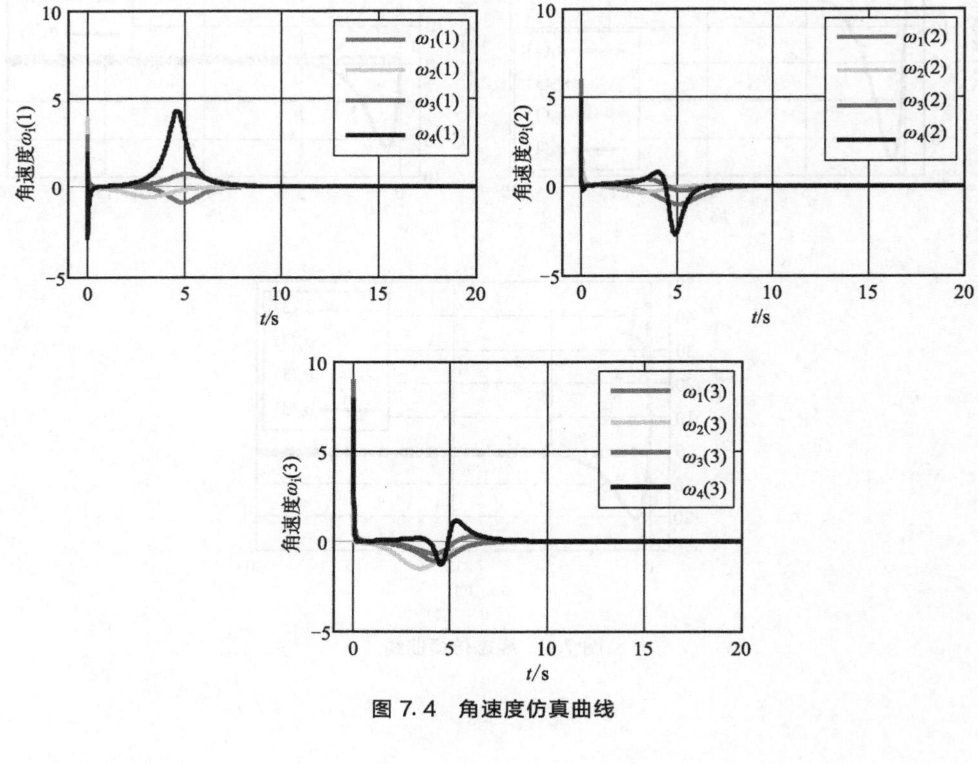

图 7.4　角速度仿真曲线

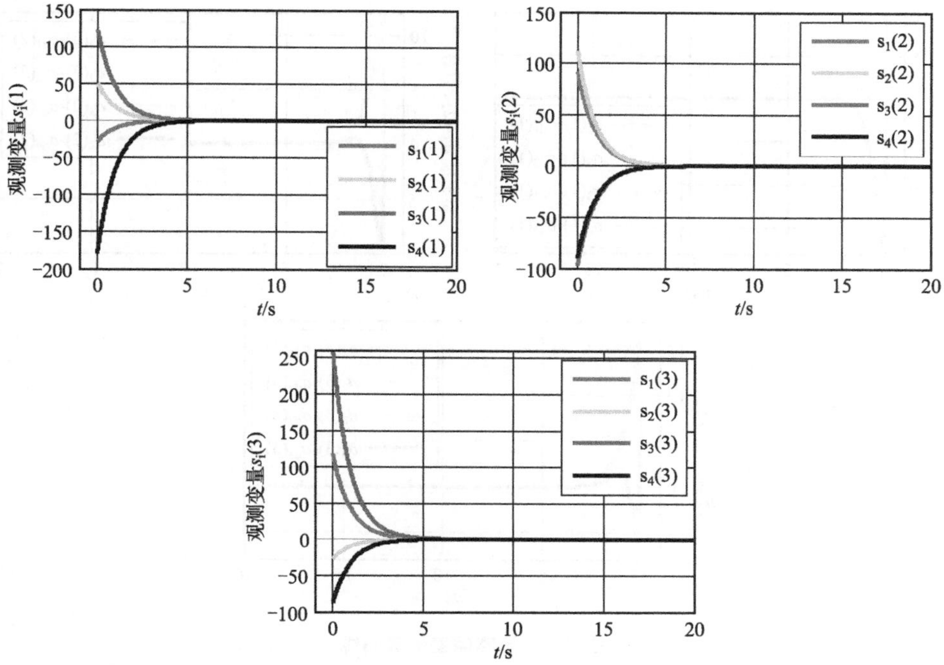

图 7.5 观测变量仿真曲线

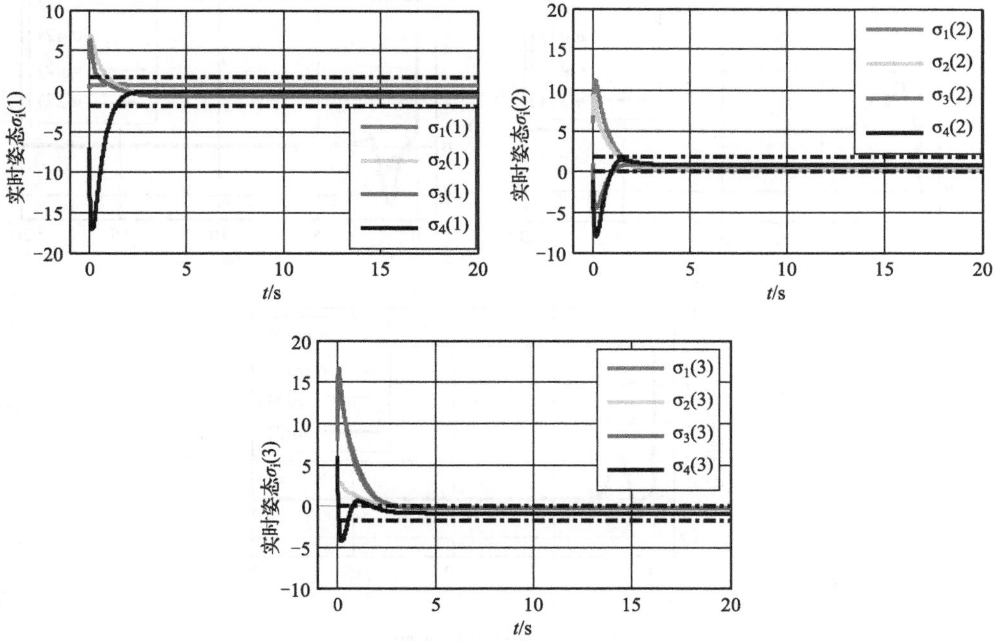

图 7.6 姿态仿真曲线

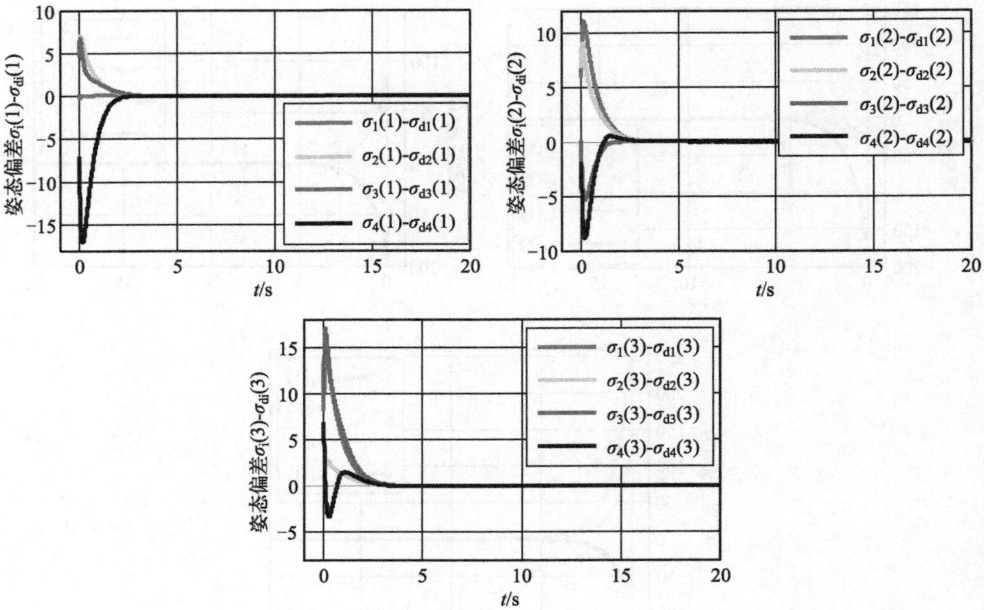

图 7.7 姿态偏差仿真曲线

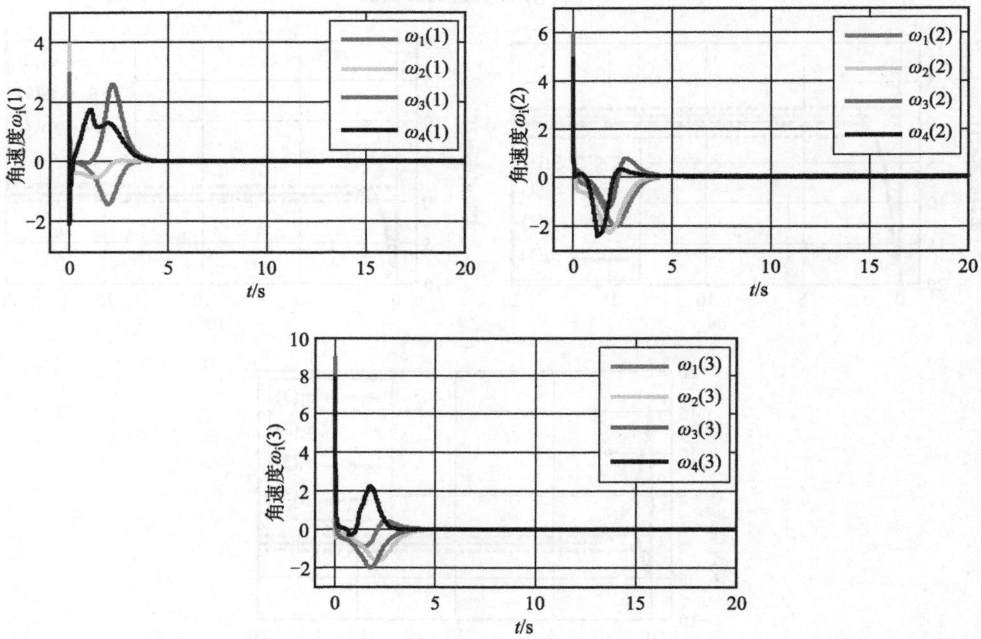

图 7.8 角速度仿真曲线

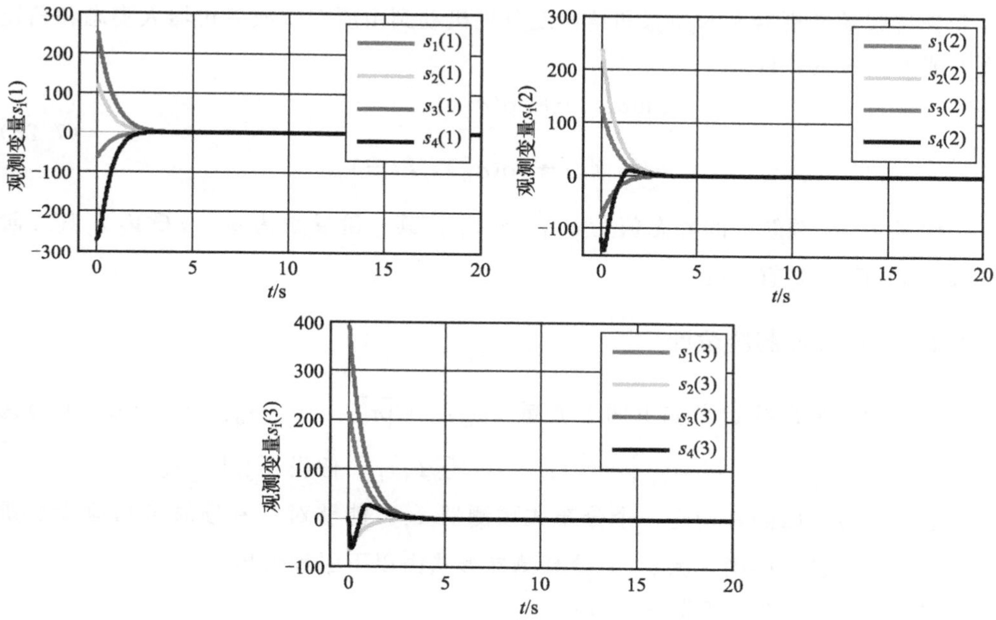

图 7.9 观测变量仿真曲线

图 7.2 给出的是仿真姿态曲线，两条虚线分别代表静态领航者姿态值的最大值和最小值，随着时间的推移，跟随者的姿态 σ_i 最终会收敛到两条虚线内；而图 7.3 给出的是跟随者姿态 σ_F 与预定姿态 $-(L_1^{-1}L_2 \otimes I_3)\sigma_L$ 之间偏差的仿真曲线，偏差最终收敛到零，说明控制目标达成。如图 7.4 所示，由于领航者为静态，最终跟随者姿态收敛到一常值，因此角速度 ω_i 最终为零。图 7.5 给出的是观测变量仿真曲线，可以看出，观测变量 s_i 最终收敛到零，与定理 7.1 的证明过程是相符的。

与渐进收敛的仿真结果类似，图 7.6 给出的是仿真姿态曲线，跟随者的姿态 σ_i 最终会收敛到两条虚线内；而图 7.7 表示，跟随者姿态 σ_F 与预定姿态 $-(L_1^{-1}L_2 \otimes I_3)\sigma_L$ 之间的偏差最终收敛到零，说明控制目标达成；图 7.8 显示，角速度 ω_i 最终为零；通过图 7.9 可以看出，观测变量 s_i 最终收敛到零，与定理 7.2 的证明过程相符。与渐进收敛的仿真结果不同的是，渐进收敛控制方法的收敛时间在 5～10s 之间，而有限时间收敛控制方法的收敛时间则在 5s 以内，其收敛时间较短。

7.3 动态多领航者条件下多机器人系统姿态协调控制

7.3.1 问题描述

当领航者机器人为动态时，跟随者机器人的姿态角速度不再收敛到零，控制目

标变为将跟随者机器人的姿态和角速度分别机动到由所有领航者机器人姿态和角速度形成的凸包内，即

$$\begin{aligned}&\lim_{t\to\infty}\sigma_i(t)\to \mathrm{Co}(\sigma_L)\\&\lim_{t\to\infty}\dot{\sigma}_i(t)\to \mathrm{Co}(\dot{\sigma}_L),\forall i\in\mathcal{V}_F\end{aligned}\tag{7.26}$$

假设 7.2 领航者的姿态值为 σ_i，$i\in\mathcal{V}_L$，其一阶导数为 $\dot{\sigma}_i$，$i\in\mathcal{V}_L$，其二阶导数 $\ddot{\sigma}_i$，$i\in\mathcal{V}_L$ 是有界的。

7.3.2 分布式控制器设计

首先为整个系统定义如下两个变量，$\sigma_d:=[\sigma_{d1}^{\mathrm{T}}\ \cdots\ \sigma_{dm}^{\mathrm{T}}]=-(L_1^{-1}L_2)\otimes I_3\sigma_L$，$\dot{\sigma}_d:=[\dot{\sigma}_{d1}^{\mathrm{T}}\ \cdots\ \dot{\sigma}_{dm}^{\mathrm{T}}]=-(L_1^{-1}L_2)\otimes I_3\dot{\sigma}_L$，假设 $|\ddot{\sigma}_{di}|\leqslant\gamma$。

然后为每个跟随者构建一个分布式预测器 x_i，能够对所有领航者角速度变量的加权平均值进行准确预测 $\dot{\sigma}_{di}$，该预测器形式由以下引理给出：

引理 7.6 分布式预测器形式为

$$\dot{x}_i=-\beta_1\Big(\sum_{j\in\mathcal{V}_F\cup\mathcal{V}_L}a_{ij}(x_i-x_j)\Big)-\beta_2\mathrm{sgn}\Big\{\sum_{j\in\mathcal{V}_F\cup\mathcal{V}_L}a_{ij}(x_i-x_j)\Big\}\tag{7.27}$$

其中，初值 $x_i(0)=0$，β_1 和 β_2 为正常数，$x_j=\dot{\sigma}_j$，$j=m+1,\cdots,n$，那么在有限时间 $T_3=\dfrac{\max_i\{|x_i(0)-\dot{\sigma}_0(0)|\}}{\beta_2-\gamma}$ 内预测器状态值会收敛到 $x_i\to\dot{\sigma}_{di}$，$i=1,\cdots,m$。

证明：定义 $\tilde{x}_i(t)=x_i(t)-\dot{\sigma}_{di}(t)$，$i\in\mathcal{V}_F$，且 $\tilde{x}_i(t)=0$，$i\in\mathcal{V}_L$，此时式 (7.27) 可变为

$$\dot{\tilde{x}}_i(t)=-\beta_1\Big(\sum_{j\in\mathcal{V}_F\cup\mathcal{V}_L}a_{ij}(\dot{\tilde{x}}_i-\dot{\tilde{x}}_j)\Big)-\beta_2\mathrm{sgn}\Big\{\sum_{j\in\mathcal{V}_F\cup\mathcal{V}_L}a_{ij}(\dot{\tilde{x}}_i-\dot{\tilde{x}}_j)\Big\}-\ddot{\sigma}_{di}(t)$$

其中 $i\in\mathcal{V}_F$。定义 $\tilde{x}^+\triangleq\max[\tilde{x}_i(t)]$，$\tilde{x}^-\triangleq\min[\tilde{x}_i(t)]$，则收敛时间可以分为以下三种情况进行确定：

第 1 种情况：$\tilde{x}^+(0)\leqslant0$ 且 $\tilde{x}^-(0)\leqslant0$。当 $\tilde{x}^+(0)=\tilde{x}^-(0)=0$ 时，可得 $\tilde{x}^+(0)=\tilde{x}^-(0)=0$，$t>0$。下面考虑 $\tilde{x}^+(0)\leqslant0$ 且 $\tilde{x}^-(0)<0$ 的情况，从式 (7.27) 可以得到以下关系式 $\dot{\tilde{x}}^+(t)\leqslant-(\beta_2+\ddot{\sigma}_{di}\ (t))\leqslant-(\beta_2-\gamma)<0$，因此对于任意 $t>0$ 有 $\tilde{x}^+(0)\leqslant0$。基于类似分析过程，可以得到 $\dot{\tilde{x}}^-(t)\geqslant\beta_2-\ddot{\sigma}_{di}(t)\geqslant\beta_2-\gamma>0$，即 $\dot{\tilde{x}}^-(t)$ 是非减函数。注意到当 $\tilde{x}^-(t)<0$ 时，可以得到 $\dot{\tilde{x}}^-(t)=-\ddot{\sigma}_{di}(t)$ 或 $\dot{\tilde{x}}^-(t)\geqslant\beta_2-\gamma>0$ 两种情况。下面通过反证法证明当 $\tilde{x}^-(T)<0$ 时，对于 $T>0$，

$\dot{\tilde{x}}^-(t)=-\ddot{\sigma}_{di}(t)$ 只出现在 $t\leqslant T$ 内某些孤立的时间点上。假设在 $t\in[t_1, t_2]$ 时间段内，$\dot{\tilde{x}}^-(t)=-\ddot{\sigma}_{di}(t)$，其中 $t_1<t_2\leqslant T$。那么，存在某些个体（编号为 k），其预测器误差最小，为 $\tilde{x}^-(t)$，因此满足 $\dot{\tilde{x}}_k(t)=-\ddot{\sigma}_{di}(t)$，$t\in[t_1, t_3]$，其中 $t_1<t_3\leqslant t_2$。从式（7.27）可得，$\dot{\tilde{x}}_k(t)=-\ddot{\sigma}_{di}(t)$ 等价于 $\sum_{j\in\mathcal{V}_F\cup\mathcal{V}_L}a_{ij}(\dot{\tilde{x}}_i-\dot{\tilde{x}}_j)=0$，$t\in[t_1,t_3]$。由于 $\tilde{x}_k(t)=\tilde{x}^-(t)$，因此 $\dot{\tilde{x}}_k(t)=-\ddot{\sigma}_{di}(t)$，$t\in[t_1, t_3]$ 等价于 $\tilde{x}_i(t)=\tilde{x}^-(t)$，$\forall i\in\mathcal{N}_k$，$t\in[t_1, t_3]$。通过类似分析过程可得，$\tilde{x}_i(t)=\tilde{x}^-(t)$，$i\in\mathcal{V}_F$，$t\in[t_1,t_3]$，即 $\tilde{x}^-(t)=0$，这就与 $\tilde{x}^-(t)<0$，$t\leqslant T$ 矛盾。因此，当 $\tilde{x}^-(T)<0$ 时，除过某些孤立的时间点上，$\tilde{x}^-(t)$ 在 $t\leqslant T$ 上将会以高于 $\beta_2-\gamma$ 的速度持续增大，此时最大收敛时间为 $|\tilde{x}^-(0)|/\beta_2-\gamma$。注意到，这一公式同样适用于 $\tilde{x}^-(0)=0$ 的情况。

第 2 种情况：$\tilde{x}^+(0)\geqslant0$ 且 $\tilde{x}^-(0)\geqslant0$。与第 1 种情况的分析过程类似，可以得到最大收敛时间为 $|\tilde{x}^+(0)|/\beta_2-\gamma$。

第 3 种情况：$\tilde{x}^+(0)\geqslant0$ 且 $\tilde{x}^-(0)\leqslant0$。此时的最大收敛时间可表示为 $\dfrac{\max\{|\tilde{x}^+(0)|, |\tilde{x}^-(0)|\}}{\beta_2-\gamma}$。

综合以上三种情况，收敛时间为 $t\leqslant T_3$，$T_3=\dfrac{\max_i\{|x_i(0)-\dot{\sigma}_0(0)|\}}{\beta_2-\gamma}$。这就意味着，在 $t\geqslant T_3$ 时可以用 $\dot{\sigma}_{di}$ 的值代替 x_i。

注释 7.1：若跟随者机器人之间的通信为双向通信，则上面的收敛时间会产生相应变化。为该系统定义如下 Lyapunov 函数

$$V_3=\frac{1}{2}\tilde{x}^{\mathrm{T}}(L_1\otimes I_3)\tilde{x} \tag{7.28}$$

其中，$\tilde{x}=\left[(x_1-\dot{\sigma}_{d1})^{\mathrm{T}} \quad \cdots \quad (x_m-\dot{\sigma}_{dm})^{\mathrm{T}}\right]^{\mathrm{T}}$。

对 V_3 求导可得：

$$\begin{aligned}
\dot{V}_3&=\tilde{x}^{\mathrm{T}}(L_1\otimes I_3)\dot{\tilde{x}}\\
&=\tilde{x}^{\mathrm{T}}(L_1\otimes I_3)\Big\{-\beta_1[(L_1\otimes I_3)x+(L_2\otimes I_3)\sigma_L]\\
&\quad-\beta_2\operatorname{sgn}[(L_1\otimes I_3)x+(L_2\otimes I_3)\sigma_L]-\ddot{\sigma}_d\Big\}\\
&=\tilde{x}^{\mathrm{T}}(L_1\otimes I_3)\{-\beta_1(L_1\otimes I_3)\tilde{x}-\beta_2\operatorname{sgn}[(L_1\otimes I_3)\tilde{x}]-\ddot{\sigma}_d\}\\
&\leqslant-\beta_1\lambda^2_{\min}(L_1\otimes I_3)\tilde{x}^{\mathrm{T}}\tilde{x}-(\beta_2-\eta)\|(L_1\otimes I_3)\tilde{x}\|_1\\
&\leqslant-\beta_1\lambda^2_{\min}(L_1)\tilde{x}^{\mathrm{T}}\tilde{x}-(\beta_2-\eta)\|(L_1\otimes I_3)\tilde{x}\|_2
\end{aligned}$$

$$\leqslant -\beta_1\lambda_{\min}^2(L_1)\tilde{x}^{\mathrm{T}}\tilde{x}-(\beta_2-\eta)\sqrt{\tilde{x}^{\mathrm{T}}(L_1\otimes I_3)^2\tilde{x}}$$

$$\leqslant -\beta_1\lambda_{\min}^2(L_1)\tilde{x}^{\mathrm{T}}\tilde{x}-(\beta_2-\eta)\lambda_{\min}(L_1)\|\tilde{x}\|_2$$

$$\leqslant -\frac{2\beta_1\lambda_{\min}^2(L_1)}{\lambda_{\max}(L_1)}V_3-(\beta_2-\eta)\frac{\sqrt{2}\lambda_{\min}(L_1)}{\sqrt{\lambda_{\max}(L_1)}}V_3^{\frac{1}{2}}$$

$$\leqslant -\rho_1 V_3-\rho_2 V_3^{\frac{1}{2}}$$

其中 $\rho_1=\dfrac{2\beta_1\lambda_{\min}^2(L_1)}{\lambda_{\max}(L_1)}$，$\rho_2=(\beta_2-\eta)\dfrac{\sqrt{2}\lambda_{\min}(L_1)}{\sqrt{\lambda_{\max}(L_1)}}$，$\eta=\|\ddot{\sigma}_d\|_\infty$。在上述 $\dot{V}_3$ 推导过程中，第一个不等式是由 Holder 不等式 $|y^{\mathrm{T}}z|\leqslant\|y\|_1\|z\|_\infty$ 得到的。如果选取正常数 β_2 满足条件 $\beta_2>\eta=\sup|\ddot{\sigma}_{di}(v)|, i=m+1,\cdots,n, v=1,2,3$，则在建立时间 $T_3\leqslant\dfrac{2}{\rho_1}\ln\dfrac{\rho_1 V_3^{\frac{1}{2}}(x(t_0),t_0)+\rho_2}{\rho_2}$ 内可以实现 $\tilde{x}\to 0$，即 $x_i\to\dot{\sigma}_{di}$，$i=1,\cdots,m$。

注释 7.2：该预测器在有限时间内收敛，满足分离定律的使用条件。因此可以将预测器和控制输入分别进行设计。

为每个跟随者构建如下观测器：

$$e_i=\dot{\sigma}_i-x_i+c_3\sum_{j\in\mathcal{V}_F\cup\mathcal{V}_L}a_{ij}(\sigma_i-\sigma_j), i\in\mathcal{V}_F \tag{7.29}$$

转化为向量形式为：

$$e=\dot{\sigma}_F-x_F+c_3(L_1\otimes I_3)\sigma_F+c_3(L_2\otimes I_3)\sigma_L \tag{7.30}$$

其中，c_3 为正常数，$x_F=\begin{bmatrix}x_1^{\mathrm{T}} & \cdots & x_m^{\mathrm{T}}\end{bmatrix}^{\mathrm{T}}$。

定理 7.3 为整个系统设计控制输入为

$$\begin{aligned} u_i&=\omega_i^{\times}J_i\omega_i-\frac{J_iG^{\mathrm{T}}(\sigma_i)}{p_i}[\dot{G}(\sigma_i)\omega_i+c_4\dot{\sigma}_i+\sigma_i], t<T_3\\ u_i&=\omega_i^{\times}J_i\omega_i-\frac{J_iG^{\mathrm{T}}(\sigma_i)}{p_i}(z_i+c_4 s_i), t\geqslant T_3 \end{aligned} \tag{7.31}$$

其中 c_4 是正常数，$z_i=\dot{G}(\sigma_i)\omega_i-\dot{x}_i+c_3\sum_{j\in\mathcal{V}_F\cup\mathcal{V}_L}a_{ij}(G(\sigma_i)\omega_i-G(\sigma_j)\omega_j)$，当且仅当假设 7.1 和 7.2 成立时控制目标（7.26）可以实现。

证明：首先证明在时间 $0\leqslant t<T_3$ 内，在输入（7.31）的控制下状态 σ_i 和 $\dot{\sigma}_i$ 仍然是有界的。根据系统控制输入（7.31）和式（7.1）可得

$$\begin{aligned} \ddot{\sigma}_i&=\dot{G}(\sigma_i)\omega_i+G(\sigma_i)\dot{\omega}_i\\ &=\dot{G}(\sigma_i)\omega_i+G(\sigma_i)J_i^{-1}(-\omega_i^{\times}J_i\omega_i+u_i)\\ &=-\sigma_i-c_4\dot{\sigma}_i \end{aligned} \tag{7.32}$$

为系统设计如下 Lyapunov 函数

$$V(\sigma_i,\dot{\sigma}_i)=\frac{1}{2}\sum_{i=1}^{n}\sigma_i^{\mathrm{T}}\sigma_i+\frac{1}{2}\sum_{i=1}^{n}\dot{\sigma}_i^{\mathrm{T}}\dot{\sigma}_i \tag{7.33}$$

结合式（7.32）对其求导可得

$$\begin{aligned}\dot{V}(\sigma_i,\dot{\sigma}_i)&=\sum_{i=1}^{n}\sigma_i^{\mathrm{T}}\dot{\sigma}_i+\sum_{i=1}^{n}\dot{\sigma}_i^{\mathrm{T}}\ddot{\sigma}_i\\&=-c_4\sum_{i=1}^{n}\dot{\sigma}_i^{\mathrm{T}}\dot{\sigma}_i\leqslant 0\end{aligned} \tag{7.34}$$

这就说明状态变量 σ_i 和 $\dot{\sigma}_i$ 在时间 $0\leqslant t<T_3$ 内仍然是有界的。

联立式（7.29）和式（7.31），对 e_i 求导可得

$$\begin{aligned}\dot{e}_i&=\ddot{\sigma}_i-\dot{x}_i+c_3\sum_{j\in\mathcal{V}_F\cup\mathcal{V}_L}a_{ij}(\dot{\sigma}_i-\dot{\sigma}_j)\\&=\dot{G}(\sigma_i)\omega_i+G(\sigma_i)\dot{\omega}_i-\dot{x}_i+c_3\sum_{j\in\mathcal{V}_F\cup\mathcal{V}_L}a_{ij}(G(\sigma_i)\omega_i-G(\sigma_j)\omega_j)\\&=G(\sigma_i)J_i^{-1}(-\omega_i^{\times}J_i\omega_i+u_i)+\dot{G}(\sigma_i)\omega_i-\dot{x}_i\\&\quad+c_3\sum_{j\in\mathcal{V}_F\cup\mathcal{V}_L}a_{ij}(G(\sigma_i)\omega_i-G(\sigma_j)\omega_j)\\&=-c_4e_i\end{aligned}$$

为系统定义如下 Lyapunov 函数：

$$V(t)=\frac{1}{2}e_i^{\mathrm{T}}e_i \tag{7.35}$$

对 $V(t)$ 求导可得：

$$\dot{V}(t)=e_i^{\mathrm{T}}\dot{e}_i=-c_4e_i^{\mathrm{T}}e_i \tag{7.36}$$

与定理 7.1 的证明过程类似，可以得到 $\lim\limits_{t\to\infty}\dot{V}(t)\to 0$，即 $\lim\limits_{t\to\infty}e_i(t)\to 0$，换言之 $\lim\limits_{t\to\infty}e(t)\to 0$。根据引理 7.5 的相关结论可知，当 $t\geqslant T_3$ 时，可以用 $\dot{\sigma}_{di}$ 的值代替 x_i，即可以用 $\sigma_d=-(L_1^{-1}L_2)\otimes I_3\sigma_L$ 代替 x_F，因此可以将式（7.30）转化为：

$$\dot{\tilde{\sigma}}_F=-c_3(L_1\otimes I_3)\tilde{\sigma}_F+e \tag{7.37}$$

其中

$$\tilde{\sigma}_F\triangleq\sigma_F+(L_1^{-1}L_2\otimes I_3)\sigma_L \tag{7.38}$$

由于 L_1 是非奇异 M-矩阵，矩阵 L_1 的所有特征值都具有正实部，因此当 $e=0$ 时，系统（7.38）在点 $\tilde{\sigma}_F=0$ 处是全局指数稳定的。对于输入 e 和状态 $\tilde{\sigma}_F$，系统（7.38）是输入-输出稳定的。由此可得 $\lim\limits_{t\to\infty}\tilde{\sigma}_F(t)\to 0$，结合式（7.37）和式（7.38）可得 $\lim\limits_{t\to\infty}\sigma_F\to-(L_1^{-1}L_2\otimes I_3)\sigma_L$，$\lim\limits_{t\to\infty}\dot{\sigma}_F\to-(L_1^{-1}L_2\otimes I_3)\dot{\sigma}_L$。根据引理 7.4 可得，$-\mathcal{L}_1^{-1}\mathcal{L}_2$ 的所有元素是非负的且其各行的行和为 1，由定义 7.1 可知，

$-(L_1^{-1}L_2\otimes I_3)\sigma_L$ 是所有领航者姿态张成的凸包。证毕。

仍然假设跟随者之间的通信为有向通信，为解决动态多领航者条件下的有限时间收敛问题，首先为每个跟随者构建如下滑动模态观测变量：

$$e_i=\dot{\sigma}_i-x_i+k_3\rho_i+k_4\operatorname{sig}(\rho_i)^{\alpha_2},i\in\mathcal{V}_F \tag{7.39}$$

其中，k_3 和 k_4 为正常数，$0.5<\alpha_2<1$。式（7.39）可以化为如下向量形式：

$$e=\dot{\sigma}-x_F+k_3\rho+k_4\operatorname{sig}(\rho)^{\alpha_2} \tag{7.40}$$

定理 7.4：为整个系统设计控制输入为

$$\begin{aligned}
u_i&=\omega_i^{\times}J_i\omega_i-\frac{J_iG^{\mathrm{T}}(\sigma_i)}{p_i}[\dot{G}(\sigma_i)\omega_i+c\dot{\sigma}_i+\sigma_i],t<T_3\\
u_i&=\omega_i^{\times}J_i\omega_i-\frac{J_iG^{\mathrm{T}}(\sigma_i)}{p_i}[z_i+e_i+\operatorname{sig}(e_i)^{r_2}],t\geqslant T_3
\end{aligned} \tag{7.41}$$

其中 $z_i=\dot{G}(\sigma_i)\omega_i-\dot{x}_i+k_3\dot{\rho}_i+k_4\alpha_2|\rho_i|^{\alpha_2-1}\dot{\rho}_i$，$0.5<r_2<1$，当且仅当假设 7.1 和 7.2 成立时控制目标（7.26）可以在有限时间内实现。

证明：通过类似分析过程可知，在时间 $0\leqslant t<T_3$ 内状态变量 σ_i 和 $\dot{\sigma}_i$ 仍然是有界的。联立式（7.39）和式（7.41），对 e_i 求导可得

$$\begin{aligned}
\dot{e}_i&=\ddot{\sigma}_i-\dot{x}_i+k_3\dot{\rho}_i+k_4\alpha_2|\rho_i|^{\alpha_2-1}\dot{\rho}_i\\
&=\dot{G}(\sigma_i)\omega_i+G(\sigma_i)\dot{\omega}_i+k_1\dot{\rho}_i+k_2\alpha_1|\rho_i|^{\alpha_1-1}\dot{\rho}_i\\
&=G(\sigma_i)\dot{\omega}_i+z_i\\
&=G(\sigma_i)J_i^{-1}(-\omega_i^{\times}J_i\omega_i+u_i)+z_i\\
&=-e_i-\operatorname{sig}(e_i)^{r_2}
\end{aligned} \tag{7.42}$$

为系统定义如下 Lyapunov 函数：

$$V_4(t)=\frac{1}{2}e_i^{\mathrm{T}}e_i \tag{7.43}$$

对 $V_4(t)$ 求导可得：

$$\begin{aligned}
\dot{V}_4&=e_i^{\mathrm{T}}\dot{e}_i\\
&=-e_i^{\mathrm{T}}e_i-e_i^{\mathrm{T}}\operatorname{sig}(e_i)^{r_2}\\
&\leqslant-2V_4-2^{\frac{r_2+1}{2}}V_4^{\frac{r_2+1}{2}}
\end{aligned} \tag{7.44}$$

在建立时间 $T_{4i}\leqslant\frac{1}{1-r_2}\ln\frac{2V_4^{\frac{1-r_2}{2}}(e(t_0))+2^{\frac{r_2+1}{2}}}{2^{\frac{r_2+1}{2}}}$ 内，$V_4\to0$，即 $e_i(t)\to0$。换言之，当 $t\geqslant T_4$ 时，其中 $T_4=\max(T_{41},\cdots,T_{4m})$，$e(t)=0$。

接下来证明，当 $e(t)=0$ 时控制目标可以实现。为系统定义另一个 Lyapunov

函数：

$$V_5=\frac{1}{2}\rho^{\mathrm{T}}(L_1^{\mathrm{T}}Q\otimes I_3)\rho \tag{7.45}$$

其中，$\rho=[\rho_1^{\mathrm{T}}\quad\cdots\quad\rho_m^{\mathrm{T}}]^{\mathrm{T}}$，$Q$ 为符合条件的正对角矩阵。对其求导可得

$$\begin{aligned}\dot{V}_5&=\rho^{\mathrm{T}}(L_1^{\mathrm{T}}Q\otimes I_3)\dot{\rho}\\&=\rho^{\mathrm{T}}(L_1^{\mathrm{T}}Q\otimes I_3)[(L_1\otimes I_3)\dot{\sigma}_F+(L_2\otimes I_3)\dot{\sigma}_L]\end{aligned} \tag{7.46}$$

据引理 7.5 可得，$t\geqslant T_3$ 时 $x_i=\dot{\sigma}_{di}$，即 $\dot{\sigma}_d=-(L_1^{-1}L_2)\otimes I_3\dot{\sigma}_L$ 可以代替 x_F。由 $e(t)=0$ 可得

$$\dot{\sigma}_F+(L_1^{-1}L_2)\otimes I_3\dot{\sigma}_L=-k_3\rho-k_4\operatorname{sig}(\rho)^{\alpha_2} \tag{7.47}$$

因此

$$\begin{aligned}\dot{V}_5&=\rho^{\mathrm{T}}(L_1^{\mathrm{T}}Q\otimes I_3)\dot{\rho}\\&=\rho^{\mathrm{T}}(L_1^{\mathrm{T}}QL_1\otimes I_3)(-k_3\rho-k_4\operatorname{sig}(\rho)^{\alpha_2})\\&\leqslant-k_3\lambda_1\rho^{\mathrm{T}}\rho-k_4\lambda_1\rho^{\mathrm{T}}\operatorname{sig}(\rho)^{\alpha_2}\\&\leqslant-2k_3\lambda V_5-2^{\frac{\alpha_2+1}{2}}k_4\lambda V_5^{\frac{\alpha_2+1}{2}}\end{aligned} \tag{7.48}$$

其中，$\lambda=\lambda_1/\lambda_2$ 为，λ_1 为矩阵（$L_1^{\mathrm{T}}QL_1\otimes I_3$）的最小特征值，$\lambda_2$ 为矩阵（$L_1^{\mathrm{T}}Q\otimes I_3$）的最大特征值。由此可以得到，在 $T_5\leqslant\max(T_3,T_4)+\dfrac{1}{k_3\lambda(1-\alpha_2)}\ln\dfrac{2k_3V_5^{\frac{1-r_2}{2}}(\rho(t_0))+2^{\frac{\alpha_2+1}{2}}k_4}{2^{\frac{\alpha_2+1}{2}}k_4}$ 内，$V_5\to0$，即 $\rho\to0$。根据（7.9）和（7.47）可以得到 $\sigma_F\to-(L_1^{-1}L_2\otimes I_3)\sigma_L$，$\dot{\sigma}_F\to-(L_1^{-1}L_2\otimes I_3)\dot{\sigma}_L$。综上可得控制目标在有限时间内实现。证毕。

7.3.3 数值仿真与分析

本小节分别对 7.3.2 节渐近收敛控制算法和有限时间收敛控制算法进行数值仿真验证，其对应的通信网络拓扑如图 7.1 所示。整个系统由 8 个机器人组成，包括 4 个领航者机器人（$\mathrm{L}_1\sim\mathrm{L}_4$）和 4 个跟随者机器人（$\mathrm{F}_1\sim\mathrm{F}_4$）。设定所有跟随者机器人的转动惯量都是相同的，取值为

$$J_1=J_2=J_3=J_4=\begin{bmatrix}60&10&5\\10&80&10\\5&10&90\end{bmatrix}$$

控制参数取值为 $\beta_1=\beta_2=2$，$k_3=3$，$k_4=8$，$\alpha_2=r_2=0.75$。另外，4 个领航者机器人的姿态值分别为 $[1\quad0\quad0]^{\mathrm{T}}$，$[-1\quad0\quad0]^{\mathrm{T}}$，$[1/2\quad1/2\quad\sqrt{1/2}]^{\mathrm{T}}$ 和

$[\sqrt{1/2} \quad 0 \quad \sqrt{1/2}]^{\mathrm{T}}$，其角速度取相同值 $[\sin(t), \cos(t), 0]^{\mathrm{T}}$，4 个跟随者机器人的初始姿态值和初始角速度的值如表 7.2 所示。

表 7.2 跟随者机器人姿态和角速度初始值

初始姿态	取值	初始角速度	取值
$\sigma_1(0)$	$[1 \quad 6 \quad 0]^{\mathrm{T}}$	$\omega_1(0)$	$[1 \quad 3 \quad 1]^{\mathrm{T}}$
$\sigma_2(0)$	$[0 \quad 3 \quad 1]^{\mathrm{T}}$	$\omega_2(0)$	$[3 \quad 2 \quad 4]^{\mathrm{T}}$
$\sigma_3(0)$	$[8 \quad 1 \quad 0]^{\mathrm{T}}$	$\omega_3(0)$	$[3 \quad 4 \quad 6]^{\mathrm{T}}$
$\sigma_4(0)$	$[5 \quad -1 \quad 0]^{\mathrm{T}}$	$\omega_4(0)$	$[5 \quad 1 \quad 3]^{\mathrm{T}}$

渐进收敛控制算法的仿真结果分别如图 7.10～图 7.13 所示，有限时间收敛控制算法（7.41）的仿真结果分别如图 7.14～图 7.17 所示。

图 7.10 给出的是仿真姿态曲线，四条虚线分别代表四个动态领航者的姿态值，随着时间的推移，跟随者的姿态 σ_i 将始终收敛在虚线范围以内；而图 7.11 给出的是跟随者姿态 σ_F 与预定姿态 $-(L_1^{-1}L_2 \otimes I_3)\sigma_L$ 之间偏差的仿真曲线，偏差最终收敛到零，说明控制目标达成。如图 7.12 所示，由于领航者为动态，因此跟随者姿态的一阶导数（可视为角速度）与预定姿态一阶导数 $-(L_1^{-1}L_2 \otimes I_3)\dot{\sigma}_L$ 之间的偏差最终为零。图 7.13 给出的是观测变量仿真曲线，可以看出，观测变量 e_i 最终收敛到零，与定理 7.3 的证明过程是相符的。

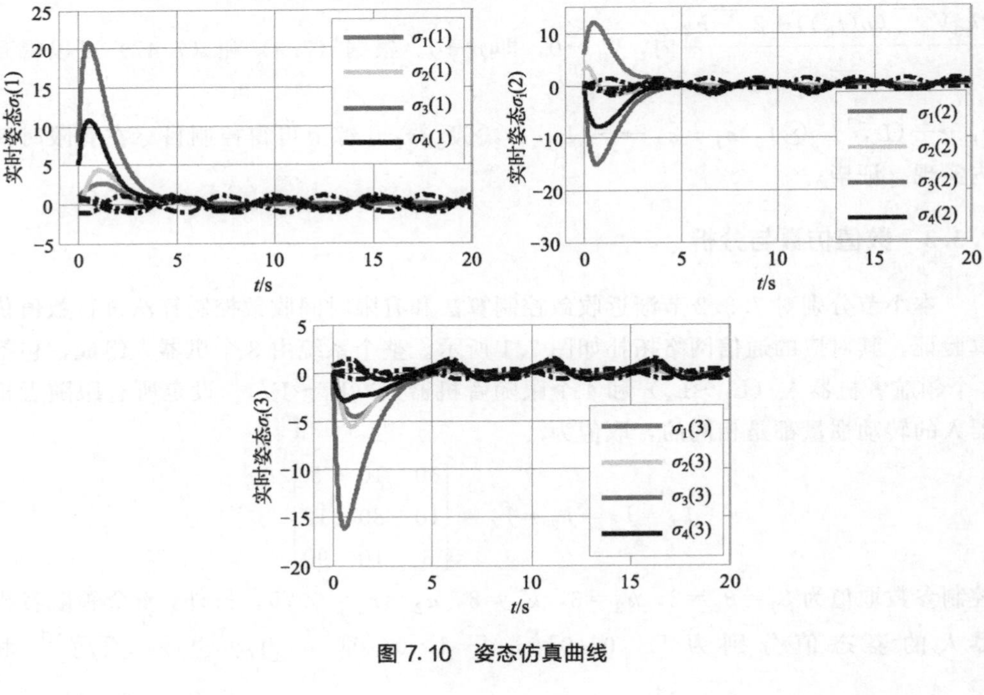

图 7.10 姿态仿真曲线

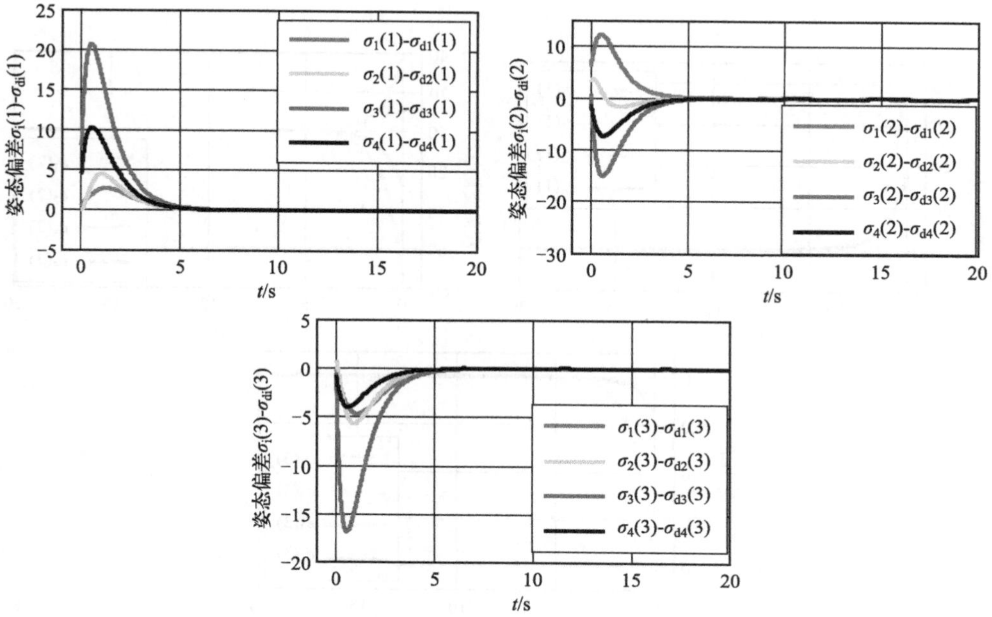

图 7.11 姿态偏差仿真曲线

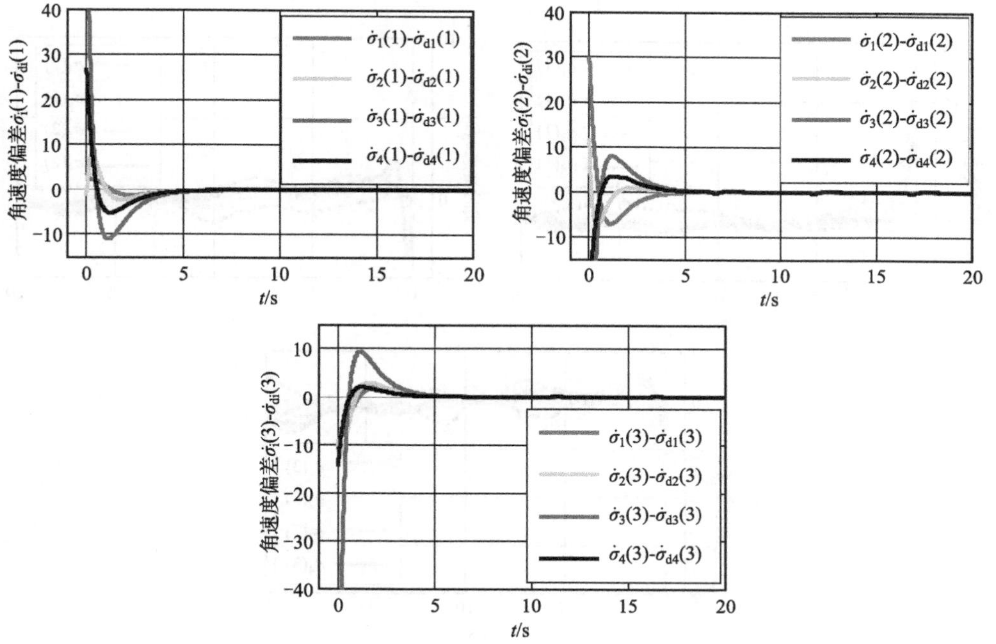

图 7.12 角速度偏差仿真曲线

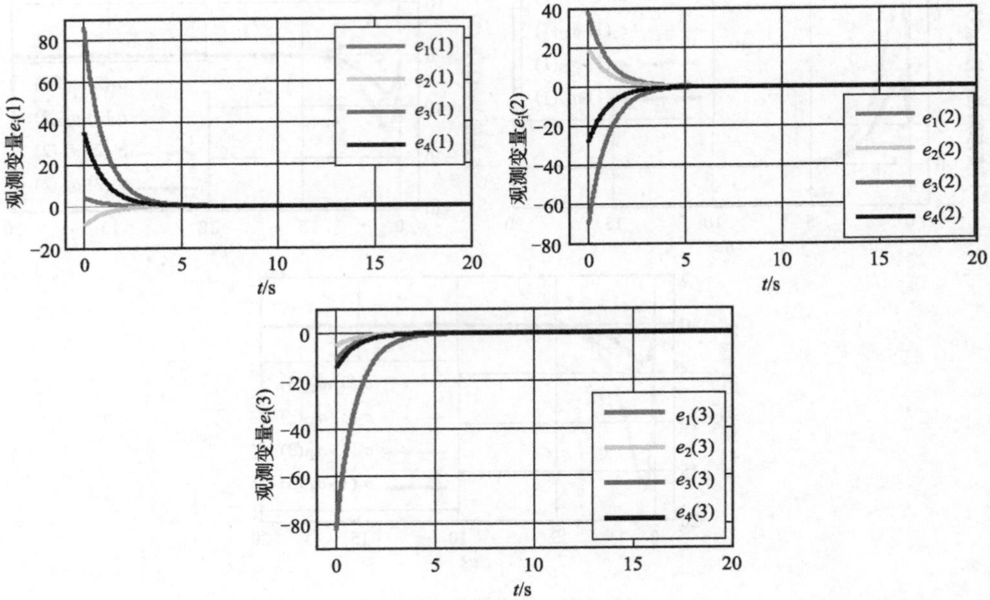

图 7.13 观测变量仿真曲线

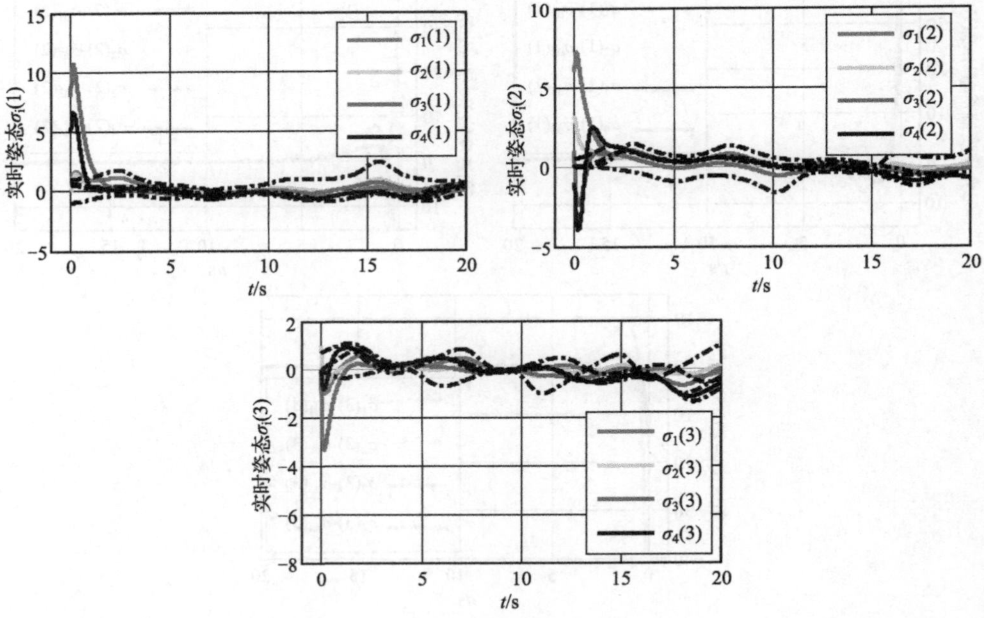

图 7.14 姿态仿真曲线

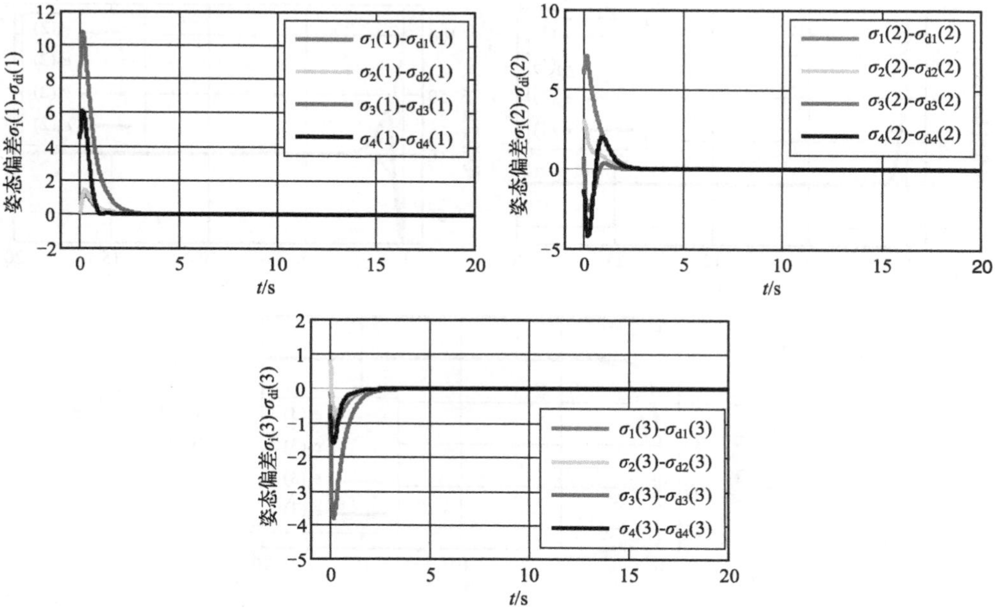

图 7.15 姿态偏差仿真曲线

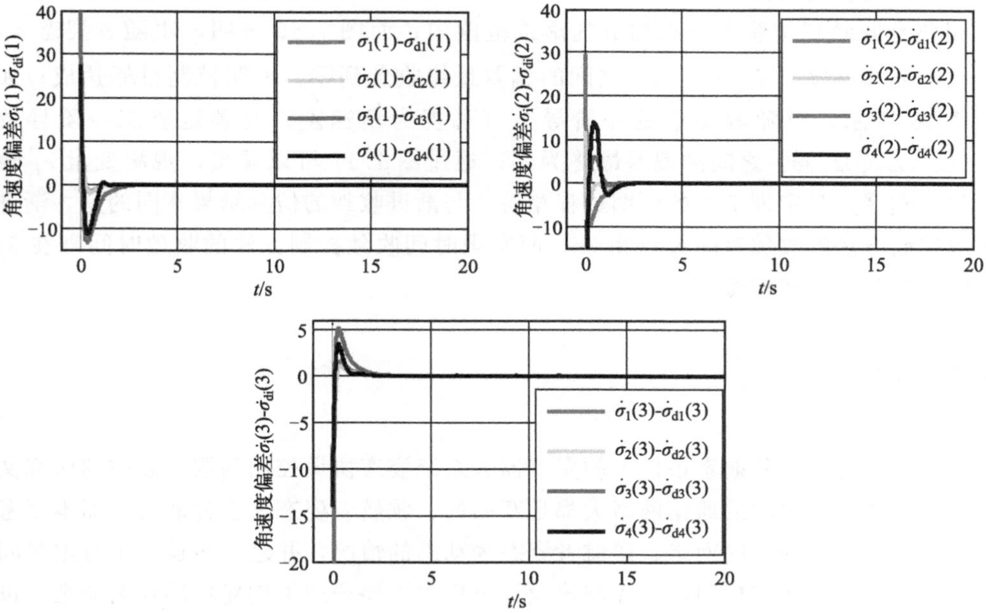

图 7.16 角速度偏差仿真曲线

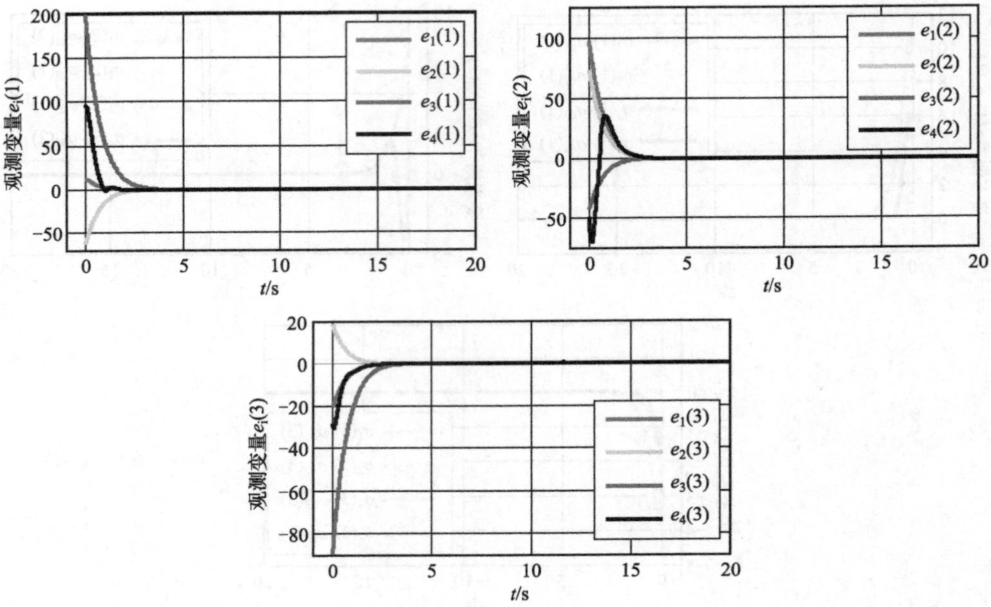

图 7.17　观测变量仿真曲线

与渐进收敛的仿真结果类似，图 7.14 给出的是仿真姿态曲线，跟随者的姿态 σ_i 最终会收敛到领航者姿态构成的虚线范围内；而图 7.15 表明，跟随者姿态 σ_F 与预定姿态 $-(L_1^{-1}L_2\otimes I_3)\sigma_L$ 之间的偏差最终收敛到零，说明控制目标达成；如图 7.16 所示，跟随者姿态的一阶导数（可视为角速度）与预定姿态一阶导数 $-(L_1^{-1}L_2\otimes I_3)\dot{\sigma}_L$ 之间的偏差最终为零；通过图 7.17 可以看出，观测变量 e_i 最终收敛到零，与定理 7.4 的证明过程相符。与渐进收敛的仿真结果不同的是，渐进收敛控制方法的收敛时间大约在 7s，而有限时间收敛控制方法的收敛时间则在 3s 以内，其收敛时间较短。

本章小结

本章研究了多领航者条件下的多机器人系统姿态协调控制问题，以往的研究文献中跟随者个体之间的通信网络大都是双向的、领航者姿态大多为静态，而本章考虑了更具一般性的有向网络、领航者姿态为动态的情况，并进一步设计了有限时间收敛条件下的分布式控制律。控制律设计过程中主要采用了构建辅助观测变量、设计预测器估计目标角速度的方法，并结合 Lyapunov 稳定性相关理论为整个系统构建了合适的 Lyapunov 函数，证明了整个系统的稳定性。

第8章 多机器人控制系统平台搭建

多机器人控制系统平台的搭建具有重要意义。利用此平台，研究人员能够开发和验证新算法与控制策略，提高系统的协同能力和适应性，通过任务分配和协同优化整体效率。同时，这些平台可为教育和培训提供实践机会，帮助学生和工程师熟悉多机器人系统的操作与设计。此外，平台也可推动跨学科合作，促进实际应用的研究与发展，支持原型验证和应用推广。通过数据采集和大数据分析，实验也为系统性能的提升提供了重要依据，助力标准化与规范化的推进。因此，本章将介绍多机器人控制系统平台的搭建和研究的思路与方案。

8.1 基于ROS的多机器人协作平台一体化开发方案

由于多台复合机器人的协同控制是一个复杂的问题，将分步对该问题进行研究：基于ROS研究移动平台与机械臂的协同控制系统的开发，建立多机器人协作平台；然后研究如何建立复杂环境条件约束模型和机器人的动力学模型；在此基础上，进一步研究如何设计控制器才能实现机器人在指定时间内完成协作任务。

基于ROS开发驱动系统，使复合机器人控制软件能够与底层控制器进行连接，使得移动平台和机械臂能够接收正常的运动控制指令和轨迹数据，并将自身的状态信息和运动数据上传到上层控制软件。为了实现复合机器人控制软件的功能分层设计，将不同功能进行单独封装。此外，编写统一的机器人描述格式，并在Rviz和Gazebo中实现机器人的可视化。对功能进行独立封装，可以以插件的形式加载，以便灵活使用。在功能实现层面，开发操作臂的运动规划功能和移动平台的定位导航功能，为多台机器人协同控制提供基础功能。基于此，构建多机器人协作的通信网络，将各个机器人底层信息封装在本地处理，与任务相关的话题通过广播发布在机器人网络中，以便机器人间的协同配合。

在软件层面，可采用分层设计架构来开发控制软件。采用分层设计架构可以带来许多优势，包括减少耦合性、提高软件质量、降低成本、促进代码复用和标准化。这种架构将不同的大功能任务划分为不同的层，通过减少各层之间的耦合性，实现松耦合的设计。这样做的好处是，开发过程可以专注于每一层的设计实现，而不必考虑其他层的细节。同时，也不需要担心某一层的内部实现对其他层产生影响，从而提高软件的质量。分层设计还有助于使控制逻辑更加有条理和清晰，降低升级和维护的成本。只需保持层间接口不变，而无须修改其他层的代码，从而避免了修改可能带来的未知风险。此外，分层设计对代码复用提供了更好的支持，也有利于标准化。通过将功能任务划分成独立的层，可以更方便地重用代码，并使代码结构更加规范。

在设计中将软件划分为几个不同的层，如图 8.1 所示。这些层根据功能的不同进行了抽象。

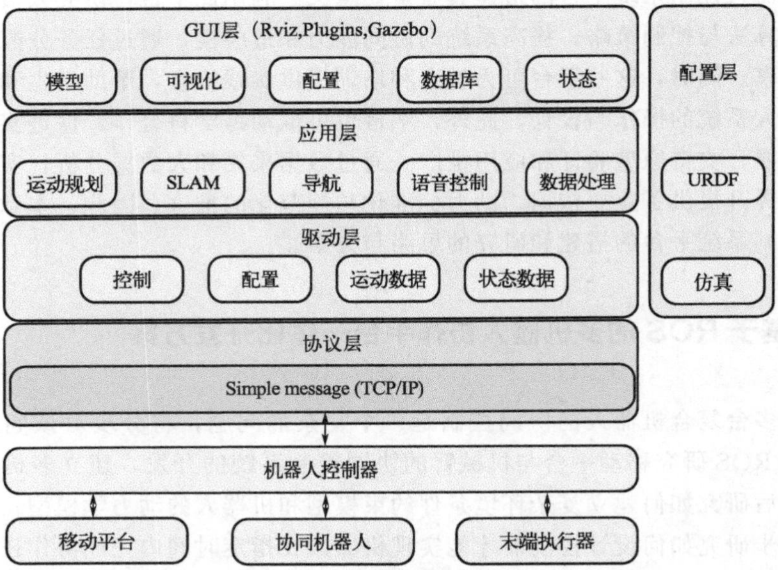

图 8.1　基于 ROS 开发的软件的框架结构

① 配置层　该层主要负责机器人的初始化工作。通过对机器人的一系列参数进行配置，使用 URDF 文件实现初始化，以确保仿真环境和可视化功能可以正常使用。

② GUI 层　该层是软件的最上一层，也是用户直接接触的部分，主要包括控制软件的可视化界面、各种控制按钮和参数的展示等。GUI 层中包括机器人运动的 3D 可视化功能（Rviz)、仿真环境（Gazebo)、机器人参数配置和离线数据库等实现界面。用户可以通过 GUI 层对机器人进行控制、向其他机器人发布信息、进行监控以及调整参数等。

③ 应用层　该层是控制软件中运动控制功能的主要组成部分。它包含三个重要模块：基于协作任务和其他机器人状态信息的运动规划、移动平台的地图建立和导航。这些功能模块的实现在功能实现层进行。

④ 驱动层　该层包括接口层和协议层。接口层负责定义功能实现层输出的接口，而协议层则负责将接口层和控制器底层获得的数据以协议格式进行封装和处理，并建立通信来进行数据的收发。

另外，构建一个分布式通信网络。拟在本地局域网通过路由器构建 Wi-Fi 无线网络，机器人上配备调制解调器和天线，用于与这个网络中的其他机器人进行通信，传递机器人的位置、姿态、速度以及轨迹等信息。在这种分布式多机器人通信基础上，构建基于 UDP 广播和 TCP 链接的多机器人话题通信方法，将各个机器人底层信息封装在本地处理，任务相关的话题通过广播发布在机器人网络中，以便机器人间的协同配合。

8.2　复杂约束条件与系统动力学特性的一体化建模

ROS 平台搭建好后，需在 ROS 环境中搭建系统的模型。需综合考虑分析避障、非理想的分布式通信网络、系统含有未知参数与多移动机器人系统动力学特性等因素，建立非线性系统模型。单体复合机器人由一个可移动平台和多关节机械臂等组成，如图 8.2 所示。

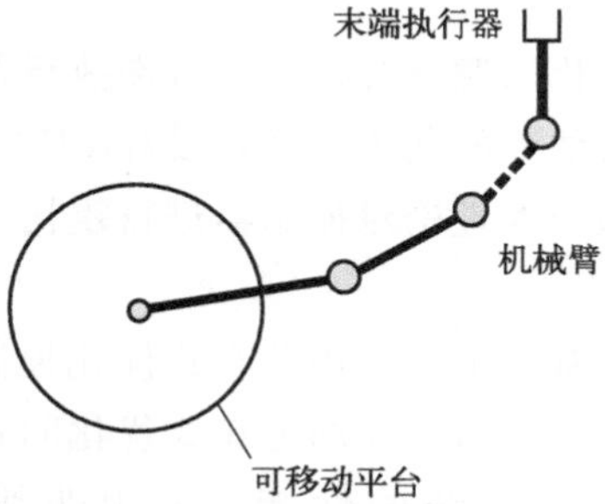

图 8.2　复合机器人组成示意图

首先建立单体复合机器人的运动学模型，在此基础上将协同搬运任务转化为分布式编队优化控制问题，总体需要优化的目标函数主要有以下两个：

第一，机械臂的可操作度。该参数与机械臂运动学中的雅可比矩阵相关，主要用于避免机械臂出现奇异点。当该参数为 0 时，表明机械臂处于奇异状态，该参数越大，表明机械臂的位姿离奇异点越远。在设计控制器时，应使该参数最大化，即远离奇异点。

第二，移动平台与机械臂的相对位姿。由于系统有避障的需求，所以需要保证机械臂末端执行器与可移动平台中心有一个合适的距离，从而保证系统以更高的冗余度通过障碍物。为了降低控制器的计算负担，代价函数拟采用二次项的形式进行构建。有了目标代价函数之后，设计约束条件。

对于约束条件，应从以下几方面进行考虑：

第一，要保证各复合机器人分布式一致性的实现。基于队形要求，最终相邻个体之间要有固定的姿态偏移量，这样才能保证协同作业。

第二，安全限制。以协同搬运为例，在作业过程中，机器人之间或者机械臂自身的关节不能发生碰撞，并且机器人之间的距离必须在一定范围之内。

第三，躲避障碍。各复合机器人需要限制自己的位姿来避开障碍物。

8.3 分布式控制器设计与性能分析

针对建立的分布式优化模型，根据复杂环境及安全限制条件，首先使用原始对偶（primal-dual）方法求解优化问题，得到末端执行器的位移。同时，对各个个体设计分布式路径轨迹观测器，在仅有部分个体获取了期望路径信息的情况下，通过通信网络的交换，最终使系统中所有个体都能获取期望路径信息。而后，基于原始对偶方法求解得到的末端执行器的运动信息和分布式观测器计算出的期望路径信息，设计指定时间控制器完成协同搬运任务。总的来说，该控制器的设计应该从三方面考虑：

第一，补偿由分布式优化问题求解得到的末端执行器运动；

第二，跟踪本地观测器估算的期望路径，设计PD类控制器来实现跟踪；

第三，基于指定时间稳定性理论对控制器进行重构，从而实现多体系统在指定时间内收敛。

在建立的一体化模型的基础上，利用分布式优化控制理论和Lyapunov函数方法给出系统的稳定性条件。对于所建立的分布式优化问题，研究复杂条件限制下多台复合机器人协同优化控制系统的性能。采用非线性控制系统理论，构建Lyapunov函数对闭环系统稳定性进行分析，给出闭环系统指定时间稳定性条件。在此基础上，利用参数冻结方法，首先考虑系统不确定参数对系统的单性能影响，然后综合考虑外界干扰与不确定参数对系统进行多性能分析，并最终利用ROS仿真和实际的多机器人协作平台对理论进行验证。具体技术路线见图8.3。

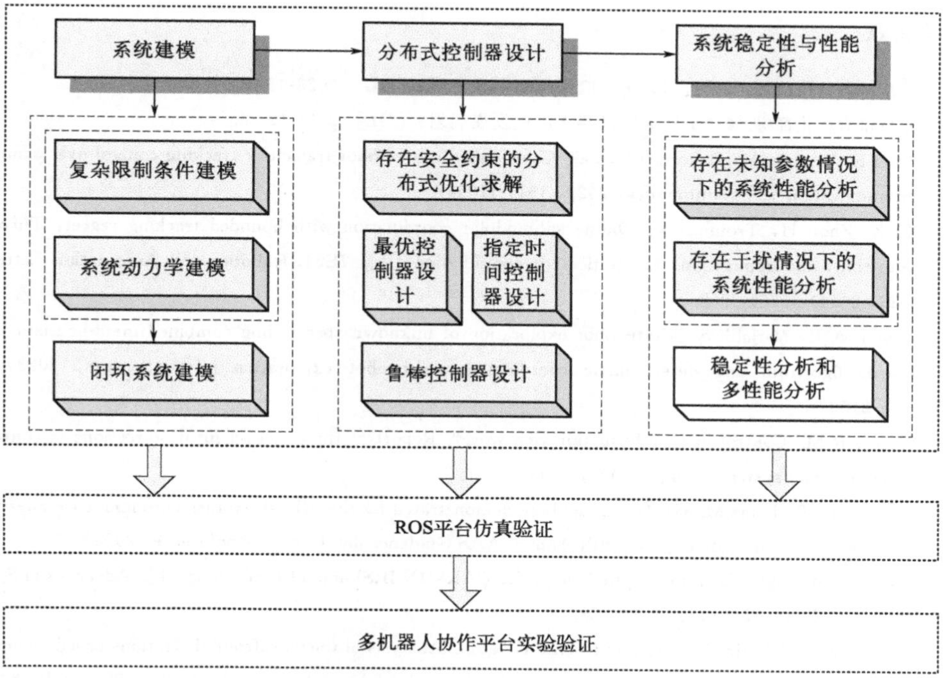

图 8.3 控制器设计及性能分析技术路线图

参考文献

[1] 工业和信息化部等.《"机器人+"应用行动实施方案》[OL]. 2023-01-18.

[2] 工业和信息化部等.《"十四五"机器人产业发展规划》[OL]. 2021-12-28.

[3] Rossi E, Tognon M, Ballotta L, et al. Coordinated multi-robot trajectory tracking control over sampled communication [J]. Automatica, 2023, 151: 110941.

[4] Xu Z, Zhou H, Tzoumas V. Online submodular coordination with bounded tracking regret: Theory, algorithm, and applications to multi-robot coordination [J]. IEEE Robotics and Automation Letters, 2023, 8 (4): 2261-2268.

[5] Romeh A E, Mirjalili S. Multi-robot exploration of unknown space using combined meta-heuristic salp swarm algorithm and deterministic coordinated multi-robot exploration [J]. Sensors, 2023, 23 (4): 2156.

[6] Murray R M. Control in an information rich world: Report of the panel on future directions in control, dynamics, and systems [M]. SIAM, 2003.

[7] Weismuller T, Leinz M. GN&C technology demonstrated by the orbital express autonomous rendezvous and capture sensor system [C]. 29th Annual AAS Guidance and Control Conference, 2006.

[8] Leger A. Strategies for remote detection of life-DARWIN-IRSI and TPF missions [J]. Advances in Space Research, 2000, 25 (11): 2209-2223.

[9] Khonina S N, Khorin P A, Serafimovich P G, et al. Analysis of the wavefront aberrations based on neural networks processing of the interferograms with a conical reference beam [J]. Applied Physics B, 2022, 128 (3): 60.1-60.16.

[10] 宋章军. 服务机器人的研究现状与发展趋势 [J]. 集成技术, 2012, 1 (3): 1-9.

[11] 王伟东. 面向复杂地面环境的作业型履带式移动机器人研究 [D]. 哈尔滨: 哈尔滨工业大学, 2009.

[12] Doray E, Clymer A, McKenna J, et al. Unmanned tunnel exploitation [C], IEEE Conference on Technologies for Homeland Security. IEEE, 2009: 661-668.

[13] An X, Wu C, Lin Y, et al. Multi-Robot systems and cooperative object transport: communications, platforms, and challenges [J]. IEEE Open Journal of the Computer Society, 2023, 4.

[14] Yun W J, Kim J P, Jung S, et al. Quantum multi-agent actor-critic neural networks for internet-connected multi-robot coordination in smart factory management [J]. IEEE Internet of Things Journal, 2023, 10 (11): 9942-9952.

[15] Maghami A, Imbert A, Côté G, et al. Calibration of multi-robot cooperative systems using deep neural networks [J]. Journal of Intelligent & Robotic Systems, 2023, 107 (4): 1-14.

[16] Tran V P, Garratt M A, Kasmarik K, et al. Dynamic frontier-led swarming: Multi-robot repeated coverage in dynamic environments [J]. IEEE/CAA Journal of Automatica Sinica, 2023, 10 (3): 646-661.

[17] Chen Q, Wang Y, Jin Y, et al. A Survey of an intelligent multi-agent formation control [J]. Applied Sciences, 2023, 13 (10): 5934.

[18] Zhang S, Pecora F. Online and scalable motion coordination for multiple robot manipulators in shared workspaces [J]. IEEE Transactions on Automation Science and Engineering, 2023.

[19] Li Z, Ge S S, Adams M, et al. Robust adaptive control of uncertain force/motion constrained nonholonomic mobile manipulators [J]. Automatica, 2009, 44 (3): 776-784.

[20] Li Z，Tao P Y，Ge S S，et al. Robust adaptive control of cooperating mobile manipulators with relative motion [J]. IEEE Transactions on Systems，Man，and Cybernetics，Part B (Cybernetics)，2009，39 (1)：103-116.

[21] 戴朝晖，吴敏，陈鑫. 利用队列控制实现多机器人合作搬运 [C]. 第 27 届中国控制会议，2008：346-350.

[22] Yagiz N，Hacioglu Y，Arslan Y Z. Load transportation by dual arm robot using sliding mode control [J]. Journal of Mechanical Science and Technology，2010，24 (5)：1177-1184.

[23] Caccavale F，Chiacchio P，Marino A，et al. Six-DOF impedance control of dual-arm cooperative manipulators [J]. IEEE/ASME Transactions on Mechatronics，2008，13 (5)：576-586.

[24] Li Z，Su C. Neural-adaptive control of single-master-multiple-slaves teleoperation for coordinated multiple mobile manipulators with time-varying communication delays and input uncertainties [J]. IEEE Transactions on Neural Networks and Learning Systems，2013，24 (9)：1400-1413.

[25] Hanafusa M，Ishikawa J. Mechanical impedance control of cooperative robot during object manipulation based on external force estimation using recurrent neural network [J]. Unmanned Systems，2020，8 (3)：239-251.

[26] Fink J R，Hsieh M A，Kumar V R. Multi-robot manipulation via caging in environments with obstacles [C]. 2008 IEEE International Conference on Robotics and Automation. IEEE，2008：1471-1476.

[27] Li W. Notion of control-law module and modular framework of cooperative transportation using multiple nonholonomic robotic agents with physical rigid-formation-motion constraints [J]. IEEE Transactions on Cybernetics，2016，46 (5)：1242-1248.

[28] Yu D，Chen C L P. Automatic leader-follower persistent formation generation with minimum agent-movement in various switching topologies [J]. IEEE Transactions on Cybernetics，2020，50 (4)：1569-1581.

[29] Li X，Wen C，Chen C. Adaptive formation control of networked robotic systems with bearing-only measurements [J]. IEEE Transactions on Cybernetics，2021，51 (1)：199-209.

[30] Yang Q，Cao M，Fang H，et al. Constructing universally rigid tensegrity frameworks with application in multiagent formation control [J]. IEEE Transactions on Automatic Control，2018，64 (1)：381-388.

[31] Bai H，Wen J T. Cooperative load transport：A formation-control perspective [J]. IEEE Transactions on Robotics，2010，26 (4)：742-750.

[32] Antonelli G，Arrichiello F，Caccavale F，et al. A decentralized controller-observer scheme for multi-agent weighted centroid tracking [J]. IEEE Transactions on Automatic Control，2011，58 (5)：2778-2783.

[33] Wang Z，Schwager M. Multi-robot manipulation without communication [M]. Distributed Autonomous Robotic Systems. Springer，Tokyo，2016：135-149.

[34] Markdahl J，Karayiannidis Y，Hu X，et al. Distributed cooperative object attitude manipulation [C]. 2012 IEEE International Conference on Robotics and Automation. IEEE，2012：2960-2965.

[35] Chen J，Kai S. Cooperative transportation control of multiple mobile manipulators through distributed optimization [J]. Science China Information Sciences，2018，61 (12)：1-17.

[36] Wu C，Fang H，Yang Q，et al. Distributed cooperative control of redundant mobile manipulators with safety constraints [J]. IEEE Transactions on Cybernetics，2023，53 (2)：1195 -1207.

[37] He Y，Wu M，Liu S. A distributed optimal control framework for multi-robot cooperative manipulation

in dynamic environments [J]. Journal of Intelligent & Robotic Systems, 2022, 105 (1): 8-18.
[38] Liu M, Shang M. Orientation tracking incorporated multi-criteria control for redundant manipulators with dynamic neural network [J]. IEEE Transactions on Industrial Electronics, 2023.
[39] Qiu B, Li X. Jerk-layer repetitive motion and direction control scheme of redundant robot resolved via new discretized zeroing neural network model [J]. Neurocomputing, 2022, 511: 237-246.
[40] Ortega R, Perez J A L, Nicklasson P J, Sira-Ramirez H J. Passivity-based control of Euler-Lagrange systems: Mechanical, electrical and electromechanical applications [J]. Industrial Robot, 1999, 26 (3).
[41] Nuño E, Ortega R. Achieving consensus of Euler-Lagrange agents with interconnecting delays and without velocity measurements via passivity-based control [J]. IEEE Transactions on Control Systems Technology, 2018, 26 (1): 222-232.
[42] Qin J, Ma Q, Shi Y, et al. Recent advances in consensus of multi-agent systems: A brief survey [J]. IEEE Transactions on Industrial Electronics, 2017, 64 (6): 4972-4983.
[43] Cao Y, Yu W, Ren W, et al. An overview of recent progress in the study of distributed multi-agent coordination [J]. IEEE Transactions on Industrial informatics, 2013, 9 (1): 427-438.
[44] 闵海波，刘源，王仕成，等. 多个体协调控制问题综述 [J]. 自动化学报，2012，38 (10)：1557-1570.
[45] Ren W. Distributed leaderless consensus algorithms for networked Euler-Lagrange systems [J]. International Journal of Control, 2009, 82 (11): 2137-2149.
[46] Mei J, Ren W, Chen J, et al. Distributed adaptive coordination for multiple Lagrangian systems under a directed graph without using neighbors' velocity information [J]. Automatica, 2013, 49 (6): 1723-1731.
[47] Mei J. Model reference adaptive consensus for uncertain multi-agent systems under directed graphs [C]. 2018 IEEE Conference on Decision and Control (CDC). IEEE, 2018: 6198-6203.
[48] Mei J, Ren W, Ma G. Distributed coordinated tracking with a dynamic leader for multiple Euler-Lagrange systems [J]. IEEE Transactions on Automatic Control, 2011, 56 (6): 1415-1421.
[49] Meng Z, Lin Z, Ren W. Leader-follower swarm tracking for networked Lagrange systems [J]. Systems and Control Letters, 2012, 61 (1): 117-126.
[50] Chen F, Feng G, Liu L, et al. Distributed average tracking of networked Euler-Lagrange systems [J]. IEEE Transactions on Automatic Control, 2015, 60 (2): 547-552.
[51] 孙延超，陈亮名，李传江，等. 考虑时延的多 Euler-Lagrange 系统自适应神经网络协调跟踪控制 [J]. 系统工程与电子技术，2016，38 (5)：1132-1138.
[52] 刘源，闵海波，王仕成，等. 时延网络中 Euler-Lagrange 系统的分布式自适应协调控制 [J]. 自动化学报，2012，38 (8)：1270-1279.
[53] Ge M, Guan Z, Yang C, et al. Task-space coordinated tracking of multiple heterogeneous manipulators via controller-estimator approaches [J]. Journal of the Franklin Institute, 2016, 353 (15): 3722-3738.
[54] Lu M, Liu L. Leader-Following Consensus of Multiple Uncertain Euler-Lagrange Systems With Unknown Dynamic Leader [J]. IEEE Transactions on Automatic Control, 2019, 64 (10): 4167-4173.
[55] Cai H, Hu G. Dynamic consensus tracking of uncertain Lagrangian systems with a switched command generator [J]. IEEE Transactions on Automatic Control, 2019, 64 (10): 4260-4267.
[56] Dong Y, Xu S, Hu X. Coordinated control with multiple dynamic leaders for uncertain Lagrangian systems via self-tuning adaptive distributed observer [J]. International Journal of Robust and Nonlinear

Control, 2017, 27 (16): 2708-2721.
[57] Wang H. Consensus of networked mechanical systems with communication delays: A unified framework [J]. IEEE Transactions on Automatic Control, 2014, 59 (6): 1571-1576.
[58] Wang H. Adaptive visual tracking for robotic systems without image-space velocity measurement [J]. Automatica, 2015, 55: 294-301.
[59] Wang H, Xie Y. Observer-based task-space consensus of networked robotic systems: A separation approach [C]. 2015 34th Chinese Control Conference (CCC). IEEE, 2015: 7604-7609.
[60] 曹然，梅杰. 有向图中网络Euler-Lagrange系统无需相对速度信息的群一致性 [J]. 自动化学报，2018，44 (1): 44-51.
[61] Abdessameud A, Polushin I G, Tayebi A. Synchronization of Lagrangian systems with irregular communication delays [J]. IEEE Transactions on Automatic Control, 2014, 59 (1): 187-193.
[62] Abdessameud A, Tayebi A, Polushin I G. Leader-follower synchronization of Euler-Lagrange systems with time-varying leader trajectory and constrained discrete-time communication [J]. IEEE Transactions on Automatic Control, 2017, 62 (5): 2539-2545.
[63] Abdessameud A. Consensus of non-identical Euler-Lagrange systems under switching directed graphs [J]. IEEE Transactions on Automatic Control, 2018, 64 (5).
[64] Zhao D, Li S, Zhu Q. Adaptive synchronised tracking control for multiple robotic manipulators with uncertain kinematics and dynamics [J]. International Journal of Systems Science, 2016, 47 (4): 791-804.
[65] Liu Y, Min H, Wang S, et al. Distributed adaptive consensus for multiple mechanical systems with switching topologies and time-varying delay [J]. Systems and Control Letters, 2014, 64: 119-126.
[66] Liu Y, Min H, Wang S, et al. Consensus for multiple heterogeneous Euler-Lagrange systems with time-delay and jointly connected topologies [J]. Journal of the Franklin Institute, 2014, 351 (6): 3351-3363.
[67] Min H, Wang S, Sun F, et al. Decentralized adaptive attitude synchronization of spacecraft formation [J]. Systems and Control Letters, 2012, 61 (1): 238-246.
[68] Ma L, Wang S, Min H, et al. Distributed finite-time attitude dynamic tracking control for multiple rigid spacecraft [J]. IET Control Theory & Applications, 2015, 9 (17): 2568-2573.
[69] Zhao Y, Duan Z, Wen G. Distributed finite-time tracking of multiple Euler-Lagrange systems without velocity measurements [J]. International Journal of Robust and Nonlinear Control, 2015, 25 (11): 1688-1703.
[70] Duan P, Duan Z, Wang J. Task-space fully distributed tracking control of networked uncertain robotic manipulators without velocity measurements [J]. International Journal of Control, 2019, 92 (4/6): 1367-1380.
[71] Wang L, Hu Y, Meng B. Adaptive velocity-free consensus of networked Euler-Lagrange systems with delayed communication [C]. World Congress on Intelligent Control and Automation (WCICA), 2016 12th World Congresson. IEEE, 2016: 851-856.
[72] Xiao B, Yin S. Velocity-free fault-tolerant and uncertainty attenuation control for a class of nonlinear systems [J]. IEEE Transactions on Industrial Electronics, 2016, 63 (7): 4400-4411.
[73] Astolfi A, Ortega R, Venkatraman A. A globally exponentially convergent immersion and invariance speed observer for mechanical systems with non-holonomic constraints [J]. Automatica, 2010, 46 (1):

182-189.
[74] Nuño E. Consensus in delayed robot networks using only position measurements [C]. Automatic Control National Congress. Cuer-navaca Mexico, 2015: 594-599.
[75] Igarashi Y, Hatanaka T, Fujita M, et al. Passivity-based attitude synchronization in $ SE (3) $ [J]. IEEE Transactions on Control Systems Technology, 2009, 17 (5): 1119-1134.
[76] Nuño E. Consensus of Euler-Lagrange systems using only position measurements [J]. IEEE Transactions on Control of Network Systems, 2018, 5 (1): 489-498.
[77] Yang Q, Zhou F, Chen J, et al. Distributed tracking for multiple Lagrangian systems using only position measurements [J]. IFAC Proceedings Volumes, 2014, 47 (3): 287-292.
[78] Yang Q, Fang H, Chen J, et al. Distributed global output-feedback control for a class of Euler-Lagrange systems [J]. IEEE Transactions on Automatic Control, 2017, 62 (9): 4855-4861.
[79] Bin Z, Jia Y, Meng D. Distributed observer-based output feedback control for networked robot systems [C]. 2015 34th Chinese Control Conference (CCC). IEEE, 2015: 7463-7468.
[80] Zhang B, Jia Y, Du J. Adaptive synchronization control of networked robot systems without velocity measurements [J]. International Journal of Robust and Nonlinear Control, 2018, 28 (11): 3606-3622.
[81] Namvar M. A class of globally convergent velocity observers for robotic manipulators [J]. IEEE Transactions on Automatic Control, 2009, 54 (8): 1956-1961.
[82] Chopra N, Spong M W. Output synchronization of nonlinear systems with time delay in communication [C] 45th IEEE Conference on Decision and Control, 2006.
[83] Chopra N, Spong M W, Lozano R. Synchronization of bilateral teleoperators with time delay [J]. Automatica, 2008, 44 (8): 2142-2148.
[84] Spong M W, Chopra N. Synchronization of networked Lagrangian systems [R]. Lagrangian and Hamilton Methods for Nonlinear Control 2006. Springer Berlin Heidelberg, 2007.
[85] Münz U, Papachristodoulou A, Allgöwer F. Robust consensus controller design for nonlinear relative degree two multi-agent systems with communication constraints [J]. IEEE Transactions on Automatic Control, 2011, 56 (1): 145-151.
[86] Nuño E, Ortega R, Basanez L, et al. Synchronization of networks of nonidentical Euler-Lagrange systems with uncertain parameters and communication delays [J]. IEEE Transactions on Automatic Control, 2011, 56 (4): 935-941.
[87] Nuño E, Ortega R, Basañez L. An adaptive controller for nonlinear teleoperators [J]. Automatica, 2010, 46 (1): 155-159.
[88] Slotine J J, Li W. Applied nonlinear control [M]. Prentice Hall, New Jersey, 1991.
[89] Wang W, Slotine J J. Contraction analysis of time-delayed communications and group cooperation [J]. IEEE Transactions on Automatic Control, 2006, 51 (4): 712-717.
[90] Chung S J, Ahsun U, Slotine J J. Application of synchronization to formation flying spacecraft: Lagrangian approach [J]. AIAA Journal of Guidance, Control and Dynamics, 2009, 32 (2): 512-526.
[91] Sun Y, Dong D, Qin H, et al. Distributed coordinated tracking control for multiple uncertain Euler-Lagrange systems with time-varying communication delays [J]. IEEE Access, 2019, 7: 12598-12609.
[92] Klotz J R, Obuz S, Kan Z, et al. Synchronization of uncertain Euler-Lagrange systems with uncertain time-varying communication delays [J]. IEEE Transactions on Cybernetics, 2018, 48 (2): 807-817.
[93] Jadbabaie A, Lin J, Morse A S. Coordination of groups of mobile autonomous agents using nearest

neighbor rules [J]. IEEE Transactions on Automatic Control, 2003, 48 (6): 988-1001.

[94] Mehrabian A R, Tafazoli S, Khorasani K. State synchronization of networked Euler-lagrange systems with switching communication topologies subject to actuator faults [C]. IFAC World Congress, Milano, Italy, Aug. 2011: 8766-8773.

[95] Mehrabian A R, Khorasani K. Distributed formation recovery control of heterogeneous multiagent Euler-Lagrange systems subject to network switching and diagnostic imperfections [J]. IEEE Transactions on Control Systems Technology, 2016, 24 (6): 2158-2166.

[96] Liu Y. Distributed synchronization for heterogeneous robots with uncertain kinematics and dynamics under switching topologies [J]. Journal of the Franklin Institute, 2015, 352 (9): 3808-3826.

[97] Cai H, Huang J. The leader-following consensus for multiple uncertain Euler-Lagrange systems with an adaptive distributed observer [J]. IEEE Transactions on Automatic Control, 2016, 61 (10): 3152-3157.

[98] Wang H. Dynamic feedback for consensus of networked Lagrangian systems with switching topology [C]. Chinese Automation Congress (CAC), 2017. IEEE, 2017: 1340-1345.

[99] Xiao F, Wang L. Asynchronous consensus in continuous-time multi-agent systems with switching topology and time-varying delays [J]. IEEE Transactions on Automatic Control, 2008, 53 (8): 1804-1816.

[100] Sun Y, Wang L. Consensus of multi-agent systems in directed networks with nonuniform time-varying delays [J]. IEEE Transactions on Automatic Control, 2009, 54 (7): 1607-1613.

[101] Papachristodoulou A, Jadbabaie A, Münz U. Effects of delay in multi-agent consensus and oscillator synchronization [J]. IEEE Transactions on Automatic Control, 2010, 55 (6): 1471-1477.

[102] Münz U, Papachristodoulou A, Allgöwer F. Consensus in multi-agent systems with coupling delays and switching topology [J]. IEEE Transactions on Automatic Control, 2011, 56 (12): 2976-2982.

[103] Lin P, Jia Y. Multi-agent consensus with diverse time-delays and jointly-connected topologies [J]. Automatica, 2011, 47 (4): 848-856.

[104] Lu M, Liu L. Leader-following consensus of multiple uncertain Euler-Lagrange systems subject to communication delays and switching networks [J]. IEEE Transactions on Automatic Control, 2018, 63 (8): 2604-2611.

[105] Polushin I G, Dashkovskiy S N. A small gain framework for networked cooperative teleoperation [C]. 8th IFAC Symposium on Nonlinear Control Systems, Bologna, Italy, 2010.

[106] Polushin I G, Dashkovskiy S N, Takhmar A, et al. A small gain framework for networked cooperative force-reflecting teleoperation [J]. Automatica, 2013, 49 (2): 338-348.

[107] Abdessameud A, Polushin I G, Tayebi A. Distributed coordination of dynamical multi-agent systems under directed graphs and constrained information exchange [J]. IEEE Transactions on Automatic Control, 2017, 62 (4): 1668-1683.

[108] 时侠圣，林志赟. 基于固定时间的二阶智能体分布式优化算法 [J]. 北京航空航天大学学报，2023，49 (11): 2951-2959.

[109] W. Ren. Distributed leaderless consensus algorithms for networked Euler-Lagrange systems [J]. International Journal of Control, 2009, 82 (11): 2137-2149.

[110] Spong M W, Chopra N. Synchronization of Networked Lagrangian Systems [J]. F. Bullo et al (Eds.). Lag. & Hamil. Methods for Nonlin., 2007: 47-59.

[111] Chopra N, Stipanovic D M, Spong M W. On Synchronization and Collision Avoidance for Mechanical Systems [C]. IEEE American Control Conference, 2008.

[112] Chopra N. Output Synchronization of Networked Passive Systems [D]. University of Illinois at Urbana-Champaign, Department of Industrial and Enterprise Systems Engineering, 2006.

[113] Chopra N, Spong M W. Output Synchronization of Nonlinear Systems with Time Delay in Communication [J]. Lecture Notes in Control and Information Sciences, 2008 (371): 51-61.

[114] Munz U. Delay Robustness in Cooperative Control [D]. Institut of System theorie und Regelungstechnik, Universitat Stuttgart, 2010.

[115] 韩崇昭. 应用泛函分析-自动控制的数学基础 [M]. 北京：清华大学出版社，2010.

[116] R. T. Rockafellar. Convex analysis [M]. New Jersey: Princeton University Press, 1972.

[117] J. Z. Li, W. Ren, S. Y. Xu. Distributed containment control with multiple dynamic leaders for double-integrator dynamics using only position measurements [J]. IEEE Transactions on Automatic Control, 2012, 57 (6): 1553-1559.

[118] W. Ren, R. Beard. Distributed consensus in multi-vehicle cooperative control [M]. London: Springer-Verlag, 2008.

[119] A. Berman, R. J. Plemmons. Nonnegative matrices in the mathematical sciences [M]. NewYork: Academic Press, 1979.

[120] A. Graham. Kronecker Products and matrix calculus with applications [M]. NewYork: Halsted Press, 1981.

[121] Y. C. Cao, W. Ren, M. Egerstedt. Distributed containment control with multiple stationary or dynamic leaders infixed and switching directed networks [J]. Automatica, 2012, 48: 1586-1597.

[122] 程云鹏，张凯院，徐仲. 矩阵论（第3版）[M]. 西安：西北工业大学出版社，2006.